石油和化工行业“十四五”规划教材

制药工程制图

（第四版）

江峰 林文 于颖 主编

化学工业出版社

·北京·

内 容 简 介

本书在广受好评的第三版基础上修订而成，采用双色印刷，以国家最新标准为基准，系统介绍了画法几何、制图基础、机械制图、计算机制图、制药设备及制药工艺图等内容，提供教学课件、练习自测题及绘图动画等数字资源。本书特点在于：①结合多年教学及科研工作经验，精选点、线、面、立体的投影内容，精辟分析绘图及读图的方法，强化视图表达方法的训练，增强学生的分析能力及空间思维能力；②结合制药工业实例，讲解制药机械、制药设备、制药工艺图的绘制和识读方法；③数字资源满足教学需求，并动态演示了各例题的绘图过程及涉及模型的立体结构；④附带专业英文词汇，便于双语教学；⑤以培养制药工业及制药装备复合型人才为目标，精心选择和组织教材内容，可满足高等院校34~72学时制药工程制图课程的教学需要。

本书可作为高等院校制药工程、药物制剂、生物制剂、中药制药、制药机械及设备等相关专业教材，也可供制药与化工行业从事研究、设计、生产的工程技术人员参考。

图书在版编目（CIP）数据

制药工程制图 / 江峰，林文，于颖主编. -- 4版. 北京 ：化学工业出版社，2026. 1. --（石油和化工行业“十四五”规划教材）（普通高等教育教材）. -- ISBN 978-7-122-48803-9

Ⅰ. TQ46

中国国家版本馆CIP数据核字第2025J6M086号

责任编辑：杨燕玲　　装帧设计：史利平
责任校对：杜杏然

出版发行：化学工业出版社
（北京市东城区青年湖南街13号　邮政编码100011）
印　　装：三河市航远印刷有限公司
787mm×1092mm　1/16　印张19¼　插页11　字数478千字
2026年2月北京第4版第1次印刷

购书咨询：010-64518888　　售后服务：010-64518899
网　　址：http：//www.cip.com.cn
凡购买本书，如有缺损质量问题，本社销售中心负责调换。

定　　价：49.90元　版权所有　违者必究

《制药工程制图》编委会

主　编　江　峰　林　文　于　颖

副主编　潘永兰　汤　青　钱红亮　季　菲

编　委　（以姓氏笔画为序）

于　颖　（中国药科大学）
刘先进　（安徽中医药大学）
江　峰　（中国药科大学）
汤　青　（安徽中医药大学）
张　锋　（南京大学）
林　文　（中国药科大学）
季　菲　（中国药科大学）
钱红亮　（中国药科大学）
雷雪霏　（辽宁中医药大学）
潘永兰　（南京中医药大学）
戴小斌　（南京中医药大学）

前　言

随着制药技术的发展及制药机械设备的不断更新，需要大批既懂制药工艺，又懂制药机械与设备的复合型人才，以满足药品生产的需求。

制药工程制图课程作为制药机械与设备、化工原理、制药工程学等课程的先修课，要求学生在初步熟悉《技术制图》及《机械制图》国家标准的基础上，掌握绘图及读图的基本理论及方法，并初步掌握制药机械与设备及制药工艺图的绘制及阅读方法。

本书是在2021年第三版的基础上，结合最新的机械制图及技术制图标准、最新的制药装备行业标准，并参考了各编委在使用第三版教材过程中总结的经验、建议和意见，修订而成。

全书分为13章，以《机械制图》及《技术制图》的最新国家标准为基准，系统介绍了画法几何、制图基础、机械制图、制药设备图、制药工艺图、计算机绘图等内容；该书配有《制药工程制图习题集（第四版）》供读者练习使用。

本教材保留了第三版的特色，并进一步加以完善。

1. 以培养制药工业及制药装备复合型人才为目标，精心选择和组织教材内容。内容浅显易懂、实例生动，可满足高等院校制药工程、药物制剂、生物制药、中药制药、制药机械与设备等专业34~72学时工程制图课程的教学需要。

2. 参考最新的《机械制图》《技术制图》国家标准及制药、机械、化工等行业标准。

3. 结合多年教学及科研工作经验，精选点、线、面、立体的投影内容，精辟分析绘图及读图的方法，强化视图表达方法的训练，增强学生的分析能力及空间思维能力。同时，本书提供的微课视频数字资源，动态演示了各例题的绘图过程及所涉及的模型立体结构，读者可扫描二维码获得，辅助课程学习。

4. 结合制药工业实例，讲解制药机械、制药设备、制药工艺图的绘制及识读方法。

5. 附带专业英文词汇，便于双语教学。

6. 全书插图均由计算机生成与处理，图形清晰、形象逼真，有利于教与学。

7. 本教材有配套的教学课件、微课视频和各章自测练习，读者可扫描书中二维码获得。

本书由中国药科大学江峰、林文、于颖担任主编，由潘永兰、汤青、钱红亮、季菲担任副主编。本书的绪论、第1章由江峰、雷雪霏编写，第2章由张锋编写，第3章、第4章由于颖编写，第5章由戴小斌编写，第6章由于颖、江峰、潘永兰编写，第7章、第8章由林文编写，第9章由林文、刘先进编写，第10章由于颖、江峰编写，第11章由于颖、林文、江峰编写，第12章由于颖、林文、汤青编写，第13章由张锋、钱红亮编写，附录部分由林文、雷雪霏编写。书中三维模型插图由林文制作，数字资源由林文、江峰制作。季菲进行了本书内容的校对。全书由江峰、林文统稿。

本书在编写过程中，得到了中国药科大学工学院院长蔡挺教授、副院长黄德春教授、副院长查晓明教授、药学院吴正红教授、药学院吴德燕老师以及工学院制药与环境工程系、化工及医药设计院专家的支持、帮助和指导；得到了南京工业大学曾昌凤老师的帮助，本书的第二版得到了南京工业大学於孝春老师的帮助，得到了化学工业出版社及相关编辑的支持，在此一并表示感谢。

本书的第三版将制药机械图、制药设备图及制药工艺图的绘制及识读方法展现给读者，出版后受到包括制药工程及制药设备设计人员的肯定，除作为本科专业的教材外，也作为制药工程及制药机械设备专业及方向的实习阶段绘制图样的指导用书。第四版的修订，使内容更加翔实、准确。

本书可作为高等院校制药工程、药物制剂、生物制药、中药制药、制药机械与设备等相关专业教材，可作为上述专业实习阶段绘制图样及识读图样的指导用书，也可供制药与化工行业从事研究、设计、生产的工程技术人员参考。

由于水平有限，书中不当之处在所难免，敬请广大读者及同行给予批评指正。

编　者

2025年11月

目录

插页彩图

绪　论

0.1　本课程的目的及意义

制药工程制图是一门利用投影知识研究图样的绘制及识读的学科。在现代制药工业中，无论是制药设备与机械零部件的制造，还是制药设备与机械的操作、维护、保养，药厂车间设计，都离不开工程图样。工程图样是人们借以表达、构思、分析和交流设计的技术语言，又是指导和组织生产必不可少的重要技术文件。符合制药工程的图样包括机械零件图、制药机械装配图、制药设备图、制药工艺图及设备布置图等，这些图样分别指导零件的生产制造和检验、机器设备的安装及调试、操作和维修、药厂车间设计等。因此，制药工程技术人员必须掌握这种技术“语言”。

本课程以制药机械、制药设备、制药工艺方面的图样为主，结合最新国家标准及专业英文词汇，介绍工程图样的绘制及识读方法，以培养学生及相关设计人员能够初步运用图示方法构思和表达工程问题的能力、空间想象能力、分析问题和解决问题的能力，以及认真负责、严谨细致的工作态度。

0.2　本课程的主要内容

本课程是一门既有系统理论知识，又有较强实践性的技术基础课。本课程的主要内容包括画法几何部分、制图基础部分、机械制图部分、制药工程图部分、计算机绘图部分。其中画法几何部分中的投影知识是本书的基础；制图基础部分主要介绍了绘图及读图的基本方法和技巧；机械制图部分紧密结合最新《机械制图》和《技术制图》的国家标准、以制药工程中涉及的机器为示例进行分析；计算机绘图部分深入浅出地介绍了采用AutoCAD绘制二维及简单三维投影的方法及过程；制药工程图部分是专门为制药工程、药物制剂及其相关专业的学生和技术人员编写的，内容包括化工、机械及制药行业标准，制药机械图的表达及识读方法，制药设备图的绘制及识读方法，平面工艺布局图、制药工艺流程图、制药设备布置图及管道布置图的绘制及阅读方法等。

0.3　本课程的学习方法

本课程的学习方法是理论联系实际，将课堂所学应用到具体的绘图及读图的训练中。

① 认真扎实地学好基本理论，通过严谨细致全面的分析，构思物体的形状、训练绘图及读图能力。除认真听课外，还可利用教材数字资源等辅助学习。

② 充分利用本书配套习题集、本书数字资源中的自测练习等，以练助学，可以起到事半功倍的效果。

③ 结合制药工程实际，有的放矢地进行学习。随着科学技术的发展，计算机绘图技术在工程技术领域的应用越来越普遍。但计算机绘图的出现并不意味着可以脱离制图的基础理论，相反，作为一名称职的工程技术人员必须娴熟地掌握制图的基本理论、机械制图、制药工程图等相关知识及国家标准，才能正确地从事设计，完成视图的合理选择，表达方案的正确确定，并进行计算机绘图。

第1章 制图的基本知识

本章课件

本章主要介绍《机械制图》及《技术制图》国家标准的规定；绘图仪器和工具的使用方法；几何作图、平面图形的绘制与尺寸标注；绘制草图的方法。

1.1 制图国家标准

工程图样（engineering drawing）是现代工业生产中重要的技术资料，是设计、制造及施工人员进行技术交流不可缺少的工具，是工程界共同的技术语言。工程图样不能随意绘制，而应按照《机械制图》（mechanical drawing）及《技术制图》（technical drawing）国家标准来绘制。《机械制图》及《技术制图》国家标准对工程图样的图纸幅面、比例、图线画法、图样画法、尺寸注法、标准件和常用件等方面作出了统一的规定，这些规定是工程图样绘制和使用的准绳，工程技术人员必须严格遵守、认真执行。

本章主要介绍国家标准中图纸幅面和格式（GB/T 14689—2008）、比例（GB/T 14690—93）、字体（GB/T 14691—93）、图线（GB/T 4457.4—2002和GB/T 17450—1998）、尺寸注法（GB 4458.4—2003和GB/T 16675.2—2012）部分的规定内容。

以GB/T 4458.4—2003为例说明国家标准代号的含义，“GB”是国家标准的缩写，“T”指推荐使用，“4458.4”是标准的编号，“2003”表示该标准是2003年颁布的。

1.1.1 图纸幅面和格式（GB/T 14689—2008）

1.1.1.1 图纸幅面

基本图幅（drawing sheet layout）有5种，其代号分别为A0、A1、A2、A3、A4，图幅尺寸见表1-1。

表1-1 图纸的幅面及图框尺寸 单位：mm

幅面 尺寸	A0	A1	A2	A3	A4
$B \times L$[①]	841×1189	594×841	420×594	297×420	210×297
e	20		10		
c	10			5	
a	25				

① B指图纸宽度，L指图纸长度。

必要时，幅面允许加长，加长幅面尺寸按基本幅面短边尺寸成整数倍增加。

1.1.1.2 图框

图纸上必须用粗实线画出图框（border line），图框分为留装订边和不留装订边两种格式，如图1-1所示，其规格尺寸见表1-1。同一机件的图样需采用统一格式的图框。

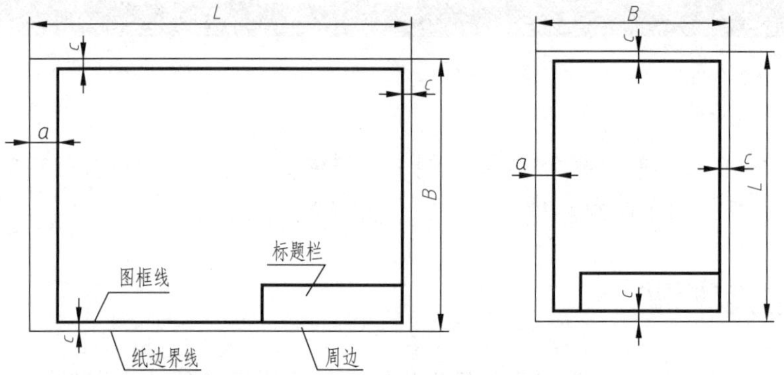

(a) 留装订边的图框格式

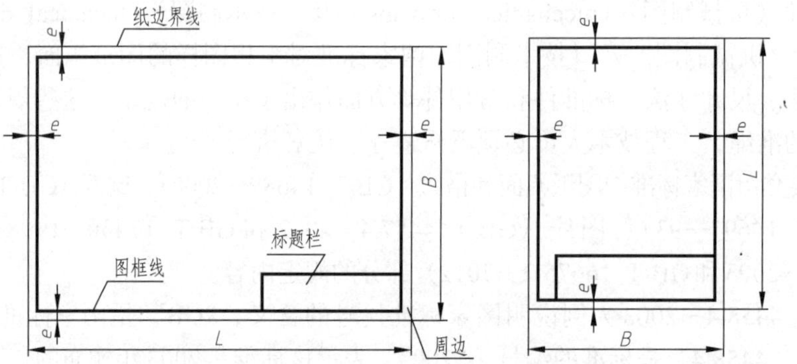

(b) 不留装订边的图框格式

图1-1 图框格式

1.1.1.3 标题栏及明细栏

每张图纸都应画有标题栏（title block），标题栏位于图纸的右下角，用来说明机件的名称、材料等内容；标题栏中文字的方向为读图的方向。装配图中，在标题栏的上方有明细栏（item block），用来列出装配图所包含的零件信息。《技术制图》国家标准GB/T 10609.1—2008和GB/T 10609.2—2009分别对标题栏及明细栏的内容、格式和尺寸做了规定，如图1-2所示。为简化起见，制图作业中的标题栏可采用图1-3所示的格式。

1.1.1.4 附加符号

为了使图样在复制和缩微摄影时定位方便，应在图纸各边的中点处分别用粗短线画出对中符号。如图1-4（a）所示。当对中符号处在标题栏范围内时，伸入标题栏的部分省略不画，如图1-4（b）所示。

当使用预先印制的图纸时，为明确绘图与看图方向，应在图纸的下边对中符号处画出方向符号。如图1-4（a）、（b）所示。方向符号是用细实线绘制的等边三角形，如图1-4（c）所示。

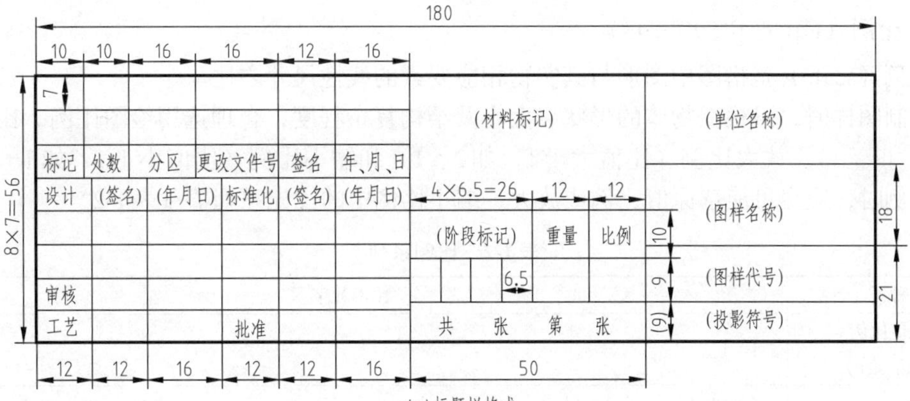

(a) 标题栏格式

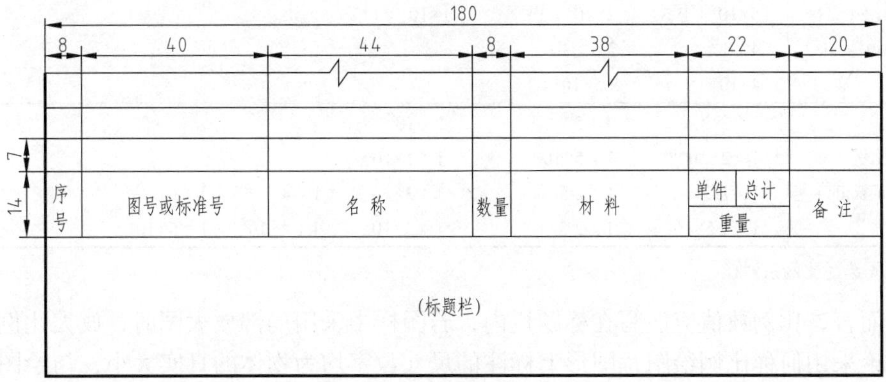

(b) 明细栏格式

图 1-2　国标规定的标题栏格式

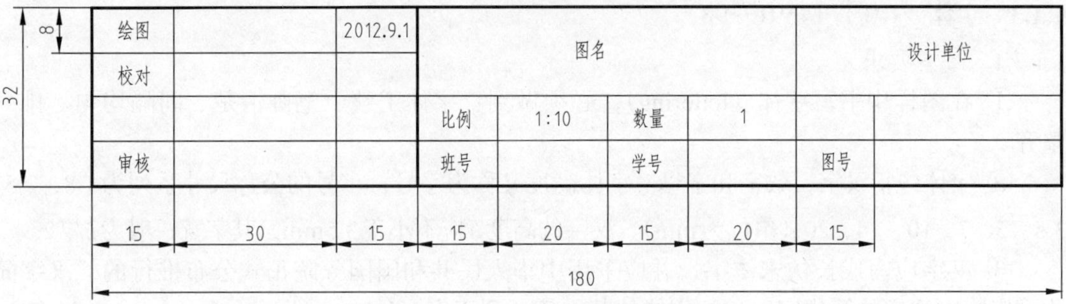

图 1-3　制图作业中标题栏格式

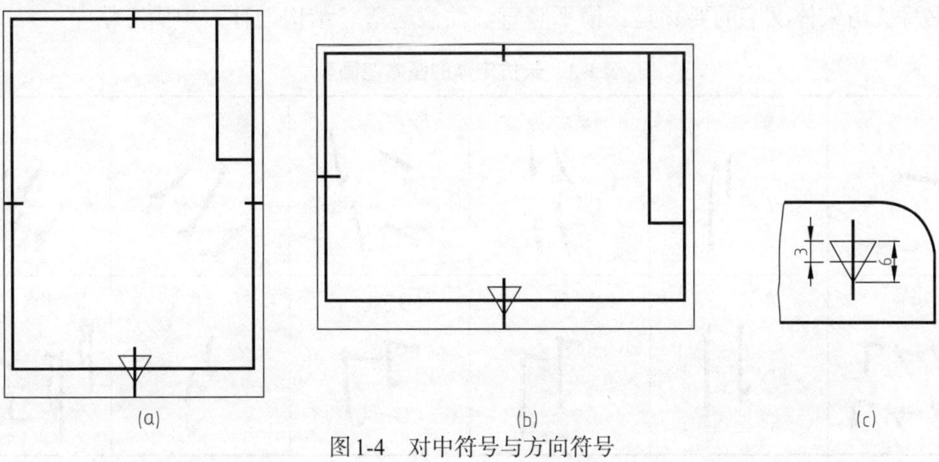

(a)　(b)　(c)

图 1-4　对中符号与方向符号

1.1.2　比例（GB/T 14690—93）

比例（scale）是指图中图形与其实物相应要素的线性尺寸之比。

绘制图样时，可根据物体的形状、大小及结构复杂程度，合理选用绘图比例。比例有原值比例（1∶1）、放大比例（比值大于1，如2∶1）和缩小比例（比值小于1，如1∶2）。在选用比例时，应尽可能选原值比例或放大、缩小比例中的优先系列值（表1-2）。

表1-2　比例系列

种类	比例数字				
原值比例（full size）	1∶1①				
放大比例（enlargement scale）	5∶1①	2∶1①			
	5×10^n∶1①	2×10^n∶1①	1×10^n∶1①		
	4∶1	2.5∶1			
	4×10^n∶1	2.5×10^n∶1			
缩小比例（reduction scale）	1∶2①	1∶5①	1∶10①		
	1∶2×10^n①	1∶5×10^n①	1∶1×10^n①		
	1∶1.5	1∶2.5	1∶3	1∶4	1∶6
	1∶1.5×10^n	1∶2.5×10^n	1∶3×10^n	1∶4×10^n	1∶6×10^n

① 为优先选择比例系列。

一般而言，比例数值应注写在标题栏内；若图样中采用局部放大图时，放大比例标注在图内。无论采用何种比例绘图，图形上标注的尺寸数字均为物体的真实大小，与绘图的比例及绘图的精确度无关。

1.1.3　字体（GB/T 14691—93）

1.1.3.1　基本要求

① 在图样中书写字体（lettering），必须做到：字体工整、笔画清楚、间隔均匀、排列整齐。

② 字体包括汉字、数字和字母。字体高度又称为字号，字号的公称尺寸系列为1.8、2.5、3.5、5、7、10、14、20（单位为mm）。汉字的高度h应不小于3.5mm，其字宽一般为$h/\sqrt{2}$。

③ 汉字应写成长仿宋体字，并应采用中华人民共和国国务院正式公布推行的《汉字简化方案》中规定的简化字。长仿宋体的基本笔画列于表1-3中。

书写长仿宋体汉字的要领是：横平竖直、注意起落、结构匀称、填满方格。

表1-3　长仿宋体的基本笔画表

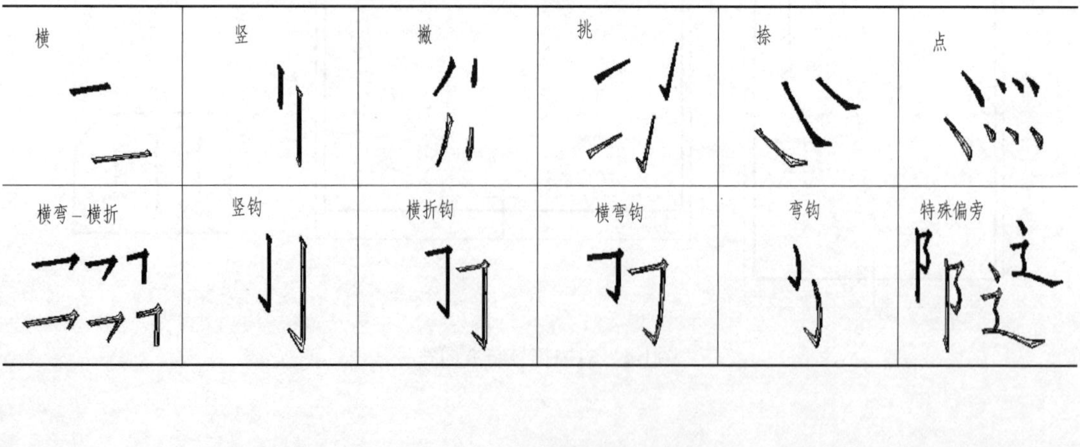

④ 在技术图样中，常使用到字母和数字，包括拉丁字母、希腊字母、阿拉伯数字和罗马数字。字母和数字有A型和B型之分，A型字体的笔画宽度d与字高h之比为1/14，B型的为1/10；此外，字体和数字有直体与斜体之分，斜体字的字头向右倾斜，与水平基准线呈75°。同一张图样上，宜选用同一类型的字体。

1.1.3.2　字体示例（图1-5）

字体工整、笔画清楚、间隔均匀、排列整齐

字体工整、笔画清楚、间隔均匀、排列整齐

字体工整、笔画清楚、间隔均匀、排列整齐

直体（阿拉伯数字）　0123456789

斜体（阿拉伯数字）　*0123456789*

直体（拉丁字母）　ABCDEFGHIJKLMNOPQRSTUVWXYZ

斜体（拉丁字母）　*ABCDEFGHIJKLMNOPQRSTUVWXYZ*

图1-5　汉字、字母和数字示例

1.1.4　图线（GB/T 4457.4—2002和GB/T 17450—1998）

1.1.4.1　线型

工程图样是由各种型式的图线绘制而成的。《GB/T 17450—1998　技术制图 图线》中规定了15 种基本线型（line style），工程图样中常用线型有8种，其线型名称、图线型式、代号及其主要用途见表1-4所示。

表1-4　常用的工程图线名称及主要用途

图线名称	图线型式	图线宽度	主要用途
粗实线（continuous thick line）		d	可见轮廓线，可见棱边线、相贯线
细实线（continuous thin line）		约$d/2$	尺寸线、尺寸界线、剖面线、辅助线、重合断面的轮廓线、引出线、螺纹的牙底线及齿轮的齿根线
波浪线（continue thin irregular line）		约$d/2$	断裂处的边界线、视图和剖视图的分界线
双折线（zigzag line）		约$d/2$	断裂处的边界线

续表

图线名称	图线型式	图线宽度	主要用途
虚线 (dashed thin line)	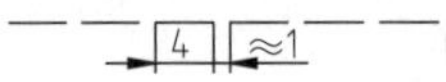	约$d/2$	不可见的轮廓线、不可见的过渡线
细点画线 (thin dot and dash line)	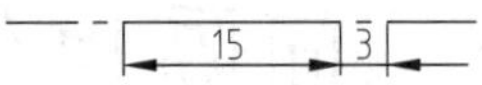	约$d/2$	轴线、对称中心线、齿轮的分度圆及分度线
粗点画线 (thick dot and dash line)	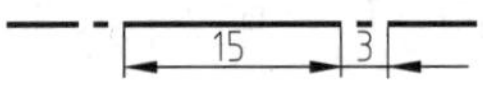	d	有特殊要求的线或表面的表示线
双点画线 (double dot and dash line)		约$d/2$	相邻辅助零件的轮廓线、中断线、极限位置的轮廓线、假想投影轮廓线

注：其中d为线宽。常用线宽系列为0.35mm、0.5mm、0.7mm、1mm、1.4mm、2mm。

图样中的图线分粗线和细线两种。粗线宽度为d，细线的宽度约为$d/2$。

1.1.4.2 图线画法

① 同一张图样中，同类图线的宽度应基本一致。虚线、细点画线、粗点画线和双点画线的线段长度和间隔应均匀。

② 用点画线绘制圆的对称中心线时，圆心应是线段的交点。细点画线、双点画线的起始和结尾均为线段，且线段超出图形轮廓线约2~5mm为宜。

③ 绘制较小直径的圆时，允许用细实线代替细点画线。

④ 虚线、细点画线或双点画线相交时，应交于线段处，而不能交于点或间隔处。

⑤ 当虚线为粗实线或其他图线的延长线时，应在连接处留有间隙；当虚线与其他图线相交时，相交处不应有间隙。

⑥ 当两种或更多种图线重合时，通常应按照图线所表达对象的重要程度，选择优先绘制顺序，依次为：可见轮廓线→不可见轮廓线→尺寸线→各种用途的细实线→轴线和对称中心线。

图线的画法见图1-6，图线的应用举例见图1-7。

1.1.5 尺寸注法（GB 4458.4—2003和GB/T 16675.2—2012）

图样中的图形只能表达物体的形状，物体的大小则必须由尺寸来确定。标注尺寸（dimensioning）必须严格按照国家标准的有关规定，做到认真仔细，一丝不苟；如有尺寸遗漏或错误，将给生产带来损失。

1.1.5.1 尺寸标注的基本规则

① 机件的真实大小应以图样上所标注的尺寸数值为依据，与图形的大小及绘图的准确度无关。

② 当图样中（包括技术要求和其他说明）的尺寸以mm为单位时，不需标注计量单位的代号（或名称），如采用其他单位时，则必须注明相应计量单位的代号（或名称）。

③ 对机件的每个尺寸，在图样中一般只标注一次，并应标注在反映该结构最清晰的图形上。

④ 图样中所标注的尺寸，为该图样所示机件的最后完工尺寸，否则应另加说明。

标注尺寸时，应尽可能使用符号或缩写词，常用的符号和缩写词如表1-5所示。

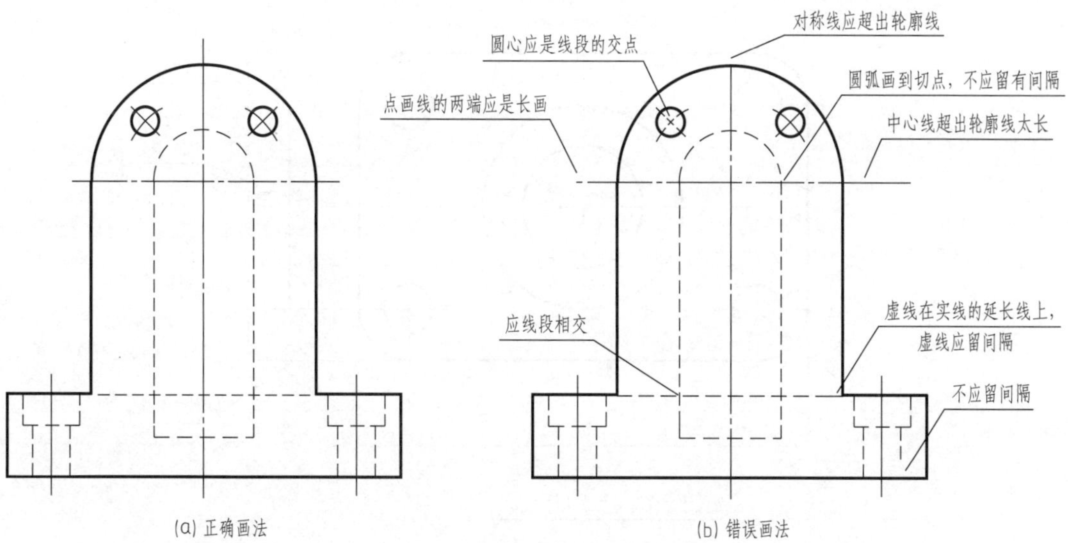

图1-6　图线的画法

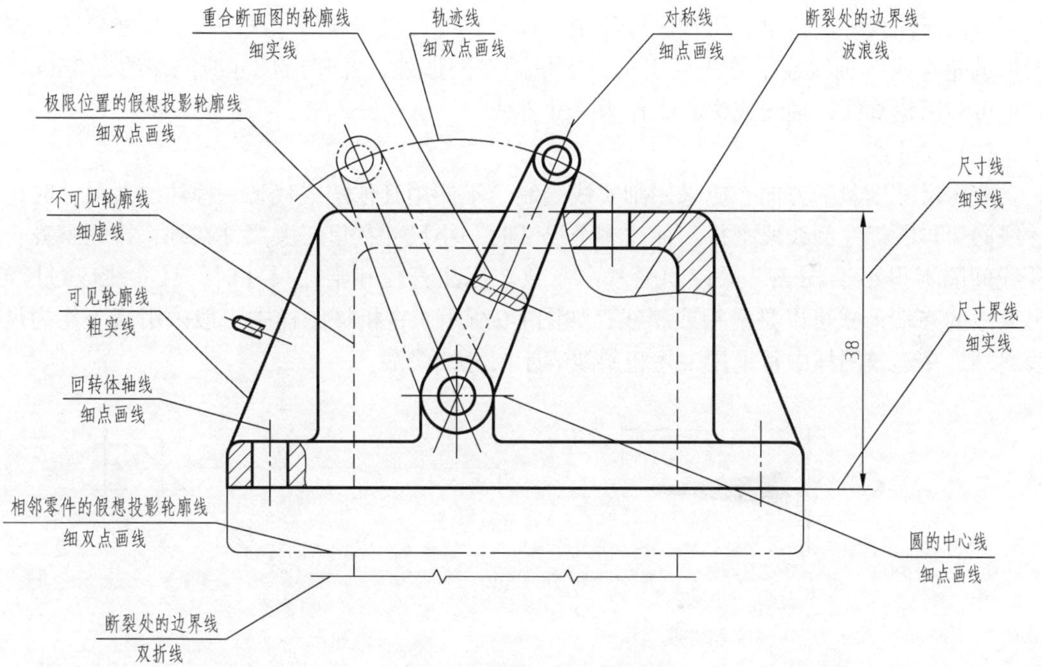

图1-7　图线的应用举例

表1-5　常用的符号和缩写词

含义	直径	半径	球直径	球半径	厚度	均布	45°倒角	正方形	埋头孔	弧长	斜度	锥度
符号	ϕ	R	$S\phi$	SR	t	EQS	C	□	∨	⌒	∠	▷

1.1.5.2　尺寸的组成

一个完整的尺寸标注是由尺寸界线（extension line）、尺寸线（dimension line）和尺寸数字（dimension figure）组成，如图1-8所示。

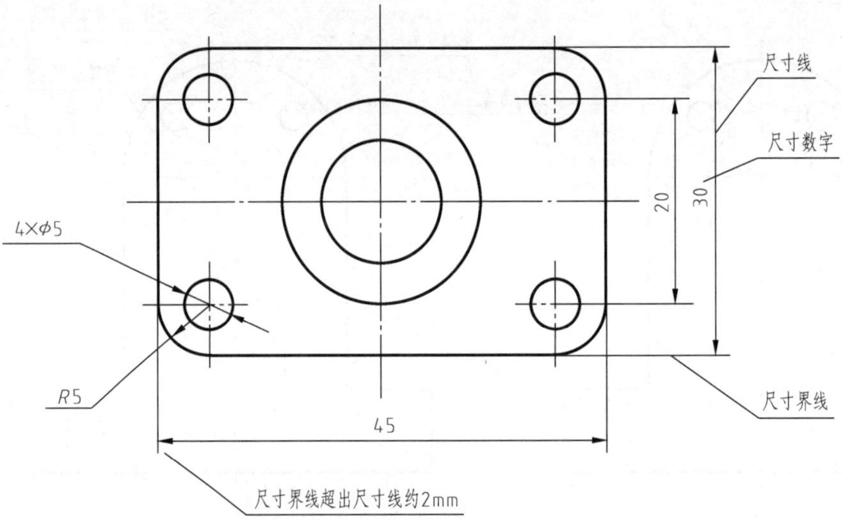

图1-8 尺寸的组成

（1）尺寸界线

表示所注尺寸的范围，用细实线绘制。尺寸界线一般应与尺寸线垂直。尺寸界线可以从图形的轮廓线、轴线或中心线处引出，尽量画在图形外，并超出尺寸线末端约2~3mm。有时也可利用轮廓线、轴线或中心线作为尺寸界线。

（2）尺寸线

表示尺寸度量的方向，应采用细实线绘制，不能用其他图线代替。标注线性尺寸时，尺寸线必须与所标注的线段平行。标注多个尺寸时，小尺寸在里，大尺寸在外，排列整齐。尺寸线间隔不得小于7mm，保持间隔基本一致。标注直径和半径尺寸时，尺寸线应过圆心。尺寸线的终端形式可以是箭头或斜线，如图1-9所示。在机械图样中一般采用箭头作为尺寸线终端，在建筑图样中常采用中短粗斜线表示尺寸线终端。

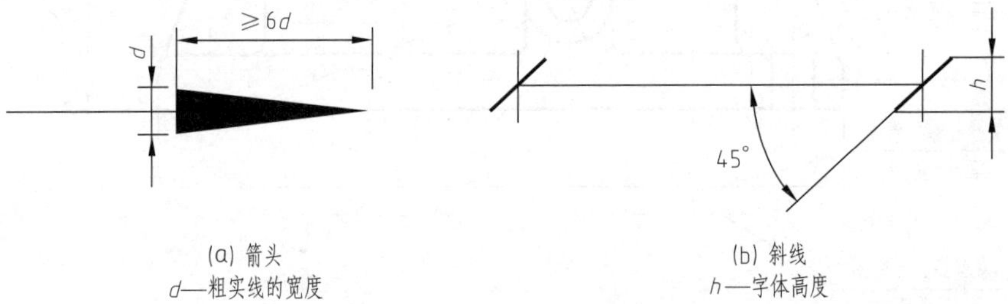

图1-9 箭头及斜线画法

（3）尺寸数字

表示物体的真实大小。线性尺寸的数字一般应注写在尺寸线上方，也可注写在尺寸线的中断处。同一张图样上尺寸数字的注写形式应一致。标注直径时，应在尺寸数字前加前缀ϕ；标半径尺寸时，应在尺寸数字前加R。

1.1.5.3 尺寸标注示例

表1-6列出了《GB 4458.4—2003 机械制图 尺寸注法》中一些尺寸注法。

表1-6　尺寸注法

项目	图例	说明
尺寸数字方向	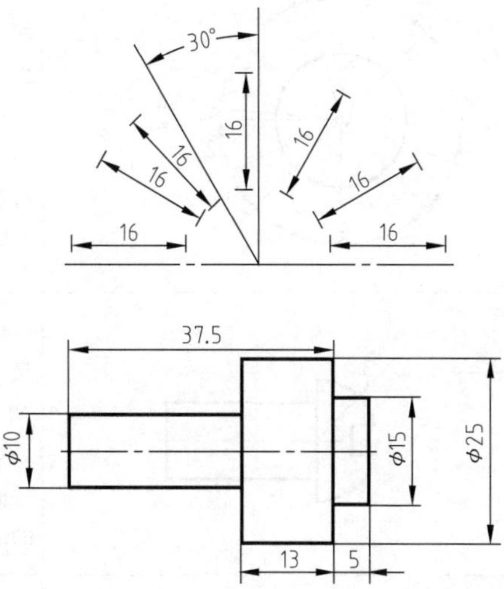	水平尺寸字头朝上，垂直尺寸字头朝左，倾斜尺寸字头保持朝上的趋势，并尽量避免在30°范围内标注尺寸
图线断开	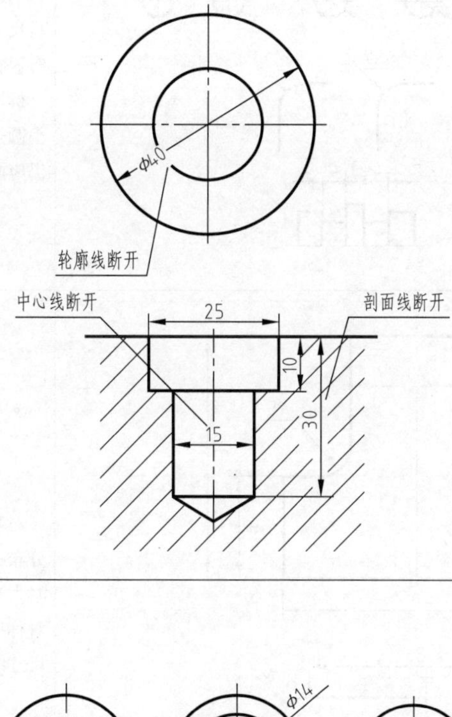	尺寸数字不可被图线所通过，当无法避免时，图线必须断开，如图所示
圆与圆弧	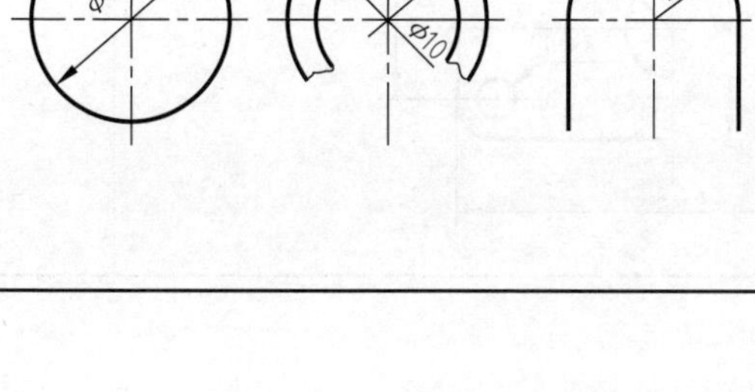	圆或大于半圆的圆弧尺寸应标注直径，尺寸线要通过圆心，箭头指向圆周，并在尺寸数字前加注直径符号“ϕ” 小于或等于半圆的圆弧尺寸标注半径，尺寸线从圆心引出指向圆弧，终端画出箭头，并在尺寸数字前加注半符号“R”

续表

项目	图例	说明
角度	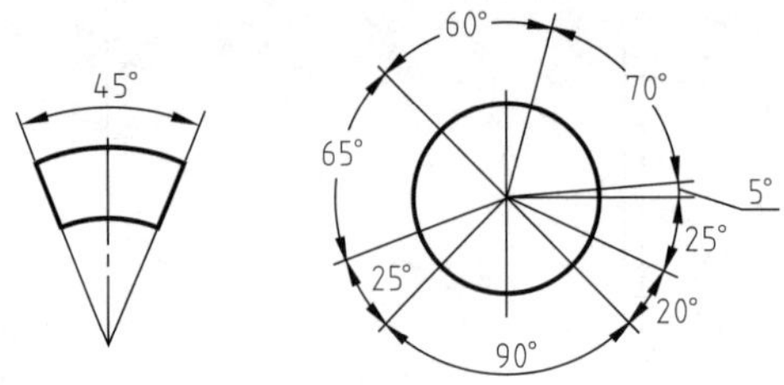	角度标注的尺寸界线沿角度两边径向引出，尺寸线画成圆弧，其圆心是角的顶点 角度的数字一律写成水平方向，一般注写在尺寸线中断处，必要时可注写在尺寸线上方或外侧，也可以引出标注
球面	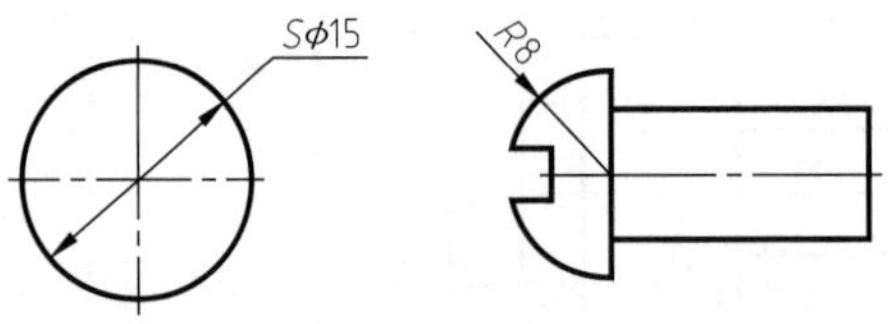	标注球面的直径尺寸或半径尺寸时，应在符号“ϕ” 或符号“R”前加注球的符号“S” 对于螺钉、铆钉的头部，轴和手柄的端部等，在不致引起误解的情况下，可省略符号“S”
狭小尺寸	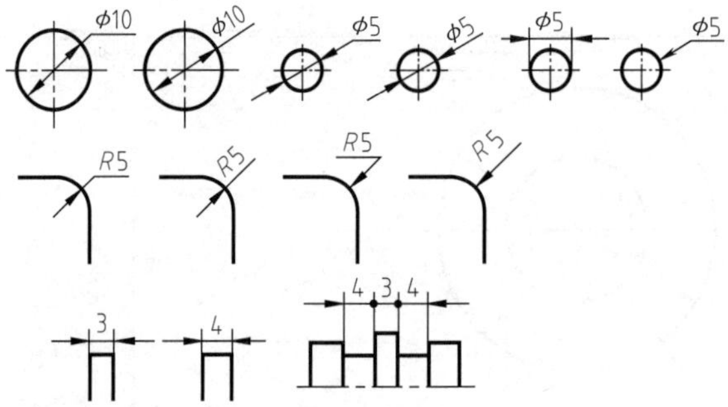	当没有足够空间画箭头或注写尺寸数字时，可将箭头或数字布置在图形外 标注串列线性小尺寸时，可用小圆点代替箭头，但两端的箭头仍应画出
对称图形尺寸	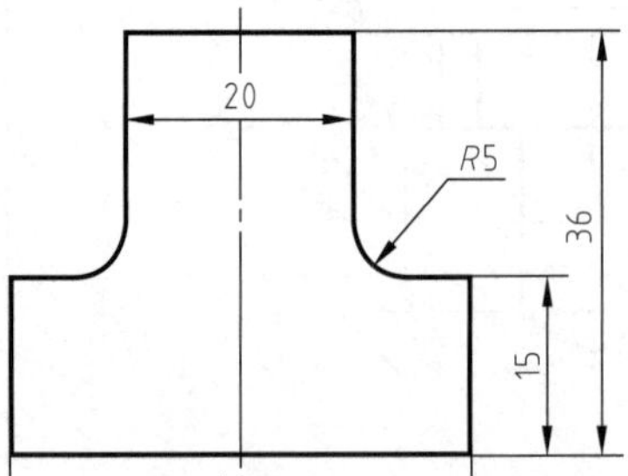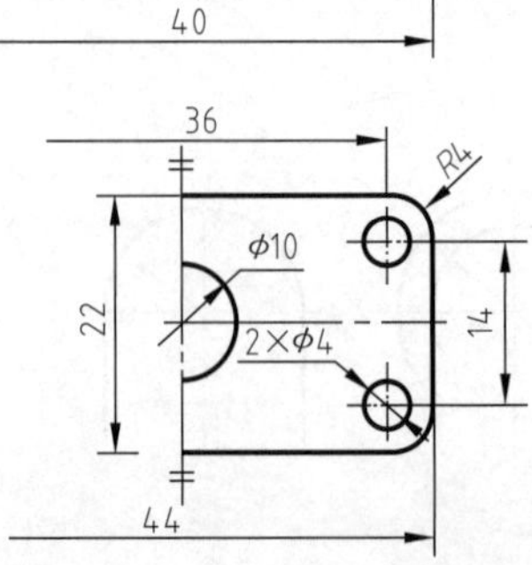	对称图形尺寸的标注为对称分布；当对称图形只画出一半或略大于一半时，尺寸线应略超过对称中心线或断裂处的边界线，尺寸线的一端画出箭头

续表

项目		图例	说明
倒角尺寸	45°	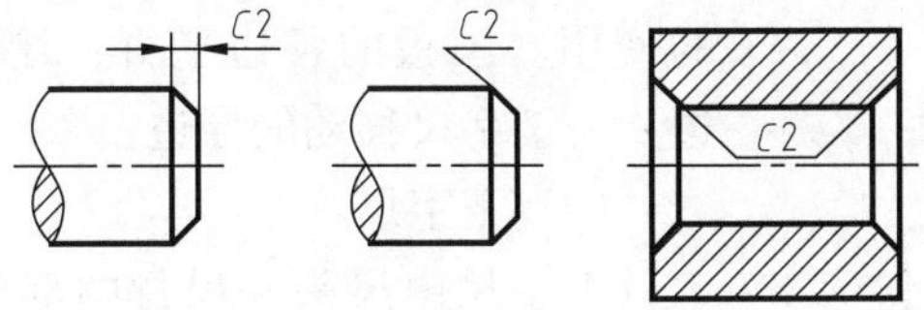	机件上的45°倒角可如图标注，C2表示45°的倒角深度为2
	30°	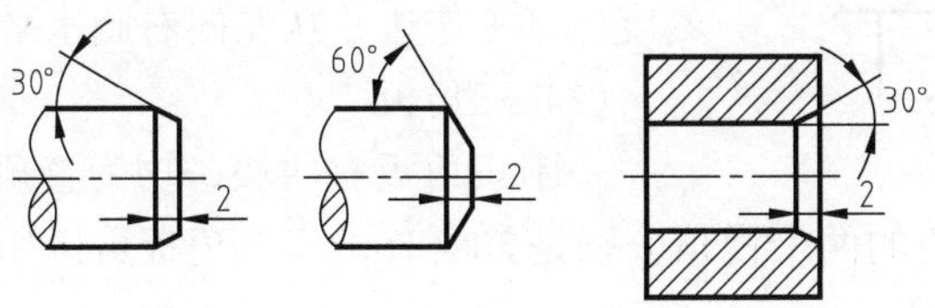	机件上的非45°倒角如图标注
退刀槽		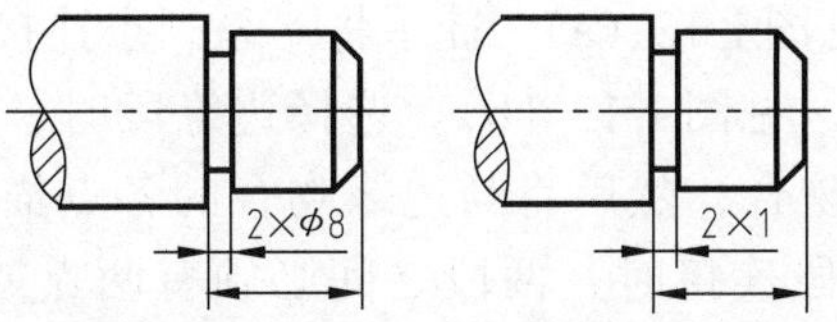	退刀槽的尺寸应单独标注，按“槽宽×直径”或“槽宽×槽深”的形式标注

图1-10 用正误对比的方法，列举了初学标注尺寸时的一些常见错误。

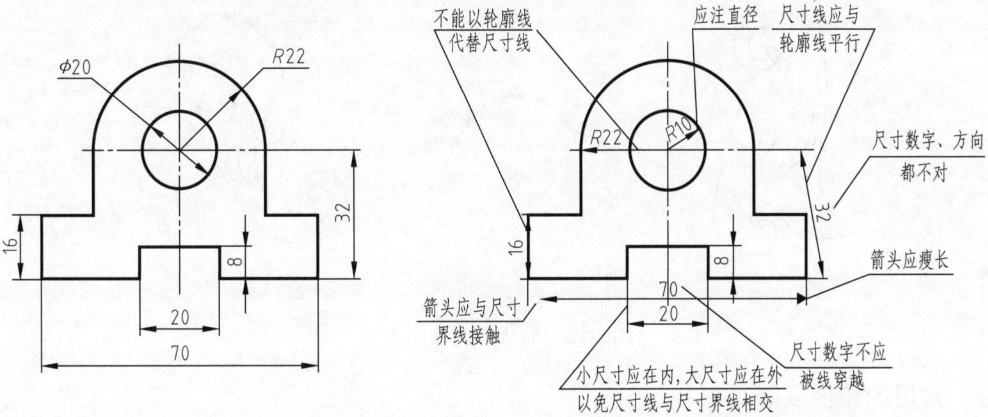

(a) 正确　　(b) 错误

图1-10　尺寸标注的正误对比图

1.2　绘图工具和仪器使用

绘制工程图样需要使用绘图工具和绘图仪器。正确、熟练地使用绘图工具和仪器，可以提高图样的绘制质量和绘制速度。常用的绘图工具有图板、丁字尺、三角板和曲线板等；常用的绘图仪器有圆规、分规等。

1.2.1 常用的绘图工具

（1）图板

图板是画图时固定图纸的垫板，见图1-11。图板的表面平整光滑，便于绘图工具和仪器的使用。图板的各边平直，绘图时以左边（工作边）为丁字尺移动的导边。

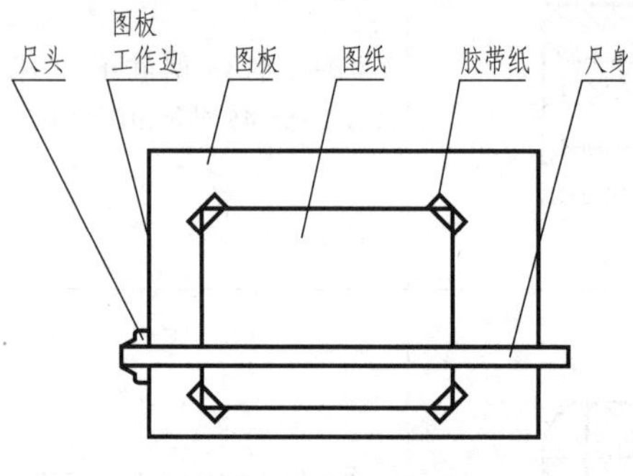

图1-11 图板和丁字尺

（2）丁字尺

丁字尺由尺头和尺身两部分组成，见图1-11。使用时尺头应紧靠图板的导边，使丁字尺沿着图板的导边上、下移动至画线位置，用铅笔沿着尺身带刻度边（工作边）从左向右画水平线。

（3）三角板

一副三角板有两块，均为直角三角形。其中一块的两个锐角都是45°，另一块的两个锐角分别是30°和60°。三角板可以用来配合丁字尺绘制相互平行、垂直和倾斜的直线。

（4）曲线板

曲线板用来绘制非圆曲线，见图1-12（a）。徒手将一系列点连接成较光滑的细曲线作为选择曲线板上边缘段的参考线，见图1-12（b）。选择边缘段时，依据参考线使尽量多的点（不得少于三个点）与边缘吻合，然后将与边缘吻合的各点描深成一段曲线。依次将非圆曲线分段绘制完成。段与段连接时，两段之间必须有两点或三点间的连线重合，见图1-12（c）。

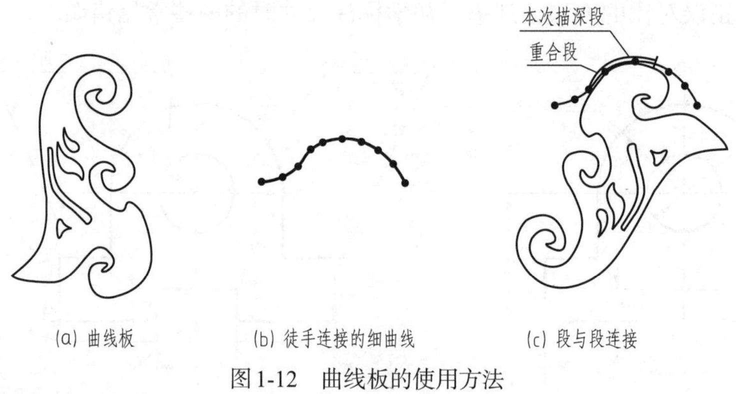

图1-12 曲线板的使用方法

1.2.2 常用的绘图仪器

（1）圆规

圆规用来绘制圆和圆弧。用圆规画圆和圆弧时应使用圆规的钢针略长于铅芯，见图1-13（a），圆规应向前稍微倾斜，沿顺时针方向以钢针为圆心转动。当画较大的圆时，圆规的两脚都应与纸面垂直，见图1-13（b）。

（2）分规

分规用来量取尺寸和截取线段。分规两腿上均装有钢针，合拢在一起时两针尖应对成一点，见图1-14（a）。用分规从尺子上量取尺寸后，在图纸上扎出记号标示出点的位置。用分规截取若干等长的线段时，分规应沿着给出的直线，以两腿交替为轴连续截取，见图1-14（b）。

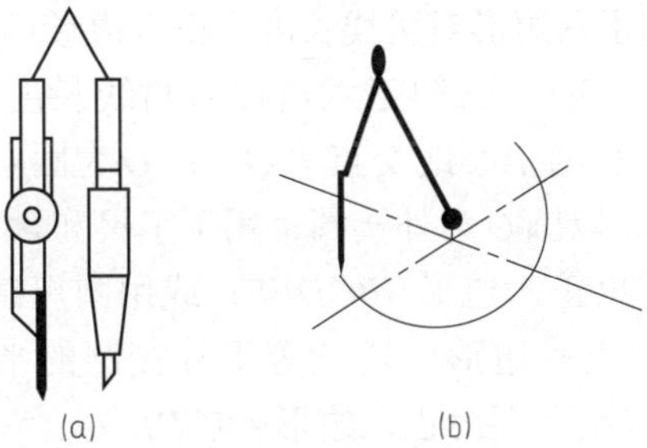

图1-13　圆规的使用方法

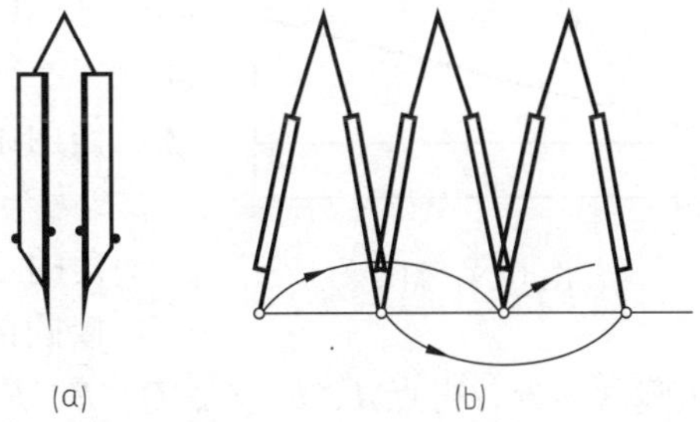

图1-14　分规的使用方法

此外，常用绘图工具和仪器还包括比例尺、擦图片、多用模板、点圆规、直线笔、机械式绘图机等。这些工具和仪器的使用方法可以通过制图练习加以掌握，这里不再一一介绍。

1.3　几何作图

图样中零件的形状是多种多样的，这些形状都可以通过直线和曲线的几何作图方法绘制而成。下面介绍一些基本图形的绘制方法。

1.3.1　等分线段

等分线段通常采用平行截割的方法。如图1-15，将线段*AD*三等分。

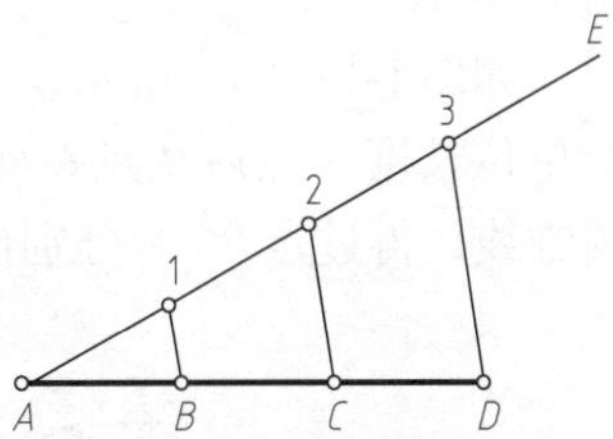

图1-15　等分线段

作图过程：过点*A*作辅助直线*AE*，在直线*AE*上用分规连续截取三个单位长度，分别得点1、2、3；将点3与点*D*相连，并过点2、1分别向线段*AD*作线段3*D*的平行线，得等分点*C*、*B*，使得*AB*=*BC*=*CD*，即三等分了线段*AD*。采用这种方法可将线段任意等分。

01-01　等分线段

1.3.2　作正六边形

（1）已知正六边形对边之间的距离作正六边形

如图1-16（a），已知正六边形对边之间的距离为*L*，作两条相互垂直的中心线交点为*O*，以点*O*为圆心，*L*/2为半径画圆。以圆*O*为内切圆，用丁字尺和含有60°角的三角板作出正六边形*ABCDEF*。

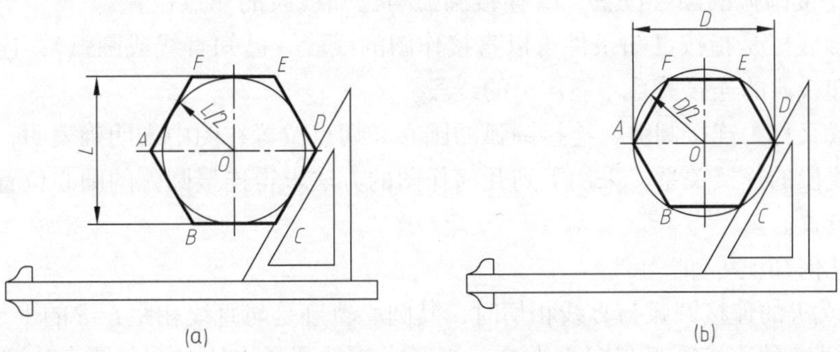

图1-16　正六边形的作法

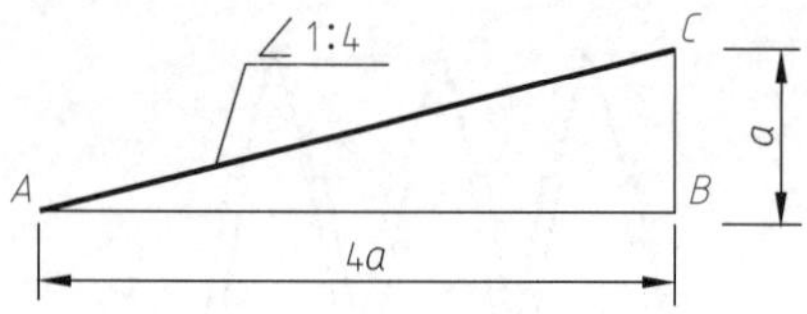

图1-17 斜度

（2）已知正六边形对角线长度作正六边形

如图1-16（b），已知正六边形对角线长度为*D*，作两条相互垂直的中心线交点为*O*，以*O*为圆心，*D*/2为半径画圆。以圆*O*为外接圆，用丁字尺和含有60°角的三角板作出正六边形*ABCDEF*；或用圆规截取外接圆的半径（正六边形的边长等于外接圆的半径），将外接圆六等分，得点*A*、*B*、*C*、*D*、*E*、*F*，顺次连接，即为正六边形*ABCDEF*。

1.3.3 斜度

斜度（grade of slope）是指一直线相对于另一直线或一平面相对于另一平面的倾斜程度。图样中以∠1：*n*的形式标出。图1-17给出了斜度∠1：4的斜线的画法。

1.3.4 锥度

锥度（conicity）是指正圆锥的底圆直径*D*与它的高度*H*之比，即锥度=*D*：*H*=1：*n*，如图1-18（a）所示。

如图1-18（b）所示，画轴上锥度为1：5的线段时，可先从点*O*开始，在轴线上截取5个单位长度，然后从点*O*向上、向下分别截取半个单位长度，连接作出锥度为1：5的辅助圆锥线，再过点*B*、*C*分别作辅助圆锥的平行线即可。

01-02 斜度和锥度

01-03 圆弧连接

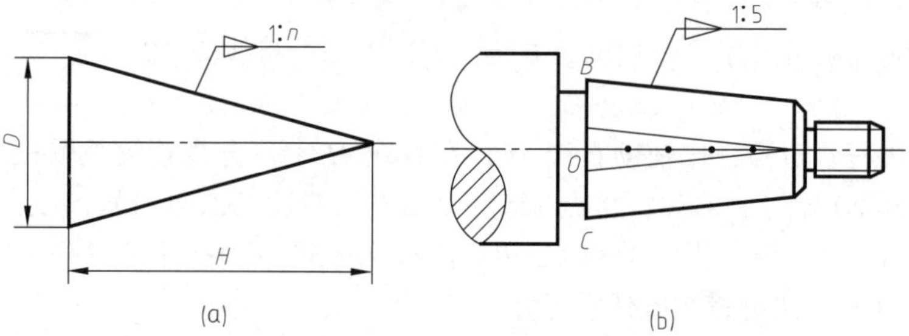

图1-18 锥度

1.3.5 圆弧连接

零件的轮廓通常是从一条直线或圆弧光滑连接到另一条直线或圆弧，这种连接被称为圆弧连接。圆弧连接实质上是使连接圆弧与已知线段相切。为了正确地画出连接圆弧，必须确定：①连接圆弧的圆心位置；②连接圆弧与已知线段的切点位置。

所谓已知线段是指按已知条件可以直接作图的线段（已知直线或圆弧）；连接线段是指需根据与已知线段的连接关系才能作出的线段。

连接线段又称为连接圆弧，连接圆弧的圆心和切点位置在图中未明确表明，需根据连接圆弧与已知线段的连接关系，采用下列几何作图的方法求得连接圆弧的圆心位置，并进一步确定切点的位置。

由平面几何知识可知：

① 半径为*R*的连接圆弧与直线相切时，其圆心轨迹是与直线相距*L*=*R*的平行线。

② 半径为*R*的连接圆弧与圆心为O_1，半径为R_1的圆弧内切时，其圆心轨迹是以O_1为圆心，$|R-R_1|$为半径的圆弧。

③ 半径为*R*的连接圆弧与圆心为O_1，半径为R_1的圆弧外切时，其圆心轨迹是以O_1为圆

心，$R+R_1$为半径的圆弧。

1.3.5.1　两已知直线间的圆弧连接

如图1-19所示，作半径为R的连接圆弧光滑连接两已知直线时，先分别作与两直线距离为R的平行线，其交点即为连接圆弧的圆心点O；过点O向两已知直线作垂线，垂足B、C即为连接圆弧与已知直线的两个切点。在连接圆弧的半径已知，圆心和切点都作出的情况下，可画出连接圆弧与已知线段相切，即光滑连接。

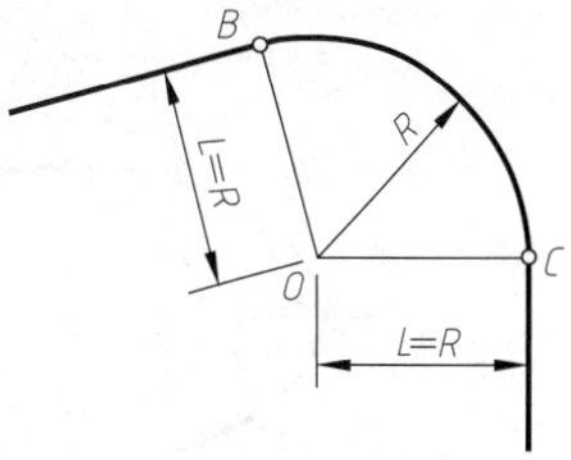

图1-19　两直线间的圆弧连接

1.3.5.2　两已知圆弧间的圆弧连接

半径为R的连接圆弧与圆心分别为点O_1、O_2，直径分别为的ϕ_1、ϕ_2两已知圆弧相外切连接，其作图过程如图1-20（a）所示；先作出连接圆弧分别与已知圆弧相切时两个圆心轨迹的交点，该交点即为连接圆弧圆心O；圆弧圆心O与已知圆弧的圆心O_1、O_2的连线与已知圆弧的交点，即为切点C、E；然后画出连接圆弧。

半径为R'的连接圆弧与圆心分别为O_1、O_2的已知圆弧相内切连接（$R'>R$），其作图过程如图1-20（b）所示；同样，先作出连接圆弧分别与已知圆弧相内切时两个圆心轨迹的交点，该交点即为连接圆弧圆心O'；分别连接圆弧圆心O'与已知圆弧的圆心O_1、O_2的连线，作延长线与已知圆弧的交点，即为切点C'、E'；然后画出连接圆弧。

半径为R的连接圆弧与圆心为O_1的圆弧相内切连接，与圆心为O_2的圆弧相外切连接时，其作图过程如图1-20（c）所示（说明从略）。

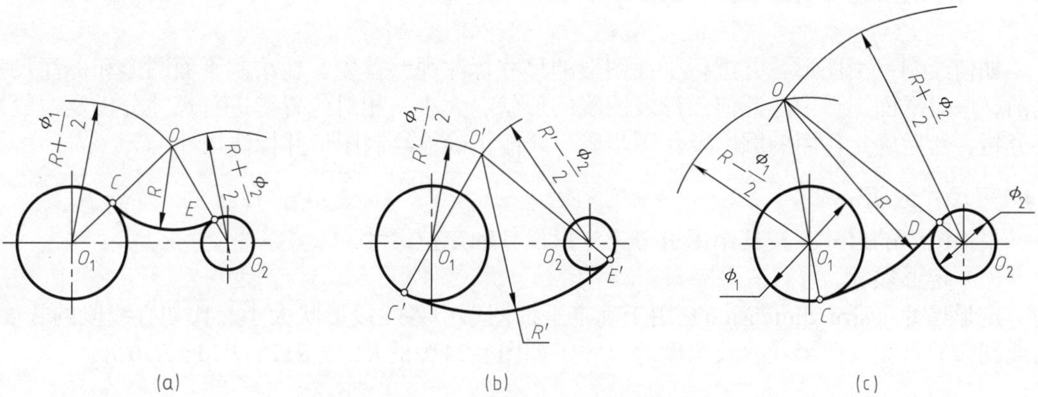

图1-20　两圆弧间的圆弧连接

1.3.5.3　直线和圆弧间的圆弧连接

图1-21是半径为R的连接圆弧与圆心为点O_1的圆相外切，与已知直线相切连接的画法（请读者自行分析作图过程）。

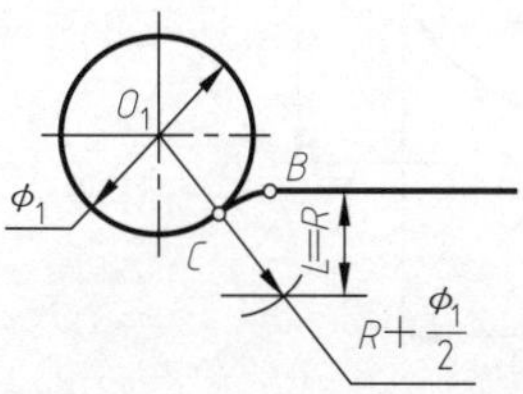

图1-21　直线与圆弧间的圆弧连接

1.3.6　椭圆的画法

椭圆是非圆曲线，在已知椭圆的长径与短径的条件下，可采用两种较实用、简便的方法画椭圆。

（1）四心圆法画椭圆

四心圆法画椭圆实质上采用四段圆弧光滑连接成一个椭

圆。作图的关键在于找出各段相切圆弧的圆心与切点。作图过程如图1-22所示。

（2）同心圆法画椭圆

同心圆法画椭圆的作图过程如图1-23所示。

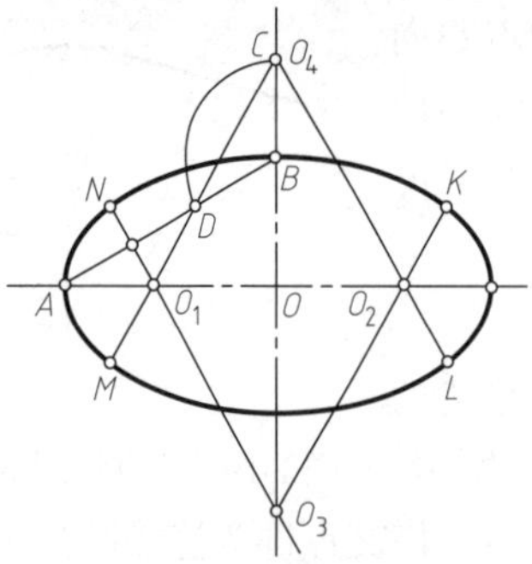

图1-22 四心圆法画椭圆

① 画半长轴OA、半短轴OB及其延长线，连AB，并取$OC=OA$；以点B为圆心，BC为半径画弧与AB交于点D；

② 作AD的垂直平分线交长轴于点O_1，交短轴于点O_3；

③ 按对称位置取另两个圆心O_2、O_4；

④ 分别以点O_1、O_2为圆心，均以O_1A为半径画弧；以点O_3、O_4为圆心，均以O_3B为半径画弧，即得椭圆。点K、L、M、N为四段圆弧的分界点，即四段圆弧的切点

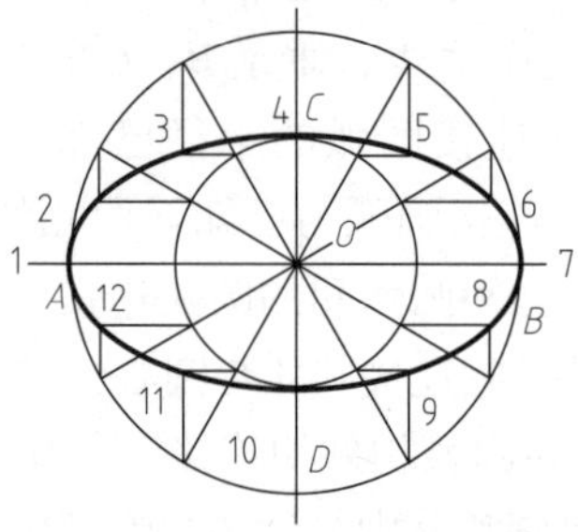

图1-23 同心圆法画椭圆

① 以点O为圆心，分别以长半轴OA和短半轴OC为半径画同心圆；

② 把圆周分成12等分，由圆心O向各等分点画径向线；

③ 由大、小圆上各等分点分别作短轴CD和长轴AB的平行线，对应两平行线分别交于点1、2、……12；

④ 用曲线板依次光滑地连接点1、2、……12，即得所求的椭圆

1.4 平面图形的绘制方法及尺寸标注

如何绘制平面图形，并进行平面图形的尺寸标注呢？首先，在绘制平面图形和标注尺寸之前，应对平面图形中各几何图形及图线的形状、大小、相对位置等进行尺寸分析及线段性质分析，然后确定作图的顺序及作图步骤，才能正确地绘制图形并标注尺寸。

1.4.1 尺寸分析

平面图中的尺寸，按其作用可分为定形尺寸和定位尺寸。

（1）定形尺寸

定形尺寸（size dimension）用于确定平面图形中各线段形状大小。比如直线段的长度、圆或圆弧的直径（或半径）及角度等尺寸，如图1-24中的$R15$、$R12$、$R50$、$R10$等。

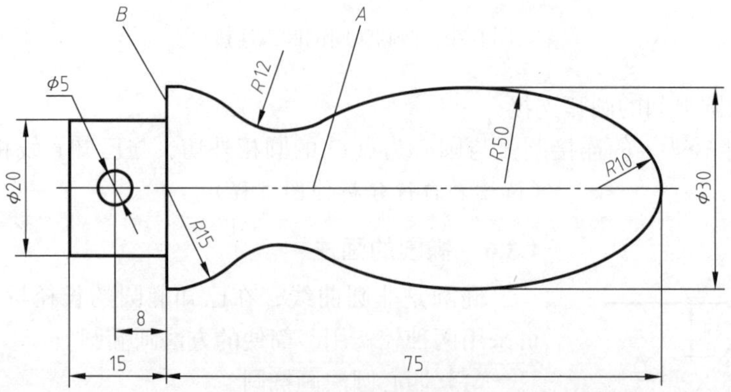

图1-24 手柄平面图

（2）定位尺寸

定位尺寸（location dimension）用于确定平面图形中线段之间相对位置。如图1-24中定位尺寸8是确定$\phi5$圆圆心位置的尺寸。

有时，一个尺寸既是定形尺寸又是定位尺寸。如图1-24中的尺寸75既是手柄长度的定形尺寸，又是$R10$的定位尺寸。

（3）尺寸基准

尺寸基准（dimension datum）是标注定位尺寸的基准。通常以图形的对称中心线、圆的中心线及较长的直线作为尺寸基准。图1-24所示的对称线A为手柄垂直方向的尺寸基准，直线B为水平方向的尺寸基准。

1.4.2　线段分析

平面图形中的线段按所提供的尺寸信息的多少可分为三类：已知线段、中间线段和连接线段。

（1）已知线段

定形、定位尺寸齐全的线段，称为已知线段。即根据作图基准线和已知尺寸能直接作出的线段，如图1-25所示的半径为$R15$、$R10$的圆弧等。

（2）中间线段

只有定形尺寸和一个定位尺寸的线段，称为中间线段。作图时，需要通过连接圆弧一端与已知线段的连接关系才能作出的线段，如图1-25所示的半径为$R50$的圆弧。

（3）连接线段

只有定形尺寸没有定位尺寸的线段，称为连接线段。需利用连接圆弧与已知线段（或中间线段）的连接关系才能作出的线段，如图1-25所示的半径为$R12$的圆弧。

(a) 画作图基准线

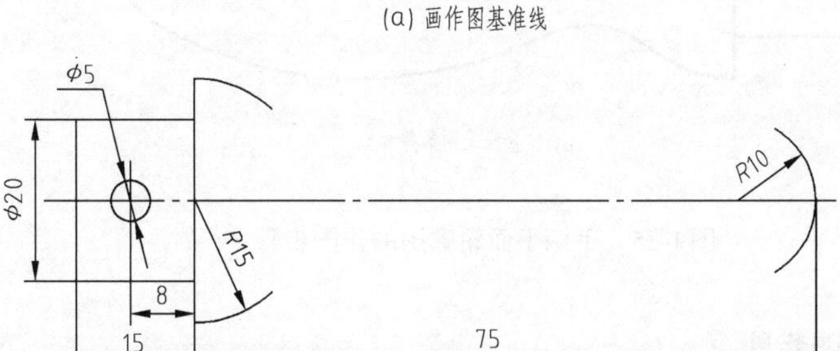

(b) 画已知线段

图1-25

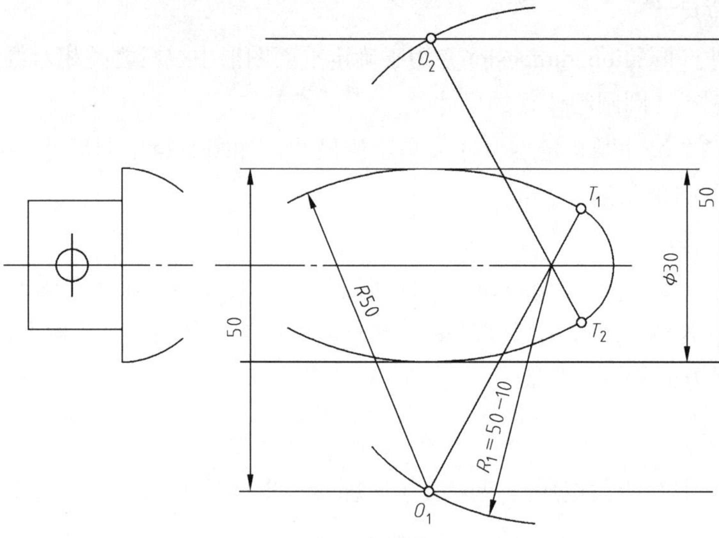

(c) 画中间线段

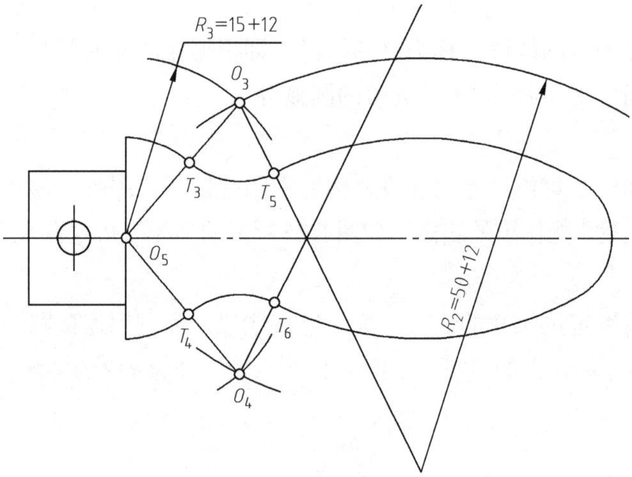

(d) 画连接线段

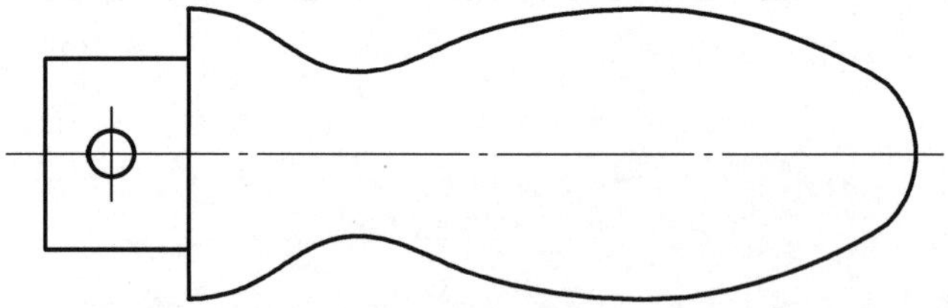

(e) 检查修正图形并加深

01-04 平面图形绘制

图1-25　手柄平面轮廓图的作图步骤

1.4.3　平面图形的作图步骤

显然，要确定平面图线的作图步骤，首先要分析清楚图形，确定哪些线段是已知线段，哪些线段是连接线段，所给的连接条件是怎样的，然后按步骤画图形。一般应先画作图基准线和已知线段，然后画中间线段，最后画连接线段。图1-25为手柄平面轮廓图的作图步骤。

1.4.4 尺寸标注

标注尺寸时，如前所述，应对图形进行必要的分析，先定尺寸基准，再注出定位、定形尺寸。所注尺寸从几何上考虑应完整；应符合国家标准的有关规定，并清晰无误。图1-26所示为平面图形的尺寸标注示例。

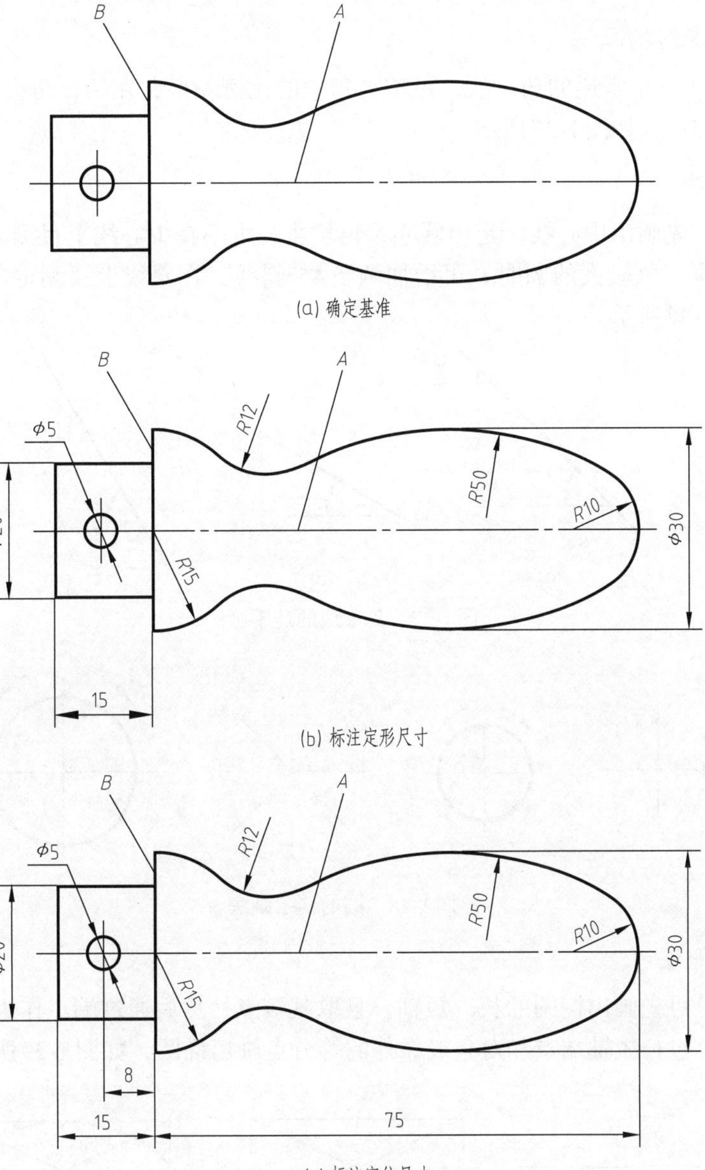

(a) 确定基准

(b) 标注定形尺寸

(c) 标注定位尺寸

图1-26 平面图形尺寸标注示例

1.5 绘制草图方法

草图（freehand drawing）是一种不使用绘图仪器和工具，而按目测比例，徒手（或部分使用绘图仪器）绘制的图样。徒手绘图主要用于画设计草图及现场测绘。工程技术人员不仅要学会使用仪器、计算机进行绘图，还要具备徒手绘图的能力。

绘制草图时仍要求做到：图形正确、线型分明、比例合适、字体工整、图面整洁。

1.5.1　直线的画法

画短线时，手腕运笔，眼睛注意线段的终点，轻轻画出；画长线时，可用目测在直线中间定几个点，眼睛看着下一点的方向，移动手臂和手腕，画出直线。

1.5.2　常用角度线的画法

画30°、45°、60°常用的角度线，可按直角边的比例关系，在两直角边上定出两个端点，然后连点成线即可，如图1-27所示。

1.5.3　圆的画法

画小圆时，先画出中心线，定出圆心；再按半径大小在中心线上目测定出4个点，然后将各点连接成圆。画较大的圆时，可增加两条45°斜线，在斜线上目测定出4个点，然后连点成线，如图1-28所示。

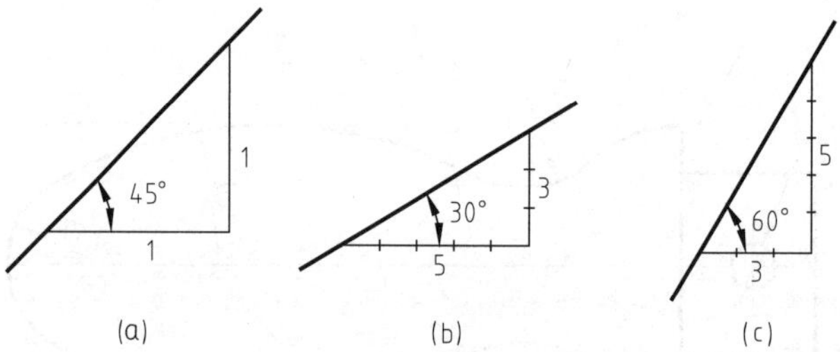

图1-27　角度线的徒手画法

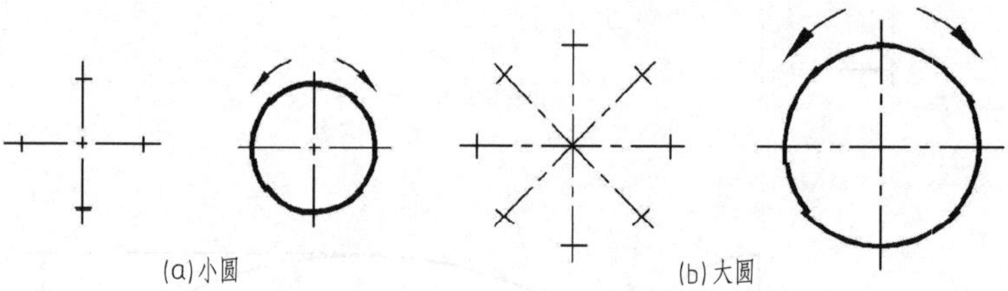

图1-28　圆的徒手画法

1.5.4　椭圆的画法

画椭圆时，可先画出椭圆的长、短轴，且取其端点，然后通过端点作矩形，并将矩形的对角线六等分；过长短轴端点和对角线靠外的等分点画出椭圆，如图1-29所示。

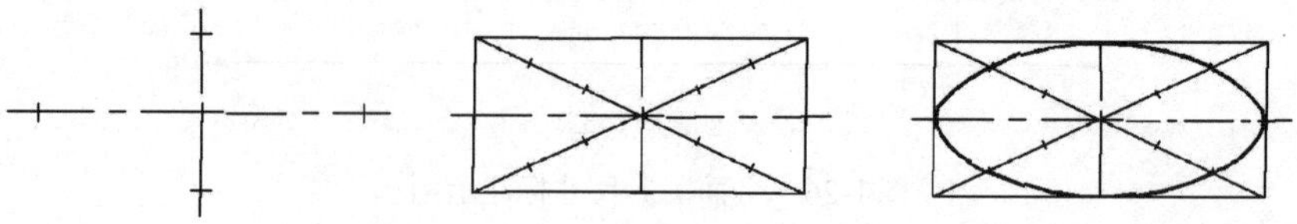

图1-29　椭圆的徒手画法

本章自测题

第2章　点、线、面的投影

本章课件

本章将重点介绍正投影法的概念；点的投影特性；直线在三投影面体系中的投影特性、两直线的相对位置；平面的投影特性，平面上的直线和点的特性等。本章内容是画法几何及工程制图的基础。

2.1　投影法的基本知识

在灯光或阳光的照射下，物体会在地面或墙面上产生与其形状相似的影子。人们通过对这种现象长期观察总结，并根据工程机件的表达需要，制定了用于表达工程实体的投影法则。投影法就是指这种使物体在平面上产生图形的方法。如图2-1所示，投影法包括4个要素：投影中心、投影线、投影面和投影。其中投影中心是所有投影线的起源，投影线从投影中心S出发，经过空间物体ABC，在投影面P上得到ABC的投影abc。

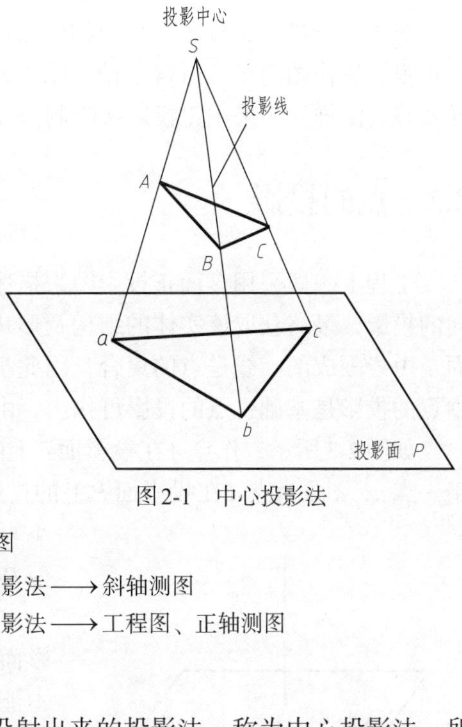

图2-1　中心投影法

投影法（projection method）分为两类：中心投影法（center projection method）和平行投影法（parallel projection method）。

投影法
- 中心投影法 ⟶ 透视图
- 平行投影法 ⟶
  - 斜投影法 ⟶ 斜轴测图
  - 正投影法 ⟶ 工程图、正轴测图

2.1.1　中心投影法

如图2-1所示，所有投影线都从一个投影中心投射出来的投影法，称为中心投影法，所得到的投影称为中心投影（perspective projection），又称为透视图。根据比例原则，中心投影的大小与该物体和投影中心以及投影面之间的距离有关。一般而言，用中心投影法投影所得的透视图具有较强的立体感，但不能反映物体的真实形状和尺寸。因此通常用来表达房屋、桥梁等建筑物的效果图。

2.1.2　平行投影法

投影中心在无穷远处，投影线相互平行的投影法称为平行投影法，采用平行投影法所得到的投影称为平行投影（parallel projection）。如图2-2所示，根据投影线与投影面是否垂直，平行投影法又分为正投影法和斜投影法。

（1）正投影法（orthographic projection method）

投影线相互平行且与投影面垂直，所得到的投影称为正投影（简称投影）。

（2）斜投影法（oblique projection method）

投影线相互平行且与投影面倾斜，所得到的投影称为斜投影。工程上常采用斜投影法绘制轴测图。

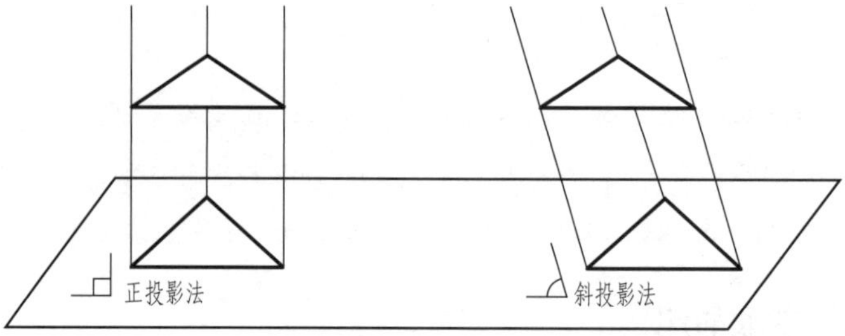

图2-2 平行投影法

对于平行投影，投影大小与物体和投影面之间的距离无关，因此具有较好的度量性。由于正投影法作图简单，所得正投影能正确反映实体的真实形状及尺寸，故工程图样（机械图样及建筑图样）多采用正投影法绘制。今后若无说明，本教材中投影即指正投影。

2.2 点的投影

工程上一般采用多面正投影图来描述实体，即将实体放在多面投影体系中，通过几个方向的投影，最终获取该实体的结构及形状特征。按照几何学的观点，实体由面构建而成，而面是由线围成的，线是点的集合，因此学习实体的投影，应首先学习点、线、面的投影。其中点的投影是基础，点的投影可作出，由点构成的直线、平面和立体的投影也可作出。

如图2-3所示，作点A在投影面P上的投影，可过点A向投影面P做垂线，与投影面P交于一点a，a即为点A在投影面P上的投影（通常空间点用大写字母表示，投影采用相应的小写字母表示）。根据立体几何知识，a是点A在投影面P上的唯一投影。事实上，空间的点与其投影不具备一一对应的关系。图2-3中，a也可以是空间点B在投影面P的投影，故已知投影面P上的一个点的投影，并不能唯一地确定其对应的空间点的位置。因此为了使投影能够准确反映空间点的位置，工程上通常建立相互垂直的两个或多个投影面体系，由点分别向多个投影面投影，从而获得多面正投影，以确定空间点的位置及实体的结构。

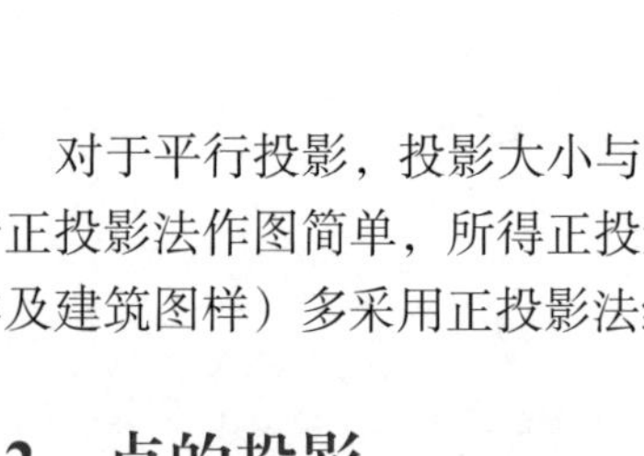

图2-3 点的投影

2.2.1 点在两投影面体系中的投影

取互相垂直的正立投影面（V面，简称正面）和水平投影面（H面，简称水平面）构成两投影面体系，如图2-4（a）所示。V面和H面相交于投影轴OX，并将空间划分为四个分角：第Ⅰ分角、第Ⅱ分角、第Ⅲ分角和第Ⅳ分角。国家标准规定，我国采用第一分角进行投影，对应的两投影面体系指第Ⅰ分角的H面和V面所构成的投影面体系。

如图2-4（b）所示，在V面和H面构成的两投影面体系中，有一空间点A，过点A向V面和H面做垂线，分别得到点A的正面投影a'和水平投影a。由图2-4（b）可知，由点A的正面投影a'和水平投影a可唯一地确定点A的空间位置，进而对于一个实体，其两面投影能够正确地反映其结构形状。但对于复杂的实体，两投影面体系还不能完全清晰地反映其结构特点，因此需建立三投影面体系。

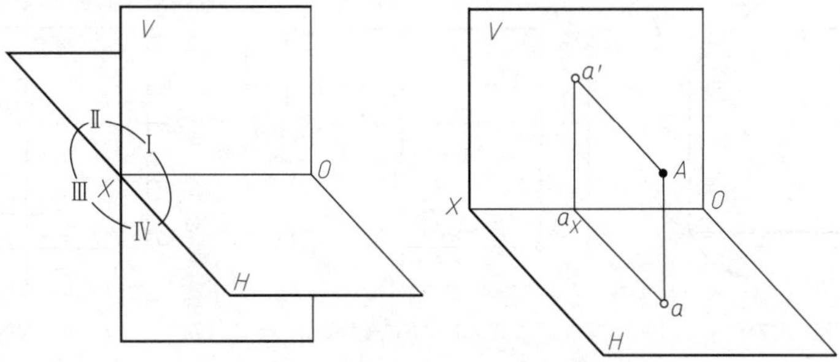

(a)　(b)

图2-4　两投影面体系

2.2.2　点在三投影面体系中的投影

2.2.2.1　点的三面投影及其投影特性

两投影面体系已能确定点的空间位置，但为了更清楚地表达某些复杂的几何形体，需要在上述两投影面体系基础上，再增加一个与H面及V面垂直的侧立投影面（W面，简称侧面），构成三投影面体系，如图2-5（a）所示，三个投影面互相垂直（$V \perp H \perp W$），投影面之间的交线OX、OY、OZ称为投影轴，其中：H面为水平投影面，V面为正立投影面，W面为侧立投影面。其所对应的投影面上的投影分别是水平投影、正面投影和侧面投影。

如图2-5（a）中，空间有一点A，过点A分别向H面、V面和W面作垂线，所得垂足a、a'、a''，即为点A的三面投影，其中a'称为点A的正面投影，a称为点A的水平投影，a''称为点A的侧面投影。这种表示方法是固定的，即空间点用大写字母表示，点的三面投影都用其小写字母表示，其中：水平投影不加撇，正面投影加一撇，侧面投影加两撇，即a、a'和a''。过a、a'、a''分别做OX、OY和OZ轴的垂线，得到交点a_X、a_Y、a_Z。a、a'、a''、a_X、a_Y、a_Z这六个点加上点A和点O构成了一个长方体$Aa a_X a'a''a_Y O a_Z$。

图2-5（a）是点A三面投影的立体图。在工程图样中，为了绘制和识读方便，常绘制实体的平面投影图，因此需将立体投影图展开成平面投影图。展开时，规定V面保持不动，H面绕OX轴向下旋转90°与V面共面，W面绕OZ轴向后旋转90°与V面共面；移去空间点A，即得到点A三面投影的平面展开图，如图2-5（b）所示。OY投影轴分别展开成OY_H轴和OY_W轴，但都代表原OY轴。相应的，点a_Y展开成a_{Y_H}、a_{Y_W}两点。展开后a'、a_X和a共线，a'、a_Z和a''共线。投影之间的连线，称为投影连线，投影连线垂直于相应的投影轴。

从图2-5（b）中可以得到点的三面投影特性：

① 点的正面投影a'和水平投影a的投影连线垂直于OX轴，即$a'a \perp OX$；

② 点的正面投影a'和侧面投影a''的投影连线垂直于OZ轴，即$a'a'' \perp OZ$；

③ 点的水平投影a和侧面投影a''的投影连线垂直于OY轴，故$aa_{Y_H} \perp OY_H$，$a''a_{Y_W} \perp OY_W$；

④ OY_H轴和OY_W轴均由OY投影轴展开而成，故$Oa_{Y_H}=Oa_{Y_W}$。

上述关系中，$Oa_{Y_H}= Oa_{Y_W}$比较重要。作图时，可以通过点O作45°角平分线保证$Oa_{Y_H}=Oa_{Y_W}$。点最终的三面投影图中，投影面的边框以及点a_X、a_Y、a_Z都不必画出，如图2-5（c）所示。

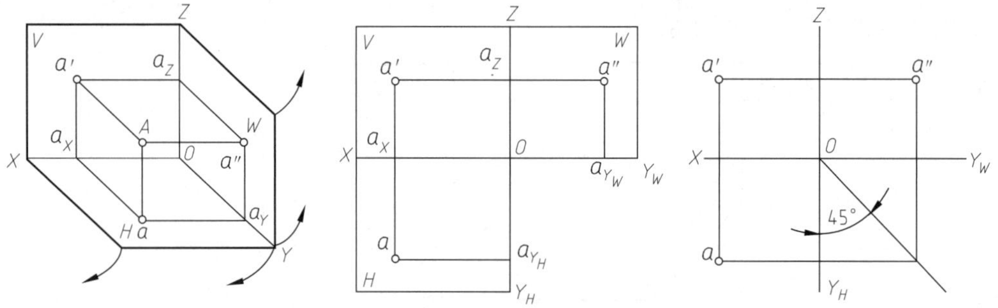

(a) 立体图　(b) 投影面展开图　(c) 投影图

图2-5　点在三投影面体系中的投影

由点的三面投影特性可知，已知一点的两面投影，其第三面投影可作，且唯一确定。

【例2-1】 已知点A的正面投影与侧面投影，如图2-6（a）所示，作点A的水平投影。

作图过程：如图2-6（b）所示，根据点的三面投影特性，过投影a''作OY_W轴的垂线，与45°辅助线相交，然后过交点作OY_H轴的垂线，该垂线与过投影a'作OX轴的垂线相交于a，即为点A的水平投影。

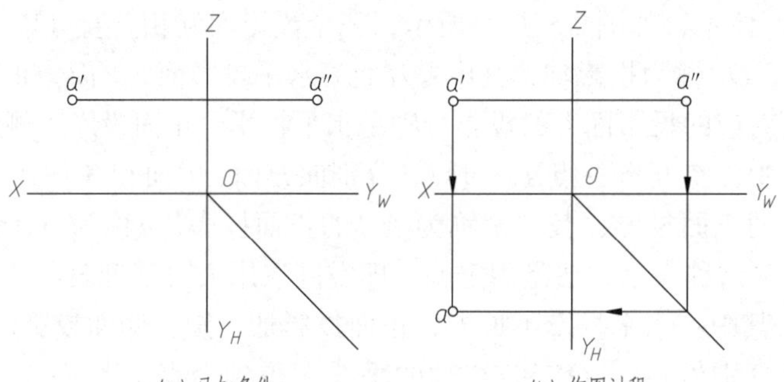

(a) 已知条件　(b) 作图过程

图2-6　已知正面与侧面投影，补全水平投影

2.2.2.2　点的三面投影与直角坐标的关系

在图2-7（a）中，若将三投影面体系看成是一个空间直角坐标体系，将投影面H、V、W作为坐标面，三条投影轴OX、OY、OZ作为坐标轴，三轴的交点O即为坐标原点，则空间点的位置既可以用点的三面投影表示，也可以由点的直角坐标值来确定。从图2-7（a）所示的$Aa\ a_X a'a''a_Y Oa_Z$长方体中，可以得到坐标与投影之间的关系如下：

点A的X坐标X_A=点A到W面的距离$=Aa''=a'a_Z=aa_Y=Oa_X$；

点A的Y坐标Y_A=点A到V面的距离$=Aa'=aa_X=a''a_Z=Oa_Y$；

点A的Z坐标Z_A=点A到H面的距离$=Aa=a'a_X=a''a_Y=Oa_Z$。

另一方面，点的三面投影也可以用坐标表示。如图2-7（b）所示，点A（x，y，z）的正面投影a'由点A的X、Z坐标决定，点A的水平投影a由A点的X、Y坐标决定，点A的侧面投影a''由点A的Y、Z坐标决定。

因此，已知一点的三面投影，就能确定该点的三个坐标；相反地，已知一点的三个坐标值，也可以画出该点的三面投影。

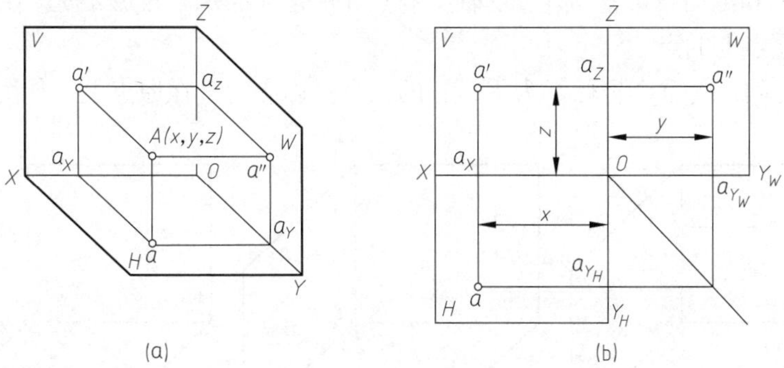

图2-7　点的三面投影与直角坐标

【例2-2】 已知A点的坐标值（25，40，30），作A点的三面投影。

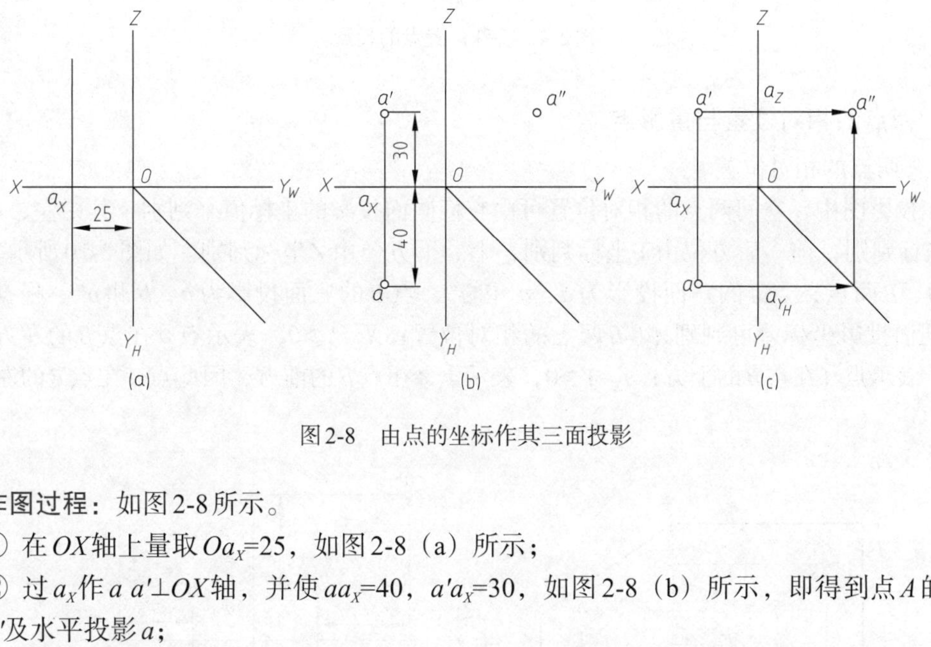

图2-8　由点的坐标作其三面投影

作图过程：如图2-8所示。

① 在OX轴上量取Oa_X=25，如图2-8（a）所示；

② 过a_X作$a\,a'\perp OX$轴，并使aa_X=40，$a'a_X$=30，如图2-8（b）所示，即得到点A的正面投影a'及水平投影a；

③ 过a'作$a'a''\perp OZ$轴，并使$a''a_Z=aa_X$，a、a'和a''即为点A的三面投影。

此外，由点的三面投影特性可知，已知一点的两面投影，其第三面投影是可求且唯一的，故在已获得a、a'的情况下，还可以按图2-8（c）所示由投影a和a'借助45°辅助线作出a''。

2.2.2.3　特殊位置点的投影

（1）投影面上的点

投影面上的点必然有一个坐标值为零，在它的三面投影中，一个投影与空间点本身重合，另外两个投影在相应的投影轴上。如图2-9（a）所示，V面上的点A，其Y坐标为0，故其正面投影a'与点A重合，水平投影a在OX轴上，侧面投影a''在OZ轴上。

（2）投影轴上的点

投影轴上的点必然有两个坐标值为零。在它的三面投影中，两个投影与空间点本身重合，另外一个投影在原点上。如图2-9（b）所示，OZ轴上的点A，它的X、Y坐标为零，因此其正面投影a'和侧面投影a''都在OZ轴上与点A重合，而水平投影a投影在原点。

（3）坐标原点上的点

原点上的空间点，三个坐标都为零，它的三个投影必定都在原点上，如图2-9（c）所示。

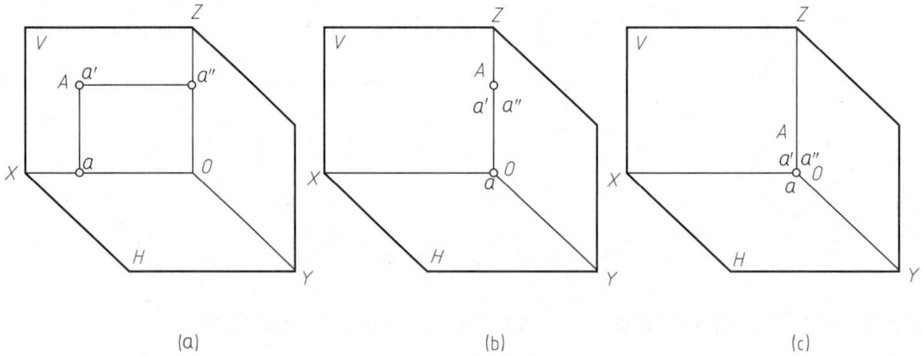

图2-9　特殊位置点的投影

2.2.3　两点的相对位置与重影点

2.2.3.1　两点的相对位置

在投影图中，空间两点的相对位置可由它们同面投影的坐标值来判别；其中左、右方位由X坐标判别，前、后方位由Y坐标判别，上、下方位由Z坐标判别。如图2-10所示，空间内有A、B两点，点A的三面投影为a、a'和a''，点B的三面投影为b、b'和b''。根据A、B两点同面投影坐标差可判别A、B两点的相对位置：$X_A-X_B>0$，表示点A在点B的左方；$Z_A-Z_B>0$，表示点A在点B的上方；$Y_A-Y_B>0$，表示点A在点B的前方，因此点A在点B的左、前、上方。

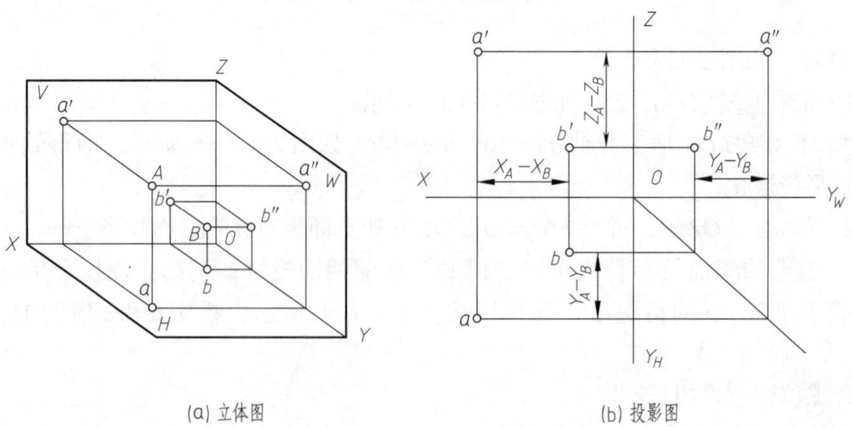

图2-10　两点的相对位置

2.2.3.2　重影点

若空间两点的位置比较特殊，一点在另一点的正前方，或正上方或正左侧，这时，该空间两点在某一投影面上的投影重影为一点，则称这两点为该投影面的重影点。这时，这两点的某两坐标值相同，空间两点连线垂直于该投影面。如图2-11所示，点*A*在点*B*的正前方，两点的*X*、*Z*坐标值相同，*Y*坐标值不同，称点*A*和点*B*是对*V*面的重影点。此外，若点*A*在点*B*的正上方，称点*A*和点*B*是对*H*面的重影点；若点*A*在点*B*的正左侧，称点*A*和点*B*是对*W*面的重影点。当两点的投影重影为一点时，需要判别其可见性，即判别哪一点的投影是可见的，哪一点的投影是不可见的。

判别投影的可见性时，对*H*面的重影点，*Z*坐标值大者（上面的点）的投影可见；对*W*面的重影点，*X*坐标值大者（左边的点）的投影可见；对*V*面的重影点，*Y*坐标值大者（前面的点）的投影可见。重影点投影的可见性判断原则为：上遮下，前遮后，左遮右。在投影图上，不可见的投影需加括号表示。

如图2-11所示，点*A*和点*B*的连线垂直于*V*面，两点在*V*面上的投影a'、b'重影为一点，则*A*、*B*两点是对*V*面的重影点。图中点*A*在点*B*正前面，故对于*V*面上的投影而言，a'为可见，b'为不可见，不可见的投影加括号表示为（b'）。

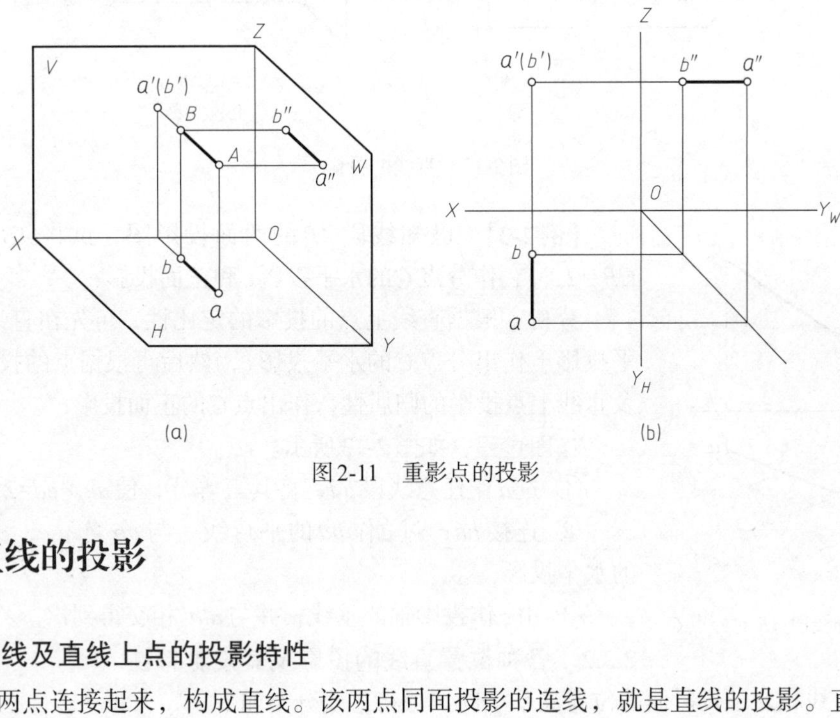

图2-11　重影点的投影

2.3　直线的投影

2.3.1　直线及直线上点的投影特性

空间两点连接起来，构成直线。该两点同面投影的连线，就是直线的投影。直线的投影特性如下：

① 不垂直于投影面的直线的投影，仍为直线；

② 垂直于投影面的直线的投影，积聚成一点（称为投影具有积聚性）。

对于直线上一点的投影，具有如下特性：

① 直线上点的投影，必在直线的同面投影上（直线上点的从属性）；

② 不垂直于投影面的直线上点的投影，分割直线所得比例保持不变（直线上点的定比性）。

如图2-12所示，直线*AB*的投影就是分别将点*A*和点*B*的同面投影连接而得到的，直线*AB*不垂直于投影面，其三面投影仍为直线。若直线*AB*上有一点*C*，则点*C*的投影必在直线

AB的同面投影上，且分割直线所得比例不变，即$AC : CB = ac : cb = a'c' : c'b' = a''c'' : c''b''$。

垂直于V面的直线BE，其投影在V面上积聚为一点$b'(e')$。直线BE上点D的投影也积聚为该点，点D的水平投影及侧面投影均在直线BE的同面投影上，且分割直线所得比例不变，即$ED : DB = ed : db = e''d'' : d''b''$。

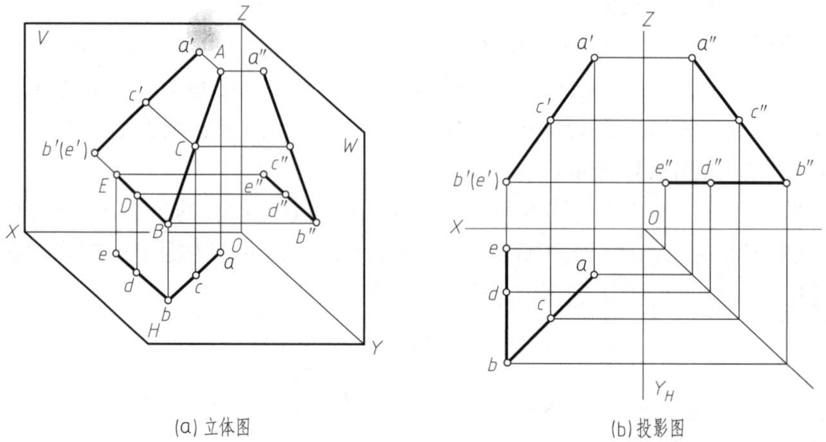

图2-12 直线的投影

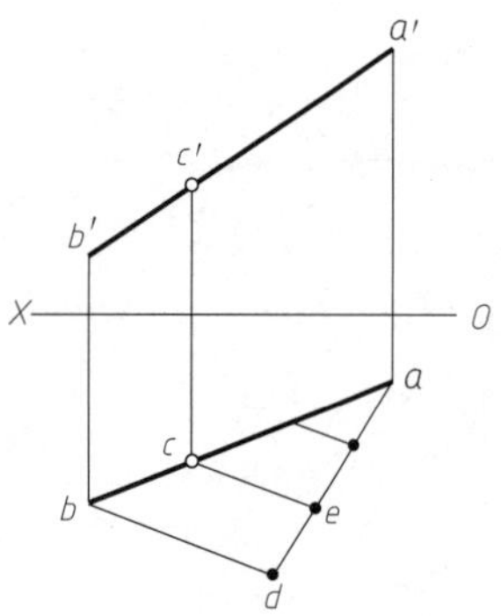

图2-13 分线段AB的分点C

【例2-3】 已知线段AB的两面投影图，试将AB分成$AC : CB = 2 : 1$，作分点C的水平投影c和正面投影c'。

分析：根据直线上点的投影的定比性，可先在直线AB的水平投影上作出分点C的水平投影c，然后再根据点的投影特性以及直线上点投影的归属性，作出点C的正面投影c'。

作图过程：如图2-13所示。

① 过a作任意线段ad，将其三等分，使$ae : ed = 2 : 1$；

② 连接bd，过e作bd的平行线，与ab交于c，c即为点C的水平投影；

③ 由c作投影轴的垂线，并与$a'b'$相交得到c'。

2.3.2 各种位置直线的投影及其投影特性

根据直线相对于投影面的位置关系不同，可将直线分类如下：

- 直线
  - 一般位置直线 与三个投影面都倾斜
  - 特殊位置直线
    - 投影面平行线
      - 正平线平行于V面，倾斜于H、W面
      - 水平线平行于H面，倾斜于V、W面
      - 侧平线平行于W面，倾斜于H、V面
    - 投影面垂直线
      - 正垂线垂直于V面，平行于H、W面
      - 铅垂线垂直于H面，平行于V、W面
      - 侧垂线垂直于W面，平行于H、V面

直线对投影面之间的夹角称为倾角。在三投影面体系中，直线对H、V、W面的倾角分别用α、β、γ表示。当直线平行于投影面时，其对该投影面的倾角为0°；当直线垂直于投影面时，其对该投影面的倾角为90°；当直线倾斜于投影面时，其对该投影面的倾角在0°~90°。

2.3.2.1　一般位置直线

与三个投影面都倾斜的直线称为一般位置直线，如图2-14所示，一般位置直线的投影特性是其三面投影都是直线段，长度缩短，倾斜于投影轴；投影与投影轴的夹角不反映直线与投影面的真实倾角α、β、γ。

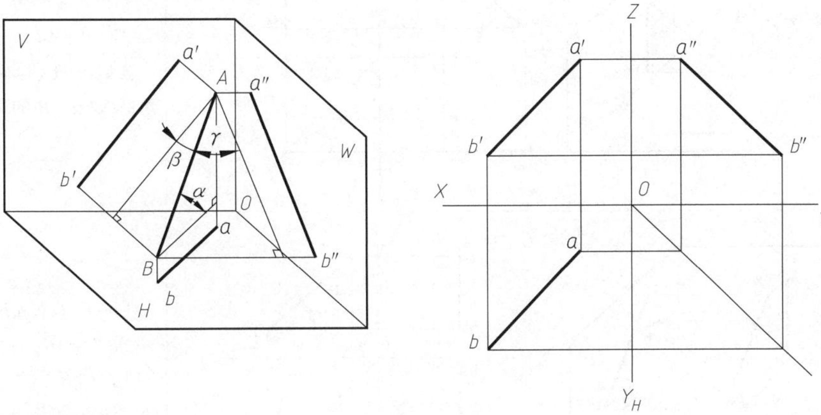

(a) 立体图　　(b) 投影图

图2-14　一般位置直线

2.3.2.2　投影面平行线

平行于某一个投影面，而与另外两个投影面倾斜的直线，称为投影面平行线。

投影面平行线包括：

正平线——平行于V面，倾斜于H面和W面的直线；

水平线——平行于H面，倾斜于V面和W面的直线；

侧平线——平行于W面，倾斜于H面和V面的直线。

以水平线为例，因水平线平行于H面，水平线上所有点到H面的距离都相等，故其水平投影反映线段实长，投影与OX轴的夹角反映该直线对V面的真实倾角β；投影与OY轴的夹角，反映该直线对W面的真实倾角γ；在V面及W面上的投影，分别平行于OX轴、OY轴，且长度缩短。对正平线和侧平线作同样的分析，可得出类似的投影特性，见表2-1。

表2-1　投影面平行线的投影及其特性

种类	立体图	投影图	投影特性
水平线	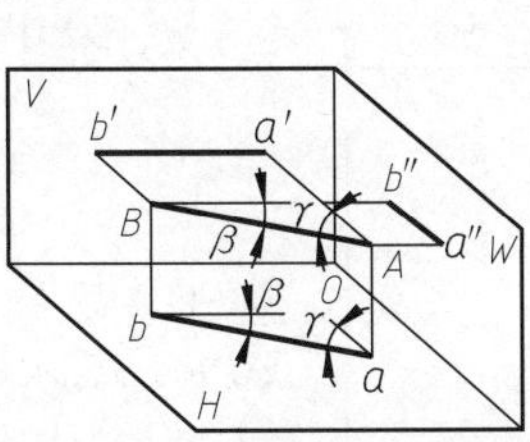	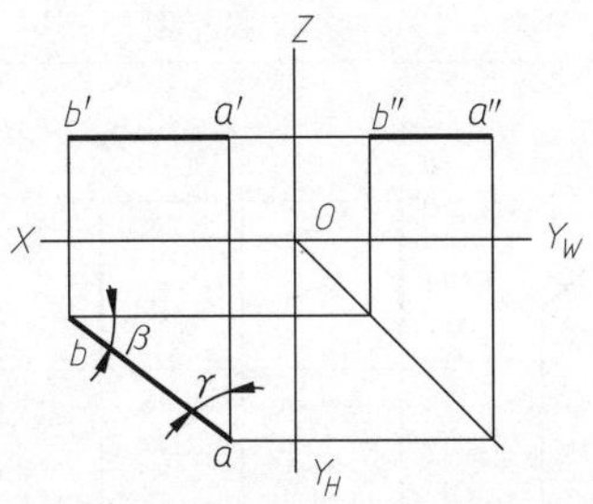	①$a'b'//OX$, $a''b''//OY_W$ ②$ab=AB$ ③ab 投影与投影轴的夹角，反映β、γ角的真实大小

续表

种类	立体图	投影图	投影特性
正平线	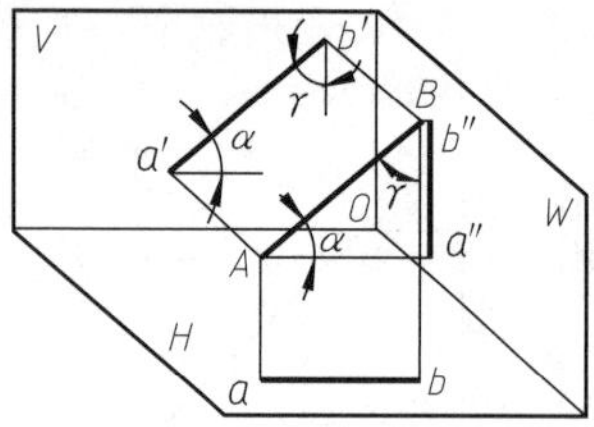	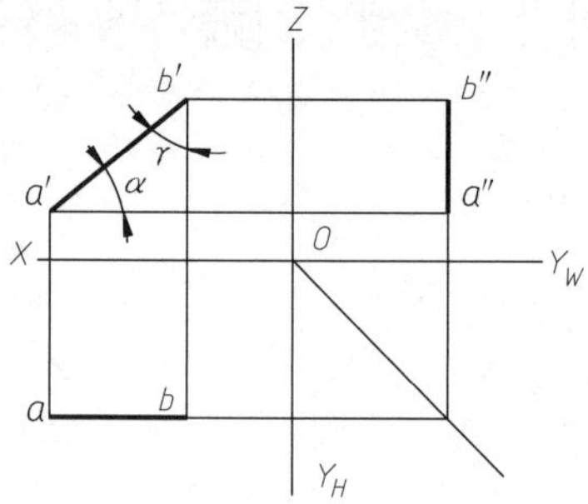	①$ab//OX$，$a''b''//OZ$ ②$a'b'=AB$ ③$a'b'$投影与投影轴的夹角,反映α、γ角的真实大小
侧平线	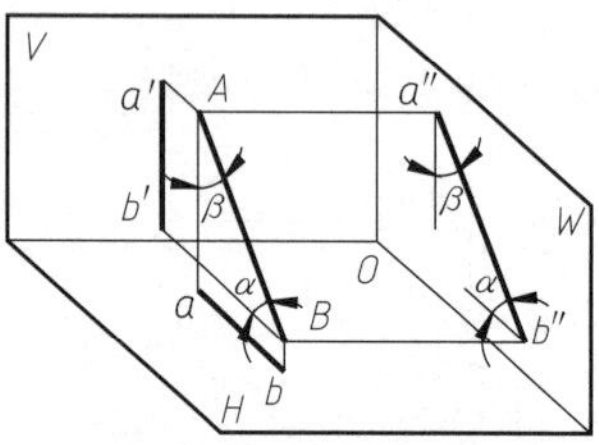	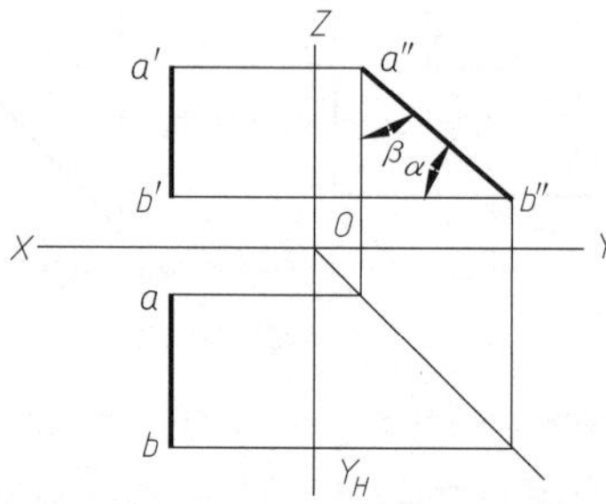	①$a'b'//OZ$，$ab//OY_H$ ②$a''b''=AB$ ③$a''b''$投影与投影轴的夹角,反映α、β角的真实大小

由表2-1可概括出投影面平行线的投影特性：

① 在与直线平行的投影面上的投影为倾斜的直线段，反映实长；该投影与投影轴的夹角，分别反映直线对另外两个投影面的真实倾角；

② 在另外两个投影面上的投影分别平行于相应的投影轴，且都小于实长。

2.3.2.3 投影面垂直线

与某一投影面垂直且与另外两个投影面平行的直线称为投影面垂直线。

投影面垂直线包括：

正垂线——垂直于V面，平行于H面和W面的直线；

铅垂线——垂直于H面，平行于V面和W面的直线；

侧垂线——垂直于W面，平行于V面和H面的直线。

以正垂线为例，因正垂线垂直于V面，平行于H面和W面，故其正面投影积聚成一点；水平投影及侧面投影反映实长，且投影分别平行于OY_W轴和OY_H轴。

对铅垂线和侧垂线作同样的分析，可得出类似的投影特性，见表2-2。

表2-2 投影面垂直线的投影及其投影特性

种类	立体图	投影图	投影特性
铅垂线	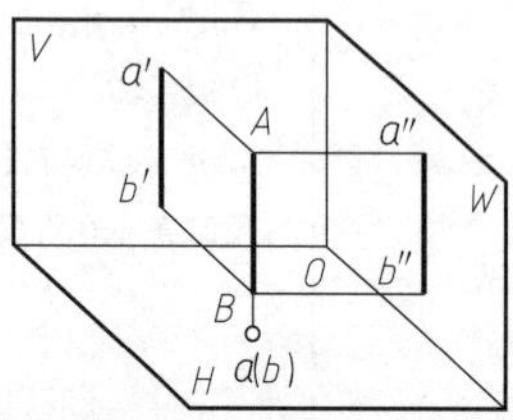	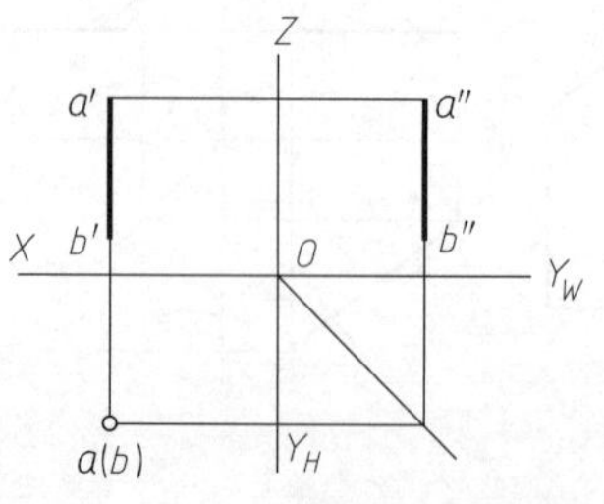	①ab积聚成一点 ②$a'b'\perp OX$,$a''b''\perp OY_W$ ③$a'b'=a''b''=AB$

续表

种类	立体图	投影图	投影特性
正垂线	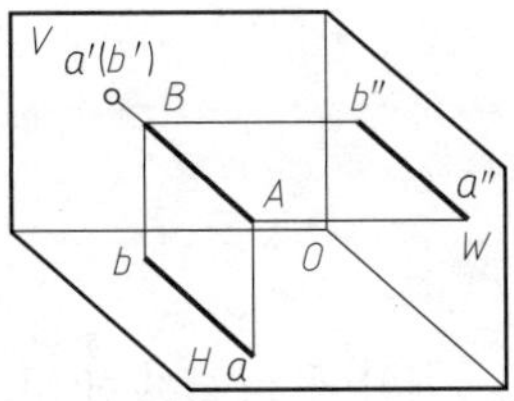	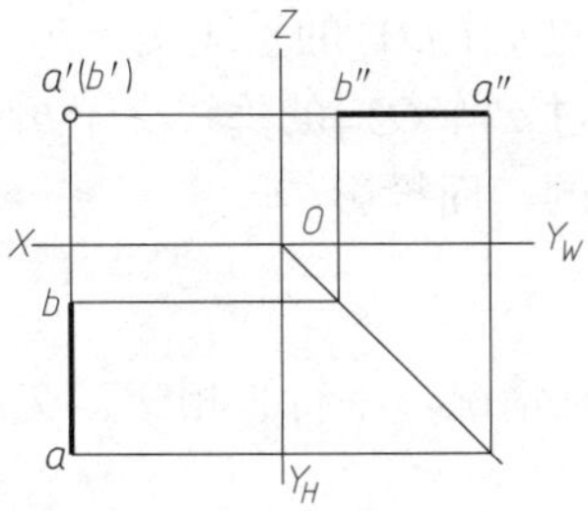	①$a'b'$积聚成一点 ②$ab\perp OX$, $a''b''\perp OZ$ ③$ab=a''b''=AB$
侧垂线	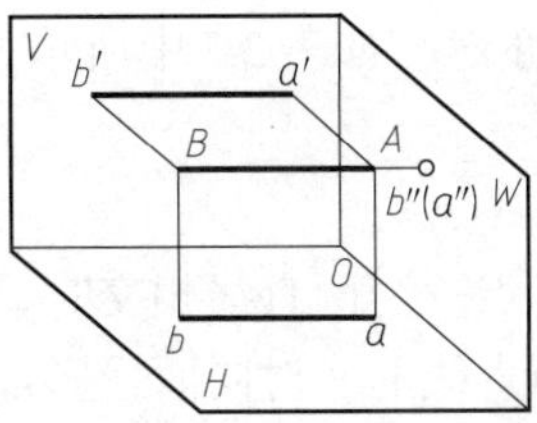	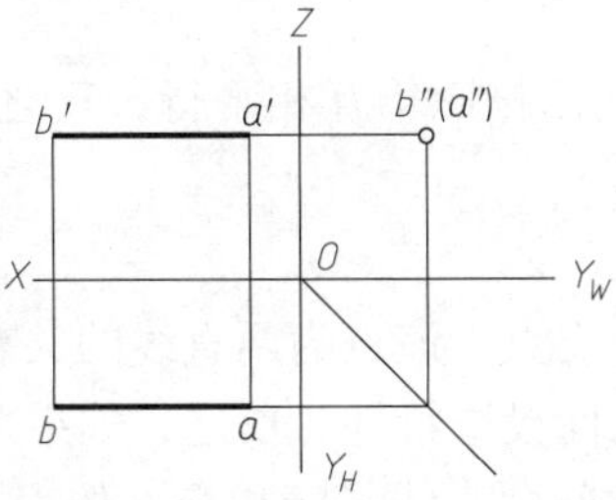	①$a''b''$积聚成一点 ②$ab\perp OY_H$，$a'b'\perp OZ$ ③$ab=a'b'=AB$

由表2-2可概括出投影面垂直线的投影特性：

① 在所垂直的投影面上的投影，积聚成一点；

② 在另外两个投影面上的投影，反映实长且平行于相应的投影轴。

总的说来，空间直线相对于一个投影面的位置有平行、垂直、倾斜这三种，其特性可归纳为：

① 真实性。当直线平行于投影面时，直线在该投影面上的投影反映实长。

② 积聚性。当直线垂直于投影面时，直线在该投影面上的投影积聚为一点。

③ 收缩性。当直线倾斜于投影面时，直线在该投影面上的投影小于直线的实长。

【例2-4】 空间一点A的三面投影如图2-15（a）所示，过点A的正平线AB长为40，点B在点A左下方，且γ=45°，作直线AB的三面投影。

分析：作直线的三面投影，需要首先作出直线上两点的三面投影。根据投影面平行面的投影特性可知，正平线AB在V面的投影与AB等长，且直线AB在V面的投影与Z轴的夹角等于γ。因此可以先作出直线AB在V面的投影$a'b'$。根据正平线的投影特性，ab//OX，$a''b''$//OZ，即可作出B点在H面和W面的投影，连接点A和点B的同面投影即可得到直线AB的三面投影。

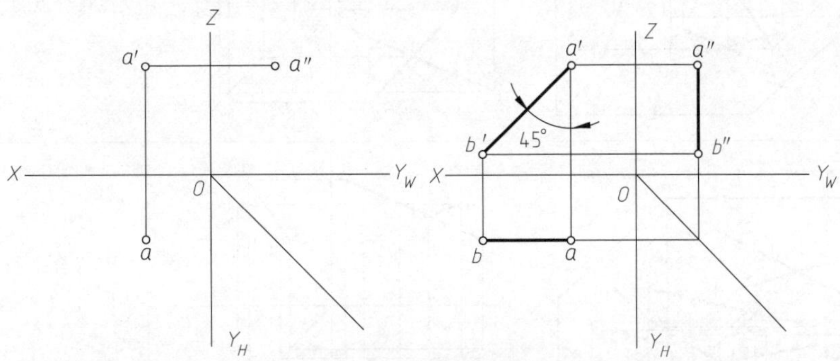

(a)　　(b)

图2-15　作正平线AB的三面投影

作图过程：如图2-15（b）所示。

① 过a'向左下作线段$a'b'$，使$a'b'$=40，$a'b'$与Z轴的夹角为45°；

② 过b'作OX轴的垂线，与过a作OY_H的垂线交于b；

③ 由b'作OZ轴的垂线，与过a''作OY_W的垂线交于b''。

ab、$a'b'$和$a''b''$就是直线AB的三面投影。

2.3.3 两直线的相对位置

空间两直线的相对位置有三种情况：平行、相交、交叉。其中平行直线和相交直线为共面直线，交叉直线为异面直线。

（1）两直线平行

若两直线平行，则其三对同面投影均互相平行，反之亦然。如表2-3中所示，$AB//CD$，$ab//cd$，$a'b'//c'd'$，$a''b''//c''d''$。

（2）两直线相交

空间两直线相交，只有一个交点，该点为两直线的共有点。当两直线相交时，其同面投影一定相交，且交点符合点的三面投影特性；反之，如果两直线的三对同面投影都相交，且交点符合点的投影特性，则该空间两直线一定相交。如表2-3中所示，直线AB与CD相交于点E，其三对同面投影都相交，且投影的交点符合点的三面投影特性。

表2-3 两直线的相对位置及其投影特性

种类	立体图	投影图	投影特性
平行两直线	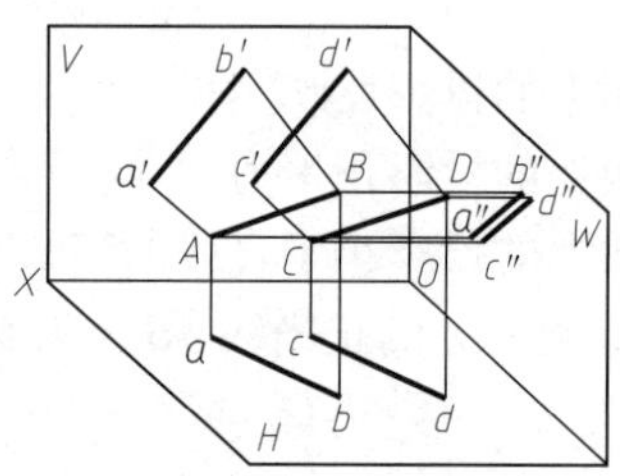	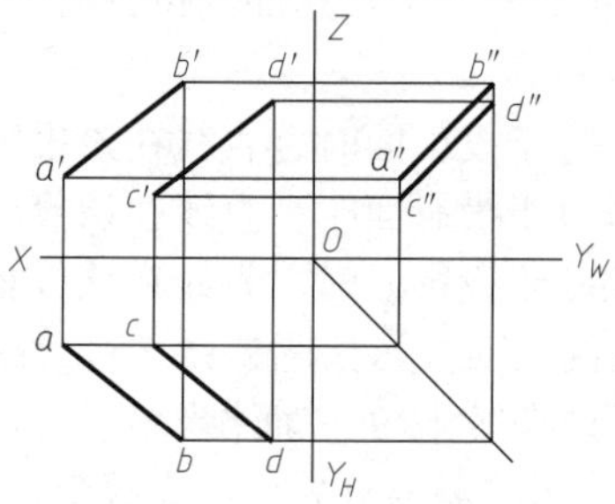	同面投影均相互平行
相交两直线	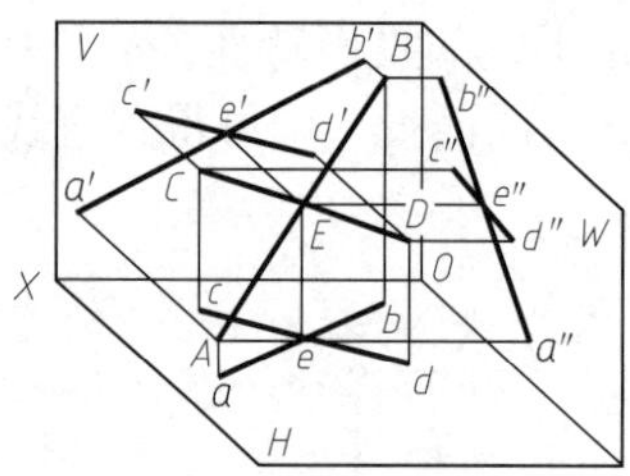	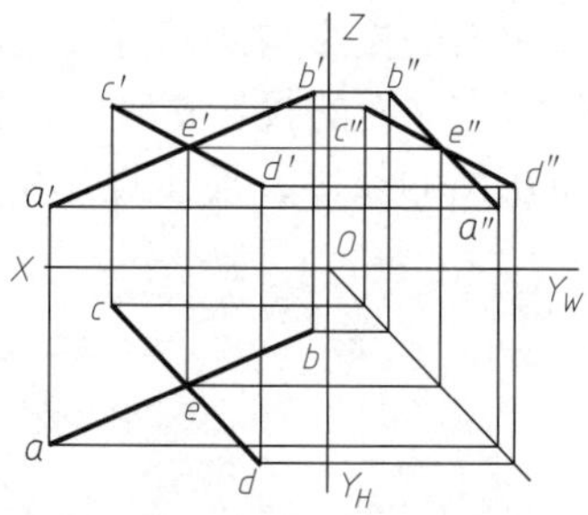	同面投影都相交，且投影的交点符合点的三面投影特性
交叉两直线	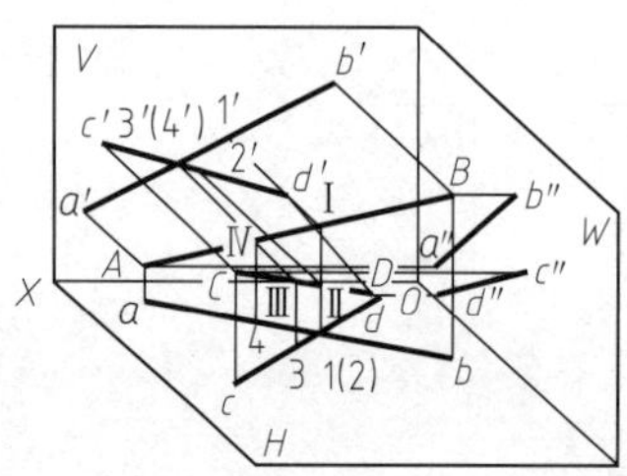	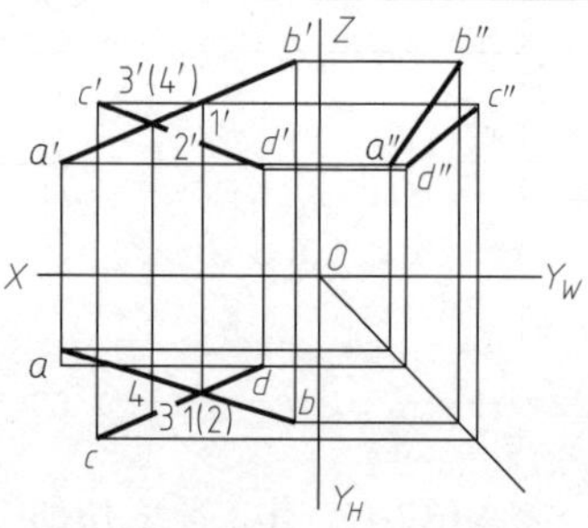	不符合平行两直线的投影特性，也不符合相交两直线的投影特性

（3）两直线交叉

空间两直线既不平行，也不相交，称为交叉。交叉两直线的三面投影，既不符合两平行直线的投影特性，也不符合两相交直线的投影特性。

如表2-3中所示，AB、CD两直线交叉，其同面投影均相交，但其交点并不符合点的三面投影特性。例如，水平投影ab、cd的交点实际上是直线AB上的Ⅰ点和直线CD上的Ⅱ点对H面的重影点的投影，其投影为1（2），2不可见；而正面投影$a'b'$、$c'd'$的交点，实际上是直线AB上的Ⅲ点和直线CD上的Ⅳ点对V面的重影点的投影，其投影为3′（4′），4′不可见。

当空间两直线的两面投影不能确定两直线的位置关系时，可以画出其第三面投影来判断。如图2-16（a）所示，直线AB和CD在H面和V面上的投影都是平行的，它们在W面上的投影是相交的，因此直线AB与CD是交叉的。如果两直线的某一投影面上的投影是相交的，而在另一投影面上的投影是平行的，则这两条直线必然交叉，如图2-16（b）所示。

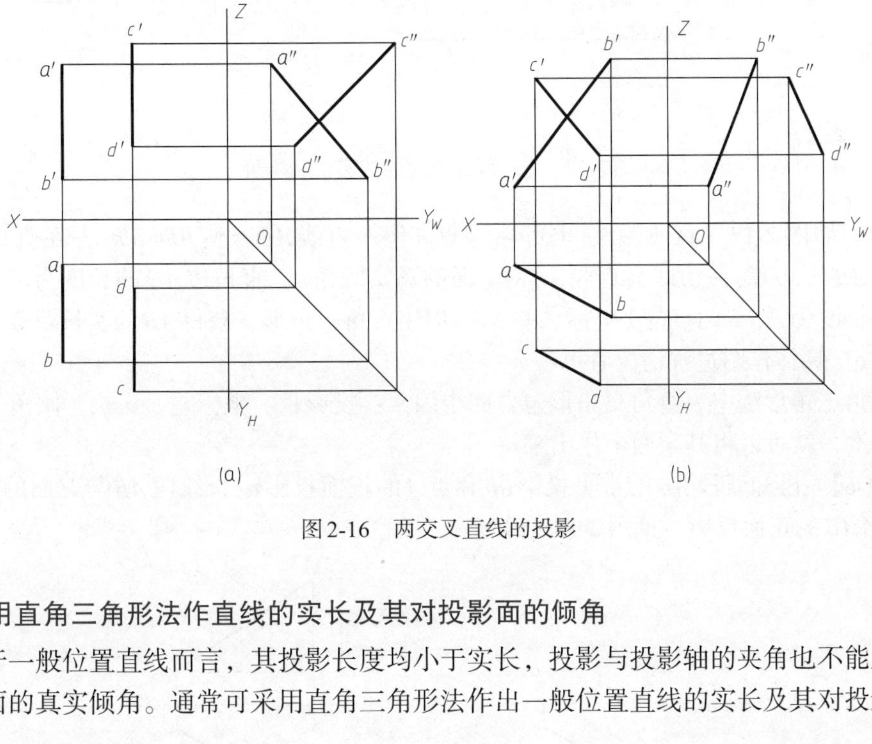

图2-16　两交叉直线的投影

2.3.4　用直角三角形法作直线的实长及其对投影面的倾角

对于一般位置直线而言，其投影长度均小于实长，投影与投影轴的夹角也不能反映直线对投影面的真实倾角。通常可采用直角三角形法作出一般位置直线的实长及其对投影面的真实倾角。

【例2-5】 如图2-17（a）所示：直线AB为一般位置直线，其正面投影为$a'b'$，水平投影为ab。如何在已知$a'b'$、ab的条件下作出直线AB得实长及其对H面和V面的真实倾角α、β呢？

分析：首先，过端点A作$AC//ab$，并与Bb交于C，得直角三角形ABC。在直角三角形ABC中，斜边AB就是线段实长，AB与AC的夹角即为线段AB对H面的真实倾角α。直角边AC=水平投影ab，直角边BC等于线段AB的两端点的Z坐标之差（$\Delta z = Z_B - Z_A$），Δz可以从正面投影$a'b'$上正确量出，也就是说，在已知直线AB正面投影和水平投影的条件下，可以利用直角三角形法作出AB实长及其相对于投影面的倾角。

以水平投影ab为直角三角形的一个边，作AB实长及其对H面的倾角α：

作图过程：如图2-17（b）所示。

（1）以a'作水平线，在正面投影中量取A、B两点的距离差Δz；

（2）以ab为一直角边，过b作ab的垂线bb_0，使$bb_0=\Delta z$，为直角三角形的另一直角边，构建直角三角形abb_0。其中ab_0的长度即为线段AB的实长，ab_0与ab的夹角即为AB与H面的倾角α。

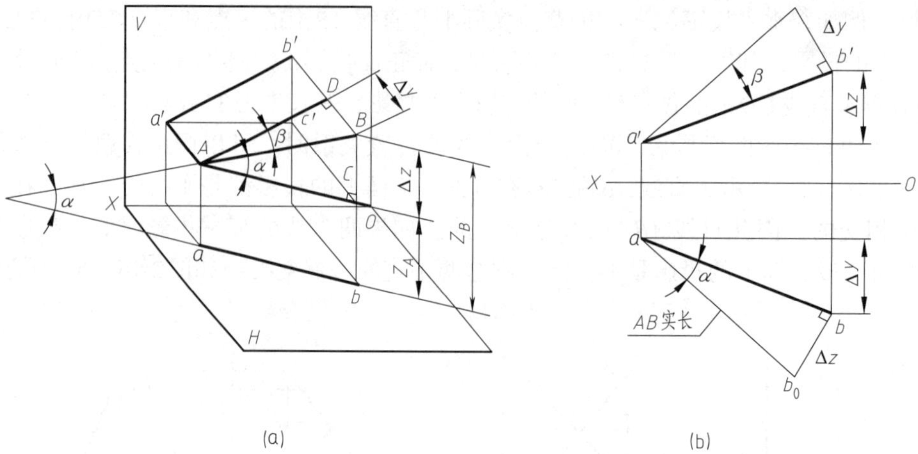

图2-17　作一般位置直线的实长和倾角

同理，如图2-17（a）所示，也可以过点A作一直线AD，使$AD//a'b'$，在直角三角形ADB中，AB与AD的夹角即为直线AB对V面的真实倾角β。直角边AD的长度为$a'b'$，另一直角边的长度为A、B两点的Y坐标之差Δy。构建直角三角形，获得AB的实长及其对V面的真实倾角β。具体作图过程请读者思考。

在直角三角形法中，直角三角形包含四个因素：投影长、坐标差、实长、倾角。只要知道两个因素，就可以将其余两个作出来。

【例2-6】　已知线段AB的水平投影ab和点A的正面投影a'，线段AB与H面的夹角$\alpha=30°$，作出AB的正面投影［见图2-18（a）］。

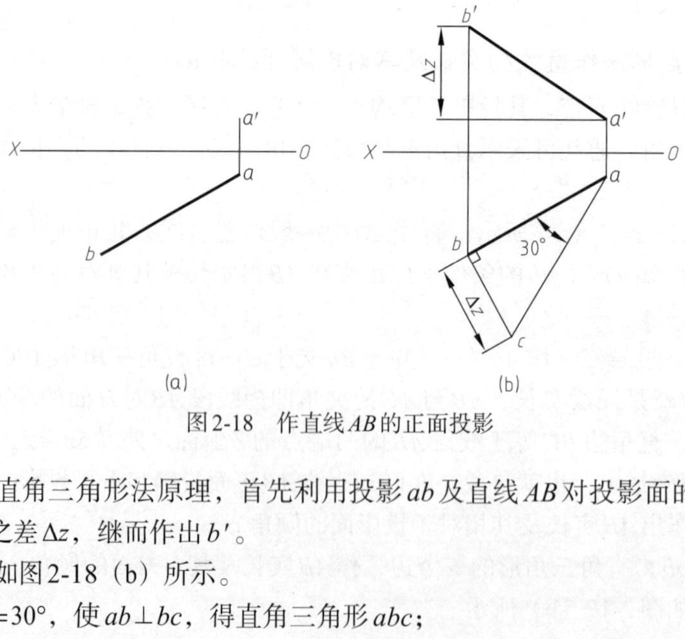

图2-18　作直线AB的正面投影

分析：根据直角三角形法原理，首先利用投影ab及直线AB对投影面的倾角α，作直线两端点的Z坐标之差Δz，继而作出b'。

作图过程：如图2-18（b）所示。

① 作$\angle bac=30°$，使$ab\perp bc$，得直角三角形abc；

② 直角三角形中，bc是AB两端点的Z坐标差Δz，由此即可在正面投影中作出点b'，连接a'、b'即得AB的正面投影$a'b'$。

2.3.5　一边平行于投影面的直角的投影

空间两直线垂直相交，如果有一条直角边平行于某一投影面，则在该投影面上两直线的投影仍然是垂直的。直角的这一投影特性称为直角投影定理，此定理的逆定理也是成立的。如图2-19所示，$\angle ABC$为直角，直线AB平行于H面，在H面的投影ab反映实长。由于$Bb \perp H$面，故$Bb \perp ab$；因为$AB // ab$，所以$Bb \perp AB$；又$AB \perp BC$，$AB // ab$，所以$ab \perp$平面$BCcb$，因此$ab \perp bc$，即$\angle abc$为直角。

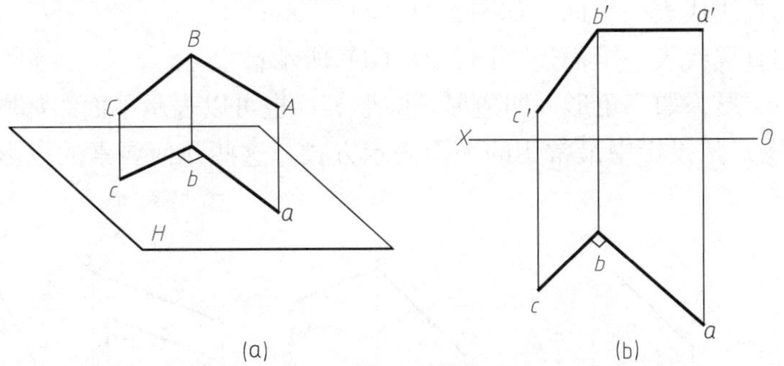

图2-19　一边平行于投影面的直角的投影

【例2-7】 已知矩形$ABCD$部分水平投影abc及部分正面投影$a'b'$，试补全$ABCD$的水平和正面投影［见图2-20（a）］。

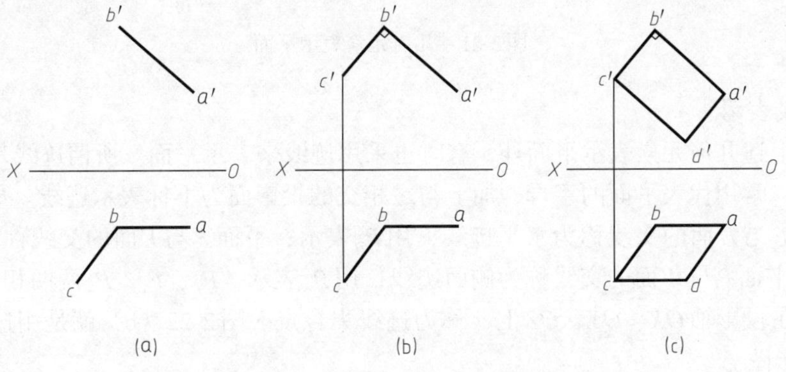

图2-20　补全矩形$ABCD$的投影

分析： $ABCD$为矩形，因此$AB // CD$，$BC // AD$，故只要过a作bc的平行线，过c作ab的平行线，就可以得到矩形$ABCD$的水平投影。$ABCD$的正投影中只有一条直线，需要找到另一点的投影才能补全其正面投影。图中显示AB为正平线，$ABCD$的四个角均为直角，故可以借助直角投影规律得到投影c'，进而补全矩形的正面投影。

作图过程：

① 如图2-20（b）所示，在正面投影中过点b'作直线垂直于$a'b'$，利用点的投影规律，由c作OX轴的垂线，得到交点c'；

② 作$ad // bc$，$cd // ab$，交点为d；

③ 作$a'd' // b'c'$，$c'd' // a'b'$，交点为d'。

2.4 平面的投影

2.4.1 平面的表示法

2.4.1.1 几何元素表示法

如图2-21所示，可用几何元素的形式表示平面：

① 不在同一直线上的三点代表一个面，如图2-21（a）所示；

② 一直线和直线外一点代表一个面，如图2-21（b）所示；

③ 两相交的直线代表一个面，如图2-21（c）所示；

④ 两平行的直线代表一个面，如图2-21（d）所示；

⑤ 任意平面图形，如三角形、四边形、圆形等，也可以表示平面，如图2-21（e）所示。

其中，平面图形是投影中最常用的平面表示方式。这些几何要素的投影就是其代表的面的投影。

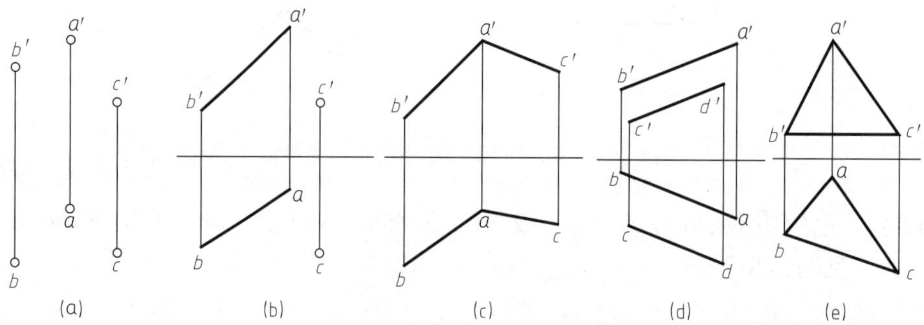

图2-21 几何元素表示平面

2.4.1.2 迹线表示法

除了用上述几何元素表示平面外，有时也采用迹线来表示平面。所谓迹线是指平面与投影面的交线，常用代表平面的字母，加上与之相交的投影面为下标表示迹线。如图2-22（a）所示，平面P与H面的交线称为水平迹线，用P_H表示；平面P与V面的交线称为正面迹线，用P_V表示；平面P与W面的交线称为侧面迹线，用P_W表示。P_H、P_V、P_W两两相交，交点P_X、P_Y、P_Z分别在投影轴OX、OY、OZ上，称为迹线集合点。图2-22（b）就是用迹线表示的平面P面的投影图。

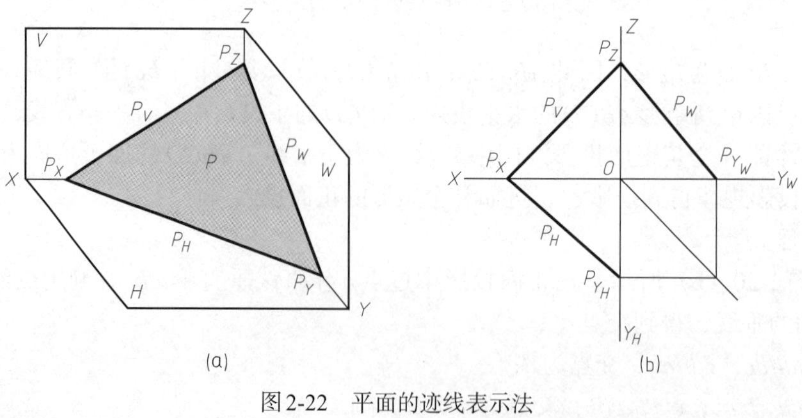

图2-22 平面的迹线表示法

2.4.2　平面相对投影面的位置关系

和直线对投影面的位置关系类似，平面对投影面的相对位置也可分为三类：一般位置平面、投影面垂直面、投影面平行面。其中投影面垂直面及投影面平行面属于特殊位置平面。平面与投影面H、V、W的倾角，同样依次用α、β、γ来表示。

- 平面
  - 一般位置平面
  - 特殊位置平面
    - 投影面垂直面
      - 正垂面垂直于V面，倾斜于H、W面
      - 铅垂面垂直于H面，倾斜于V、W面
      - 侧垂面垂直于W面，倾斜于H、V面
    - 投影面平行面
      - 正平面平行于V面，垂直于H、W面
      - 水平面平行于H面，垂直于V、W面
      - 侧平面平行于W面，垂直于H、V面

2.4.2.1　一般位置平面

与三个投影面都倾斜的平面称为一般位置平面，如图2-23所示，△ABC与三个投影面都倾斜，所以它的三个投影都不反映实形，但是其投影为类似于△ABC的图形，且投影的面积变小。如图2-23所示，一般位置平面的迹线与投影轴都相交，且倾斜于投影轴。

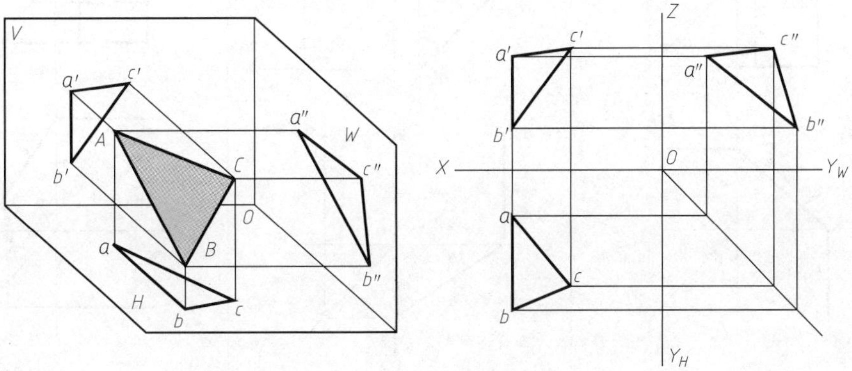

(a) 立体图　　(b) 投影图

图2-23　一般位置平面的投影特性

2.4.2.2　投影面垂直面

垂直于一个投影面，而与另外两个投影面倾斜的平面，称为投影面垂直面。投影面垂直面包括：

- 正垂面——垂直V面而倾斜于H、W面；
- 铅垂面——垂直H面而倾斜于V、W面；
- 侧垂面——垂直W面而倾斜于V、H面。

各种投影面垂直面的投影及其投影特性见表2-4。从表2-4中可概括出投影面垂直面的投影特性：

① 在所垂直的投影面上的投影积聚成一倾斜于投影轴的直线，该直线与投影轴的夹角，分别反映该平面对另外两个投影面的真实倾角。

② 在另外两个投影面上的投影与该平面类似，面积缩小。

③ 在所垂直的投影面上的迹线为倾斜于投影轴的直线段，该直线段可以代表投影面垂

直面。

表2-4中，可用一条倾斜于投影轴的迹线表示投影面垂直面。这是因为过该迹线，只能作出一个平面与该投影面垂直。如过P_V线只能作一个正垂面P与V面相垂直。

表2-4 投影面垂直面的投影特性

名称	正垂面(垂直于V面)	铅垂面(垂直于H面)	侧垂面(垂直于W面)
立体图	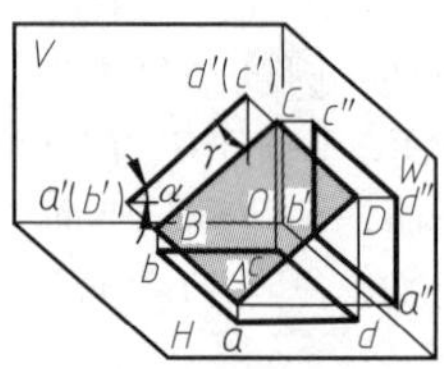	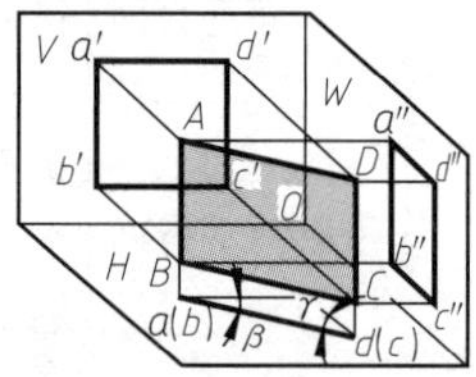	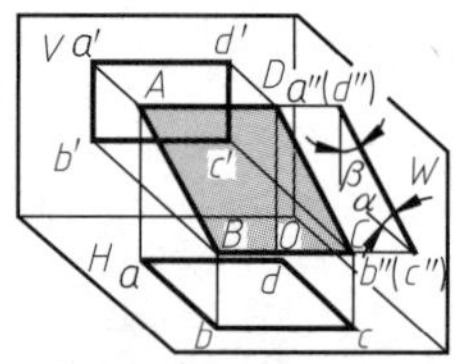
投影图	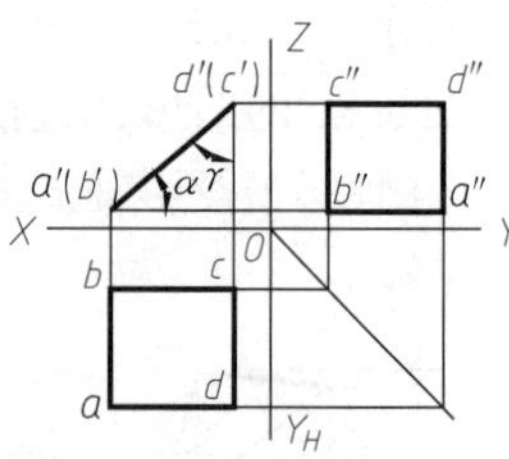	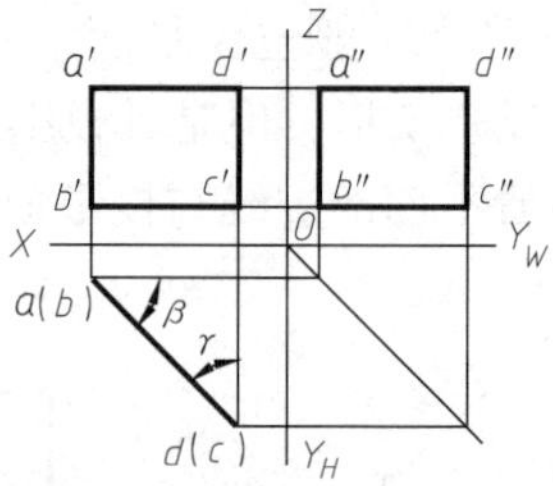	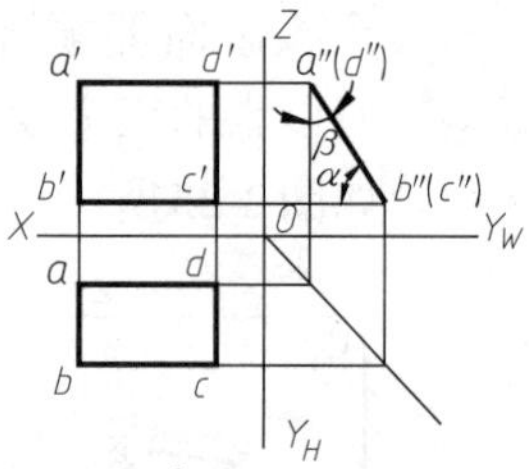
迹线特征	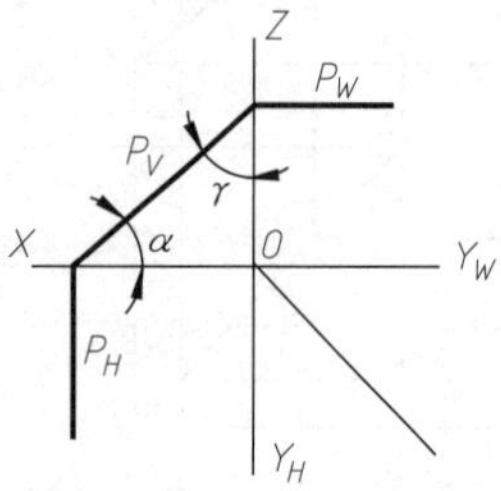	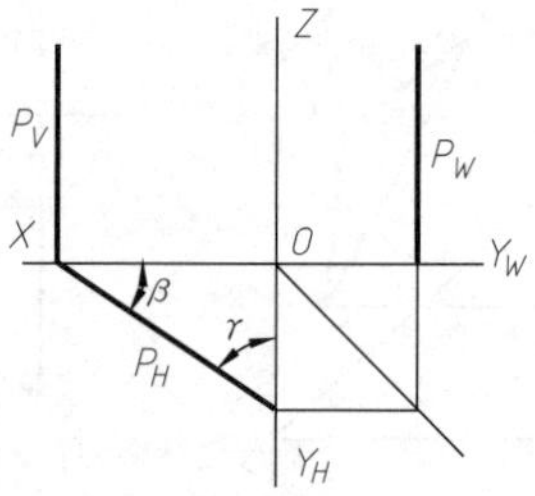	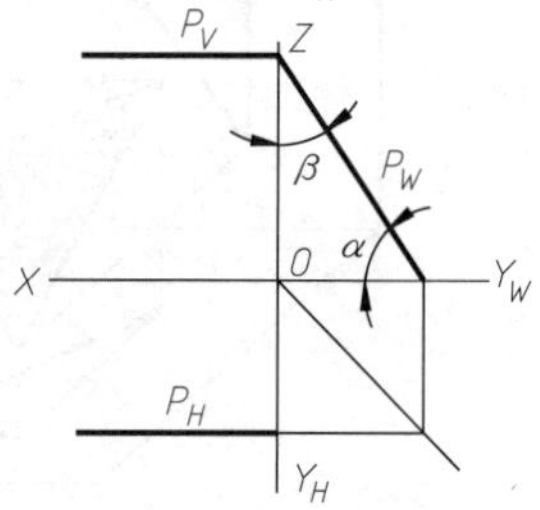
投影特性	①V面投影积聚成直线 ②α、γ反映平面对H面和W面的真实倾角 ③V面投影迹线倾斜于投影轴 ④在H面及W面上的投影为该平面的类似图形,面积缩小	①H面投影积聚成直线 ②β、γ反映平面对V面和W面的真实倾角 ③H面投影迹线倾斜于投影轴 ④在V面及W面上的投影为该平面的类似图形,面积缩小	①W面投影积聚成直线 ②α、β反映平面对H面和V面的真实倾角 ③W面投影迹线倾斜于投影轴 ④在H面及V面上的投影为该平面的类似图形,面积缩小

2.4.2.3 投影面平行面

平行于一个投影面，而与另外两个投影面垂直的平面，称为投影面平行面。投影面平行面包括：

- 正平面——平行于V面而垂直于H、W面；
- 水平面——平行于H面而垂直于V、W面；
- 侧平面——平行于W面而垂直于H、V面。

各种投影面平行面的投影及其投影特征见表2-5。

表2-5　投影面平行面的投影特性

<table>
<tr><th>名称</th><th>正平面(平行于V面)</th><th>水平面(平行于H面)</th><th>侧平面(平行于W面)</th></tr>
<tr><td>立体图</td><td>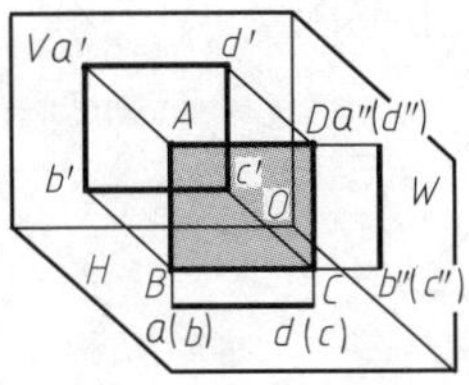</td><td>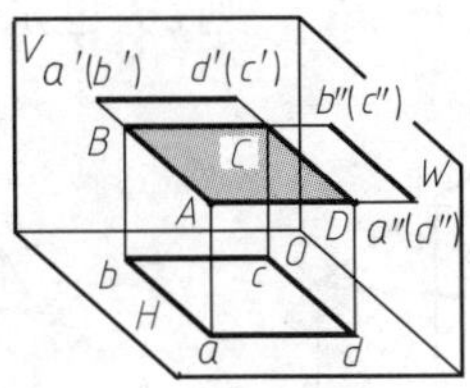</td><td>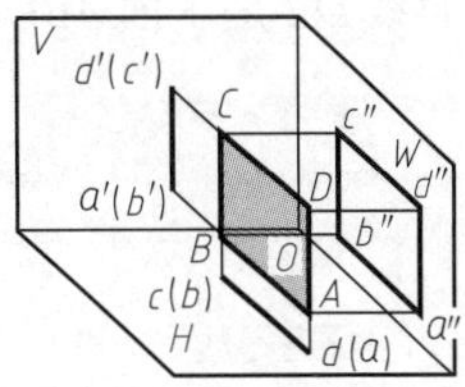</td></tr>
<tr><td>投影图</td><td>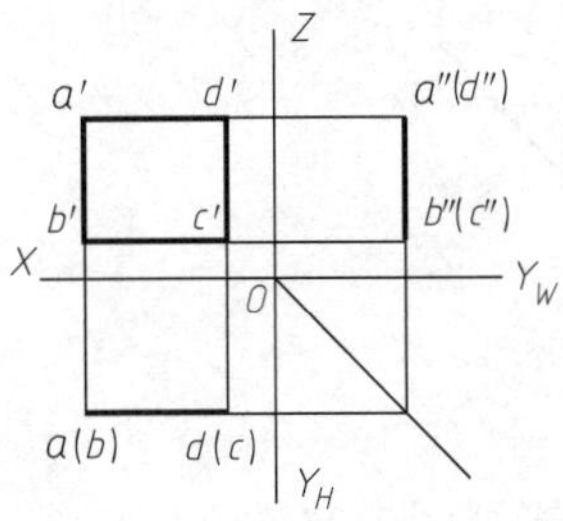</td><td>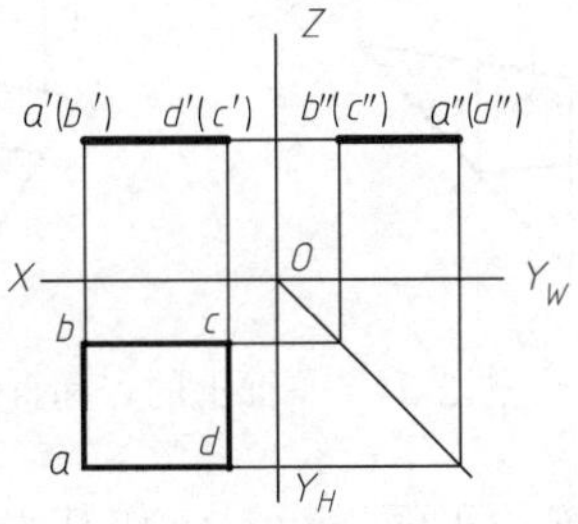</td><td>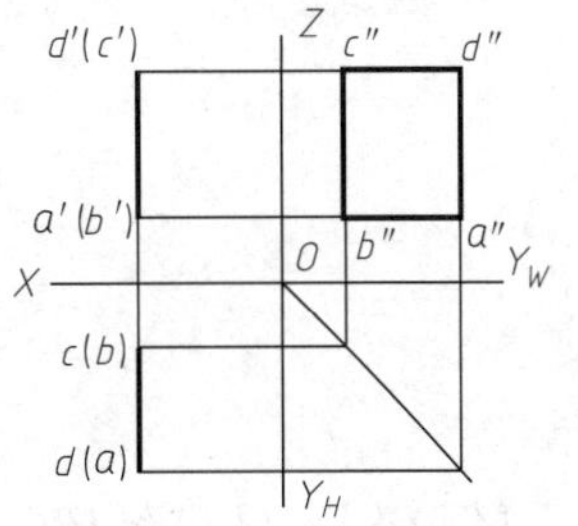</td></tr>
<tr><td>迹线特征</td><td>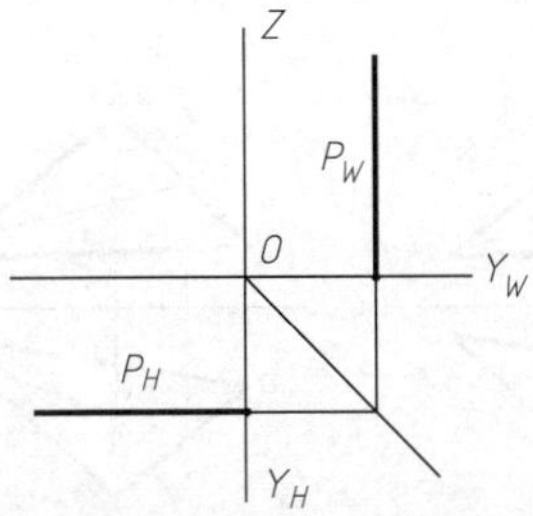</td><td>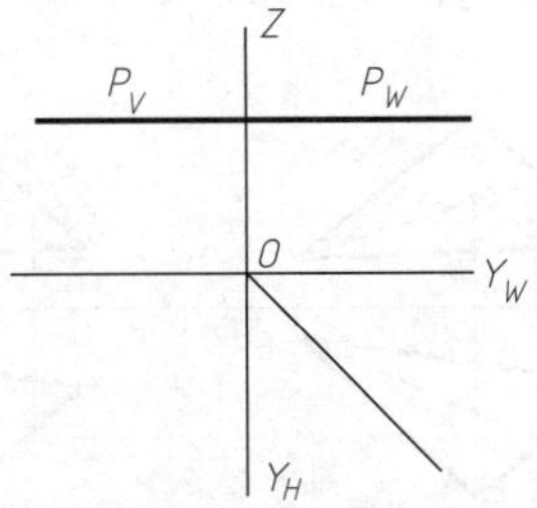</td><td>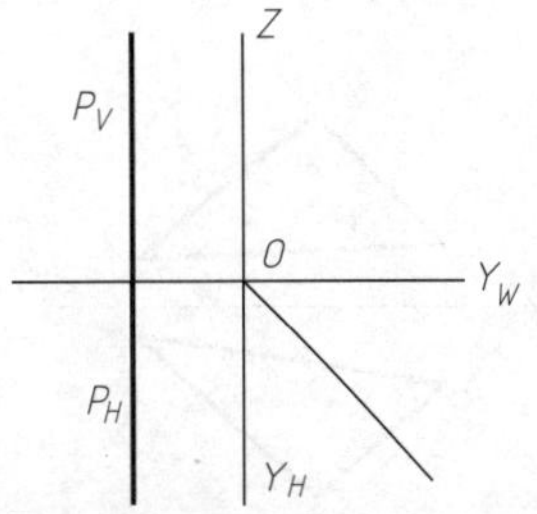</td></tr>
<tr><td>投影特性</td><td>①V面投影反映实形
②H面和W面投影都积聚为直线，且分别平行于OX轴和OZ轴
③H面迹线平行于OX轴，W面迹线平行于OZ轴</td><td>①H面投影反映实形
②V面和W面的投影都积聚为直线，且分别平行于OX轴和OY_W轴
③V面迹线平行于OX轴，W面迹线平行于OY_W轴</td><td>①W面投影反映实形
②H面和V面的投影都积聚为直线，且分别平行于OY_H轴和OZ轴
③V面迹线平行于OZ轴，H面迹线平行于OY_H轴</td></tr>
</table>

由表2-5可概括出投影面平行面有如下投影特征：

① 在所平行的投影面上的投影反映平面实形。

② 在另外两个投影面上的投影都积聚为直线，且平行于相应的投影轴。

③ 在所垂直的投影面上的迹线为平行于相应投影轴的直线段。

从表2-5的投影特性中可知，可用任意一条平行于投影轴的迹线代表投影面平行面。因为过该迹线只能作出一个投影面平行面，如过线P_H，只能作一个平面与V面平行。

平面的投影有三种特性：

① 积聚性——在所垂直的投影面上的投影积聚成一条直线；

② 实形性——在所平行的投影面上的投影反映实形；

③ 类似性——在所倾斜的投影面上的投影为类似图形。

2.4.3　平面上的点和线

平面上的点和直线具有以下几何特性：

(1) 点在平面上，则该点必在这个平面的一条直线上。

(2) 直线在平面上，则直线必通过面上的两点，或通过平面上的一已知点，且又平行于平面上的一条直线。

如图2-24所示，点D在直线AB上，点E在直线AC上，因此D、E两点是平面ABC上的点，直线DE是平面ABC上的线；$DF//BC$，则DF也是平面ABC上的线。

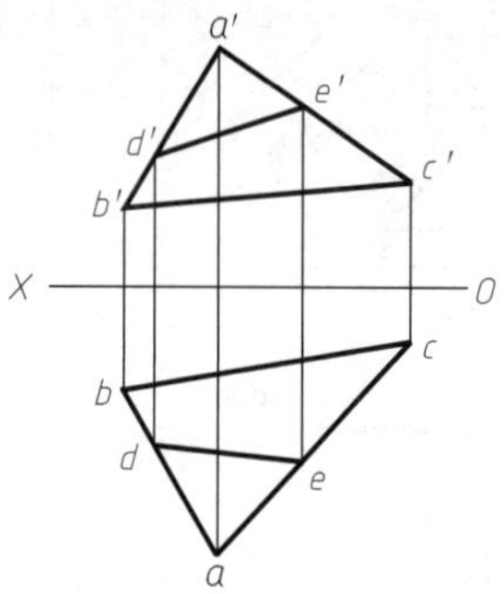

图2-24 平面上的点和直线

【例2-8】 已知△ABC上点E的正面投影e'，作其水平投影［图2-25（a）］。

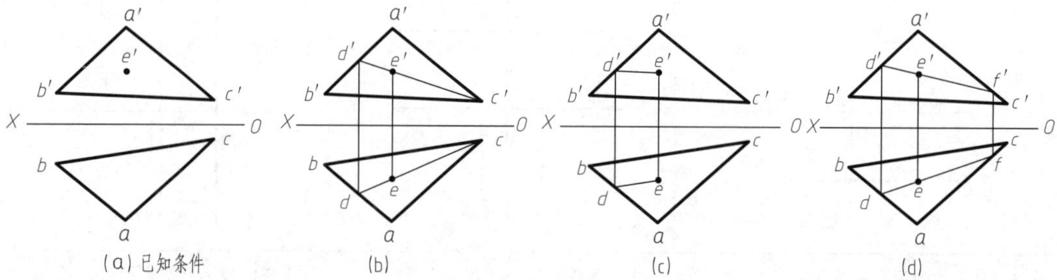

图2-25 作△ABC上点E的水平投影

分析： 点E在△ABC上，则该点一定在△ABC面上的一条直线上。因此可在△ABC面上作出一条经过该点的辅助直线及辅助线的投影，然后根据点的投影特性作出点E的水平投影e。有三种作辅助直线的方法：①将三角形的一个顶点和点E相连成辅助线；②过点E作与三角形一条边平行的直线；③过点E任意作一辅助直线与三角形两条边相交。

作图过程：

解法一 如图2-25（b）所示，连接$c'e'$并延长交$a'b'$于d'；因点D在AB上，点D的水平投影一定在AB的水平投影上，故过d'作OX轴的垂线，与ab相交得到交点d。连接cd，过e'作OX轴的垂线，交cd于e，e即为点E的水平投影。

解法二 如图2-25（c）所示，过e'作$b'c'$的平行线$e'd'$，交$a'b'$于d'，其水平投影d必在ab上。过d作bc的平行线，按投影关系，过e'作OX轴的垂线与该平行线相交得点E的水平投影e。

解法三 如图2-25（d）所示，过e'任作一直线$d'f'$，分别交$a'b'$和$a'c'$于d'、f'。分别过d'、f'作OX轴的垂线，与ab和ac相交得到交点d和f。连接df，过e'作OX轴的垂线，交df于e，e即为点E的水平投影。

【例2-9】 如图2-26（a）所示，已知五边形$ABCDE$的水平投影和AB、BC边的正面投影，试完成五边形的正面投影。

分析： 由于图中相交两直线AB、BC的两面投影已知，因此可以作出经过D、E两点的辅助线，根据点、线、面的从属性即可补画出五边形的正面投影。

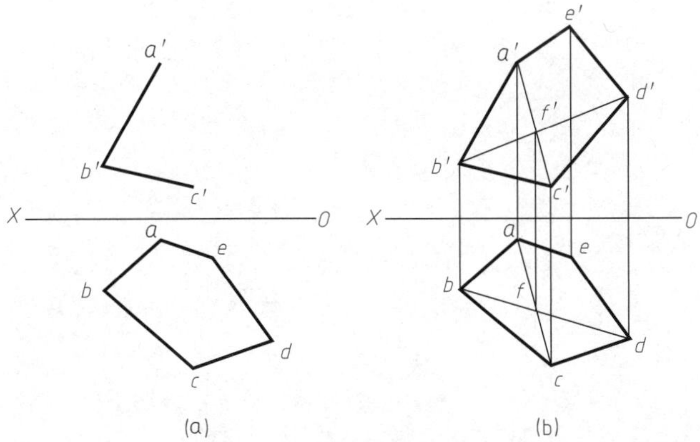

图2-26　补全五边形的正面投影

作图过程：如图2-26（b）所示。

① 连接ac、bd相交于点f，连接$a'c'$，过点f作投影轴的垂线与$a'c'$交于f'。

② 连接$b'f'$并延长，与过点d作OX轴的垂线相交得d'。

③ 同理可作出e'，顺次将五边形各点的正面投影连接起来。

2.4.4　圆的投影

圆构成一个平面，作圆的投影，即作出相对于投影面的各种位置圆面的投影。

一般位置圆，三面投影皆为椭圆，如图2-27（a）所示。

投影面垂直圆，在所垂直的投影面上投影积聚为直线，其长度等于圆的直径；另外两投影面上的投影为椭圆，在确定椭圆的长短轴后，可用四心圆法近似作出，如图2-27（b）所示。

投影面平行圆，在所平行的投影面上的投影反映实形，在另外两投影面上的投影分别积聚成直线，直线的长度等于圆直径，如图2-27（c）所示。

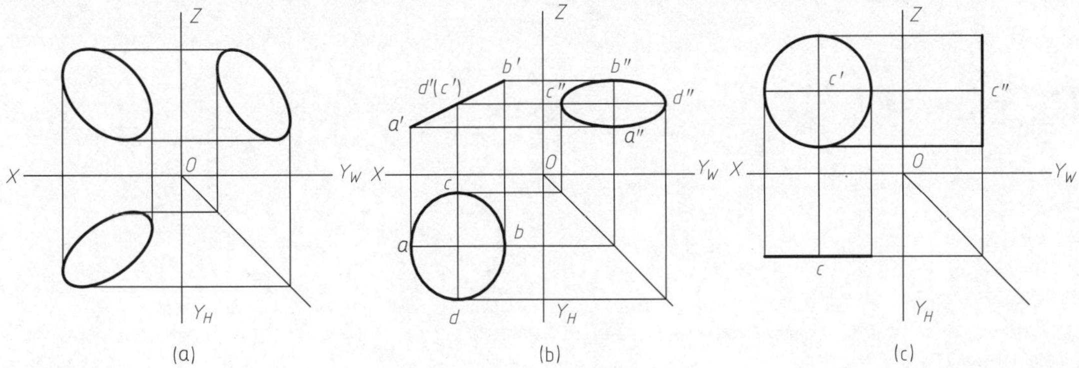

图2-27　圆的投影

本章自测题

第3章　立体的投影

本章课件

本章主要介绍立体及立体表面上点、线的投影；平面与立体表面相交所得截交线的投影；被截切立体的投影及两回转体表面相交的相贯线投影。

立体是由表面所围成的。根据立体表面的不同，立体分为平面立体和曲面立体。立体表面都是平面的立体，称为平面立体；立体表面包含曲面的立体，称为曲面立体。

3.1　平面立体及其表面上点、线的投影

平面立体是由若干平面所构成的。绘制平面立体的投影，实质上是绘制平面立体表面的投影；进一步说，就是绘制各表面交线——轮廓线的投影；而轮廓线之间有交点，因此绘制平面立体的投影可以转化为绘制立体表面各轮廓线交点的投影。在绘制立体的投影时，可见轮廓线的投影用粗实线绘制，不可见轮廓线的投影用虚线绘制；当实线与虚线重合时，实线遮住虚线，即只绘制实线。

常见的平面立体有棱柱（prism）和棱锥（pyramid）（包括棱台）。

3.1.1　棱柱

棱柱有直棱柱（right prism）和斜棱柱（oblique prism），本书以介绍直棱柱的投影为主。

常见的直棱柱有三棱柱（tri-prism）、四棱柱（quadrangular prism）、五棱柱（pentagonal prism）、六棱柱（hexagonal prism）等。下面以正六棱柱为例，讲解绘制棱柱及棱柱表面上点、线投影的方法。

3.1.1.1　棱柱的投影

图3-1（a）为一正六棱柱及其三面投影。如图所示，该六棱柱有八个表面，其中上顶面和下底面为正六边形的水平面，棱线分别与上顶面、下底面垂直；前后两个棱柱面为正平面，其余四个棱柱面为铅垂面。这些面之间的交线，就是正六棱柱的轮廓线。绘制正六棱柱的投影，就是绘制八个表面的投影，进一步讲也就是绘制这些轮廓线的投影；而这些轮廓线的端点分别是上顶面上的点A、B、C、D、E、F和下底面上的点A_0、B_0、C_0、D_0、E_0、F_0。因此，绘制正六棱柱的投影就转化为作上顶面上点A、B、C、D、E、F和下底面上点A_0、B_0、C_0、D_0、E_0、F_0各点的投影。因上顶面、下底面都是水平面，其正面及侧面投影积聚为直线，水平投影反映实形，且上顶面与下底面的水平投影重合。根据这些特性，按照投影关系，可作出上顶面、下底面上点A、B、C、D、E、F、A_0、B_0、C_0、D_0、E_0、F_0的三面投影；遵循“可见的轮廓线投影连成实线，不可见的轮廓线投影画虚线；当实线与虚线相重合时，实线遮住虚线”的原则，做相应的连接，就得到正六棱柱的三面投影，如图3-1（b）所示（请读者自行验证根据此方法所得立体及立体各表面投影的正确性）。

03-01 正六棱柱的三面投影动画

绘制立体投影图时，可省略投影轴［如图3-1（b）所示］；三面投影图之间的距离可视绘图空间或布局灵活确定，但必须保证立体及立体表面上任意的点和线的投影都符合投影特性，即：

- 正面投影与水平投影长对正；
- 正面投影与侧面投影高平齐；
- 水平投影与侧面投影宽相等，且前后对应。

本书后续中所指的投影特性或投影关系，皆符合上述三条，以后不再赘述。

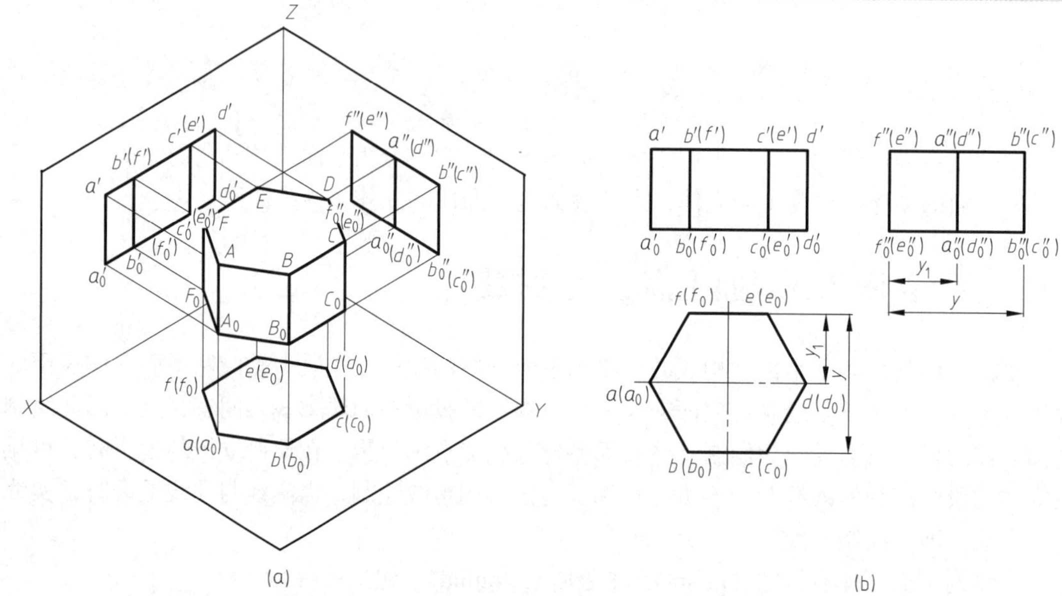

图3-1 正六棱柱的投影

3.1.1.2 棱柱表面上点、线的投影

已知六棱柱表面上点I、J、K的正面投影，其中点k在上顶面边线上，作这三点的水平投影及侧面投影。

03-02 求正六棱柱表面点和线的投影动画

如图3-2（a），i'、j'、k'正面投影都可见，可知点I、J、K分别是铅垂棱柱面、铅垂棱线、上顶面侧垂边线上的点。根据投影特性，可直接作出其水平投影i、j、k和侧面投影i''、j''、k''，其中i''不可见。

折线IJK的三面投影应分别是点I、J、K同面投影的连线，如图3-2（b）所示。

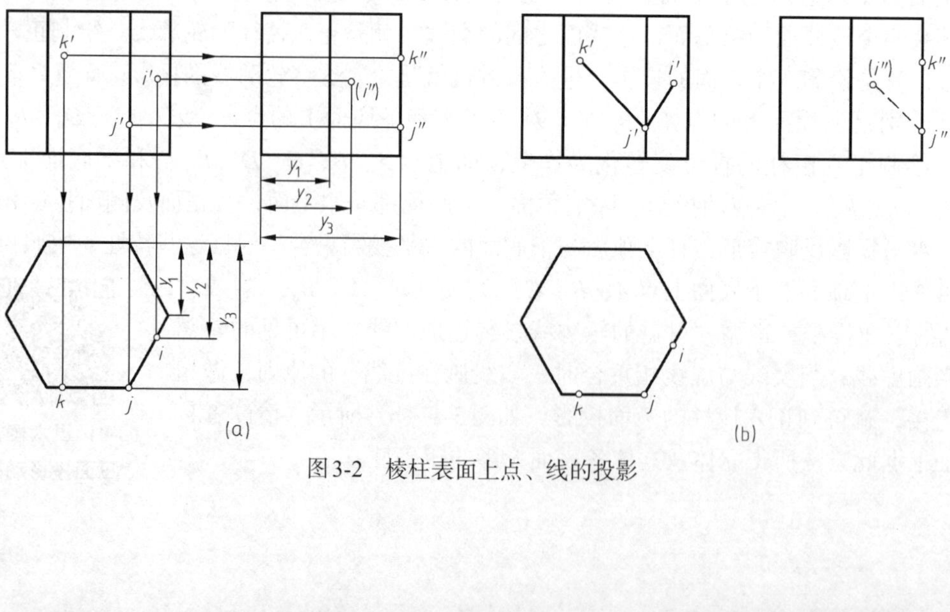

图3-2 棱柱表面上点、线的投影

3.1.2 棱锥

3.1.2.1 棱锥的投影

以三棱锥为例，讲解绘制棱锥及棱锥表面上点、线投影的方法。

【例3-1】 已知正三棱锥*SABC*，高为*h*，如图3-3（a）所示；其中△*SAC*面为侧垂面，△*ABC*面为水平面，绘制此三棱锥的投影。

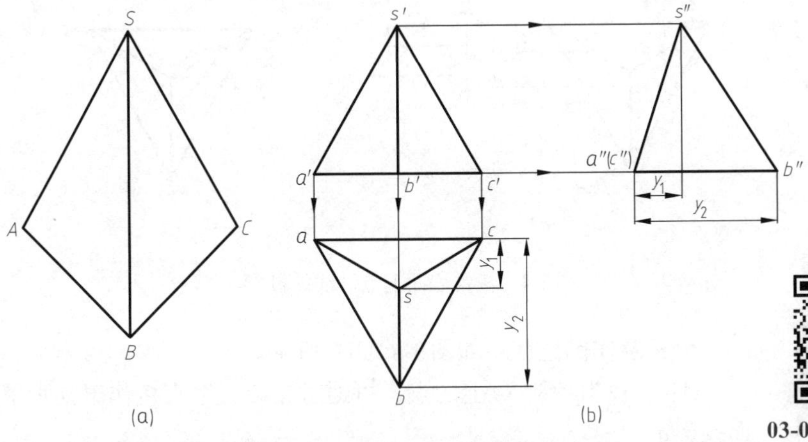

图3-3 正三棱锥的投影

03-03 正三棱锥的三面投影动画

分析：

① 该正三棱锥*SABC*的下底面△*ABC*面为正三角形，点*S*在下底面的投影恰好为△*ABC*的中心。

② 绘制正三棱锥*SABC*的投影，即为作*S*、*A*、*B*、*C*四点的投影，将点的同面投影顺次连接，即为该三棱锥的投影。

作图过程：如图3-3（b）所示。

① 作三棱锥的正面投影。因*A*、*B*、*C*三点是△*ABC*水平底面的三个顶点，△*ABC*水平底面的正面投影积聚为一直线，点*S*投影的位置相对于△*ABC*面投影位置确定；故可以先作出△*ABC*平面及点*S*的正面投影*a′b′c′*和*s′*；因正面投影*s′*、*a′*、*b′*、*c′*都可见，*SA*、*SB*、*SC*棱线正面投影*s′a′*、*s′b′*、*s′c′*可见，故连线为粗实线。

② 作三棱锥的水平投影。按投影关系（正面投影与水平投影长对正），△*ABC*平面的水平投影*abc*是反映实形的正三角形，点*S*的水平投影*s*恰好在水平投影*abc*三角形的中心。水平投影*a*、*b*、*c*、*s*可见，各棱边水平投影应连成实线。

③ 作三棱锥的侧面投影。在立体两面投影确定后，第三面投影是可求的，是唯一确定的。因△*ABC*面为水平面，其侧面投影*a″b″c″*积聚为一直线；△*SAC*面为侧垂面，线段*AC*为侧垂线，故*AC*的侧面投影重影为一点*a″*（*c″*）；按投影关系，可先确定*a″*（*c″*），再作出*b″*、*s″*；其中*s″*、*a″*、*b″*可见，*c″*不可见，连接各棱线的侧面投影，得*SABC*侧面投影*s″a″b″c″*。

这样，正三棱锥*SABC*的三面投影就完成了。

3.1.2.2 棱锥表面上点、线的投影

【例3-2】 已知三棱锥上*M*、*N*、*Q*三点的正面投影*m′*（*n′*）、*q′*，如图3-4（a）所示，

作M、N、Q三点的水平投影及侧面投影。

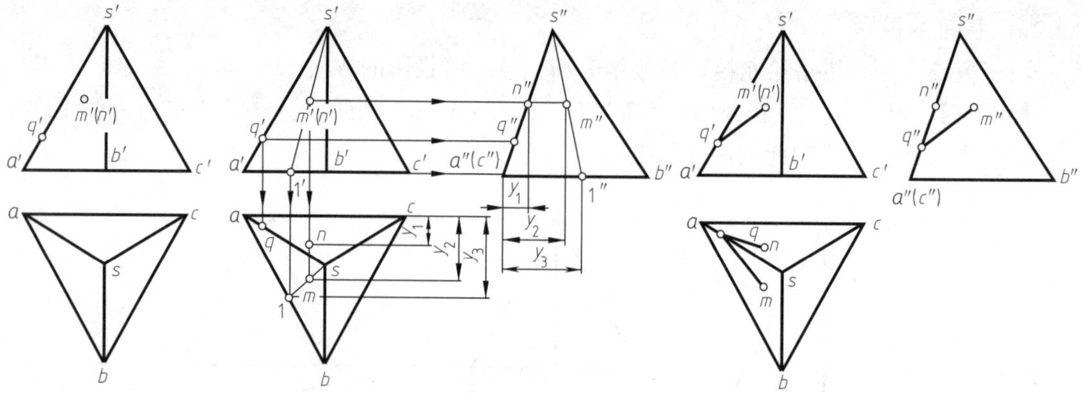

(a) (b) (c)

图3-4 棱锥表面上点、线的投影

03-04 求正三棱锥表面上的点和线

分析及作图过程：如图3-4（b）所示。

① 点Q为棱线SA上的点，可通过投影关系直接作出其水平投影q及侧面投影q''。

② 点N为侧垂面△SAC面上的点，可通过投影关系直接作出其侧面投影n''，再作水平投影n。

③ 点M为一般位置平面△SAB面上的点，△SAB面的三面投影不具有积聚性，故点M的投影需通过作辅助线作出。连接$s'm'$延长与下底面边$a'b'$相交于1′，可知点M是直线SⅠ上的点，点M的投影也在直线SⅠ的同面投影上；按投影关系可作出$s1$、$s''1''$；由m'可作出m、m''。

④ 若将M、Q、N三点的同面投影顺次相连，可见的投影连成粗实线，不可见的连成虚线，就是折线MQN的三面投影。如图3-4（c）。

对于一般位置平面上的点M，除采用上述辅助线方法作投影外，也可采用图3-5所示方法作其投影。

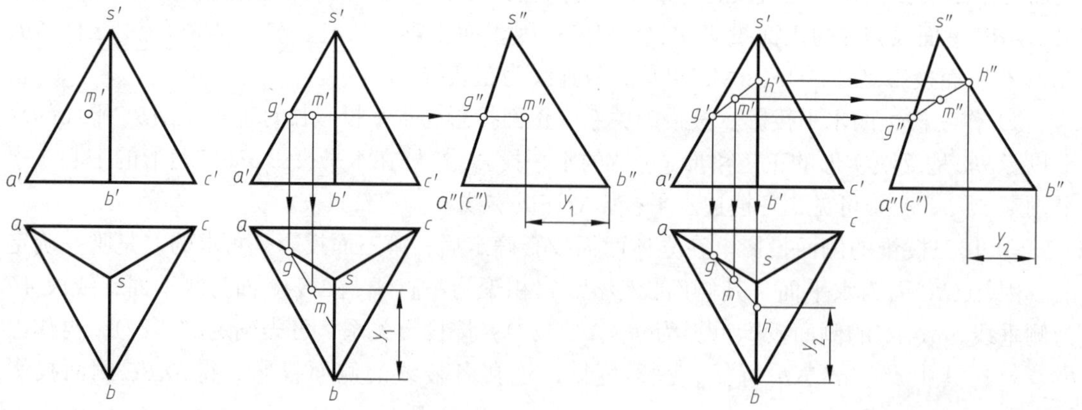

(a)

(b) 用过M点作底边的平行线的方法作M点的投影

(c) 用过M点作表面上任意线的方法作M点的投影

图3-5 作三棱锥表面上点M的三面投影

图3-6是几组常见的平面立体的三面投影图，请读者自行阅读，分析这些立体上各表面的投影及其可见性。投影的可见性判断遵循“前遮后、上遮下、左遮右”的原则。

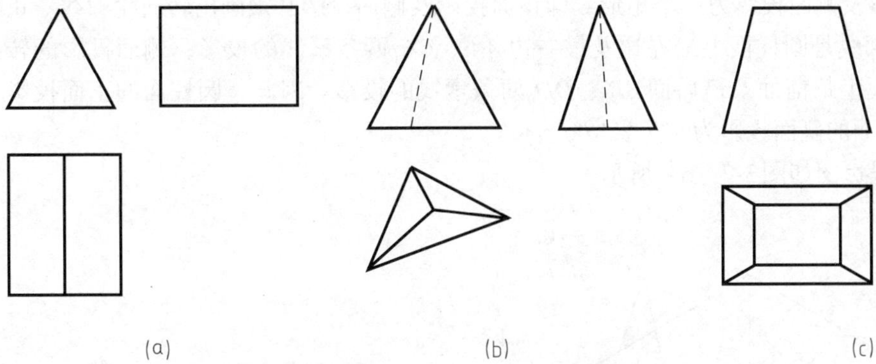

图3-6　常见平面立体投影

3.2　曲面立体及其表面上点、线的投影

曲面立体是由曲面或曲面和平面所围成。有的曲面立体有轮廓线，即表面之间的交线，如圆柱。有的曲面立体有尖点，如圆锥。有的曲面立体全部由曲面构成，如球。绘制曲面立体的投影，就是绘制构成曲面立体所有面的投影；在绘制曲面立体投影时，需要画出平面与曲面相交的轮廓线或尖点的投影，还要画出曲面投影的转向轮廓线。

所谓曲面投影的转向轮廓线是相切于曲面的诸投影线与投影面交点的集合；在投影图上，转向轮廓线是曲面的可见投影和不可见投影的分界线。

回转体（axisymmetric body）是常见的曲面立体。回转体中回转曲面是由一条母线（generatrix）绕轴线（axis）旋转一周而形成的。回转曲面上任一条母线，被称为素线；转向轮廓线通常是特殊位置的素线的投影。母线上任一点绕轴旋转一周，形成纬圆，纬圆垂直于回转轴线。

工程上常见的曲面立体有圆柱、圆锥、球、环及它们的组合体等。这里主要介绍圆柱、圆锥和球的投影。

3.2.1　圆柱及圆柱体表面上点、线的投影

圆柱（cylinder）是由上顶圆面、下底圆面和圆柱面所围成。圆柱面可视为以一条直线为母线绕与之平行的轴线旋转一周形成的。

3.2.1.1　圆柱的投影

如图3-7（a）为一圆柱体及其三面投影。

作图过程：

① 作圆柱体轴线的三面投影，并在圆柱体投影为圆的视图上，绘出图形的对称中心线（轴线及对称中心线的投影用细点画线绘制）。如图3-7（a）所示，该圆柱体的轴线为铅垂线，其正面投影及侧面投影都为平行于投影轴的直线，水平投影为一点。

② 分别作出圆柱上顶圆面和下底圆面的三面投影。该圆柱体的上顶圆面和下底圆面都是水平圆面，故其正面投影及侧面投影都是直线，直线长度为圆直径；水平投影是反映实形

的圆面，且重影在一起，该圆的圆心为轴线的水平投影点。

③ 作出圆柱面的三面投影。该圆柱的柱面是垂直于H面的曲面，其水平投影积聚为圆周，其正面投影及侧面投影为一个矩形，即正面投影及侧面投影必须画出转向轮廓线。正面投影的转向轮廓线是圆柱面上最左边及最右边AA_0、CC_0两条素线的投影；侧面投影的转向轮廓线是圆柱面上最前面及最后面BB_0、DD_0两条素线的投影。因此，圆柱面的正面投影为$a'c'c_0'a_0'$，圆柱面的侧面投影为$b''b_0''d_0''d''$。

圆柱三面投影图如图3-7（b）所示。

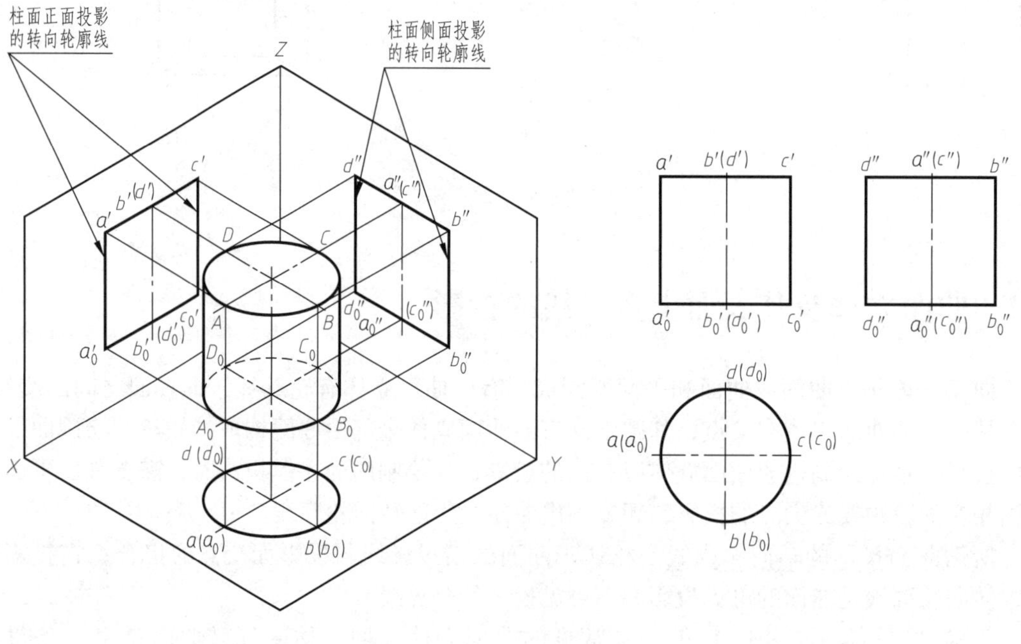

(a) 立体图　　(b) 投影图

图3-7 圆柱的投影

3.2.1.2 圆柱面上点、线的投影

如图3-8（a）所示，已知圆柱面上正面投影a'（b'）、侧面投影c''，分别作它们的其他两面投影。

作图过程：

① 正面投影a'（b'）重影为一点，a'可见，b'不可见，可知A、B两点是对V面的重影点，点A在前半柱面上，点B在后半柱面上。水平投影a、b一定在圆柱面的有积聚性的水平投影圆上。过a'（b'）引铅垂的投影连线，即可得水平投影a、b。由a'、b'引水平投影线，由水平投影a、b，按宽相等且前后对应，可作出侧面投影a''、b''，两点投影皆可见。

② 侧面投影c''可见，且重影在轴线上，则正面投影c'必在正面投影的转向轮廓线上，为最左侧素线上的点。其水平投影c可直接作出。

若ACB连线是圆柱面上光滑曲线，其正面投影为$a'c'$（b'），作出其水平投影及侧面投影。作图时，可以先作出A、C、B三点的水平投影和侧面投影。A、C、B三点的水平投影为重影在圆周上的a、c、b；A、C、B三点的侧面投影可以通过投影关系直接作出，分别为a''、c''、b''，投影为可见。故ACB连线的水平投影重影在柱面水平投影的圆周线上，不需要连接；ACB侧面投影为光滑曲线，顺次连接为$a''c''b''$实线。为保证曲线准确，应在AC、CB线段之间选取中间点Ⅰ、Ⅱ，其正面投影为$1'$（$2'$），根据投影关系“长对正”，可求出两点的水平面投影1、2，再根据“宽相等、高平齐”，求出两点的侧面投影$1''$、$2''$，最后将a''、$1''$、c''、$2''$、b''五点顺次光滑连接，如图3-8（b）。

03-05 求圆柱面上的点和线

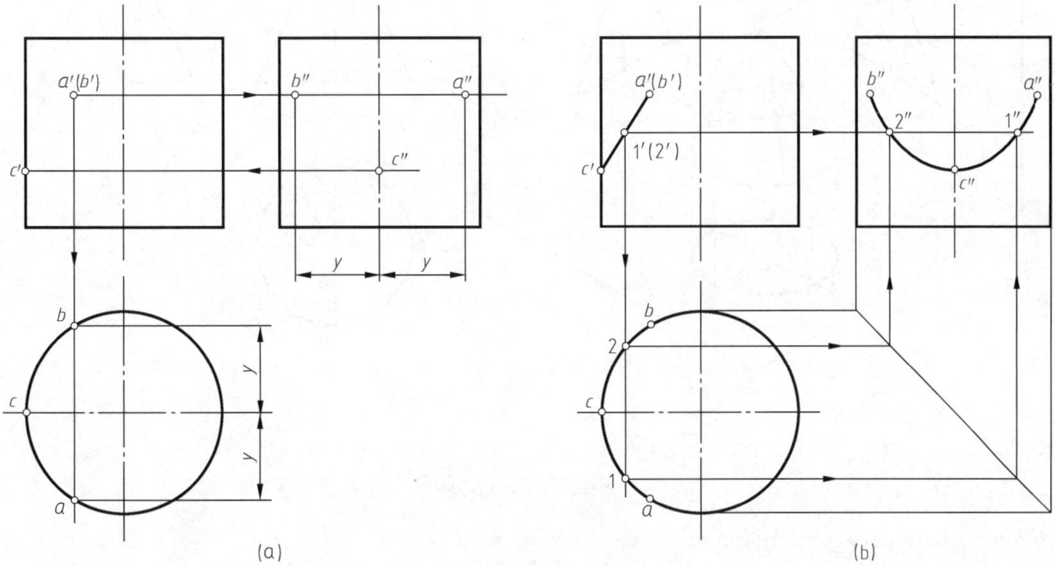

图3-8　圆柱面上点的投影

3.2.2　圆锥及圆锥面上点、线的投影

圆锥（cone）由圆锥面和底圆面围成，如图3-9（a）所示。圆锥面可视为以一条与轴线倾斜成α角的直线SA为母线，绕轴线SO旋转一周形成的。

3.2.2.1　圆锥的投影

圆锥体及其三面投影，如图3-9（a）所示。

作图过程：

① 先画出圆锥体轴线的三面投影；并在锥体投影为圆的视图上，绘出图形的对称中心线，中心线的交点就是轴线的水平投影。

② 分别作出锥顶S、底圆面$ABCD$的投影。先作出锥顶点S的三面投影；底圆面$ABCD$为水平圆，其正面投影及侧面投影为水平线，线的长度为底圆直径，其水平投影为反映实形的圆面。

③ 作锥面的投影，实质上就是画出其正面投影及侧面投影的转向轮廓线，即作出素线SA、SB、SC、SD的投影；其中正面投影的转向轮廓线是锥面上最左SA、最右SC两条素线的投影；侧面投影的转向轮廓线是锥面上最前SB、最后SD两条素线的投影。故锥面的正面投影为$s'a'c'$，其锥面正面投影的可见部分与不可见部分相重合；锥面的侧面投影为$s''b''d''$面，其锥面侧面投影的可见部分与不可见部分相重合。锥面的水平投影为圆$sabcd$面。显然，锥面的三面投影都没有积聚性。

圆锥三面投影图如图3-9（b）所示。

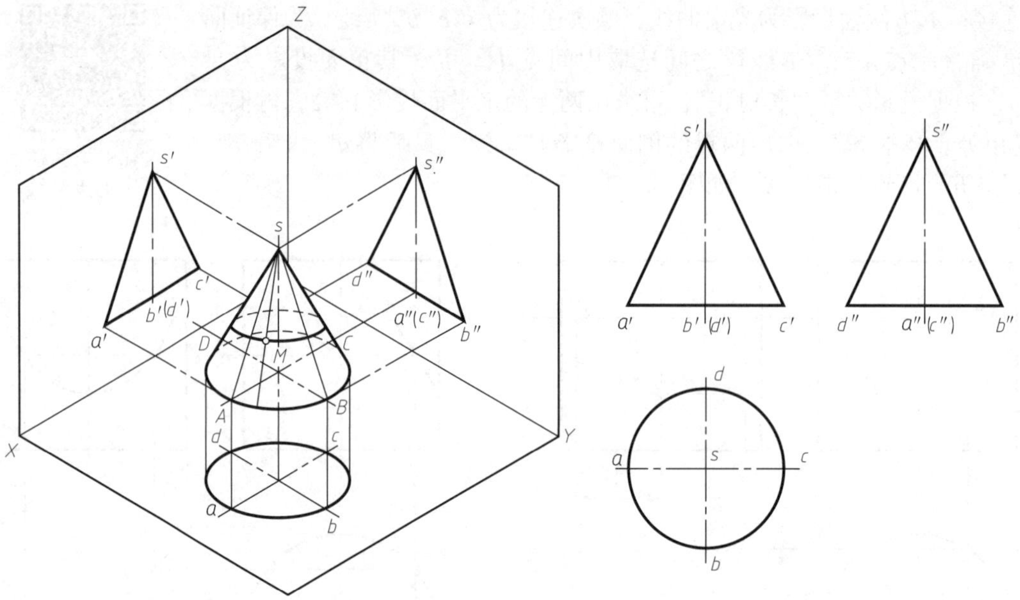

(a) 立体图 (b) 投影图

图3-9 圆锥的投影

3.2.2.2 圆锥面上点的投影

已知点M的正面投影，作点M的水平投影及侧面投影。

03-06 素线法和纬圆法

分析：因为点M是锥面上的点，而锥面的三面投影都没有积聚性，需作辅助线才能作出其他两面投影。如图3-9（a）所示，对于锥面上任一点M，它一定在过点M的素线上；也一定在过点M的平行于底面圆的纬圆上。因此，可以通过点在该素线和纬圆上的性质，作出该点的投影，该方法分别被称为素线法和纬圆法。

作图过程：如图3-10所示。

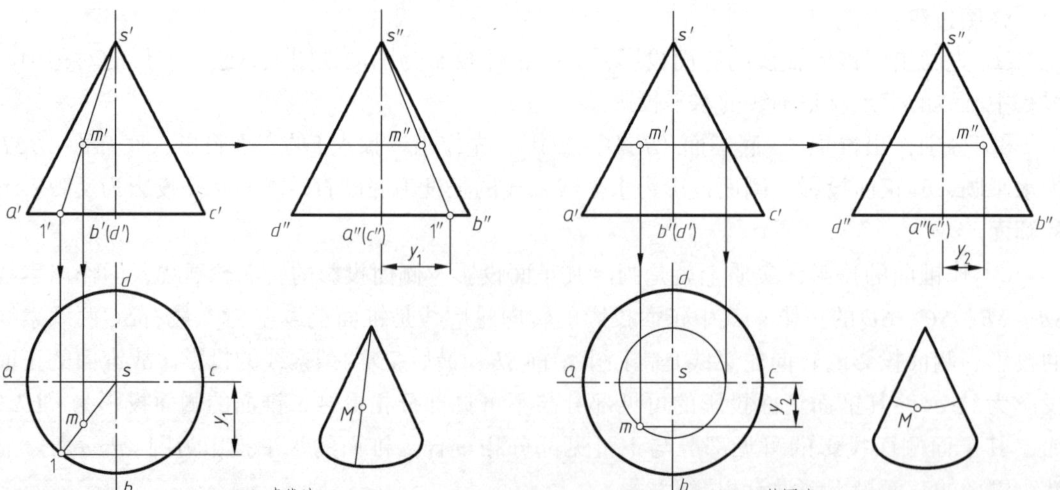

(a) 素线法 (b) 纬圆法

图3-10 圆锥面上点的投影

（1）素线法

连接$s'm'$并延长与下底面圆周相交于点1′，$s'1'$为素线SⅠ的正面投影。点Ⅰ在底圆的前半圆周上，由投影关系，可作出1、1″。1、1″皆可见，分别连接$s1$、$s''1''$，即为SⅠ的水平投影及侧面投影。

因为点M为素线SⅠ上的点，故点M的投影也必在SⅠ的同面投影上。过m'分别引铅垂投影线及水平投影线，按投影关系，可作出m及m''。m、m''皆可见。

（2）纬圆法

过投影m'，作平行于底面的平行线，与转向轮廓线相交，该平行线就是过点M纬圆的正面投影；平行线段与转向轮廓线相交的总长度为纬圆的直径。该纬圆是一个水平圆，其水平投影反映实形。因m'投影可见，水平投影m在前半水平圆上。按投影关系，可作出其侧面投影m''，m''可见。

【例3-3】 如图3-11（a）所示，作锥面上$SMNQ$连线的水平投影及侧面投影。

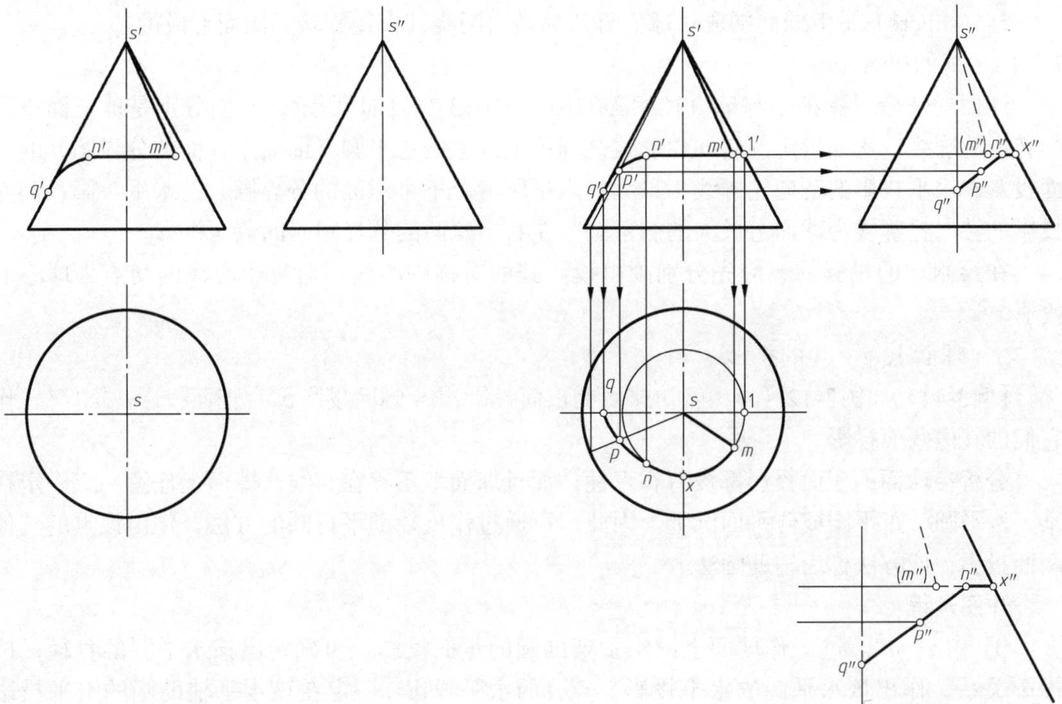

图3-11　作锥面上$SMNQ$连线的投影

分析：若想作该连线的水平投影及侧面投影，应先作出M、N、Q各点的水平投影及侧面投影。由s'、m'、n'、q'可知，SM为一段素线，MN为一段水平纬圆，点Q为圆锥面上最左边素线上的点。因此，$SMNQ$连线的投影可采用素线法和纬圆法进行作图。

03-07 求锥面上的点和线

作图过程：如图3-11（b）所示。

① 向右延长$n'm'$至转向轮廓线，得到交点1′，由交点1′向下作垂线，得到交点1，以点s为圆心，$s1$为半径，作圆。点M、N的水平面投影均在该圆弧上（请读者自己思考为什么?）。由m'与n'分别向下作垂线，与该圆弧相交得到点M、N的水平面投影m、

n，已知点M、N的正面投影和水平面投影，依据“高平齐、宽相等”的投影关系，则可作出m''、n''，m''不可见。

② 素线SM在水平投影面上可见，其侧面投影不可见，因此将sm连成实线，$s''m''$连成虚线。MN为一段水平的纬圆弧，其水平投影反映实形，因此在水平投影面上将mn连成圆弧（可见）。侧面投影中，$m''n''$连线部分可见，部分不可见，分界点为MN与侧面转向轮廓线的交点X。X点为锥面上最前面素线上的点，该点的侧面投影是转向轮廓线上的x''，圆弧MX在侧面投影中不可见，XN在侧面投影中可见，因此$m''x''$段连成虚线，$x''n''$连成实线，当实线与虚线相重合时，实线遮住虚线。

③ 点Q为最左边素线上的点，可按投影关系，直接作出其水平投影q及侧面投影q''，投影皆为可见；为使连线NQ的投影更加准确，可在NQ之间取一中间点P，用素线法作出点P的三面投影，点P的三面投影均可见，故可将npq、$n''p''q''$分别光滑连成实线。

3.2.3　球及球面上点、线的投影

球（sphere）是由球面围成。球面可认为是由圆绕其直径旋转一周而形成的。

3.2.3.1　球的投影

球面的三个投影都是与球直径相等的圆，如图3-12（a）所示，它们分别是球三面投影的转向轮廓线。正面投影的转向轮廓线是球面上最大的正平圆（前后半球面的分界圆）的正面投影；水平投影的转向轮廓线为最大的水平圆（上下半球面的分界圆）的水平投影；侧面投影的转向轮廓线为球面上最大的侧平圆（左右半球面的分界圆）的侧面投影。

在绘制球的投影前，应先分别画出投影圆的对称中心线，对称中心线的交点为球心的投影。

3.2.3.2　球面上点、线的投影

【例3-4】 如图3-12（a），已知球面上正面投影a'，侧面投影c''、正面投影$d'e'f'$，作它们的其他两面投影。

分析： 球面的三面投影都没有积聚性，而且球面上不存在直线。球面上任意一点一定在某一水平圆、正平圆或侧平面圆上。因此，可通过作该辅助平行圆的方法，作出该点的其他两面投影，该方法称为辅助圆法。

作图过程：

① 作a、a''。过a'作球面上的水平辅助圆的正面投影，可确定出该水平圆的直径；按投影关系，作出该水平圆的水平投影。点A的水平投影a一定在该水平辅助圆的水平投影上。由点A的正面投影a'和水平投影a，作出点A的侧面投影a''，其作图过程如图3-12（b）所示。因点A在球面的左前上方，故其三面投影都可见。

也可以采取过a'作辅助侧平圆，并按点的投影特性，作出a''、a（请读者自行思考）。

② 作c'、c。侧面投影c''在转向轮廓线上，则该点的正面投影及水平投影必在对称中心线上。按投影关系，直接作出c、c'，c、c'都不可见。

③ 作def、$d''e''f''$。正面投影$d'e'f'$重影为一直线，正面投影e'在转向轮廓线上，正面投影d'（f'）重影为一点，f'不可见；可知DEF是前后对称的侧平圆弧，其侧面投影反映实形，水平投影为一直线段。可先过e'作出其侧面投影（e''），$o''e''$的长度即为侧面投影$d''e''f''$圆弧的半径，按投影特性，完成侧面投影$d''e''f''$；因d''、e''、f''不可见，故侧面投影$d''e''f''$连为虚线。水平投影def为直线段，投影可见，由正面投影$d'e'f'$和侧面投影

$d''e''f''$直接作出，连成实线。

作图过程如图3-12（b）所示。

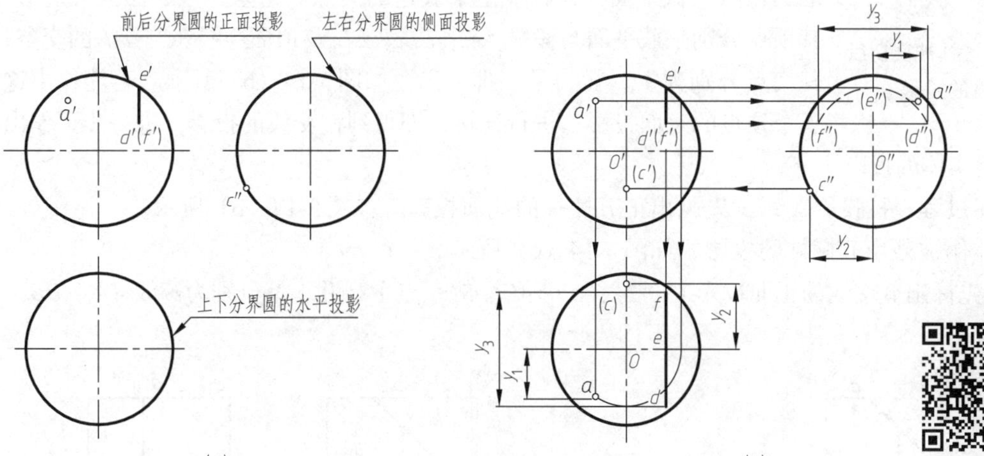

图3-12　球及球面上点、线的投影

03-08 求球面上的点和线

3.3　平面与立体相交

平面与立体相交，即立体被平面截切。与立体相交的平面被称为截平面（cutting plane），截平面与立体表面的交线为截交线（intersection line），截交线围成的断面形状为截断面（section），如图3-13所示。

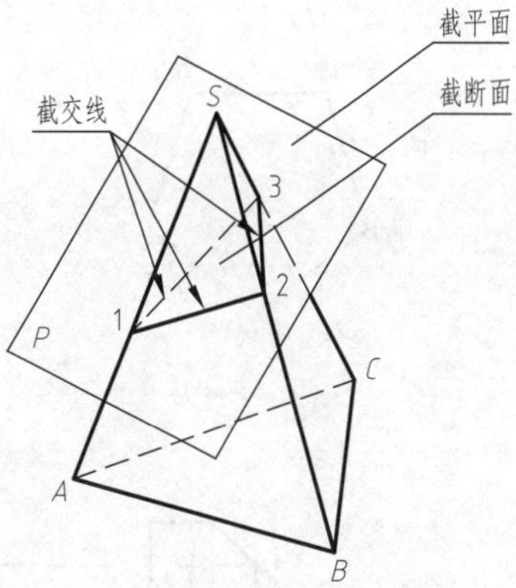

图3-13　截交线的概念

截交线的形状取决于立体的几何形状及截平面与立体相交的相对位置。

截交线的性质如下：

截交线既是截平面上的线，又是立体表面上的线；截交线是截平面及立体表面的共有线，截交线上的点是截平面及立体表面的共有点。

工程上很多实体可以看作是基本立体被平面截切而成，作立体被平面截切后实体的投影，主要应从截交线的性质出发，在原基本体投影的基础上，作截交线的投影，并进一步完善被截切后实体的投影。

3.3.1　平面与平面立体相交

当截平面与平面立体表面相交时，截交线为一平面多边形，多边形的顶点是平面立体的棱线或底边与截平面的交点，多边形的边是截平面与平面立体表面的交线。

【例3-5】 如图3-14（a）所示，正五棱柱被一正垂面P_V截切，左上角被切掉（被截切掉的部分可用双点画线表示），试补全被截切后实体的三面投影。

分析：

① 截平面P为正垂面，其正面投影重影为一直线。根据截交线的性质，截交线是截平面上的线，截交线的正面投影也积聚为该直线，故被截切实体正面投影已知，如图3-14（a）

03-09 五棱柱被截切后实体的投影

所示。

② 由截交线性质，截交线构成的截断面是一个平面多边形，多边形的顶点为截平面与棱柱或上下底边的交点。这里，截断面为五边形，其顶点分别是截平面与棱线AA_0、BB_0、EE_0及顶面边线BC、DE的交点，其交点分别为Ⅰ、Ⅱ、Ⅴ、Ⅲ、Ⅳ，如图3-14（b）所示。若能作出这五个顶点的三面投影，进行连接，即得到截交线的投影，进一步可作出被截切后实体的投影。

作图过程：按投影关系，先画出正五棱柱的侧面投影，如图3-14（b）所示。

具体作被截切五棱柱的投影，如图3-14（c）所示。

① 先标出截交线的正面投影1′、2′、3′（4′）、5′；点Ⅰ、Ⅱ、Ⅴ分别为棱线AA_0、BB_0、

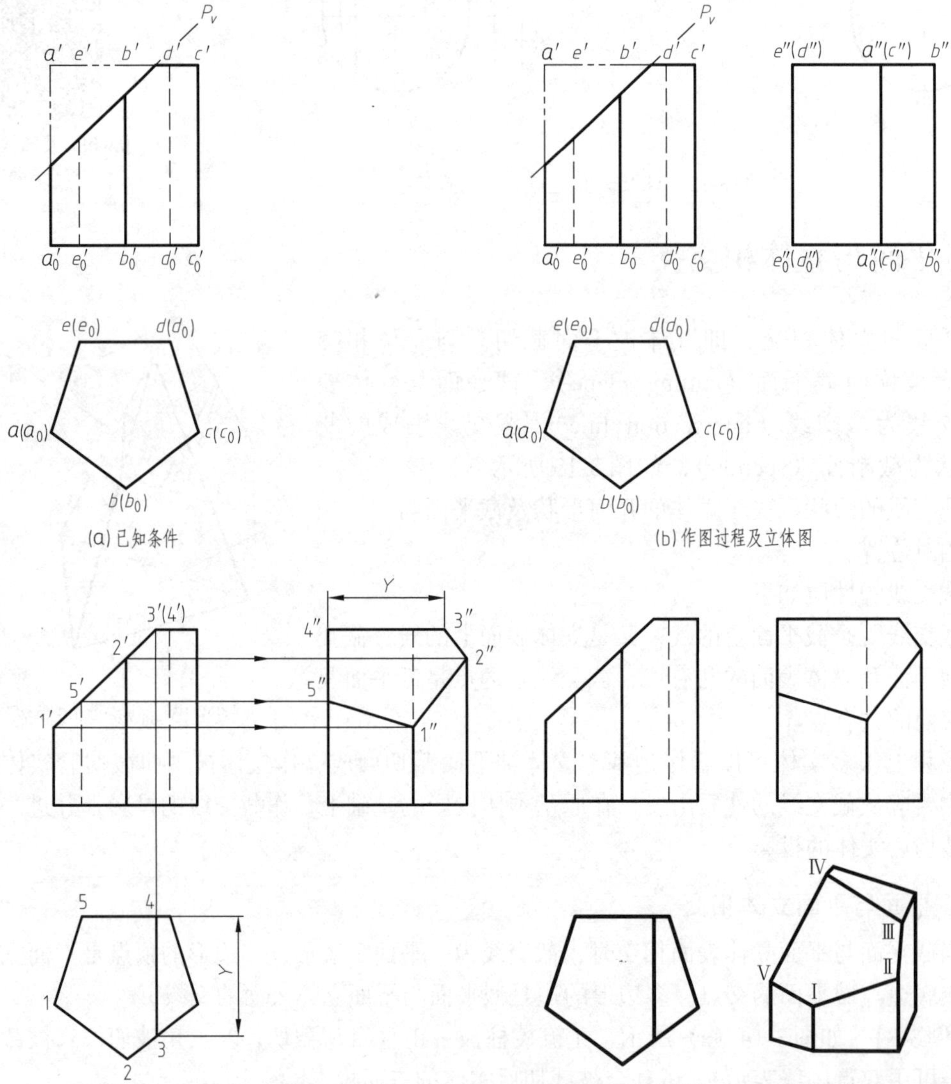

(a) 已知条件　(b) 作图过程及立体图

(c) 作图过程　(d) 结果

图3-14　五棱柱被截切后实体的投影

EE_0上的点，分别作出其水平投影1、2、5及侧面投影1″、2″、5″。Ⅲ、Ⅳ两点分别是上顶面BC、DE顶边上的点，正面投影重影为一点3′（4′）。根据投影关系，可直接作出其水平投影3、4及侧面投影3″、4″。

② 因水平投影1、2、3、4、5皆可见，故将其投影连为实线。这样，就作出了被截切后实体的水平投影。除线段34外，其他线段投影与棱柱投影相重合。

③ 侧面投影1″、2″、3″、4″、5″皆可见，故截交线的侧面投影可连接成实线。当五棱柱被截切时，棱AA上ⅠA段被截切掉，此时，棱CC_0上相应段虚线的侧面投影显露出来；棱BB_0、EE_0的ⅡB、ⅤE部分也被截切掉，故此部分无侧面投影（或将被截切掉部分画出双点画线），被截切后实体的侧面投影已作出，如图3-14（d）所示。

【例3-6】 如图3-15（a）所示，已知一个缺口三棱锥的正面投影，补全它的水平投影和侧面投影。

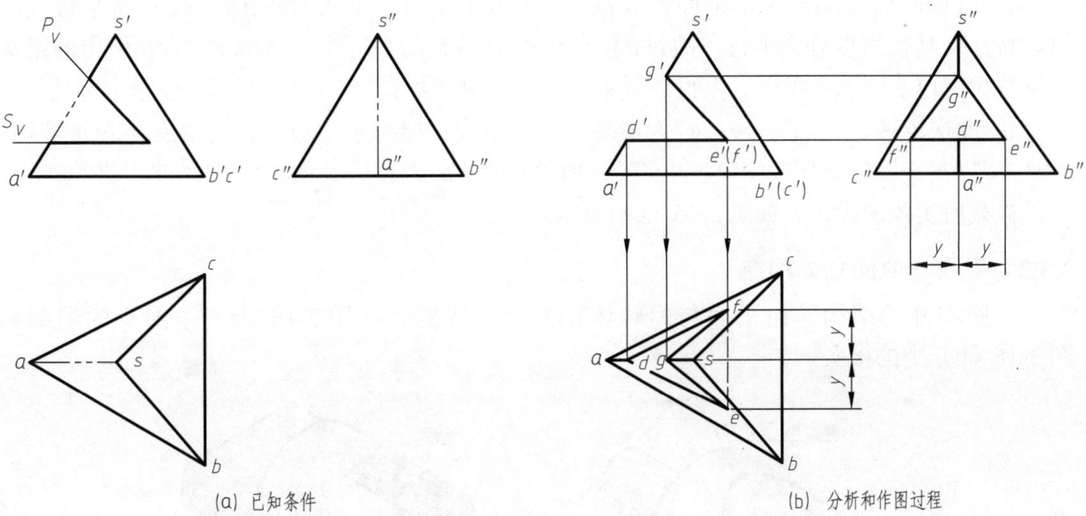

(a) 已知条件　　(b) 分析和作图过程

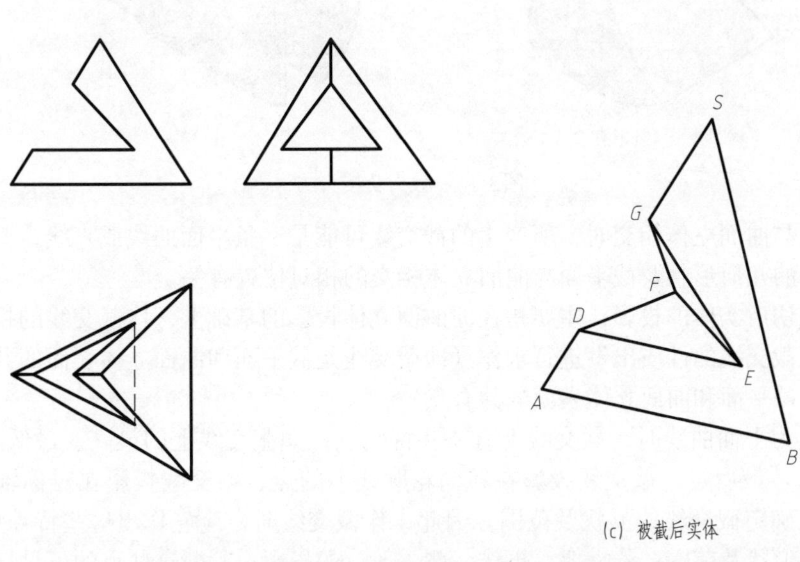

(c) 被截后实体

图3-15　补全缺口三棱锥的水平投影及侧面投影

03-10 三棱锥被截切后实体的投影

分析：从所给的已知条件可以看出$SABC$三棱柱被水平面S和正垂面P所截切，被截切后实体为带有缺口的三棱锥。

截平面S和P分别与棱SA相交于D、G两点；S面与SAB、SAC面相交，所产生的截交线分别为DE、DF；正垂面P面与SAB、SAC面相交所产生的截交线分别为GE、GF；截平面S和P面彼此相交为直线EF，从而切除一个缺口。这里截交线分别围成了$\triangle DEF$和$\triangle GEF$两个截断面；其中$\triangle DEF$面为水平面，$\triangle GEF$面为正垂面；其顶点分别为点D、G、E、F。若能作出D、G、E、F四点的三面投影，并在原三棱锥投影上作相应连接及修改，则可作出被截后实体的投影。

作图过程：如图3-15（b）所示。

① 标出点D、G、E、F四点的正面投影d'、g'、e'、f'。e'、f'重影为一点，f'不可见。

② 由投影关系，作出点D、G的水平投影d、g及侧面投影d''、g''，其投影都可见。

③ 因截断面$\triangle DEF$为水平面，故DE、DF分别平行于下底面边AB、AC；按平行线的投影特性，其投影也分别平行。故过d作平行于ab、ac的平行线，与由e'（f'）引出的铅垂投影线相交得e、f水平投影。由投影关系，作出其侧面投影e''、f''，其侧面投影为可见。

④ 顺次连接de、df、ge、gf为实线，ef为虚线；加深sg、ad段，其中棱线dg被切掉。$d''e''$、$d''f''$、$g''e''$、$g''f''$、$e''f''$为实线；加深$s''g''$、$a''d''$段，其中棱线$d''g''$被切掉。

被截后实体的投影，如图3-15（c）所示。

3.3.2 平面与曲面立体相交

一些零件的结构是由平面与回转体相交而形成的，如图3-16（a）中触头的端部和图3-16（b）中的接头。

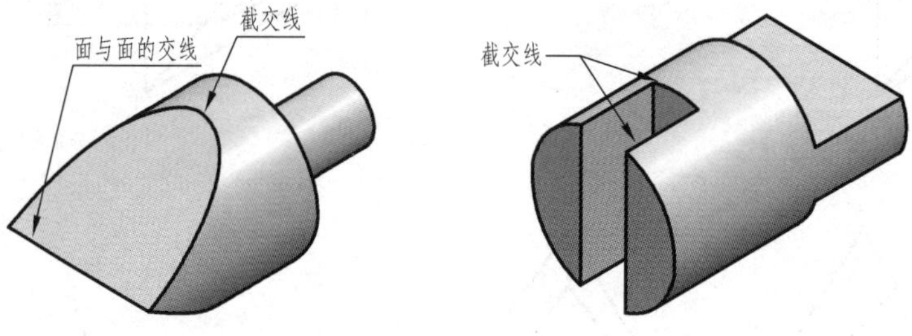

(a) 触头　　(b) 接头

图3-16 触头及接头

当截平面与曲面立体相交时，所产生的截交线可能是一条平面曲线或直线；截交线的形状与曲面立体的几何形状及截平面与曲面立体相交的相对位置有关。

绘制被截切后实体的投影，主要是在原曲面立体投影的基础上，作截交线的投影。截交线的投影需从截交线的性质出发进行求作（即截交线是截平面和曲面立体表面的共有线，截交线上的点是截平面和曲面立体表面的共有点）。

当截交线为平面曲线时，截交线上有一些特殊点，如截交线上的最高、最低点，最左、最右点，最前、最后点，截交线投影在转向轮廓线上的点，截交线投影在对称轴线上的点等，这些点能确定截交线的形状及范围。因此，作截交线时，应先作出这些特殊点的投影，确定截交线的形状及范围；若需要，再作一些一般点的投影；判断这些点的可见性，最后连成截交线的投影。

当截平面与曲面立体中的平面相交时，其交线为直线，这里不再论述。下面主要讨论一些特殊位置截平面与回转体表面相交而形成的截交线的性质及画法。

3.3.2.1　平面与圆柱面相交

平面与圆柱面的交线有三种情况，见表3-1。

表3-1　平面与圆柱面的交线

立体图	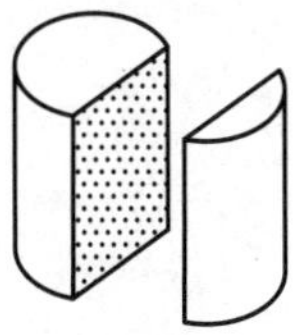	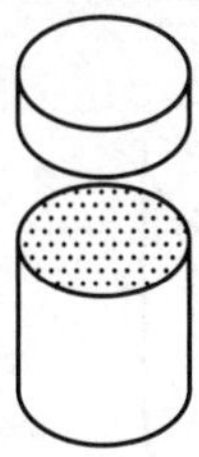	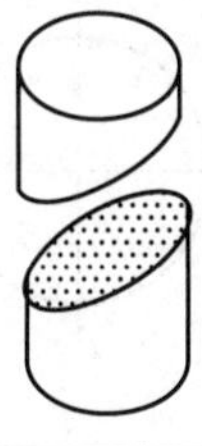
投影图	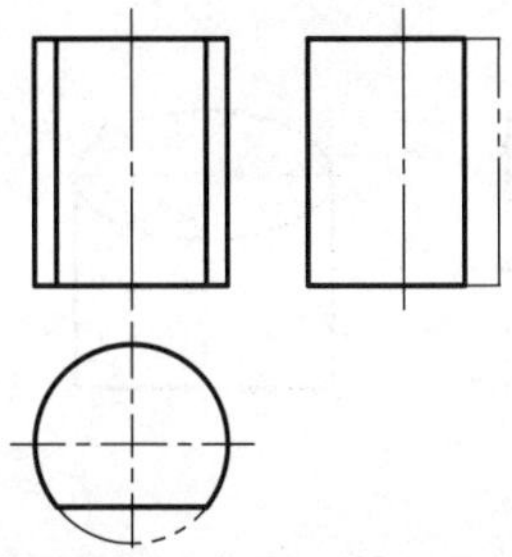	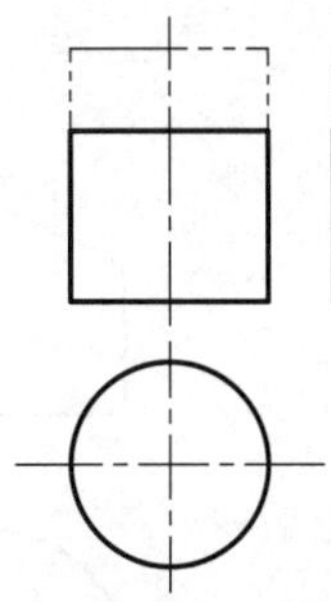	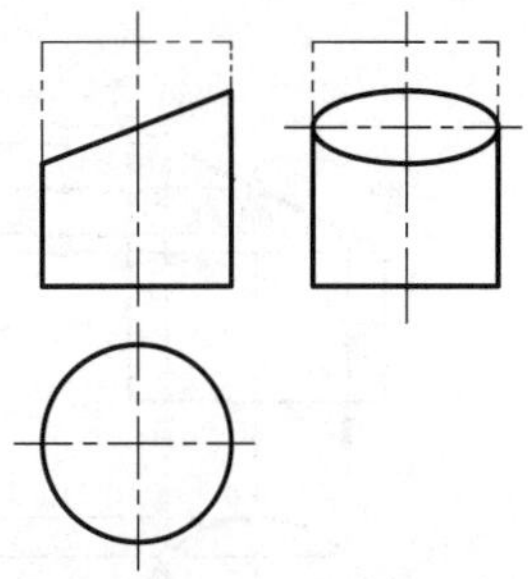
截交线	截平面平行于轴线，截交线为平行于轴线的直线	截平面垂直于轴线，截交线为圆	截平面倾斜于轴线，截交线为椭圆

【例3-7】 作出圆柱被截切后的投影（被截切掉的部分用双点画线表示），如图3-17（a）。

分析：这里截平面倾斜于轴线截切圆柱体，截交线是一个完整的椭圆。因截平面是正垂面，故截交线为正垂的椭圆，截交线的正面投影积聚为直线；又根据截交线的性质（截交线是柱面上的线），故截交线的水平投影积聚在柱面的水平投影——圆周上。根据上述分析，本例是在已知截交线正面投影及水平投影的基础上，作截交线的侧面投影。

该截交线椭圆上点A、C两点分别为截交线的最低点、最高点，也是截交线正面投影在转向轮廓线上的点；点B、D两点分别为截交线的最前、最后两点，也是截交线正面投影在轴线上的点；这四点勾勒出了截交线的形状及范围，如图3-17（b）。

若想比较准确地画出截交线的投影，还必须确定出点E、F、G、H四个一般点的投影。

作图过程：如图3-17（b）、（c）所示。

① 在正面投影及水平投影图上，标出A、B、C、D四个特殊点的正面投影a'、b'、c'、d'及水平投影a、b、c、d。

② 由投影关系，作出其侧面投影分别为a''、b''、c''、d''，其投影都可见。

③ 标出e'、f'、g'、h'一般点的正面投影，e'（f'）的正面投影重影为一点，g'（h'）的正面投影重影为一点。该四点都是柱面上的点，故其水平投影重影在柱面的水平投影——圆周上；e'、g'在前半圆柱上，f'、h'在后半圆柱上。根据投影关系，作出其侧面投影e''、f''、g''、h''，其侧面投影皆可见；顺次光滑连接，即得到截交线的侧面投影。如图3-17（d）所示。

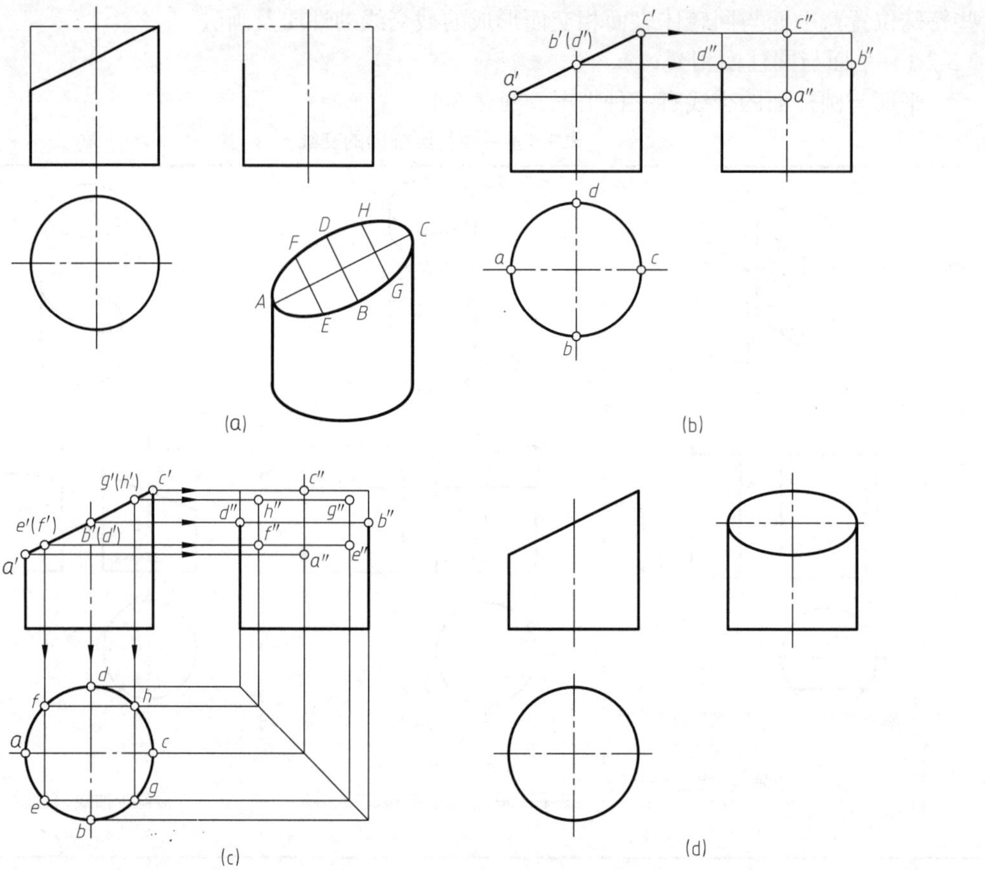

图3-17　圆柱被截切

03-11 圆柱被截切

思考：若上例中，P_V面并不是与圆柱体完整相交，而是与柱面部分相交，如图3-18所示的P_{1V}、P_{2V}、P_{3V}分别与柱面相交，所得截交线及截断面又分别是怎样的呢？其特殊点分别包括哪些呢？请读者分析。

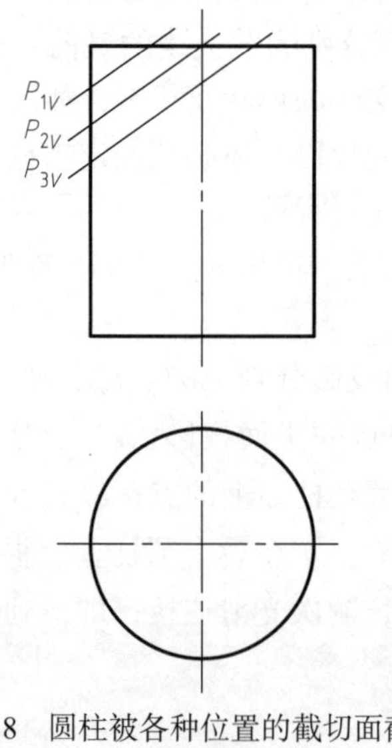

图3-18　圆柱被各种位置的截切面截切

此部分内容需要采用分析的方法进行学习。首先可以根据截交线与立体相交的情况，分析截切面相对于投影面的位置关系，其如何与立体相交？所产生截交线形状怎样？哪些点是特殊点或关键的顶点？所构成的截断面形状是怎样的？截断面相对于投影面的位置如何？然后采用所学方法，按投影关系正确作出投影。这种分析的方法在图样的绘制及识读过程中，非常实用且重要。

【例3-8】 如图3-19（a）所示，补全触头的侧面投影及水平投影。

分析：从图中的已知条件可以看出，触头由一个大圆柱和一个小圆柱所组成，其轴线为侧垂线。大圆柱左端被上下对称的两个相交的正垂面所截；因截平面都与轴线倾斜相交，所得截交线的真实形状为上下两个对称的半椭圆，其正面投影分别重影在截平面的有积聚性的正面投影上；侧面投影分别重影在大圆柱面的有积聚性的侧面投影上；水平投影分别为半椭圆，因为上下对称，故水平投影互相重合，所以只需作出上面半椭圆的水平投影。

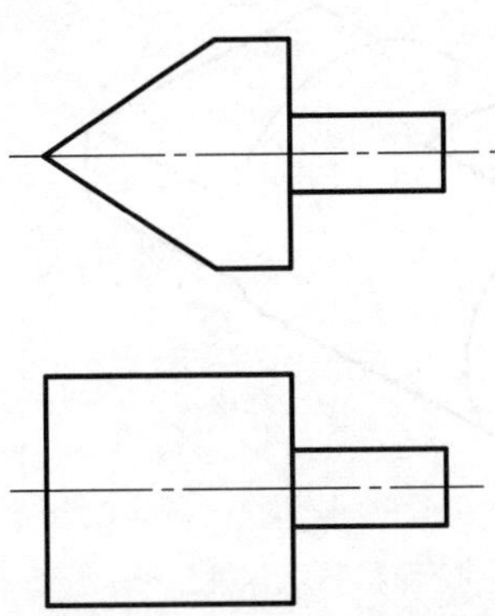

(a) 已知条件

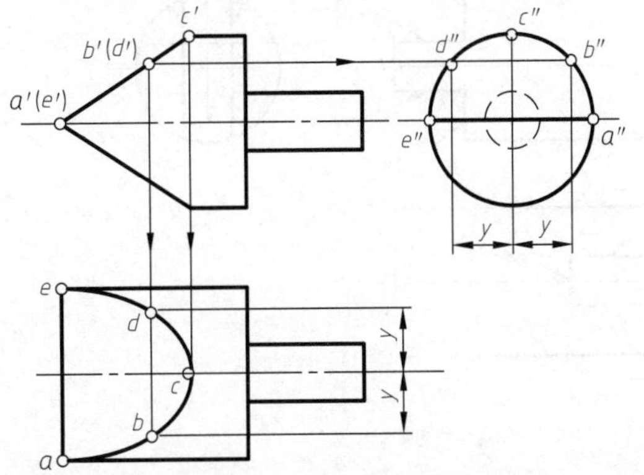

(b) 分析和作图的过程

图3-19　补全触头的两面投影

值得注意的是：两截平面的交线是一条与轴线相交的正垂线，其正面投影为一点，侧面投影及水平投影分别为一直线，其侧面投影应正确作出。

03-12 触头

作图过程：

① 在上半椭圆的截交线上，标出点A、C、E三个特殊点的正面投影a'、c'、e'；点A、E两点分别是该截交线最前、最后两点，点C为最高点；为了能光滑地连出截交线的水平投影，可取点B、D两点为一般点，其正面投影为b'、d'，重影在一起，d'不可见。

② 由投影特性，作出侧面投影a''、b''、c''、d''、e''，并将$a''e''$连成实线。

③ 根据投影特性（长对正，宽相等且前后对应），由正面投影及侧面投影，作出水平投影a、b、c、d、e，其投影皆可见，顺次将a、b、c、d、e投影连成实线。

这样就补全了截交线投影，也画全了被截切后实体的投影。

有一类零件，当其被投影面平行面截切，且所得截交线是直线或圆弧，所构成的截断面形状简单（为矩形或圆面、圆弧面）；为作图方便，可以直接以面为单位进行分析和作图，不需要逐点进行分析。

下面以实例进行讲解。

【例3-9】 如图3-20（a）所示，补全接头的正面投影及水平投影。

分析及作图过程：首先，应从所给的已知条件中分析出接头是怎样被截切的，所得到的截交线与截断面的形状如何，其相对于投影面的位置怎样？然后再作出其投影。

03-13 接头

对照图3-20（a）的三面投影，可知接头是由圆柱体被截切而形成的。该圆柱体轴线为侧垂线，其左端被正平面*P*、*Q*和侧平面*R*切割出一个缺口；右端被侧平面1、4和水平面2、3上下对称切割，其中1、2切去右上角，3、4面切去右下角，上下结构对称。

接下来分析这些截切面所得的截交线和截断面的形状及其相对于投影面的位置关系，并作图。

① 如图3-20（a）所示，面*P*、*Q*是正平面，前后对称，平行于轴线与柱面相交；*R*面是侧

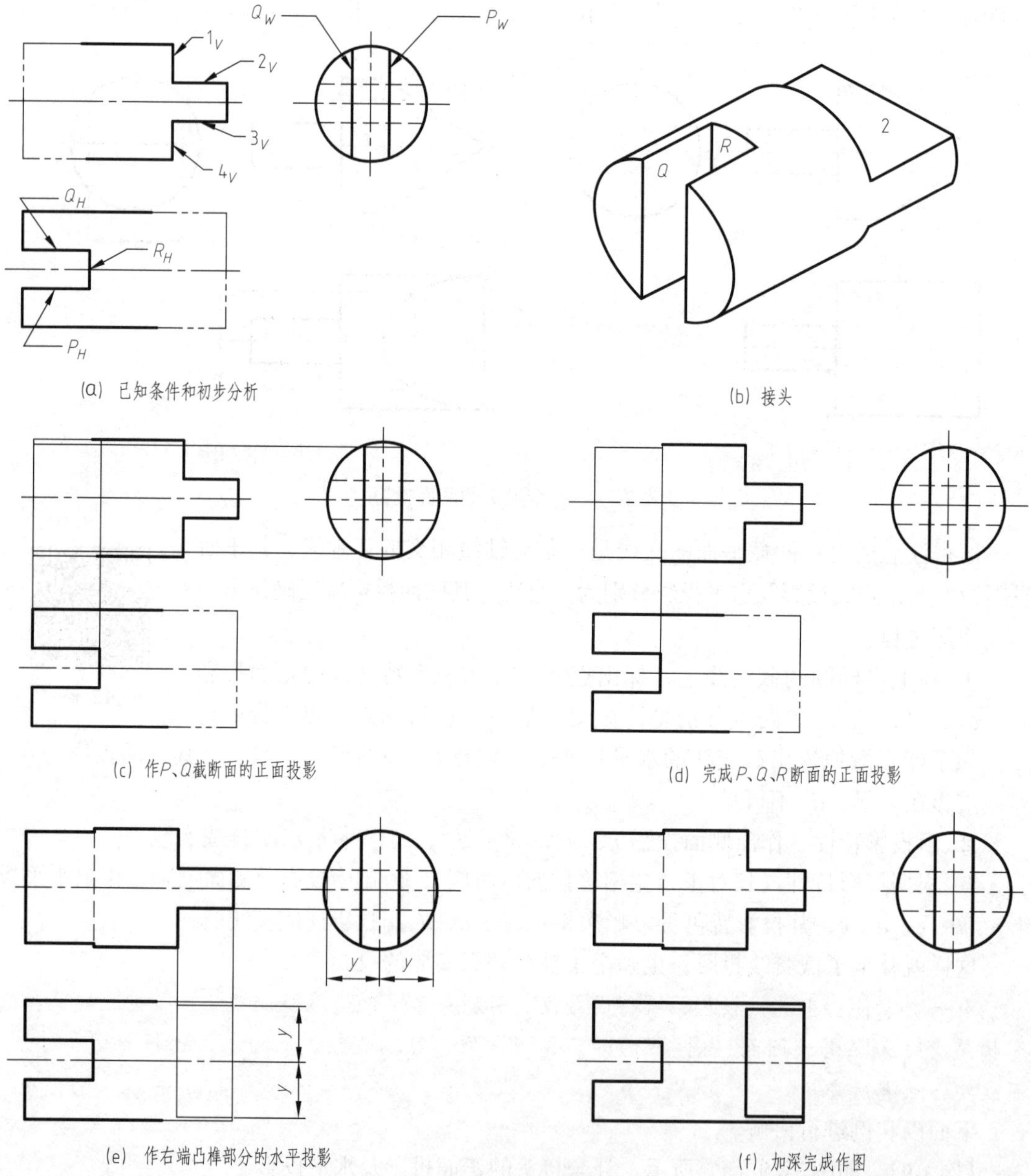

(a) 已知条件和初步分析　(b) 接头

(c) 作*P*、*Q*截断面的正面投影　(d) 完成*P*、*Q*、*R*断面的正面投影

(e) 作右端凸榫部分的水平投影　(f) 加深完成作图

图3-20　补全接头的正面投影和水平投影

平面，其与柱面轴线垂直与柱面相交，这三个面将圆柱左侧切去一个缺口，该缺口的水平投影及侧面投影已给出，故只需补画该缺口的正面投影。进一步分析，P、Q面前后对称，其正面投影重影在一起，故只需画出截断面P的正面投影。P面与柱面相交产生的交线分别为平行于轴线的两条直线段，P面与左端圆面相交得一条直线，与R面相交得一直线；该四段线段围成的截断面的形状是矩形正平面，其水平投影积聚为直线P_H，侧面投影积聚为P_W，正面投影应该反映矩形的实形；由投影关系可直接作出其投影，如图3-20（c）所示；R面是侧平面，其与柱面轴线垂直相交，柱面上截交线为上下两段对称圆弧，其和R与P、Q面的交线构成截断面，形状是对称的侧平圆弧面，其侧面投影已知，反映实形；水平投影积聚在直线段R_H上，正面投影积聚为一直线；按投影关系，可由图3-20（d）、（e）作出。这样左侧被切割部分的投影就补画好了。

② 接头右侧凸榫部分被上下对称切割，该部分正面投影及侧面投影已知，故只需补画其水平投影。因1、2面和3、4面的上下对称切割，该部分水平投影重影在一起，故只需正确作出凸榫上部被切割部分的投影即可。1面为侧平面与柱面轴线垂直相交切割，在柱面上产生的交线为侧平圆弧，其与1面和2面的交线围成侧平圆弧面，水平投影应积聚为一直线；2面与柱面轴线平行，在柱面上产生的交线是前后对称的平行于轴线的两段直线，其构成的截断面为水平矩形面，水平投影应反映实形。按投影关系，可由图3-20（e）、（f）作出。补画完整的接头三面投影如图3-20（f）所示。

3.3.2.2　平面与圆锥面相交

平面与圆锥面相交有五种情况，见表3-2。

表3-2　平面与圆锥面相交

立体图	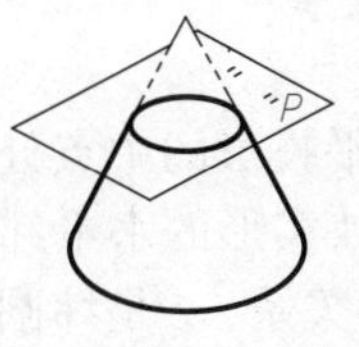	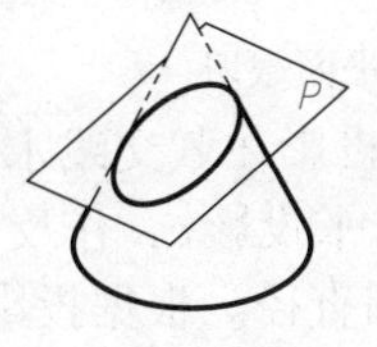	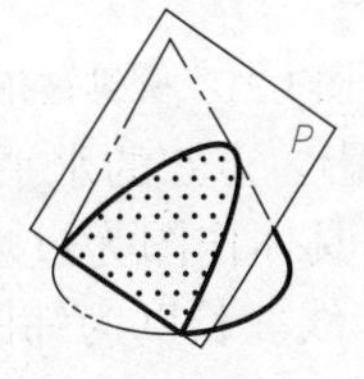	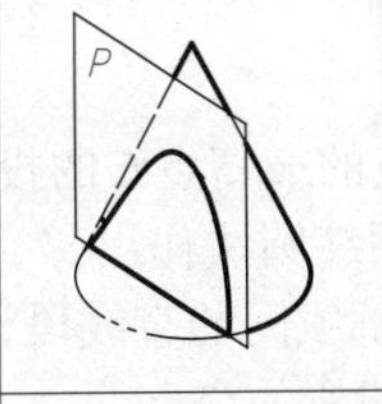	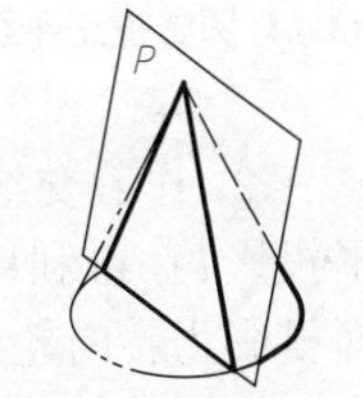
投影图	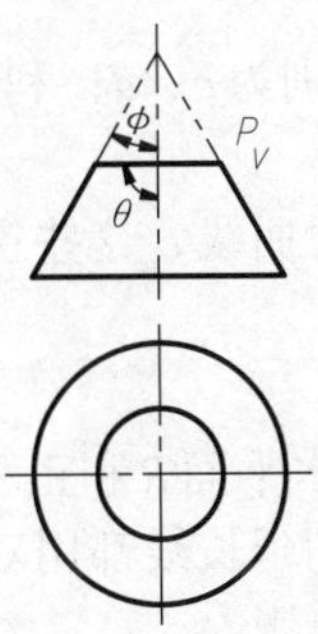	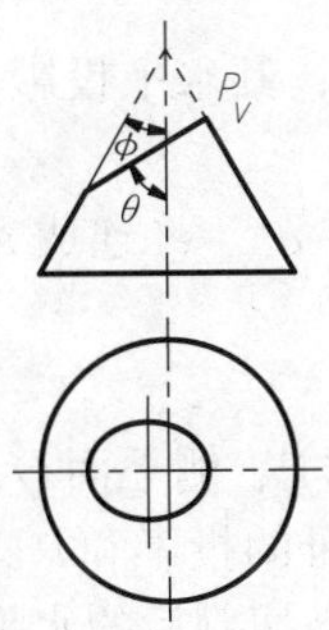	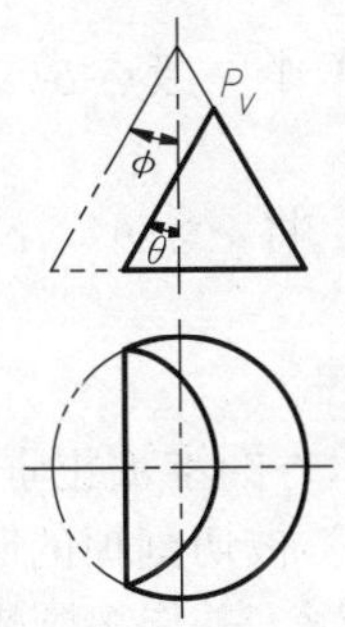	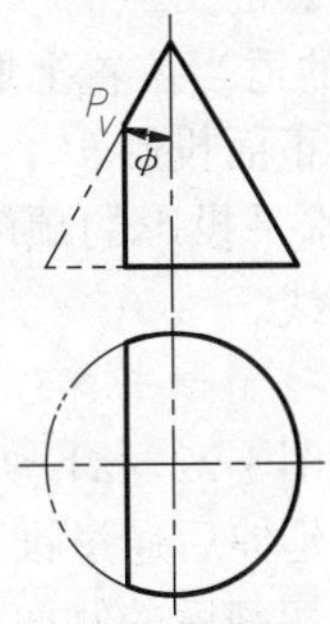	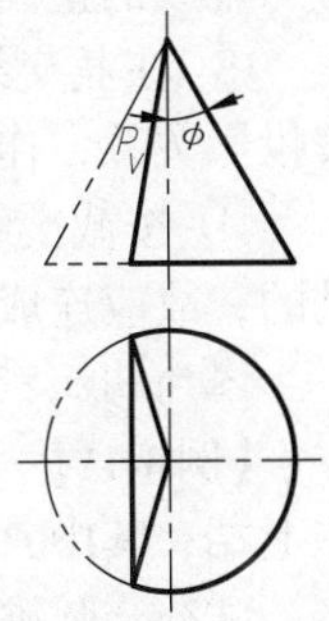
截交线	截平面垂直于轴线($\theta = 90°$)，截交线为圆	截平面倾斜于轴线($\theta > \phi$)，截交线为椭圆	截平面倾斜于轴线($\theta = \phi$)，截交线为抛物线	截平面倾斜于轴线($\theta < \phi$)，或平行于轴线($\theta = 0°$)，交线为双曲线的一支	截平面通过锥顶，交线为通过锥顶的两条直线

【例3-10】 如图3-21（a）所示，补全圆锥被正平面切割的正面投影（被切割部分用双点画线表示）。

分析：截平面与圆锥面的轴线平行，与锥面相交后，截交线为双曲线的一支。它的水平投影重影在截平面的有积聚性的水平投影上，正面投影反映实形，且左右对称。通过分析可知，问题可归结为已知圆锥面上一段双曲线的水平投影，作它的正面投影。

截平面与圆锥底面的交线是一条侧垂线，它的正面投影重合在底面具有积聚性的正面投影上，它的水平投影重合在截平面具有积聚性的水平投影上。

作图过程：如图3-21（b）所示。

① 作出锥面上截交线的最低两点A、E（同时这两点也是截交线的最左、最右点）的投影。其水平投影为截交线与底圆的水平投影的交点，分别为a、e；由水平投影a、e作出其正面投影a'、e'。

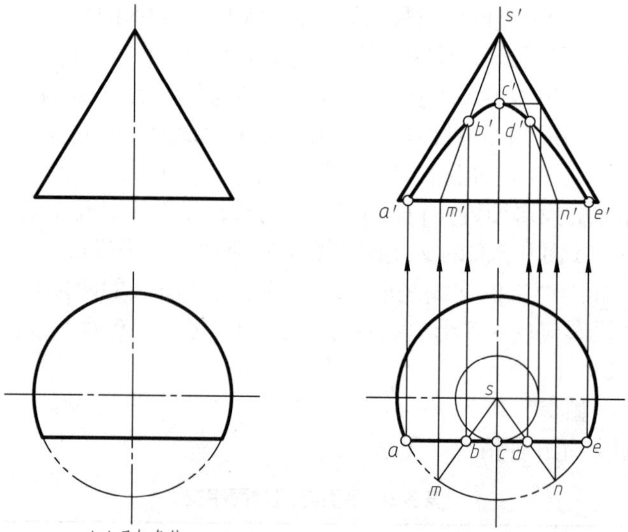

(a) 已知条件 (b) 分析和作图过程及结果

03-14 圆锥被正平面切割

图3-21 圆锥被正平面截切

② 作截交线的最高点C的投影。点C的水平投影在截交线水平投影的中点处，标出水平投影c；再利用纬圆法作出c'。具体作图为过水平投影c，作反映实形的水平纬圆，其正面投影为转向轮廓线间的直线段，线段长度为纬圆直径。根据投影关系，c'是纬圆的正面投影与轴线的正面投影的交点。

③ 在截交线的适当位置上取两个一般点B、D，其水平投影分别为b、d；利用素线法，按投影关系，作出正面投影b'、d'。

④ 按截交线水平投影的顺序，将a'、b'、c'、d'、e'连成光滑曲线，这些投影都是可见的，故应连成实线。

本题侧面投影可由读者自行作出。

【例3-11】 如图3-22（a）所示，圆锥被正垂面P、侧平面Q、水平面R和正垂面T截去左上端；其中P面延伸后通过锥顶。被切割掉的圆锥的投影和P面的延长线都用双点画线画出。试补全圆锥被切割后的侧面投影，并作出圆锥被切割后的水平投影。

分析：

① 圆锥被切割后仍前后对称，截平面截切所得截交线及截平面之间交线的正面投影都分别积聚在截平面有积聚性的正面投影线上，它们的侧面投影和水平投影都可见。从正面投影中可以看出，只要作出截切后圆锥底面、截平面P、Q、R及T与圆锥面的截交线、相邻截平面之间的交线及截平面P与底面的交线，就可补全侧面投影，并能作出其水平投影。

② 分析各截平面与锥面相交所得截交线的形状，确定截断面的形状。P面是过锥顶的截平面，其在锥面上产生的交线为前后对称的两段素线，分别是13、24； P面与底圆的交线为12，与Q面的交线为34；其截交线构成的截断面形状为前后对称的梯形1243；其正面投影重影为一条直线，水平投影及侧面投影为梯形的相似形；Q面垂直于轴线与锥面相交，

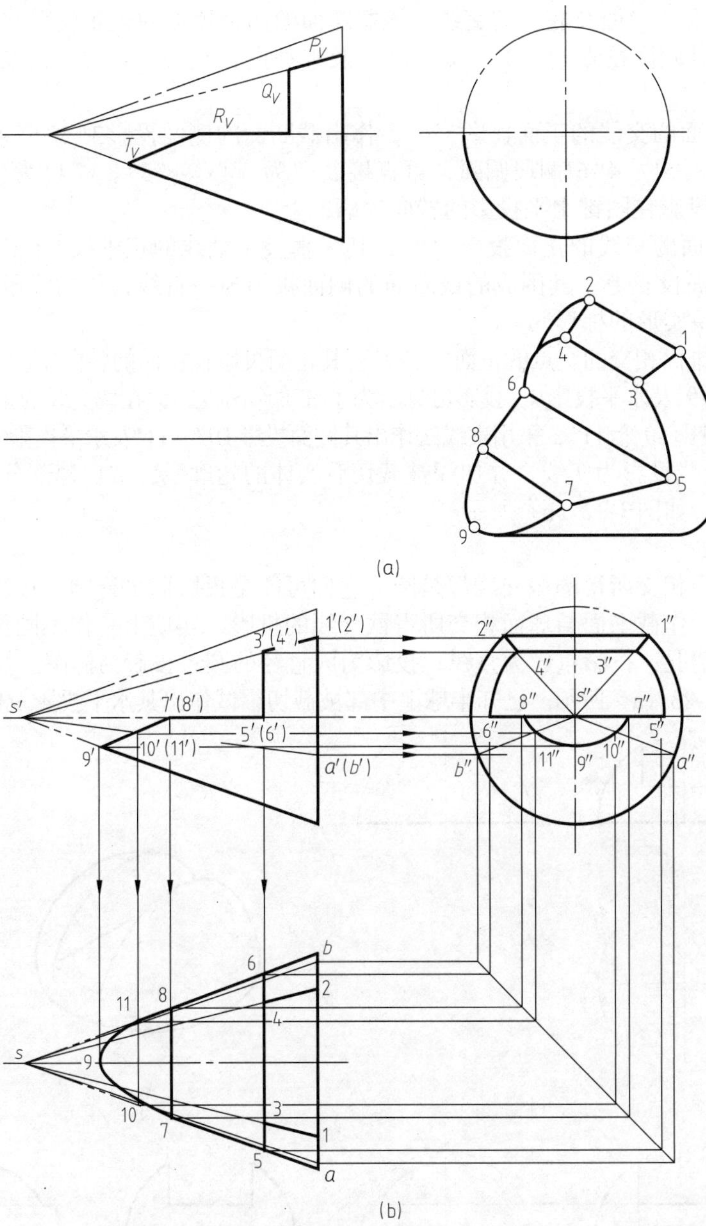

图3-22 补全圆锥被切割后的投影

03-15 补全圆锥被切割后的投影

其截交线为前后对称的两段侧平的圆弧35及46，其与P面的交线34及面Q与面R的交线56构成了一个侧平的圆弧面；其正面投影及水平投影为一直线段，侧面投影反映侧平圆弧面的实形；R面是过轴线及锥顶的水平面，其与锥面相交的截交线为锥面上最前、最后两条素线上的57、68两段，其与Q面的交线56及R面与T面的交线78构成了一个过轴线的水平梯形截断面；其正面投影积聚为轴线上的一段，侧面投影积聚为一直线段，水平投影反映梯形截断面实形；T面倾斜于轴线，与锥面相交，所得截交线为椭圆的一部分；椭圆的最低点（最左点）为9点。798部分椭圆弧与R面的交线78共同围成前后对称的正垂面；其正面投影积聚在截断面T的正面投影上，其水平投影及侧面投影为相似形。

作图过程：

① 先作基本体圆锥的水平投影。

② 标出P面与锥面、Q面及底面的交线，该截断面的四个顶点的正面投影1′、3′、4′、2′，利用素线法作出其侧面投影1″、3″、4″、2″，及水平投影1、3、4、2，其投影都可见，顺次连接为实线。

③ 标出Q面及R面的交线的正面投影5′6′，作出截断面的侧面投影3″5″6″4″及水平投影3564；侧面投影的3″5″及4″6″两段圆弧，可直接以s″为圆心，s″3″、s″4″为半径直接画出；5、6两点的水平投影在圆锥水平投影的转向轮廓线上。

④ 标出R面与T面的交线的正面投影7′8′，其为垂直于轴线的正垂线，5′7′及6′8′投影都重影在轴线的正面投影上，其围成的截断面的侧面投影为一直线，长为线段5″6″的长度，其水平投影为反映实形的梯形。

⑤ 标出平面T与锥面相交的交点的正面投影9′，其正面投影在锥面的转向轮廓线上，按投影关系作出其侧面投影9″及水平投影9，投影可见。为了准确作出投影，在截交线的正面投影上，确定10、11点的正面投影10′、11′，采用素线法作出其侧面投影10″、11″及水平投影10、11。

⑥ 顺次连接截交线投影为实线，并加深被截切后实体的轮廓线，被切掉部分的轮廓线，可以用双点画线画出，如图3-22（b）所示。

3.3.2.3　平面与球相交

任一截平面与球面相交所得的截交线都是圆，它们可能是投影面平行圆、投影面垂直圆或一般位置圆。因此，作截平面与球面相交所得截交线的投影，实质上是作不同位置圆面的投影。其投影有三种情况：投影重影为直线；投影为同直径的圆；投影为椭圆。

【例3-12】 如图3-23（a）所示。已知半球上中部被截切，试作出其水平投影及侧面投影。

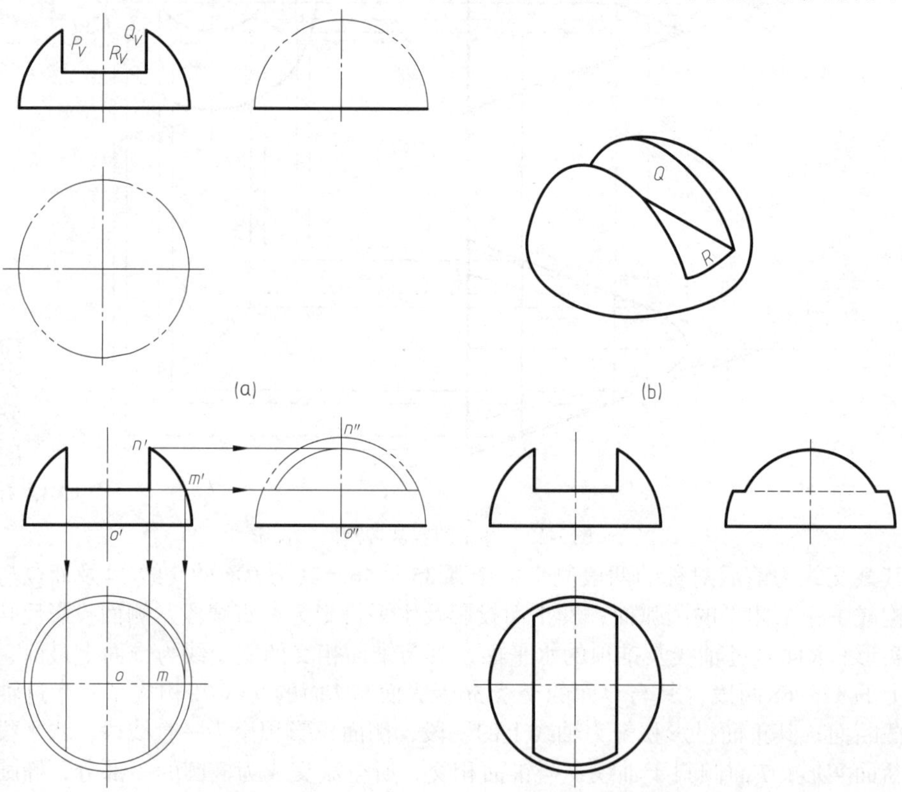

03-16 补全半球被切割后的投影

图3-23　补全被截切后半球的水平投影及侧面投影

分析：

① 半球被两个侧平面P、Q及水平面R截切，球中上部被切成凹槽。所得截交线的正面

投影重影在有积聚性的截平面的正面投影上，均为直线，如图3-23（a）所示。本例题是在已知截交线及被截实体正面投影的基础上，作其水平投影及侧面投影。

② 因实体是半球被对称截切，故其水平投影及侧面投影都是对称图形。半球水平投影的转向轮廓线为一圆，是其底面圆的水平投影；半球的侧面投影与正面投影外形相似，这里先用双点画线画出，待投影完成后再加深。

③ P、Q面与球面相交，产生的交线为两段对称的侧平圆弧，其侧面投影反映实形，投影重合在一起；其水平投影为相互平行的两条对称直线，投影可见；R面与球面的交线为前后两段水平的圆弧，该两段水平圆弧与P、R面的交线及Q、R面的交线，共同围成水平圆弧截断面。该水平圆弧面水平投影反映实形，投影可见。其侧面投影重影为一直线，直线长度反映该水平圆弧直径，未被遮挡部分可见。

作图过程：如图3-23（c）所示。

① 画出半球的水平投影及侧面投影。

② 根据投影关系，由正面投影引投影线，作P、Q截切半球所得侧面圆的侧面投影及水平投影。由正面投影作R截切半球所得水平圆弧面的侧面投影及水平投影。

③ 加深截交线及被截切后实体的投影。如图3-23（d）所示。

【例3-13】 如图3-24（a）所示，球被正垂面截去左上方，截去部分或图中未确定的投影用双点画线表示，补全球被截切后的水平投影。

分析：

① 球体被正垂面截切后，在球面上所产生的截交线为一个正垂圆，构成了正垂圆截断面。该正垂圆面的正面投影重影为一段直线，直线的长度为该圆的直径，即图3-24（a）中粗实线表示的直线。该正垂圆面的水平投影为一个完整的椭圆，正垂圆面上只有一条处于正垂线位置的直径平行于水平面，其水平投影为椭圆的长轴；而与之正交的处于正平线位置的直径，其水平投影为椭圆的短轴。

② 球体被截去左上部分，球体水平投影的转向轮廓线是一个不完整的圆；截交线正垂圆的水平投影是可见的，且前后对称。

作图过程：

① 如图3-24（b）所示，在正面投影上标出正垂圆上最高点B的正面投影b'，最低点A的正面投影a'，最前点C和最后点D的正面投影c'、d'。$a'b'$连线的中点，即为正面投影c'（d'）；c'可见，d'不可见。

作出这四个特殊点的水平投影。a'、b'在球正面投影的转向轮廓线上，其水平投影应在水平轴线上，按投影关系直接作出水平投影a、b；最前点C和最后点D在一个水平圆上，该水平圆的正面投影为过c'（d'）的一条平行于水平轴线的直线，直线与球体正面投影的转向轮廓线相交的长度，就是水平圆的直径，据此，可作出该水平圆的水平投影；然后按照投影关系，C、D两点的水平投影c、d就作出了。

② 如图3-24（c）所示，正垂圆上两点E、F的正面投影e'（f'）重影在水平的轴线上，这两点的水平投影e、f应该在球体水平投影的转向轮廓线上；按照投影关系，直接作出。e、f即为截交线圆的水平投影与球面水平投影的转向轮廓线的切点，也是球面被截切后的水平投影的转向轮廓线的端点。

③ 如图3-24（d）所示，将a、e、c、b、d、f、a连成截交线圆的水平投影，该投影可见，应连成实线；球面水平投影的转向轮廓线只存在e、f右边的一部分。

加深实体的水平投影，作图结果如图3-24（e）所示。

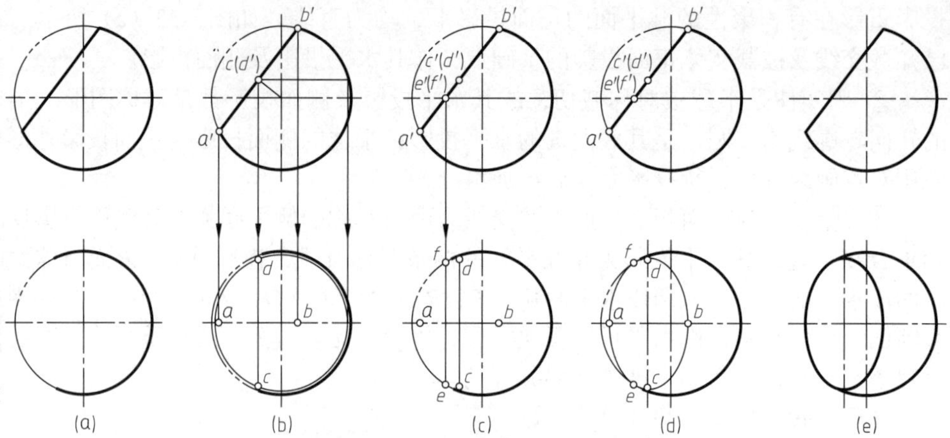

03-17 补全球被切割后的投影

图3-24　补全球被截切后的水平投影

3.4　两回转体表面相交

两立体表面相交，所产生的交线被称为相贯线（intersecting line of two solid）。图3-25所示为药物制粒设备上接管与筒体、筒体和锥壳体相交的相贯线。

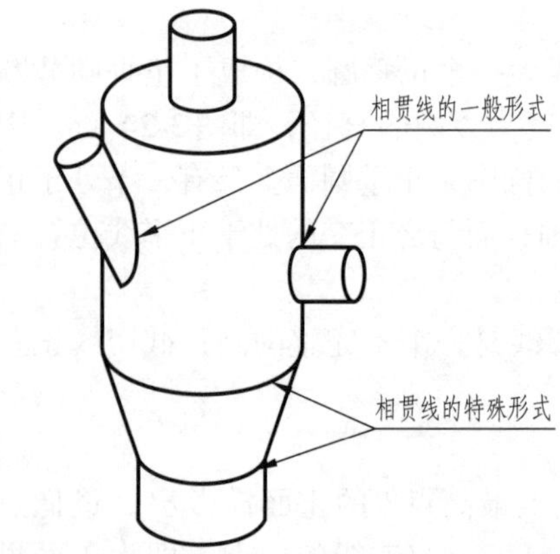

图3-25　回转体相贯线的示例——制粒设备

两立体相交可分为平面立体与平面立体相交、平面立体与曲面立体相交、曲面立体与曲面立体相交。前两种情况所得的相贯线，都可由其立体平面与立体相交所得截交线来确定。本节主要学习两曲面立体（这里指回转体）相交。

一般情况下，两曲面立体的相贯线是闭合的空间曲线；在特殊情况下，可能不闭合，也可能是平面曲线或直线。

相贯线的性质可描述为：相贯线是两曲面立体表面的共有线，相贯线上的点是两曲面立体表面的共有点。

作两曲面立体的相贯线时，通常先作出相贯线上的一些特殊点（如相贯线的最高点、最低点、最左点、最右点、最前点、最后点，还有相贯线在转向轮廓线上的点、相贯线在其对称平面上的点等）的投影，这些点能确定相贯线的形状和范围；然后按需要，再作出相贯线上一般点的投影，从而较准确地画出相贯线的投影，并表明可见性。

工程上最常见的立体相交是轴线垂直的两回转体相交，这里主要介绍轴线垂直的两回转体相交所得相贯线投影的求作方法。

3.4.1　表面取点法

两回转体轴线垂直相交，当两回转体表面的投影分别在某一个投影面上有积聚性（如垂直于投影面的圆柱面）时，相贯线在该投影面上的投影积聚在圆柱面的有积聚性的投影上。此时，可以通过作曲面立体表面上点的投影的方法，作出相贯线的投影，这种方法称为表面取点法。

【例3-14】 如图3-26（a）所示，已知轴线垂直相交的两圆柱的三面投影，作它们的相贯线。

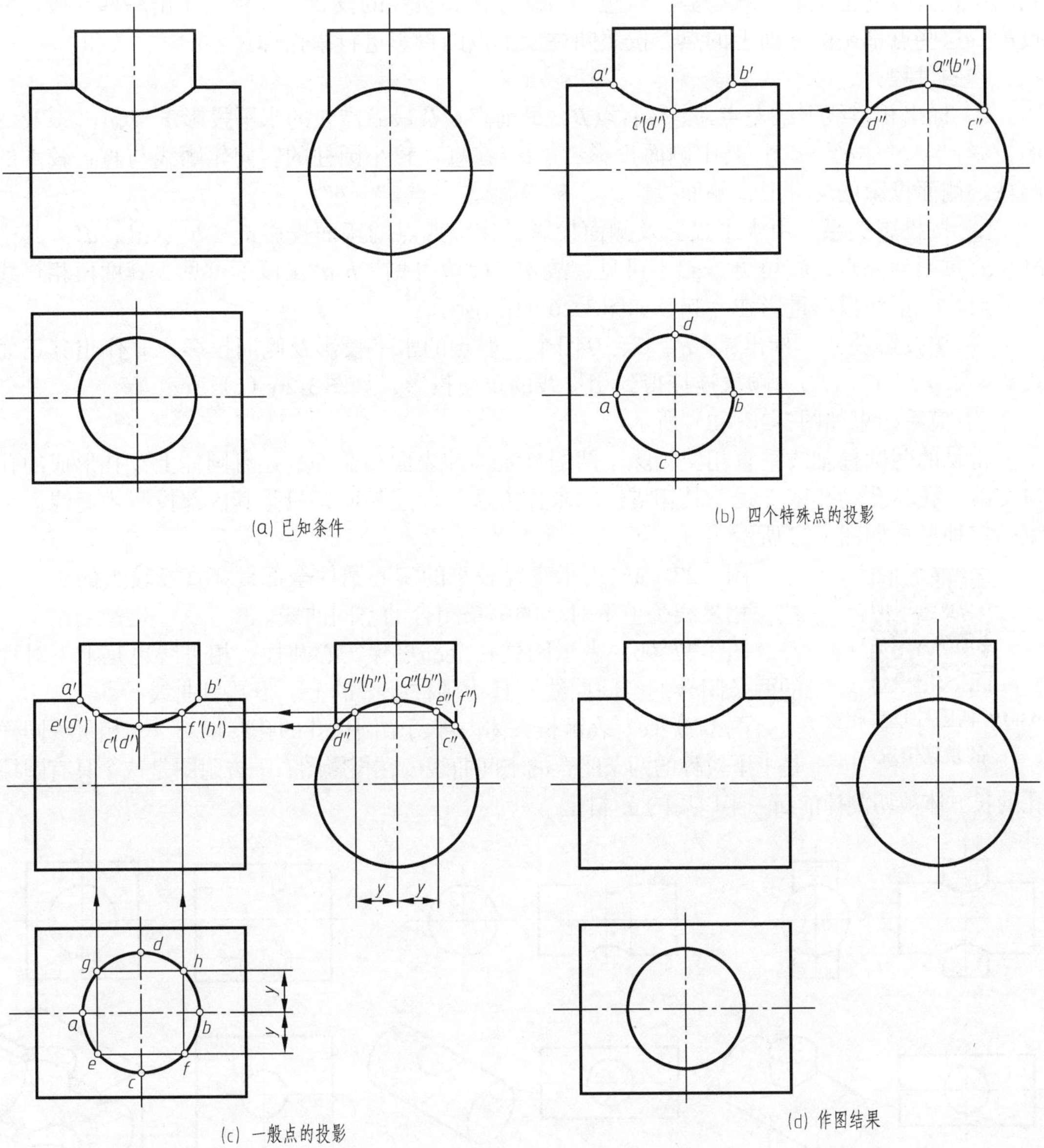

图3-26　作两回转体的相贯线的正面投影

分析：

① 如图所示，轴线垂直的两圆柱相交，其直径不同，相贯线为一闭合的空间曲线，其三面投影，皆为曲线。相贯线的三面投影都是对称的。由相贯线的性质（相贯线是两圆柱面的共有线，其上的点为两圆柱面的共有点）可知，相贯线是轴线铅垂的圆柱面上的线，该圆柱的水平投影积聚为圆，相贯线的水平投影亦积聚为圆；同时，相贯线又是轴线侧垂的圆柱面上的线，该圆柱的侧面投影积聚为圆，因此，相贯线的侧面投影重影为该圆周上的一段圆弧（与铅垂轴线的圆柱面相交的那段）。从上述分析可知，相贯线的水平投影及侧面投影已知，作相贯线的正面投影。

03-18 作回转体相贯线的正面投影

② 相贯线上有四个特殊点，分别是最左点A、最右点B、最前点C、最后点D，它们勾勒出了相贯线的范围及形状趋势。若想光滑地连接相贯线的投影，需补充作出一些一般点的投影。这些点都是圆柱面上的点，按照圆柱面上点的投影进行求作即可。

作图过程：

① 标出相贯线上最左点A、最右点B、最前点C及最后点D的水平投影a、b、c、d及侧面投影a''、b''、c''、d''；其中侧面投影c''、d''在直径较小圆柱的转向轮廓线与直径较大的圆柱的侧面投影的交点上，侧面投影a''、b''重影在一点a''（b''）。

② 按投影关系，由水平投影及侧面投影，作该四点的正面投影a'、b'、c'、d'。其中c'、d'重影为一点，c'可见，d'不可见，故$a'c'b'$段可见，$b'd'a'$段不可见。其两段相贯线前后对称，正面投影重影在一起，如图3-26（b）所示。

③ 按投影关系，标出E、F、G、H四个一般点的水平投影及侧面投影，并作出其正面投影e'（g'）、f'（h'）。顺次连接得到相贯线的正面投影，如图3-26（c）所示。

④ 最后结果如图3-26（d）所示。

常见的两圆柱轴线垂直相交，除了两圆柱实体外表面相交外，还有圆柱上穿孔形成的孔口交线、孔与孔的孔壁交线。其相贯线的求作方法与前述相同，只是其内部投影为虚线。常见的三种形式如图3-27所示。

03-19 两圆柱垂直相交的常见情况

图3-27（a）表示直径较小的实心圆柱全部贯穿直径较大的实心圆柱，相贯线是上下对称的两条闭合的空间曲线。

图3-27（b）表示圆柱孔全部贯穿实心圆柱，相贯线也是上下对称的两条闭合的空间曲线，且为圆柱孔壁的上、下孔口曲线。

图3-27（c）表示长方体内部两个圆柱孔的孔壁相交，其相贯线同样是上下对称的两条闭合的空间曲线。在投影图右下方附图是这个具有圆柱孔的长方体被切割掉前面一半以后的立体图。

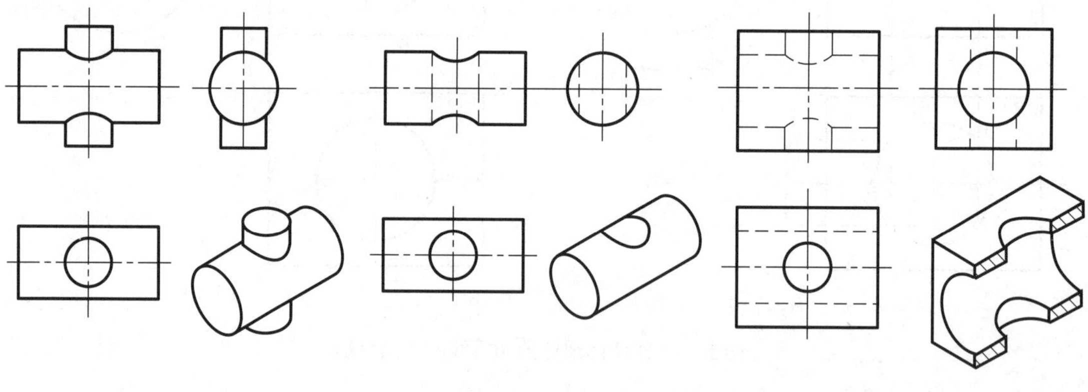

(a) 两实心圆柱相交　(b) 圆柱孔与实心圆柱相交　(c) 两圆柱孔相交

图3-27　两圆柱垂直相交的相贯线的常见情况

当上述三种柱面尺寸相同时，其投影图中所示的相贯线形状大小相同，求作这些相贯线投影的方法也相同。

3.4.2 辅助平面法

对于投影没有积聚性的回转体（如圆锥、球等）相交时，可采用辅助平面法作相贯线的投影。常见的辅助面为平面，需根据具体情况加以选择，一般选投影面平行面为辅助平面。

如图3-28所示，轴线侧垂的圆柱与轴线铅垂的圆锥相交，其相贯线为闭合的空间曲线。

此时，可作一水平辅助平面P，假想其与圆柱及圆锥分别相交；其与圆柱面相交所得到的截交线为平行于圆柱轴线的两条直线，与圆锥相交所得到的截交线为一水平圆弧，相贯线上的两点M、N恰好是所得两截交线的交点。两部分的截交线都处于水平面位置，其三面投影很容易作出，故点M、N两点的三面投影也可作出。点M、N为圆柱面、圆锥面、水平辅助平面的三面共点。推而广之，相贯线上所有点的投影都可以通过作这样的水平辅助平面作出。

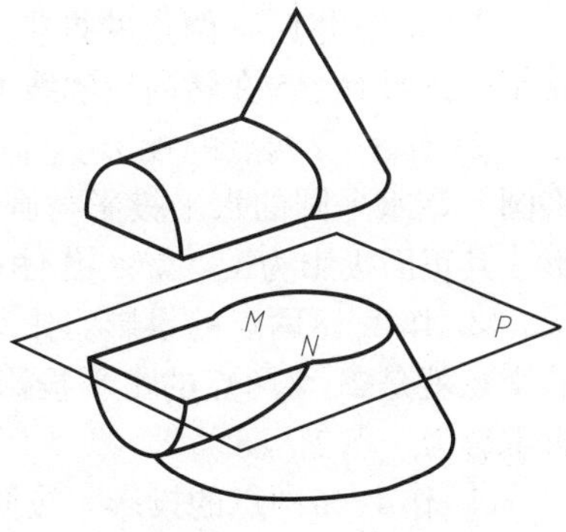

图3-28　辅助平面法

【例3-15】　作出圆柱及圆锥相贯线的投影，已知条件如图3-29（a）所示。

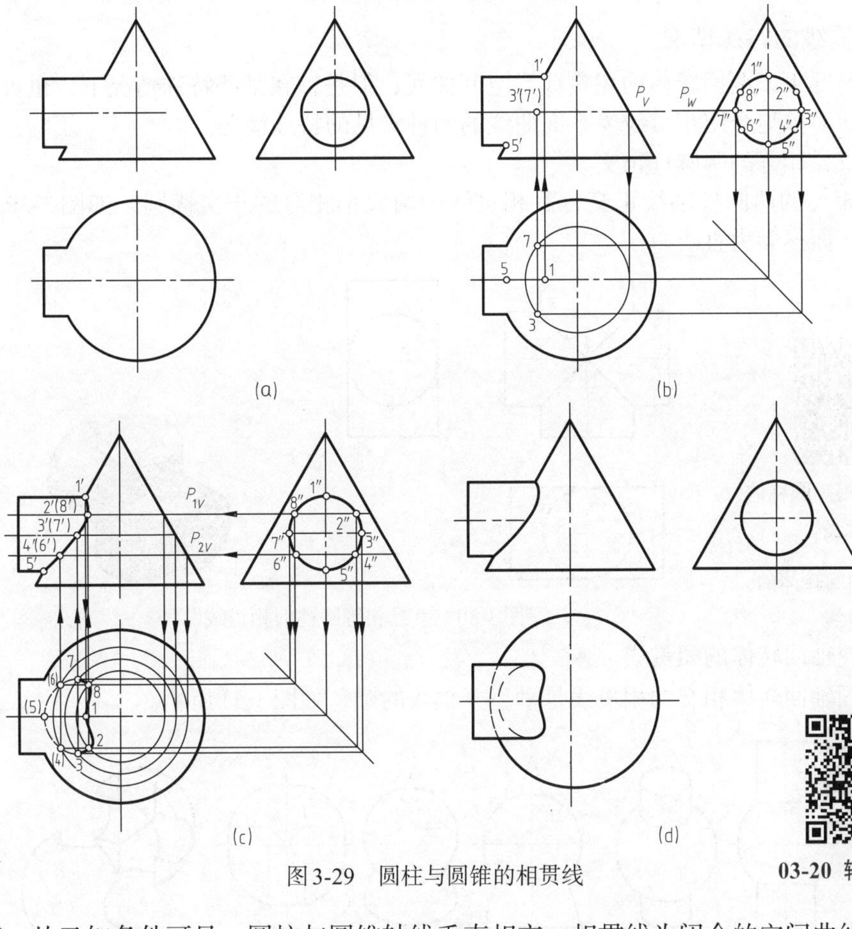

图3-29　圆柱与圆锥的相贯线

03-20 辅助平面法

分析：从已知条件可见，圆柱与圆锥轴线垂直相交，相贯线为闭合的空间曲线。因圆柱面的侧面投影具有积聚性，积聚为一个圆，相贯线也积聚在圆上。因此，这里已知相贯线的侧面投影，作其正面投影及水平投影。辅助平面宜选择水平面。

相贯线上的点1、3、5、7分别是相贯线上的最高点、最前点、最低点、最后点，其确定了相贯线的范围及趋势。故应先作这些特殊点的投影；然后作一般点2、4、6、8的投影，作相应连接，加深即可。

作图过程：如图3-29（b）、（c）所示。

① 先作出1、5两点的投影。该两点是相贯线的最高、最低点，其侧面投影为1″、5″，其正面投影1′、5′在转向轮廓线的交点上，其水平投影1、5在圆柱轴线的水平投影上。

② 作3、7两点的投影。可过圆柱的轴线作水平的辅助平面P，其与锥面的交线为一水平圆，该水平圆的水平投影与圆柱水平投影的转向轮廓线的交点，就是3、7两点的水平投影，其正面投影为3′、7′，作图过程如图3-29（b）所示。

③ 作2、8两点的投影。作水平辅助平面P_1，其与圆柱及圆锥相交所得截交线水平投影的交点就是2、8两点的水平投影；由水平投影及侧面投影，可作出其正面投影，其正面投影重影为一点2′（8′）。

④ 作4、6两点的投影。按同样方法，作辅助平面P_2，作4、6两点的水平投影及正面投影；水平投影4、6都不可见，正面投影重影为一点4′（6′），作图过程如图3-29（c）所示。

将这些点的投影顺次连接，可见的连成实线，不可见的连成虚线，并补画所有轮廓线投影，如图3-29（d）所示。

3.4.3 相贯线的特殊情况

一般情况下，两回转体的相贯线是空间曲线；但是，在某些特殊情况下，也可能是平面曲线。下面简单地介绍相贯线为平面曲线的两种常见的特殊情况。

（1）直径相等的两圆柱正交

直径相等的两圆柱轴线正交，其相贯线为两大小相等的正交椭圆，如图3-30所示，其相贯线的正面投影为直线。

03-21 直径相等圆柱的相贯线

03-22 同轴回转体的相贯线

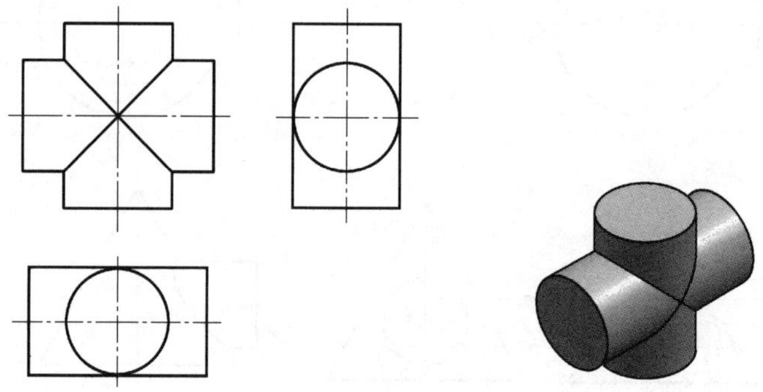

图3-30 直径相等圆柱的相贯线

（2）同轴回转体的相贯线

两个同轴回转体相交的相贯线是垂直于轴线的圆，如图3-31所示。

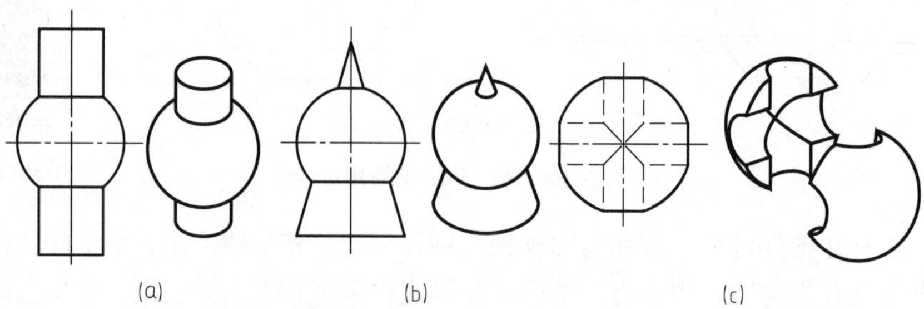

图3-31 同轴回转体的相贯线

本章自测题

第4章　组合体的视图及尺寸标注

本章课件

任何机器零件，都可以看作由若干简单基本体经过叠加、切割等方式形成，这种实体称为组合体（combination solid）。本章将在正投影理论及立体投影的基础上，进一步学习组合体三视图的投影特性，绘制和阅读组合体三视图的基本方法和技巧，以及组合体的尺寸标注等内容。本章在整本书中起承前启后的作用，是本书的重点。

4.1　三视图的形成及其特性

4.1.1　三视图的形成

如图4-1（a）所示，将物体置于投影体系的第一分角内，采用正投影法进行投影，称为第一角画法（first angle method）。《GB/T 4458.1—2002　机械制图　图样画法　视图》规定，绘制机械图样时，机件的投影一般采用第一角画法，所得机件的投影称为视图（view）。其中，从前向后投影所得的视图，即正面投影，称为主视图（main view or front view），主视图通常反映机件的主要结构及形状特征；从上向下投影所得的视图，即水平投影，称为俯视图（top view）；从左向右投影所得的视图，即侧面投影，称为左视图（left view）。

04-01 三视图的形成

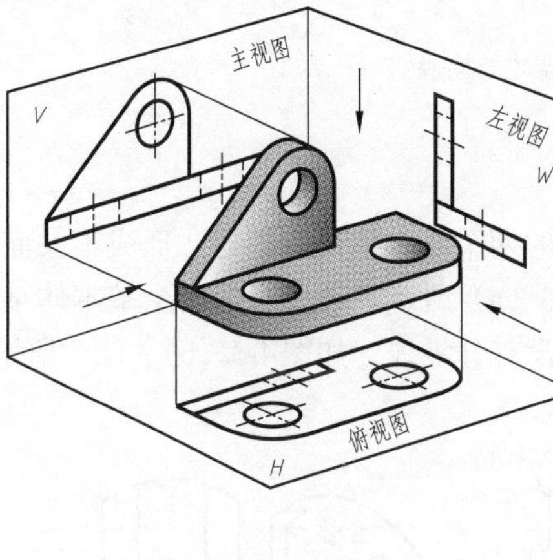

(a) 三视图的形成过程

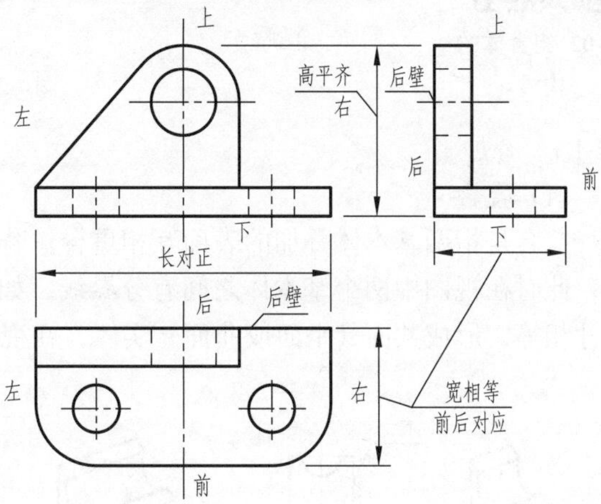

(b) 三视图

图4-1　三视图的形成及特性

4.1.2　三视图的特性

如图4-1（b）所示，在组合体三视图中，主视图反映机件的长和高，俯视图反映机件的长和宽，左视图反映机件的高和宽。

组合体三视图的投影特性可描述为：

- 主、俯视图长对正；
- 主、左视图高平齐；
- 俯、左视图宽相等，且前后对应。

三视图的这种特性不仅适用于机件整体的投影，也适用于机件局部结构的投影。特别要注意的是：俯、左视图除了反映宽相等以外，还要前、后位置对应。在三视图中，俯视图的下方和左视图的右方，表示机件的前方；俯视图的上方和左视图的左方，表示机件的后方。

4.2 形体分析法和线面分析法

4.2.1 组合体的组合形式

组合体按其组合形式不同，可分为叠加、切割（包括穿孔）和综合三种。叠加包括叠合、相切和相交。切割则包括平面切割、曲面切割及穿孔。综合既包括叠加，又包括切割。图4-2（a）所示的轴承座，是由几个基本体叠加而形成的。图4-2（b）所示的卡座，则可看作是由四棱柱切割而形成的。图4-2（c）所示的垫块是由底板和耳板叠加而成，各个基本体又均为切割体，因此该组合体由叠加和切割方式综合构成。

04-02 组合体的构成

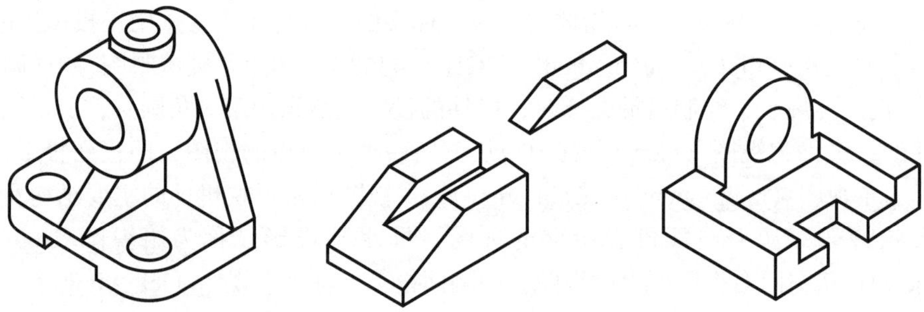

(a) 轴承座　　(b) 卡座　　(c) 垫块

图4-2 组合体的构成

4.2.1.1 叠加

（1）叠合

叠合是指两基本体叠加的表面互相重合。若叠合的两个基本体尺寸不等，形成不共面实体，此时在视图中两个基本体之间有分界线，如图4-3（a）所示。若叠合的两个基本体某些尺寸相等，形成共面（平面或曲面）实体，在视图中没有分界线，如图4-3（b）、（c）所示。

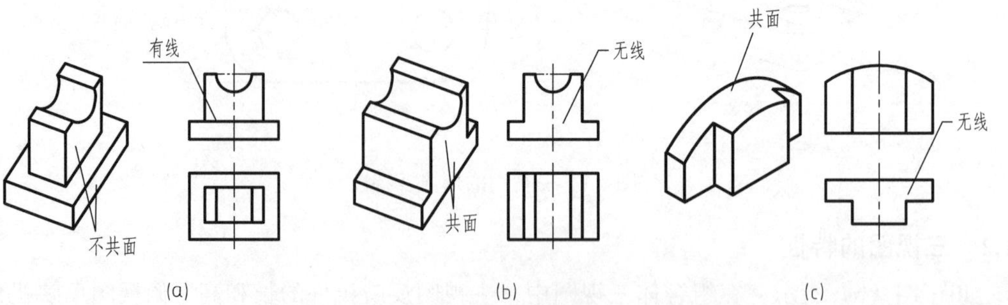

(a)　　(b)　　(c)

图4-3 叠合的情况

（2）相切

相切是指两个基本体的表面（平面与曲面或曲面与曲面）光滑过渡连接为一个面。如图4-4所示，两个面相切处不存在轮廓线，在视图上不画分界线。

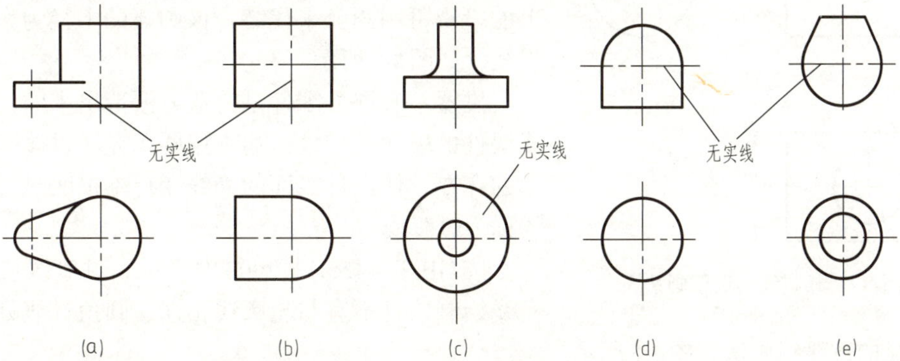

图4-4　相切的情况

有一种特殊情况，当两圆柱面相切时，若它们的公共切平面倾斜或平行于投影面，则不画相切的素线在该投影面上的投影，即两圆柱面间不画分界线，如图4-5（a）中的俯视图和左视图；当圆柱面的公切平面垂直于投影面时，应画出相切的素线在该投影面上的投影，也就是两个柱面的分界线，如图4-5（b）中的俯视图。

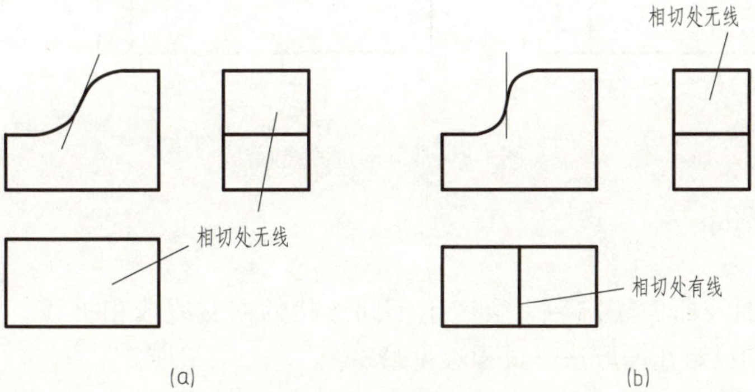

图4-5　相切的特殊情况

04-03 叠合的情况

04-04 相切的情况

04-05 相切的特殊情况

04-06 相交的情况

04-07 相贯线

（3）相交

相交是指两基本体的表面相交。投影时，应画出其相交所产生的交线（截交线或相贯线）的投影，如图4-6所示。

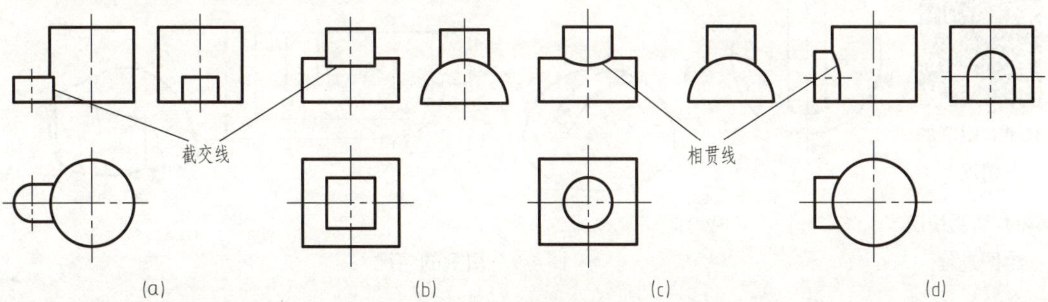

图4-6　相交的情况

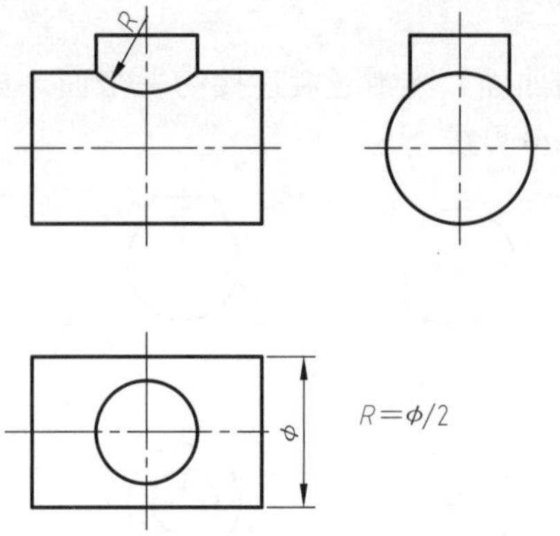

图4-7　相贯线的近似画法

在机械制图中，当不需要精确画出相贯线时，可采用近似画法绘制相贯线。直径不等的两圆柱轴线垂直相交，且都平行于某一投影面，相贯线在该投影面上的投影可用圆弧来代替，该圆弧的半径为大圆柱的半径，如图4-7所示。

机器中有许多零件是铸造或锻造出来的，在铸件或锻件的表面相交处，通常用圆角光滑过渡。由于圆角的存在，使机件表面的交线变得不很明显，这种交线称为过渡线。

按GB/T　4458.1—2002中规定，过渡线应采用细实线绘制，且不宜与轮廓线相连，圆角过渡处画出圆角，常见的过渡线画法如图4-8所示。

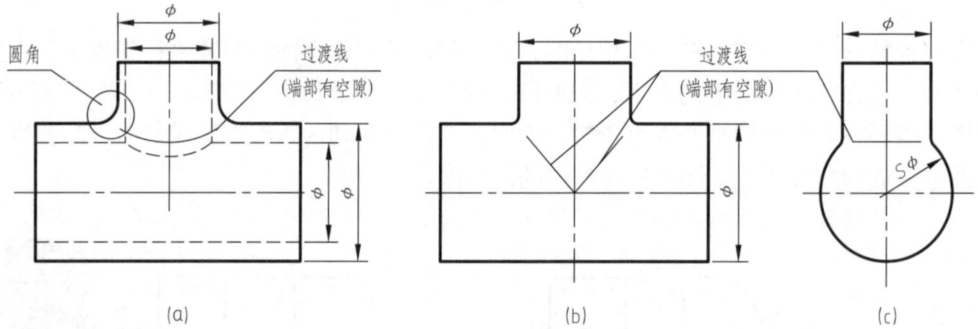

图4-8　常见的过渡线画法

4.2.1.2　切割和穿孔

（1）切割

基本体被平面或曲面切割后，会产生不同形状的截交线或相贯线，如图4-9所示，其截交线或相贯线的投影作图方法、过程参见第3章。

04-08 切割的情况

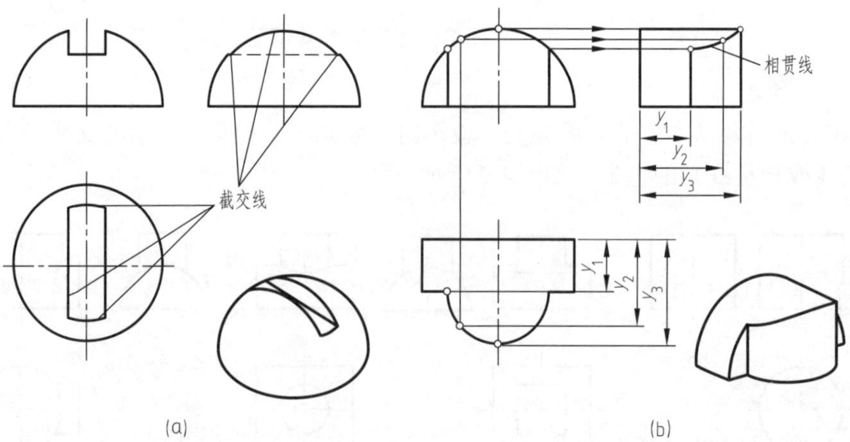

04-09 切割情况绘图过程

图4-9　切割的情况

（2）穿孔

当基本体被穿孔后，也会产生不同形状的孔口交线——截交线或相贯线。如图4-10（a）

所示，在半圆柱体上穿了一个长方孔，形成的孔口交线为截交线；而图4-10（b）和（c），在半圆管上分别穿通了大小不同的圆柱孔，半圆管轴线与铅垂的圆柱孔轴线垂直相交，产生的孔口交线为两重相贯线。

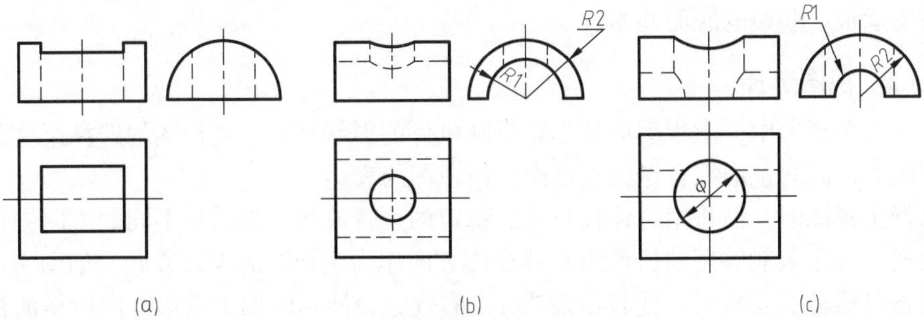

图4-10　穿孔的情况

04-10 穿孔情况绘图过程

04-11 穿孔情况模型

4.2.2　形体分析法及线面分析法

绘制及识读组合体的三视图常采用形体分析法及线面分析法。

形体分析法（shape analysis method）是依据机件实物或已知的视图分析出机件是由哪些基本体组成，这些基本体的形状、相对位置及组合方式是怎样的，从而对整个机件形状形成完整概念的分析方法。

在绘制或阅读组合体视图时，对比较复杂的组合体或由切割方式形成的实体，在运用形体分析法的基础上，对不易表达或不易读懂的局部，结合线、面的投影分析，来帮助表达或读懂这些局部的形状，这种方法称为线面分析法（line and surface analysis method）。线面分析法主要分析机件实体的表面形状、面与面的相对位置及基本体之间的交线等。

4.3　画组合体的三视图

4.3.1　形体分析

如图4-11所示，轴承座由上部的凸台1、轴承2、中间的支承板3、肋板4以及底板5经

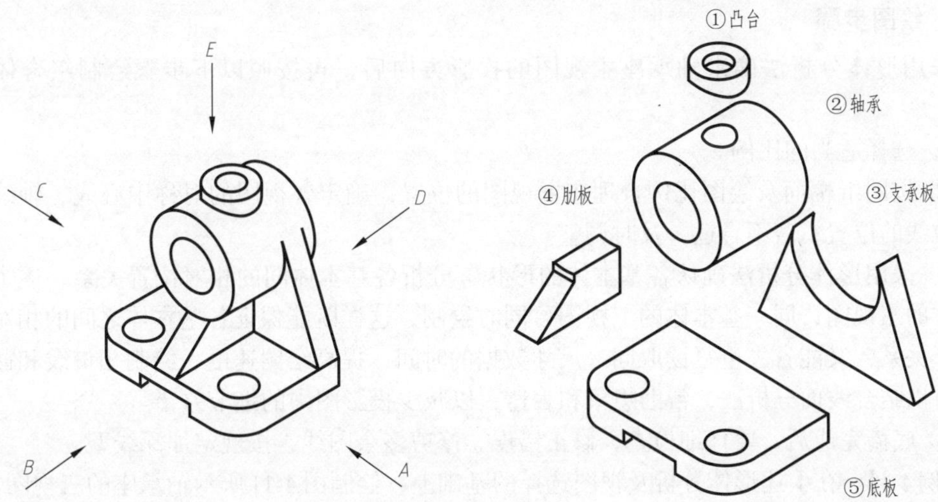

图4-11　轴承座

04-12 轴承座

叠加方式组成。凸台与轴承是两个垂直相交的空心圆柱体，在外表面和内表面上都有相贯线；支承板、肋板和底板分别是不同形状的平板，支承板的两侧面都与轴承的外圆柱面相切，肋板的两侧面与轴承的外圆柱面相交，底板的顶面与支承板、肋板的底面共面。

04-13 分析主视图方向

4.3.2 视图选择

三个视图中，主视图应该尽量反映机件的形状特征。主视图的选择至关重要，在确定主视图时，同时也应综合考虑左视图或俯视图的表达。

通常，在选择主视图时，需将组合体按自然、稳定的位置放正，然后从不同的方向进行投影，并加以比较，确定最能够反映机件形状特征的方向作为主视图的投影方向。如图4-11所示，将轴承座按自然位置安放后，比较由箭头*A*、*B*、*C*、*D*所示的四个投影方向所得的视图，确定主视图。

若以*D*向视图作为主视图，虚线较多，没有*B*向清楚；*C*向与*A*向视图虽然虚实线的情况相同，但若以*C*向视图作为主视图，则左视图上会出现较多虚线，没有*A*向好；再比较*B*向与*A*向视图，*B*向视图更能反映轴承座各部分的轮廓形状特征，因此确定*B*向视图为主视图，如图4-12所示。

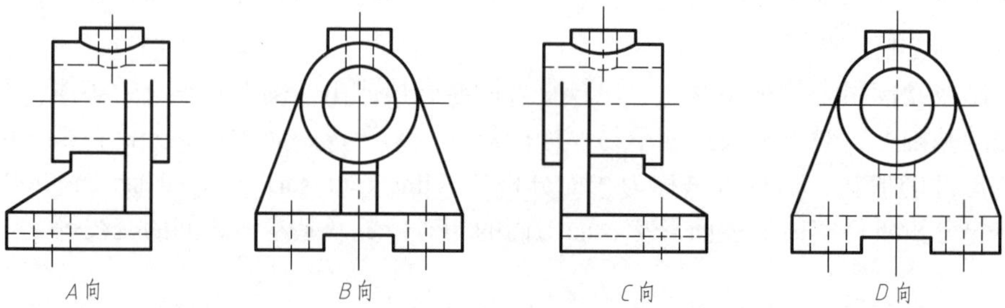

图4-12 分析主视图的投影方向

主视图确定以后，俯视图和左视图的投影方向（即图4-11中的*E*向和*C*向）也就确定了。

4.3.3 绘图步骤

采用形体分析法确定轴承座主视图的投影方向后，再按照以下步骤绘制组合体的三视图：

① 选择适当的比例。

② 按图纸幅面及绘图比例合理布置视图的位置，确定各视图的对称中心线、轴线或其他定位线的位置；若不合适，及时调整。

③ 采用形体分析法确认各基本体的形状，分析各基本体间的相对位置关系，逐个画出基本体的三视图；同一基本体的三视图可同时绘制，这样既能保证各基本体之间的相对位置和投影关系，又能省去重复读取同一尺寸数据的时间，提高绘图速度。绘制相贯线和截交线时，可以结合线面分析法，帮助想象和表达，以减少投影图中的细节差错。

④ 底稿完成后，要仔细检查，修正错误，修剪多余图线，按规定加深线型。

【例4-1】 在上述形体分析及视图选择的基础上，绘制图4-11所示轴承座的三视图。

具体作图过程如图4-13所示。

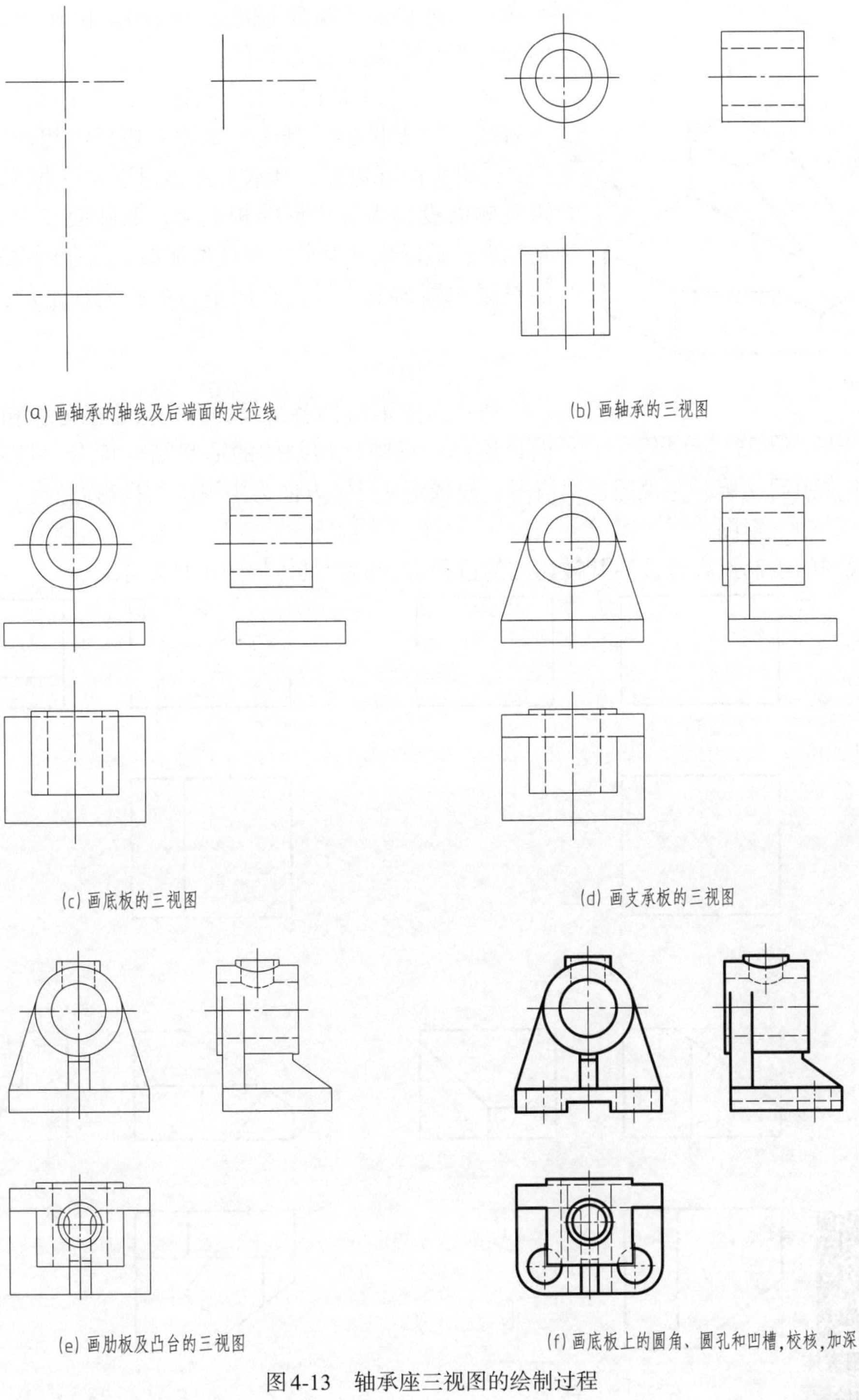

(a) 画轴承的轴线及后端面的定位线　(b) 画轴承的三视图

(c) 画底板的三视图　(d) 画支承板的三视图

(e) 画肋板及凸台的三视图　(f) 画底板上的圆角、圆孔和凹槽，校核，加深

图4-13　轴承座三视图的绘制过程

【例4-2】　绘制图4-14所示切割实体的三视图。

(1) 线面分析

图4-14的组合体，可认为是长方体经过多次切割而形成的。

分析截面的形状、位置及特征。 首先，长方体被正垂面S切去左上角，然后被P面切去左前角，接着被Q、R面切去前上部分。各平面截切长

04-14 轴承座三视图的绘制过程

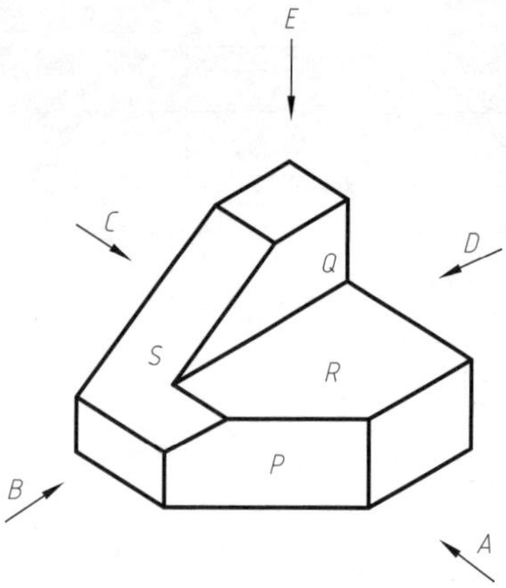

图4-14 切割形式的实体

方体后，就形成了新的截断面，如图4-14所示。具体截断面的形状与截平面截切的位置有关。

截断面S为L形的正垂面六边形，其正面投影积聚为一直线，水平投影及侧面投影为六边形的相似形；截断面P为铅垂面五边形，其水平投影积聚为一直线，正面投影及侧面投影为五边形的相似形；截断面Q为正平面直角梯形；截断面R为水平面直角梯形，其在所垂直的面上的投影积聚为一直线，在所平行的投影面上的投影反映实形。

（2）视图选择

通过对图4-14的各个投影方向投影的分析和比较，A向投影更能反映该切割体的形状结构特点，且以此向视图作为主视图后，俯、左视图也很清晰，故选定A投影方向为主视图的投影方向。

（3）绘制三视图

三视图的绘制过程是按照其被切割的过程进行的，具体如图4-15所示。

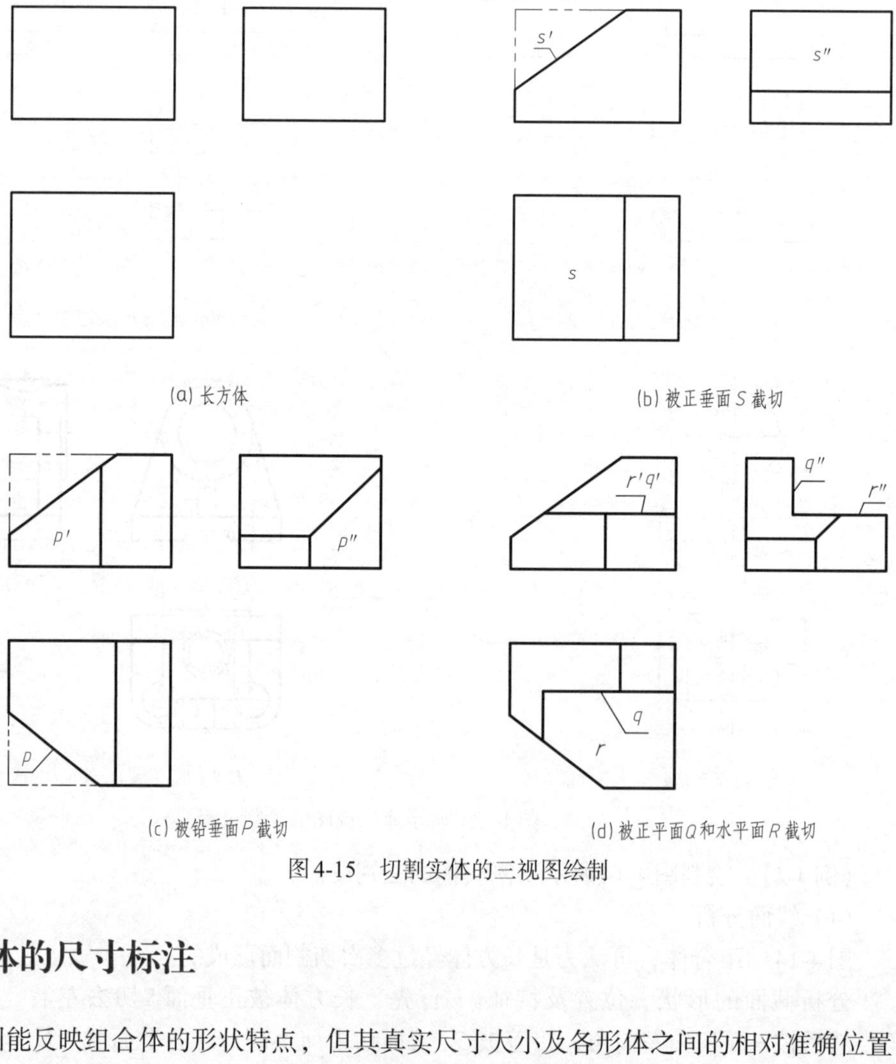

图4-15 切割实体的三视图绘制

04-15 切割实体三视图的绘制过程

4.4 组合体的尺寸标注

三视图能反映组合体的形状特点，但其真实尺寸大小及各形体之间的相对准确位置，都需要通过标注尺寸来明示。

标注组合体尺寸仍按照《GB/T 4458.4—2003　机械制图　尺寸注法》和《GB/T 16675.2—2012　技术要求　简化表示法　第2部分：尺寸注法》进行，要求标注正确、完整、清晰。

- 正确：所注尺寸数值准确，格式符合国家标准的有关规定。
- 完整：尺寸标注必须齐全，标注定形尺寸、定位尺寸及总体尺寸，不遗漏也不重复。
- 清晰：多个尺寸标注的各个要素配置有序，整齐、合理、清楚，便于读图。

4.4.1　基本体的尺寸标注

组合体常需标注各组成单元基本体的定形尺寸及定位尺寸。因此，应熟练掌握基本体的尺寸注法。图4-16、图4-17分别列出了基本体、被切割或穿孔后的不完整基本体的尺寸标注示例。

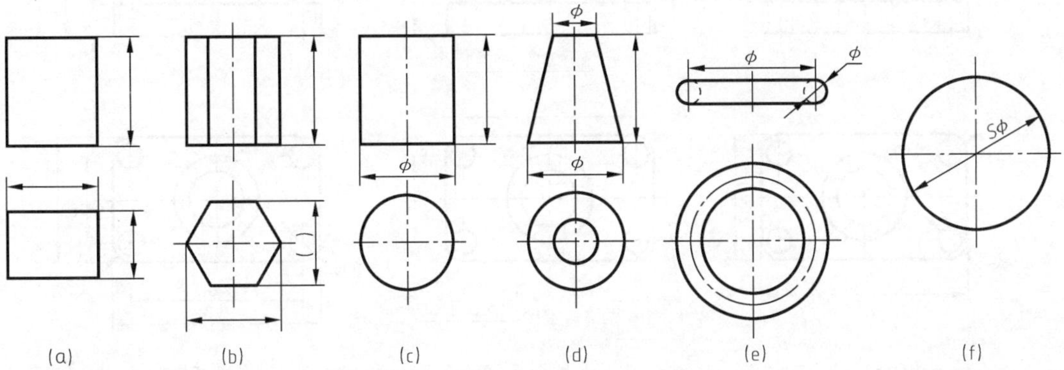

图4-16　常见基本体的尺寸标注

一般情况下，基本体需标注其长、宽、高三个方向的尺寸；对于圆柱、圆锥通常标注其底圆直径及高。

对于带有缺口的基本体，标注时，只标注缺口位置的定位尺寸，而不标注截交线或相贯线的形状尺寸，如图4-17所示（图中“×”表示不标注的尺寸）。

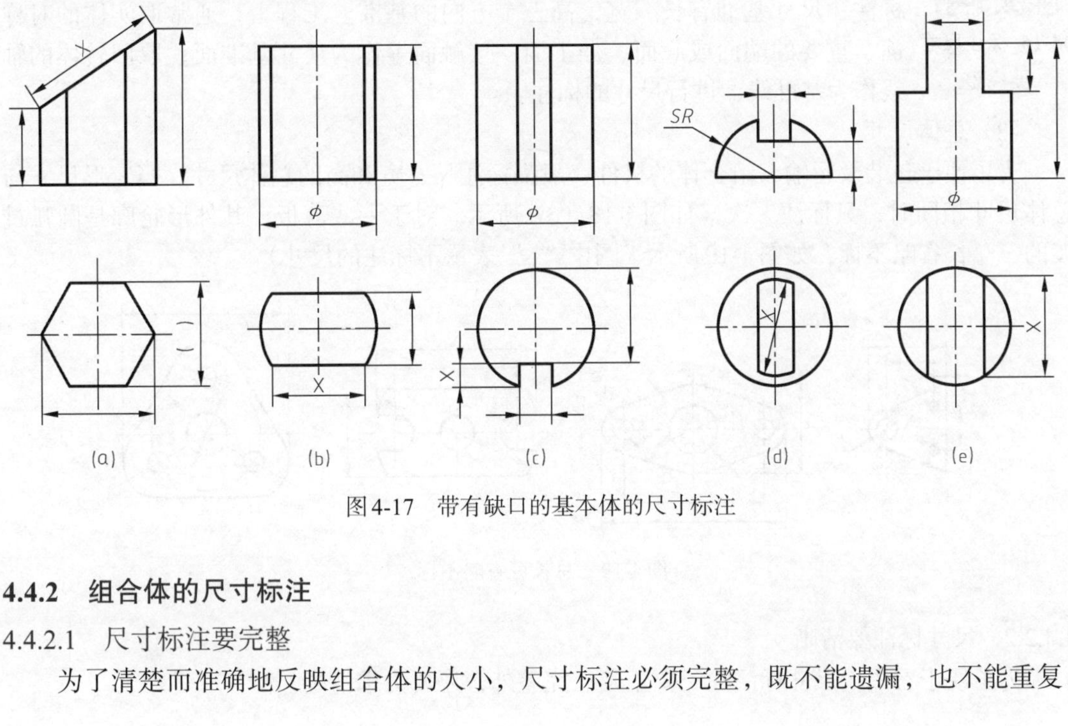

图4-17　带有缺口的基本体的尺寸标注

4.4.2　组合体的尺寸标注

4.4.2.1　尺寸标注要完整

为了清楚而准确地反映组合体的大小，尺寸标注必须完整，既不能遗漏，也不能重复，每一个尺寸在图中只标注一次。

图样上一般标注三类尺寸：定形尺寸、定位尺寸及总体尺寸。

（1）定形尺寸

确定组合体中各基本体形状的尺寸，称为定形尺寸。如图4-18（a）中，组合体底板及空心圆柱体的定形尺寸。

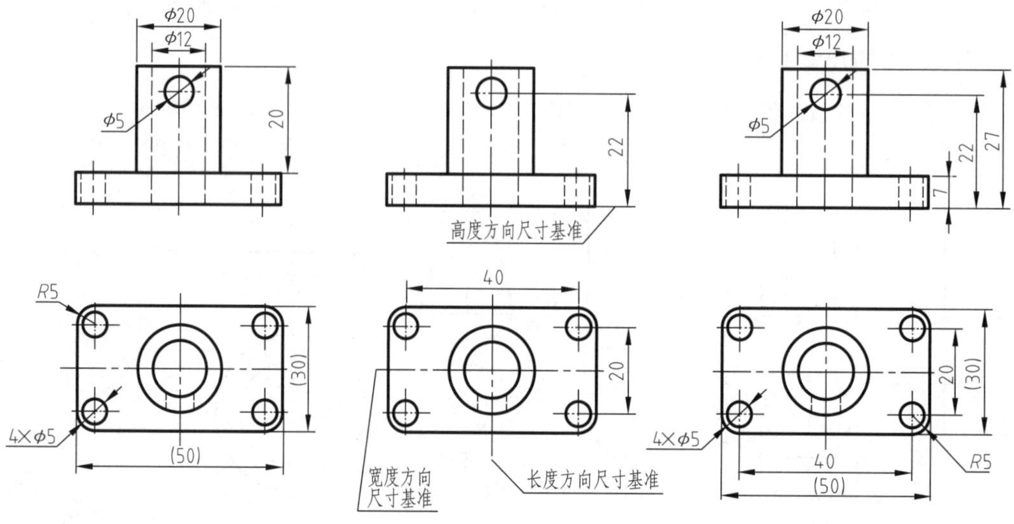

(a) 定形尺寸　　(b) 定位尺寸　　(c) 总体尺寸

图4-18　标注尺寸要完整

04-16 标注尺寸要完整

（2）定位尺寸

确定组合体中各基本体的相互位置的尺寸，称为定位尺寸。如图4-18（b），底板及空心圆柱体之间的相互位置关系尺寸。定位尺寸应以尺寸基准来标注，尺寸基准有长、宽、高三个方向的基准。工程上，通常取实体的对称面、重要的端面或底面、加工面、接触面等作为尺寸基准面；取回转体的轴线作为基准线，进行尺寸的标注。

（3）总体尺寸

为了便于包装及运输，组合体的机件一般都标注长、宽和高的总体尺寸。当定形尺寸与总体尺寸相同时，只标注一次，如图4-18（c）所示。对于一些薄板，其外形轮廓是圆弧过渡的，总长省略不标，如图4-19所示（图中“×”表示不标注的尺寸）。

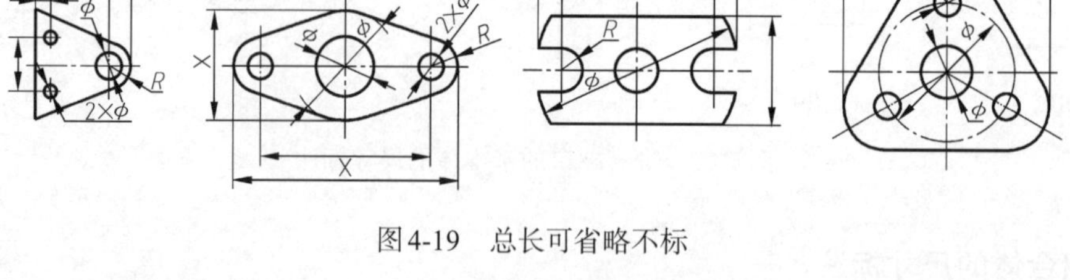

图4-19　总长可省略不标

4.4.2.2　尺寸标注要清晰

为了便于看图，尺寸标注除了要正确、完整外，还要力求清晰。

（1）尺寸应尽量标注在形状特征明显的视图上

如图4-20(a)，圆柱体及其穿通的圆柱孔，其直径尺寸宜标注在投影为非圆的视图上；半径尺寸应标注在显示圆弧的视图上，如图4-20(b)、(c)；缺口尺寸应标注在反映实形的视图上，如图4-20(d)。

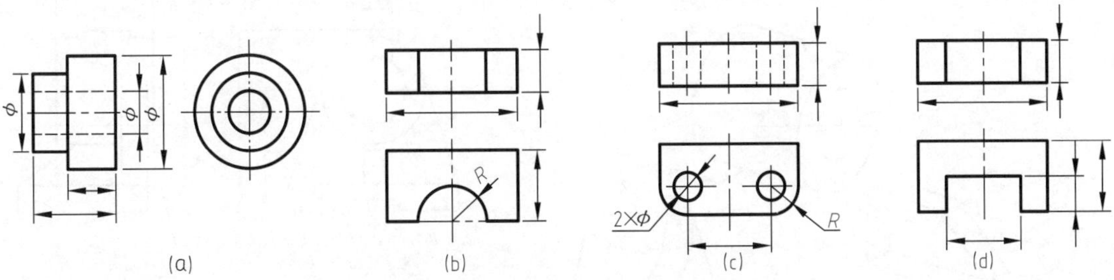

图4-20　尺寸应尽量标注在形状特征明显的视图上

（2）尺寸应集中标注

同一基本体的定形尺寸以及有联系的定位尺寸，尽量集中标注。如图4-21（a）所示，底板的定形尺寸以及底板上孔的定形和定位尺寸，都应集中标注在俯视图上；而空心圆柱的定形及定位尺寸，都集中标在主视图上。同时必须注意，四个直径相等的小圆柱孔，应统一标注，并写出圆孔的数量4 × ϕ；而图中四个圆角，若半径相等，也统一只标注一处，但不可写出数量，如图中所注的R。

（3）尺寸标注要排列整齐

如图4-21（b）所示，同一方向几个连续尺寸的尺寸线应尽量处于同一条直线上；对于平行尺寸，要注意小尺寸在里，大尺寸在外，以避免尺寸线与尺寸界线相交。

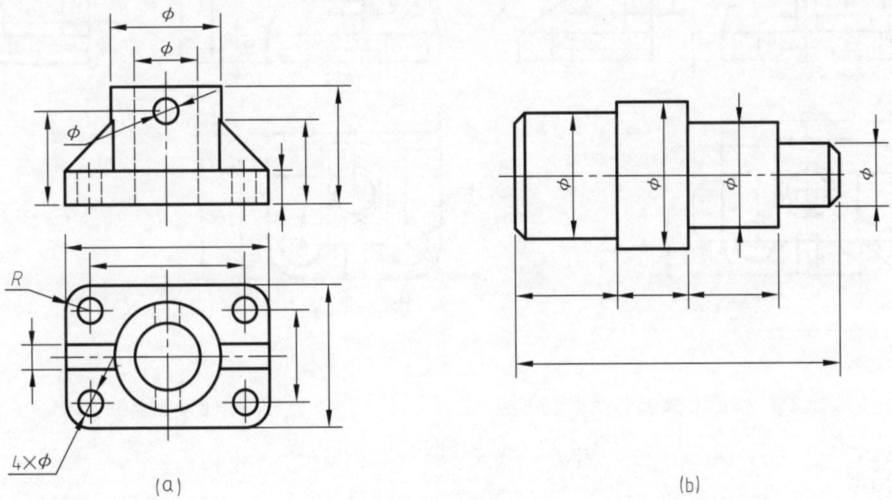

图4-21　尺寸标注应排列整齐

4.4.3　标注组合体尺寸的方法及步骤

下面以图4-22所示的轴承座为例，说明标注组合体尺寸的方法及步骤。

（1）形体分析并初步考虑各基本体的定形尺寸

在组合体视图中标注尺寸时，应首先对该组合体进行形体分析，考虑并确定各基本体的定形尺寸，如图4-22（a）所示。

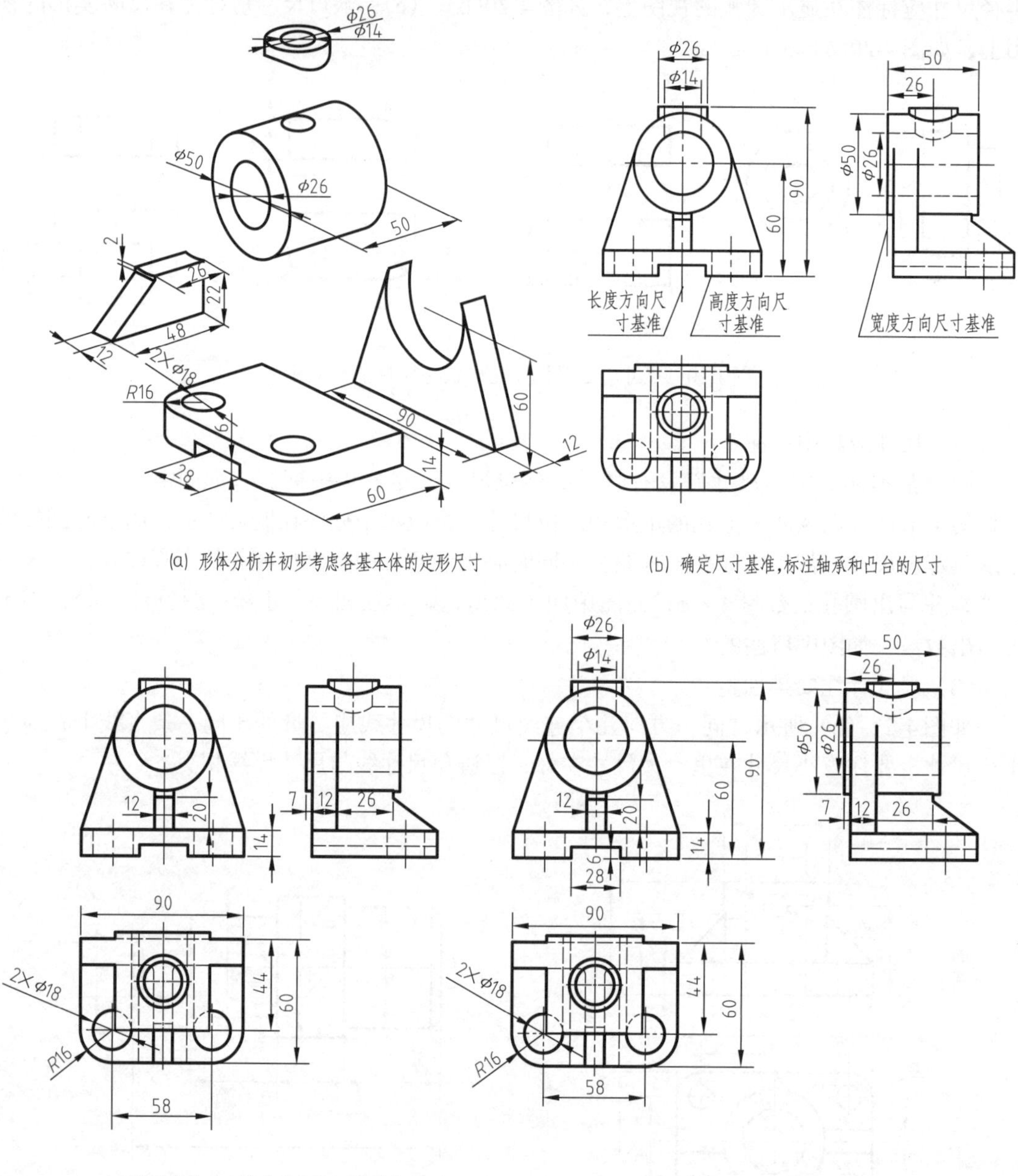

(a) 形体分析并初步考虑各基本体的定形尺寸　(b) 确定尺寸基准,标注轴承和凸台的尺寸

(c) 标注底板、支承板、肋板的尺寸及总体尺寸　(d) 校核后的尺寸标注结果

图4-22　轴承座的尺寸标注过程

04-17 轴承座的尺寸标注过程

（2）选定尺寸基准

选轴承座的左右对称面作为长度方向的尺寸基准，轴承的后端面作为宽度方向的尺寸基准，底板的下底面作为高度方向的尺寸基准，如图4-22（b）所示。

（3）逐一标注各基本体的定形和定位尺寸

通常先标注组合体中最主要的基本体尺寸，如轴承座中的轴承，然后依次标注其余的基本体的定形及定位尺寸。

① 轴承。如图4-22（b）所示，以高度基准标注轴承座上轴承的轴线位置，其定位尺寸为60；以轴承的轴线作为径向基准，在左视图上标注轴承内外圆柱面的定形尺寸ϕ26、ϕ50及长度尺寸50。这样，就完整地标注了轴承的定位尺寸与定形尺寸。

② 凸台。如图4-22（b）所示，在左视图上，以宽度基准标出凸台轴线的定位尺寸26，以此轴线为径向基准，在主视图上注出凸台的定形尺寸ϕ14和ϕ26及高度方向的定位尺寸90，定出凸台顶面的位置，完成凸台的定位尺寸和定形尺寸的标注。

③ 底板。如图4-22（c）所示，在左视图上，从宽度基准出发标注底板及支承板宽度方向的定位尺寸7。在俯视图上注出底板及其上孔的定形及定位尺寸，其包括板宽的定形尺寸60和底板上圆柱孔、圆角的定位尺寸44；并以长度基准注出板长的定形尺寸90和底板上圆柱孔、圆角的定位尺寸58，确定出圆孔的轴线，以此为径向尺寸基准，注出定形尺寸2×ϕ18和R16。在主视图上，以高度基准注出板厚定形尺寸14。完成了底板的定位尺寸和定形尺寸的标注。

④ 支承板及肋板。如图4-22（c）所示，在左视图上注出支承板厚的定形尺寸12及肋板宽度方向的定形尺寸；支承板长度方向的尺寸90在主视图上已标出，无需重复标注。在主视图上标注肋板的厚度的定形尺寸12及肋板的高度尺寸20，便完整标注了支承板及肋板的定位尺寸和定形尺寸。

（4）标注总体尺寸

标注了组合体各基本体的定位和定形尺寸以后，对于整个轴承座还要考虑总体尺寸的标注。轴承座的总长和总高都是90，图中已经注出。总宽尺寸应为67，但这个尺寸以不注为宜；否则加上尺寸7及60，构成了尺寸链封闭，因此总宽尺寸可加一个括号，作为参考尺寸标注。

（5）校核

对已标注的尺寸，按正确、完整、清晰的要求进行检查，如有不妥，则作适当修改，如图4-22（d）所示。

4.5　读组合体的视图

绘图和读图是学习本课程的两个主要环节。绘图是将空间实体按正投影方法表达为视图；读图则是根据投影关系，由视图想象出空间实体的形状和结构。若想正确、迅速地读懂组合体视图，必须掌握读图的基本要领和基本方法，培养分析能力及空间想象能力，不断实践，逐步提高读图水平。

4.5.1　读图的基本要领

4.5.1.1　几个视图应联系起来阅读

在机械图样中，机件的结构及形状是通过几个视图来表达的，每个视图只能反映机件一部分形状特征。因此，若想全面地了解机件的结构及形状，必须将几个视图联系起来阅读。

读图时，首先从主视图出发，确定实体的基本形状特点、组合方式等，然后运用投影规律，结合其他视图，进行分析，构思，想象出空间实体的形状。

如图4-23所示。首先看主视图，确定物体的外形及其长和高的尺寸；按投影特性，对照俯视图，找出主视图上线段相对应的投影，分析并想象出实体的大致形状为向左的“L”形折板，其下部水平板左端前后角被切割，左端中间部分被切割成U形开槽；竖板

04-18 三个视图联系起来读图

04-19 两个视图都相同的不同形状的实体

04-20 视图中图线及线宽的含义

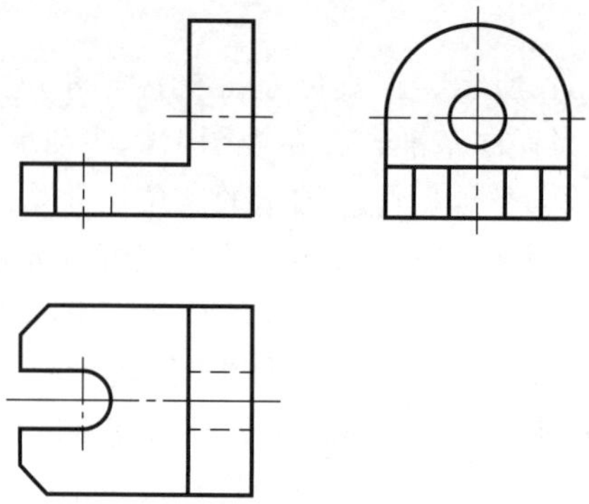

图4-23　三个视图联系起来读图

的外观形状从主、俯视图上无法确定，其中间穿孔的形状也无法确定，这时可按照投影关系，对照左视图来确定竖板及中间穿孔的形状。从左视图上可清楚地看到，竖板上部为半圆柱体，中间穿有圆柱孔。

可见，只有几个视图联系起来看，才能唯一地确定实体的真实形状。

图4-24所示的四组视图，它们的主、俯视图均相同，只有结合左视图，才能唯一确定实体的形状。

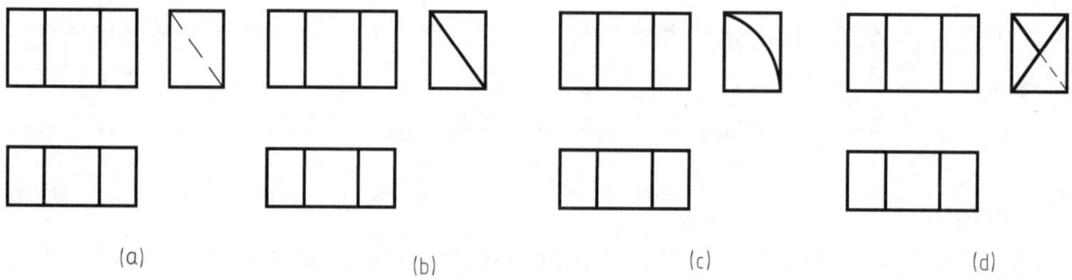

图4-24　两个视图都相同的不同形状的实体

4.5.1.2　明确视图中的图线及线框的含义

（1）视图中的每一条图线可以是物体上下列要素的投影

① 与投影面垂直的面的投影，如图4-25（a）中的直线e，为E面在正投影面上的投影。

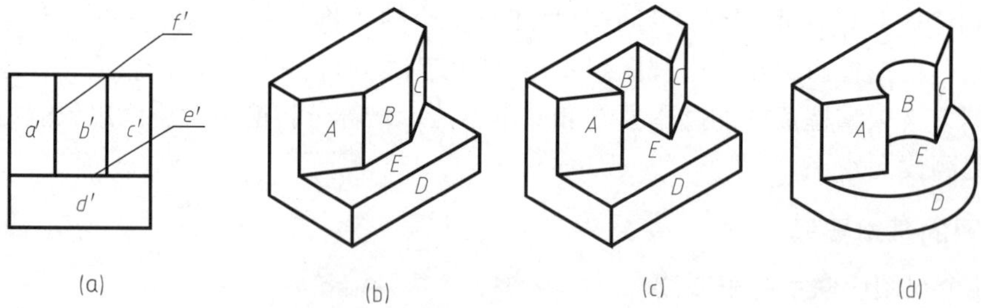

图4-25　视图中图线及线框的含义

② 两个面交线的投影，如图4-25（a）中的直线f'，为图4-25（b）中A、B面交线的投影。

③ 曲面（如圆柱面）投影的转向轮廓线，如图4-25（a）中的直线f'，为4-25（d）中B曲面的转向轮廓线。

（2）视图中每一个封闭的线框都是物体上一个面的投影

可能是一个平面的投影，如图4-25（a）中的a'线框，它对应图4-25（b）、（c）、（d）模型的A平面；也可能是一个曲面的投影，如图4-25（a）中的b'、d'线框，它们分别对应

图4-25（d）模型中的B、D曲面。

（3）视图中相邻两封闭线框的含义有两种情况

① 视图中两相交的面的投影，如图4-25（a）中的a'、b'两相邻线框，对应图4-25（b）中A、B两相邻的面。

② 视图中有前后、上下、左右位置关系的面的投影，如图4-25（a）中的a'、d'线框，对应图4-25（b）、（c）、（d）中模型的A、D面，它们是有前后位置关系的面的投影；又如图4-25（a）中的a'、b'线框，对应图4-25（c）中的A、B两个有前后位置关系的面。

在读图时，通过清楚地分析出视图中每一条图线及每一个封闭的线框所代表的含义，从而正确地构思物体的形状。

4.5.1.3　善于构思物体的形状

在学习过程中，应注意不断培养构思物体形状的能力，丰富空间想象力，达到正确迅速地读懂视图的目的。下面举一个有趣的例题来说明构思物体形状的步骤和方法。

【例4-3】 如图4-26（a）所示，已知某一物体主要部分的三视图，要求构思出这个物体的形状，并补全其三视图。

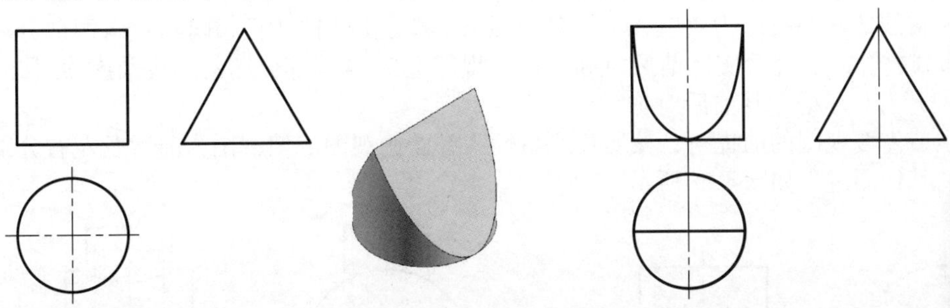

(a)　(b)　(c)

图4-26　三视图的外观轮廓

04-21 三视图的外观轮廓

分析：一般要根据三个视图才能唯一确定物体的形状。因此，在构思过程中，可以逐步按三个视图的外轮廓进行构思，最后想象出这个物体的形状。如图4-26（a）中，正面投影的外观形状为正方形，其基本体可能是立方体或圆柱体等；其水平投影为圆，则可以确定该实体是圆柱体；其侧面投影为三角形，圆柱体若经前后两个对称相交的侧垂截面截切，其侧面投影的外观轮廓就是三角形；其截切面在柱面上所产生的截交线为半个椭圆，前后对称，两截切面有一侧垂的交线。通过这样的分析与构思，实体的形状及结构就很清晰了，如图4-26（b）所示；图4-26（c）为完整的三视图。

在具体读图过程中，将上述读图的基本技巧，彼此结合，灵活地加以运用，才能正确、快速读懂视图。

4.5.2　读图的基本方法和步骤

读图的基本方法与绘图的基本方法是一样的，主要采用形体分析法及线面分析法。

4.5.2.1　形体分析法

形体分析法是读图的最基本方法。一般从反映物体形状特征的主视图着手，对照其他视图，初步分析该物体由哪些基本体组成、它们的组成形式如何；然后按投影特性逐个找出各基本体在其他视图中的投影，确定各基本体的形状以及各基本体之间的相对位置，最后综合想象物体的总体形状。

【例4-4】 如图4-27所示，组合体的主、左视图已知，想象出实体的整体形状，补画俯视图。

04-22 读懂视图，补画俯视图

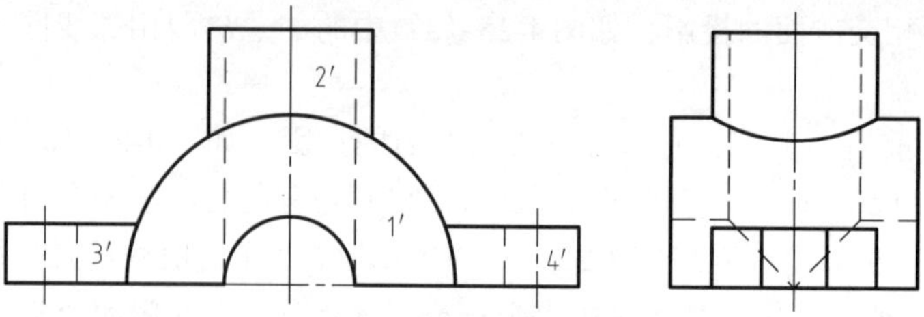

图4-27 读懂视图，补画俯视图

分析：

① 采用形体分析法，从主视图出发，对照左视图，可知该实体为前后及左右对称的实体，由四部分所构成，其组成方式以叠加为主。

② 对照主、左视图，确定四个部分基本体的形状及相对位置关系。1部分是轴线为正垂线的半圆柱体，内截切出一个同轴线的半圆柱孔。2部分是轴线为铅垂线的圆柱体，其与1部分正交在前后及左右对称面的位置，2部分内穿有同轴线的圆柱孔，该孔与1部分的半柱孔正交，其相贯线的侧面投影为直线，可知其孔径与1部分半圆柱孔径相同。3、4两部分左右对称与1部分叠合，叠合后实体前后对称。从主视图上3、4两部分内的轴线及虚线可知，3、4部分分别开有U形槽，其前后对称。

在读懂主、左两视图的前提下，按照投影特性，补画俯视图。俯视图为前后及左右分别对称的图形，其作图过程如图4-28所示。

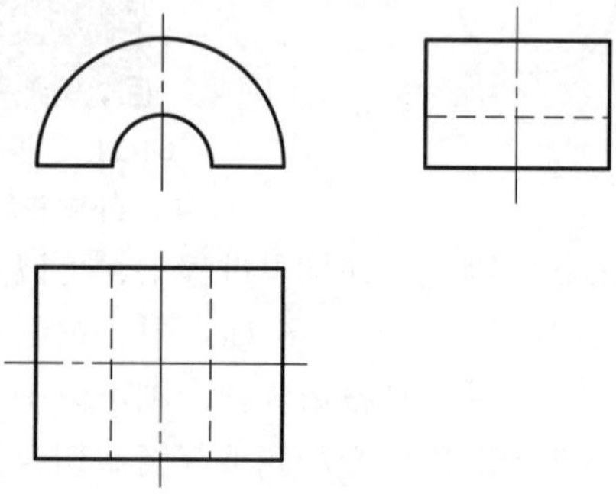

(a) 想象并画出基本体“1”

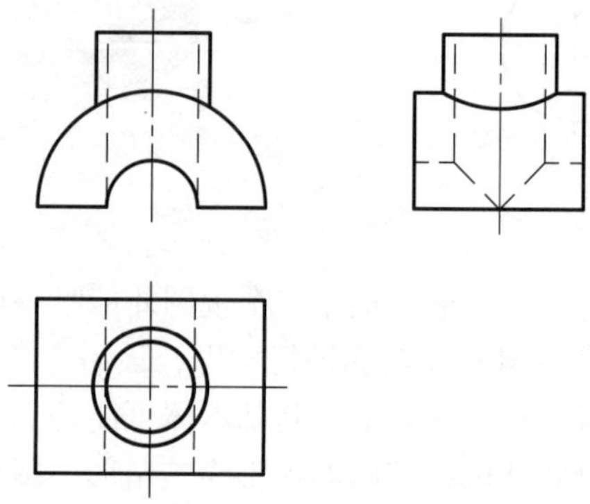

(b) 想象并画出与1 相交的圆柱“2”

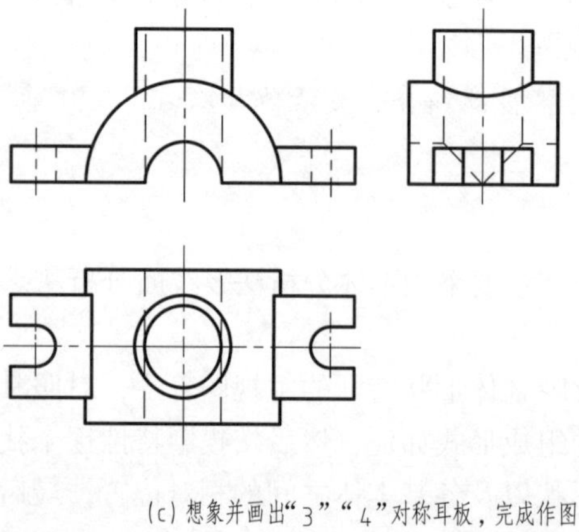

(c) 想象并画出“3”“4”对称耳板，完成作图

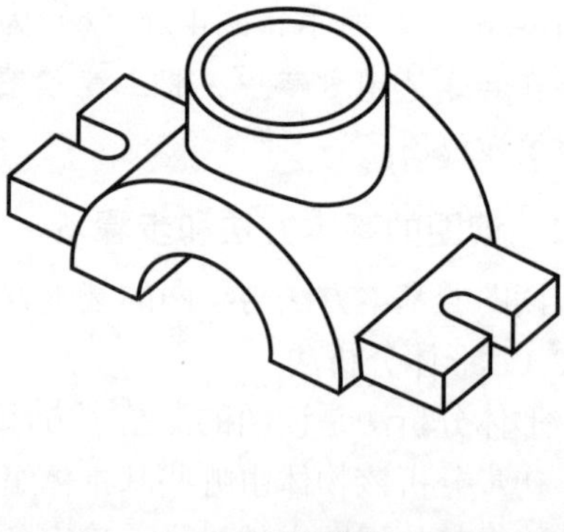

(d) 立体模型

图4-28 作图过程

4.5.2.2　线面分析法

对于较难读懂的实体，常在形体分析法的基础上，对局部较难读懂的地方，运用线面分析法。线面分析法主要分析的内容为：①物体表面的形状；②面与面的相对位置关系；③物体表面的交线。

(1) 分析表面的形状

当基本体和不完整的基本体被投影面垂直面截切时，其截断面在所垂直的投影面上的投影积聚成直线，其在另两投影面上的投影是类似的图形。

如图4-29 (a) 中"L"形的铅垂面，图4-29 (b) 中"工"字形的正垂面，图 4-29 (c) 中"凹"字形的侧垂面。

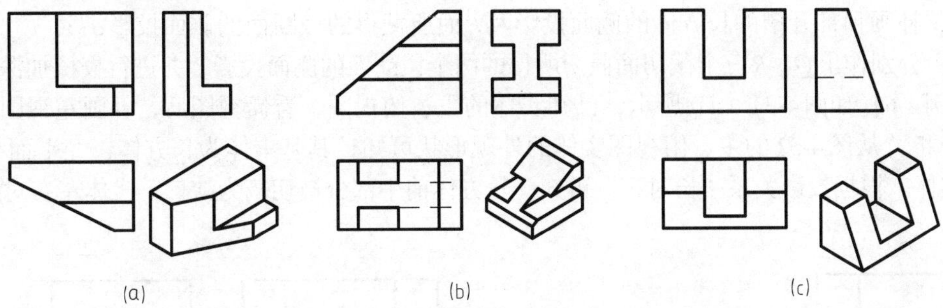

图4-29　表面形状的分析

【例4-5】 见图4-30 (a) 所示，由压板主、俯视图想象其整体形状，补画左视图。

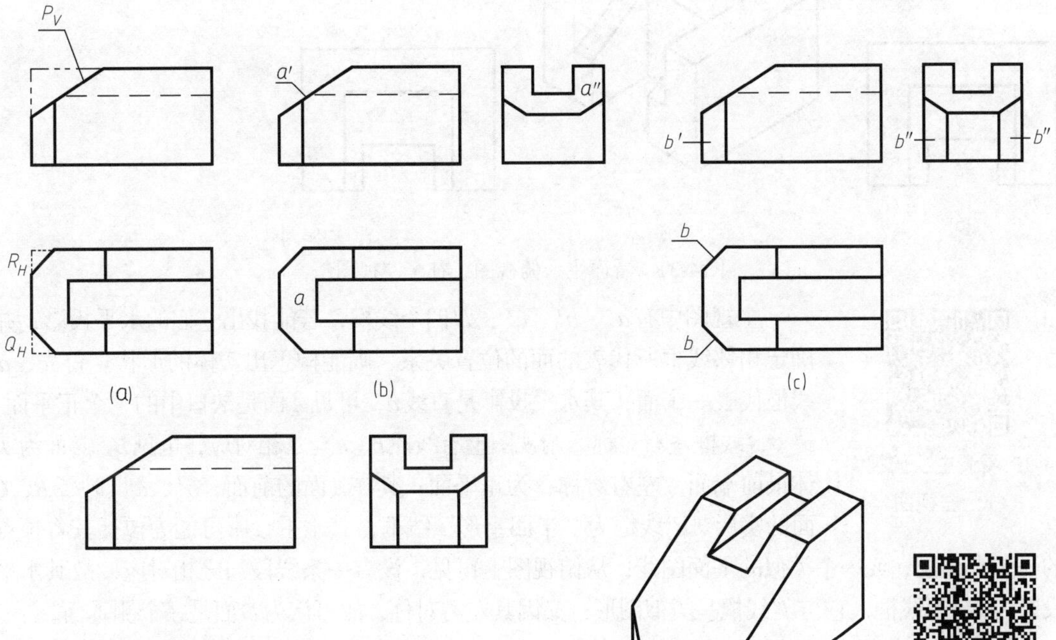

图4-30　求压板的左视图

04-23 表面形状的分析

04-24 求压板的左视图

分析：

① 由主、俯视图，可看出该压板的基本体为长方体，其上部中间被截切出一个凹形开槽，从其左部的双点画线可知，其被正垂面P切去左上角；而从俯视图上的双点画线可知，其又被铅垂面Q和R对称地截切掉前后两个角。

② 经正垂面P截切所得到的截断面是正垂面，其正面投影积聚成一直线a'，其水平投影a为与该截断面形状类似的凹槽图形；根据正垂面的投影特性，其侧面投影一定也是类似的凹槽图形a''，见4-30（b）。经Q及R两铅垂面截切所得到的截断面仍为铅垂面，其水平投影积聚为直线b，正面投影及侧面投影为相似的四边形b'、b''，见4-30（c）。

作图过程：如图4-30所示。

① 补画顶部开槽的长方体的侧面投影及P面所截得的截断面的侧面投影a''；

② 分别作出Q、R三个截切面截切所得的两个截断面的侧面投影，并进行校核加深全图。

【例4-6】如图4-31（a）所示，已知实体的主、俯视图，看懂视图后，补画左视图。

分析：从图4-31的主、俯视图实体的外观形状可知，其基本体为长方体，经平面截切后形成实体。根据投影关系“长对正”可知，长方体前中部分被切割为缺口，实体左右对称。

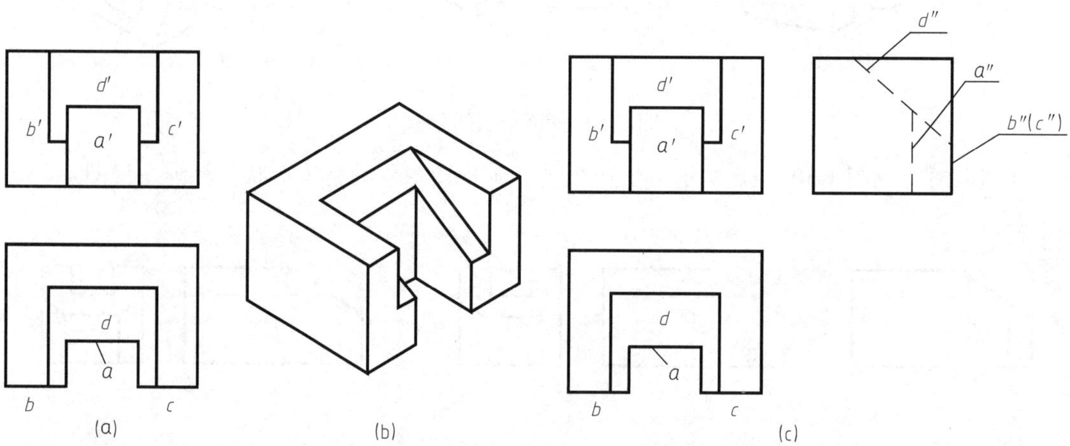

图4-31　看懂主、俯视图，补全左视图

04-25 看懂主、俯视图，补全左视图

主视图中有a'、b'、c'、d'四个线框，若能找出它们的水平投影，并确定相邻线框所代表的面的位置关系，则能构思出实体的形状。首先，a'线框代表一个面，其水平投影是直线a，可见A面是缺口中的一个正平面。b'、c'线框左右对称，俯视图上有线段b、c与之相对应，可见B、C面为实体最前端面，左右对称，为正平面；其在A面的前面，b'、c'反映了B、C面的实形。d'线框为“半回字形”线框，其水平投影可能为包括其各顶点的一条直线段，或一个类似的平面图线；从俯视图上可见，没有一条线段与之相对应，故其水平投影为d封闭线框，它与d'线框是类似图形；又因其左右对称，故可认为D面是一个侧垂面。

通过上述分析，可以构思出该实体是长方形前中部被截切。首先是从后上至前下被一侧垂面截切，然后在前部被截切出一个开槽，其模型如图4-31（b），投影图如图4-31（c）。

上面例子是通过面形状的分析，来读懂视图。而有些视图，必须进行面与面相对位置的分析，才能读懂，下面结合示例加以讲解。

（2）分析面与面的相对位置关系

【例4-7】 如图4-32（a）所示，由架体的主、俯视图，想象它的整体形状，并补画左视图。

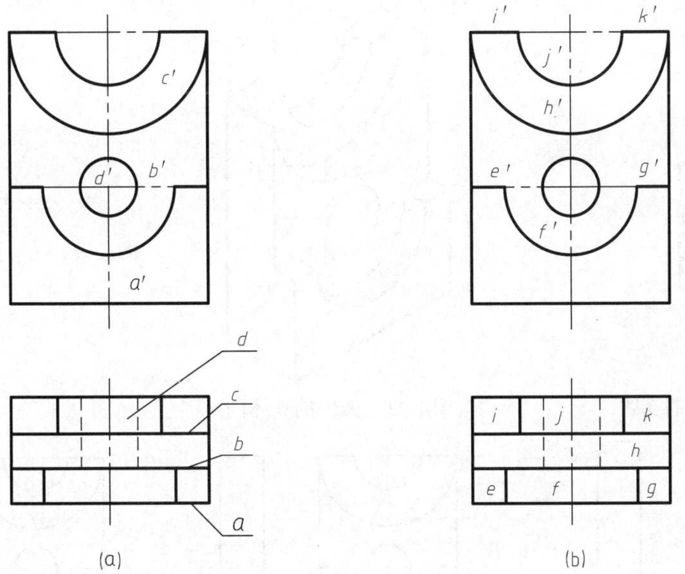

图4-32　架体的主、俯视图线面分析

分析：若想看懂架体的视图，必须分析清楚视图中各面的相对位置关系。从主视图可以看出，其外形投影为长方形，上下分层，有a'、b'、c'、d'四个封闭的线框分别代表四个面的投影；其相邻的线框可能代表的是两相交的面的投影，也可能代表的是有前后位置关系的面的投影。俯视图分前、中、后三层。

首先需要确定A、B、C、D四个面的位置。

d'线框是一个圆线框，对照俯视图，其投影为虚线，可见D面代表一圆柱孔面。从主视图可见，该圆柱孔是从b'线框所代表的面向后穿孔，因此不包含d'圆线框的b'线框所对应的水平投影重影为b线段，为从前向后第二层的起始面。B面处于上、中、下的中间位置，且处于前、后层次的第二层。

当B面的位置确定后，从主视图可知，a'线框处于实体的下部，且正面投影可见，故A面应在B面前，其水平投影为一直线a；而c'线框处于实体的上部，且根据c'线框的形状可知C面在B面的后面，其水平投影为一直线c。

这样就确定了主视图上4个封闭线框所代表的面的形状及各面的前后位置关系。

再看俯视图上，也有e、f、g、h、i、j、k七个实线框，如图4-32（b）所示。若能确定其正面投影，那么实体的形状就很容易想象出来。从俯视图可见e、f、g线框处于最前层；h线框处于第二层，i、j、k线框处于最后层。对照主视图，可判断出e线框的正面投影为一直线e'；同样，f线框的正面投影为一半圆弧曲线f'，即F面为一半圆柱面；g线框与e线框对称，其正面投影为一直线g'；h线框的正面投影可能为一线段或一个线框，从前面的分析可知，主视图上只有一条线段h'与其对应，可见H面为第二层切割所得到的半圆柱面；i、j、k三个线框在最后层，其正面投影分别为线段i'、j'、k'。

通过分析，可知架体是一个L形前伸的实体，L形的前端中间部分切去一个半圆柱面；接着在B面的位置向后开有一个同轴线的圆柱孔；在L形的上端，B面向后中间层切去一个直径与实体同宽的半圆柱面；在最后一层的中间又切去一个半圆柱面；其模型如图4-33所示，补画左视图的过程如图4-34所示。

04-26 补画架体左视图的作图过程

04-27 分析面与面的交线

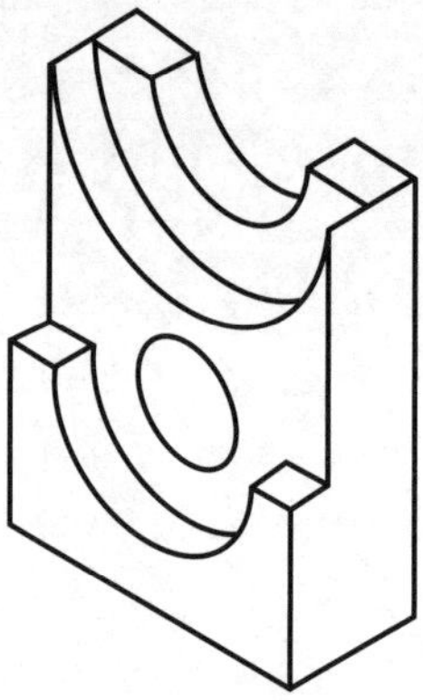

图4-33 架体的立体图

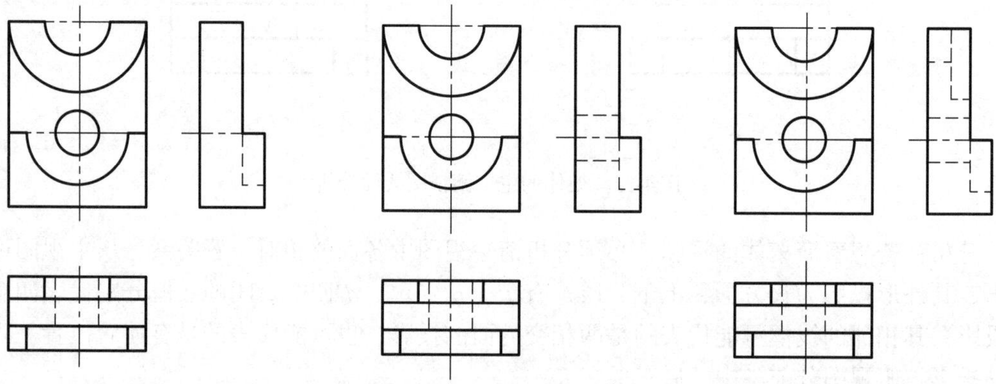

(a)画轮廓线及前层半圆柱槽 (b)画中层、后层的圆柱通孔 (c)画中层圆柱槽及后层圆柱槽(作图结果)

图4-34 补画架体左视图的作图过程

(3) 分析面与面的交线

视图中出现的面与面的交线，有平面与立体相交所得到的截交线和曲面与曲面相交的相贯线。无论截交线，还是相贯线，都需分析清楚后，才能正确看懂视图。截交线与相贯线的分析方法与第3章中相同，请读者自行分析图4-35所示的截交线与相贯线的情况。

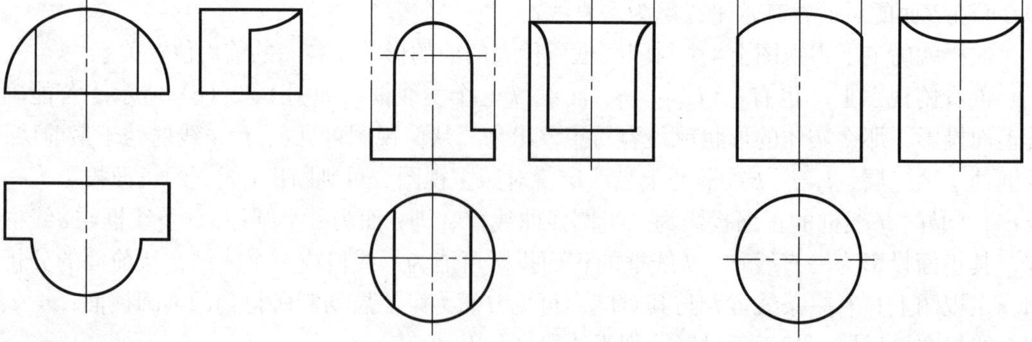

图4-35 分析面与面的交线

本章自测题

第5章 轴 测 图

本章课件

本章主要介绍正等轴测图及斜二轴测图的绘制方法。

多面正投影图能准确反映物体的形状和大小，是工程上应用最广泛的图样。但多面正投影中，一个投影只反映物体长、宽、高三个方向中两个方向的尺度，需依据投影关系才能想象出物体的空间结构，多面正投影图缺乏立体感。本章将介绍在一个投影面上能同时反映物体长、宽、高三个方向尺度的轴测投影图（又称轴测图）。轴测图中，物体的一些表面形状有所改变，但图形投影富有立体感，所以工程界将轴测图作为辅助图样，用以表达机器零部件或产品的立体形状、机械设备的空间结构和管道系统的空间布置等。

5.1 轴测图的基本概念

将物体和确定其空间位置的直角坐标系，沿不平行于任一坐标面的方向，用平行投影法向单一投影面进行投影所得的具有立体感的图形称为轴测图（axonometric projection）。投影面P称为轴测投影面（axonometric projection surface），如图5-1所示。

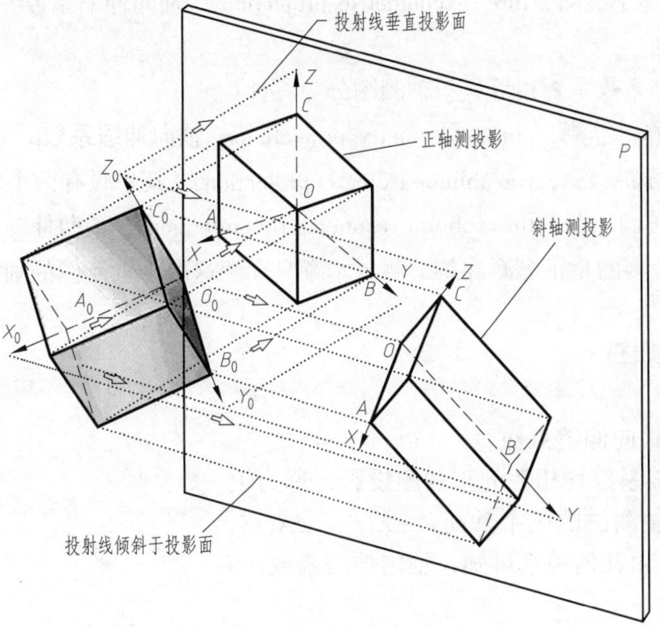

图5-1 轴测图的概念

5.1.1 轴测图的基本参数

（1）轴测轴和轴间角

如图5-1所示，直角坐标轴 O_0X_0、O_0Y_0、O_0Z_0在轴测投影面上的投影为OX、OY、OZ，

称为轴测轴（axonometric axis），分别简称为X轴、Y轴、Z轴。两轴测轴之间的夹角$\angle XOY$、$\angle XOZ$、$\angle YOZ$称为轴间角（axis angle）。

（2）轴向伸缩系数

轴测轴的单位长度与相应直角坐标轴的单位长度之比称为轴向伸缩系数，轴向伸缩系数用p_1、q_1、r_1表示，其中$p_1=OA/O_0A_0$，$q_1=OB/O_0B_0$，$r_1=OC/O_0C_0$。

5.1.2 轴测投影的特性

由于轴测投影是用平行投影法得到的，因此具有下列投影特性：①物体上相互平行的线段，它们的轴测投影仍然相互平行；②物体上两平行线段或同一直线上两线段长度之比，在轴测图上保持不变；③物体上平行于轴测投影面的直线或平面在轴测图上反映实长和实形。因此，当确定了空间几何形体在直角坐标系中的位置后，就可按选定的轴向伸缩系数和轴间角作出它的轴测图。

5.1.3 轴测图的分类

轴测图可分为正轴测图和斜轴测图。当投射方向垂直于轴测投影面时，所得到的轴测投影称为正轴测投影；当投射方向倾斜于轴测投影面时，所得到的投影称为斜轴测投影。

（1）正轴测图

根据轴向伸缩系数是否相等，正轴测图分为三种：

- 正等轴测图（简称正等测，isometric projection），轴向伸缩系数$p_1=q_1=r_1$
- 正二等轴测图（简称正二测，two isometric projection），其中只有两个轴向伸缩系数相等
- 正三轴测图（简称正三测，three axonometric projection），轴向伸缩系数各不相等

（2）斜轴测图

根据轴向伸缩系数是否相等，斜轴测图分为三种：

- 斜等轴测图（简称斜等测，oblique isometry projection），轴向伸缩系数$p_1=q_1=r_1$
- 斜二轴测图（简称斜二测，two oblique isometry projection），其中只有两个轴向伸缩系数相等
- 斜三轴测图（简称斜三测，three oblique axonometric projection），轴向伸缩系数各不相等

工程中用得较多的是正等测和斜二测。本章只介绍这两种轴测图的画法。

5.2 正等轴测图

5.2.1 轴间角和轴向伸缩系数

三个轴向伸缩系数均相等的正轴测投影，称为正等轴测图。正等轴测图的三个轴间角$\angle XOY$、$\angle XOZ$、$\angle YOZ$均为120°，由几何关系可知，轴向伸缩系数$p_1=q_1=r_1\approx0.82$。

作正等轴测图时，为简化作图，常用简化轴向伸缩系数，即$p=q=r=1$代替轴向伸缩系数p_1、q_1、r_1。这样轴测图上的物体尺寸放大了1.22倍，但轴测图的形状没有发生变化。本节均按简化轴向伸缩系数绘制正等轴测图（图5-2）。

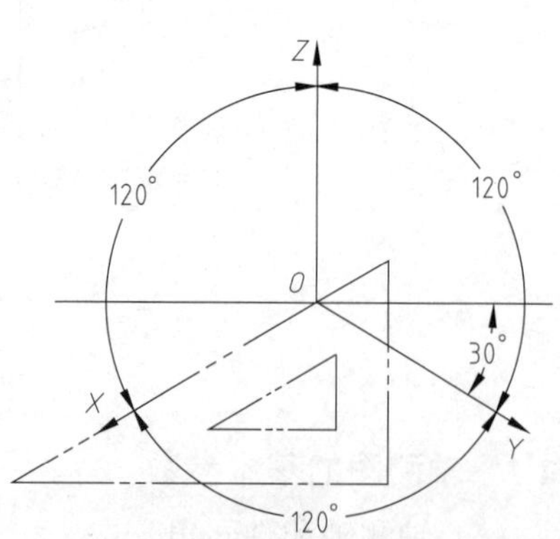

图5-2　正等轴测图的轴间角

轴向伸缩系数：$p_1=q_1=r_1=0.82$

简化轴向伸缩系数：$p=q=r=1$

轴间角：$\angle XOY=\angle XOZ=\angle YOZ=120°$

5.2.2　平行于坐标平面的圆的正等轴测图的绘制

在正等轴测图中，平行于坐标平面的圆，无论圆所在的平面平行于哪个坐标平面，其轴测投影都是椭圆，如图5-3所示。图中，椭圆1的长轴垂直于*OZ*轴，椭圆2的长轴垂直于*OX*轴，椭圆3的长轴垂直于*OY*轴。设与各坐标平面平行的圆的直径为*d*，则各椭圆的长轴*AB*约为1.22*d*，各椭圆的短轴*CD*约为0.7*d*。

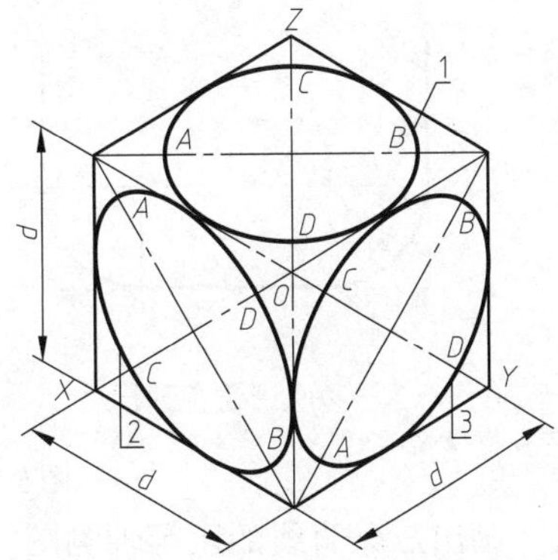

图5-3　平行于坐标平面的圆的正等轴测图

在工程制图中为绘图简便，经常采用四心圆法绘制椭圆，即用四段圆弧相切近似代替椭圆。下面以水平圆为例，介绍以四心圆法绘制圆的正等轴测图的画法。正平圆和侧平圆的绘制方法与水平圆相同。绘制过程如下：

① 作圆的外切正方形。通过圆心作直角坐标轴$X_0O_0Y_0$和圆的外切正方形，得切点1、2、3、4。如图5-4（a）所示。

② 画出轴测轴，并作出正等测菱形。作正等测的轴测轴*OX*、*OY*。以点*O*为中心点，分别在*OX*、*OY*轴上向两边各量取*ab*/2得切点1、2、3、4。过点1、2、3、4作外切正方形*abcd*的正等测菱形*ABCD*，如图5-4（b）所示。

③ 找圆心。连接*B*3和*B*4与*AC*相交于*F*、*E*点（*D*1、*D*2与*AC*也分别相交于*E*、*F*两点），*B*、*D*、*E*、*F*即为四段圆弧的圆心，如图5-4（c）所示。

④ 画圆弧。分别以*B*、*D*为圆心，以*B*3为半径画圆弧43和21；分别以*F*、*E*为圆心，以*E*1为半径画圆弧14和32，用粗实线加深四段圆弧即得近似椭圆。如图5-4（d）所示。

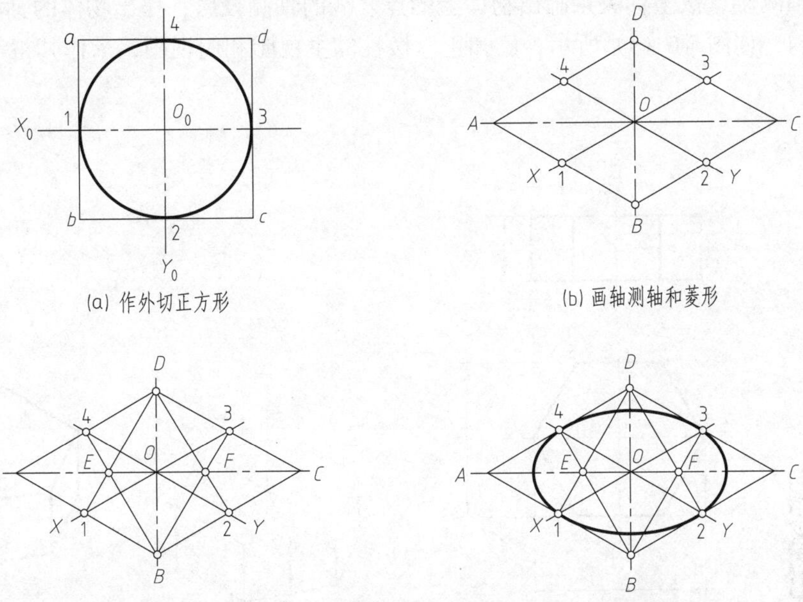

(a) 作外切正方形　(b) 画轴测轴和菱形　(c) 找圆心　(d) 画圆弧

图5-4　四心圆法画圆的正等轴测图

5.2.3 圆角正等轴测图的绘制

根据已知圆角半径R，找出切点，过切点作边线的垂线，两垂线的交点即为圆心。以此圆心到切点的距离为半径画圆弧，即得圆角的正等轴测图。

以水平圆角为例，介绍其正等轴测图的绘制方法，如图5-5所示。

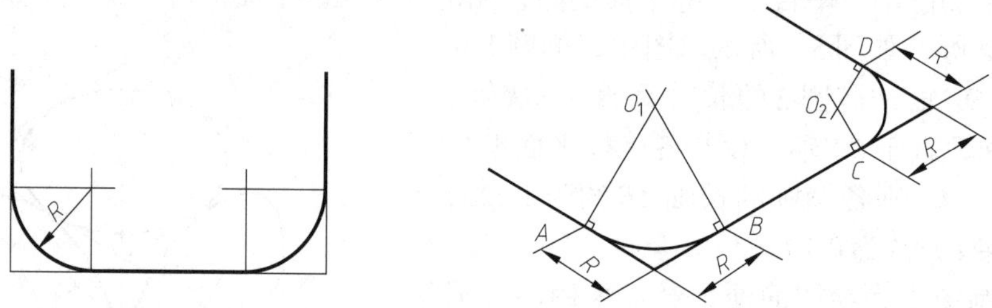

(a) 水平圆角正投影　　(b) 水平圆角轴测图

图5-5 圆角正等轴测图的画法

① 画出三条直线的正等轴测图。

② 沿两边分别量取半径R，得到切点A、B、C、D。

③ 过切点A、B、C、D，分别作相应边的垂线，两垂线的交点O_1和O_2即为圆弧的圆心。

④ 分别以O_1和O_2为圆心，O_1A、O_2C为半径画圆弧AB、CD，即得半径为R的圆角的正等轴测图。

5.2.4 正等轴测图的绘制

一般情况下，依据物体的两视图或三视图可绘制正等轴测图。绘制正等轴测图的步骤如下：

① 根据视图，进行形体分析，确定坐标轴的位置；坐标轴的确定应便于轴测图的绘制及尺寸度量。

② 画轴测轴，按坐标关系画出物体上的点、线的轴测投影，作出物体的轴测图。

【例5-1】 如图5-6（a）所示，已知正六棱柱的主视图和俯视图，求作其正等轴测图。

作图过程：

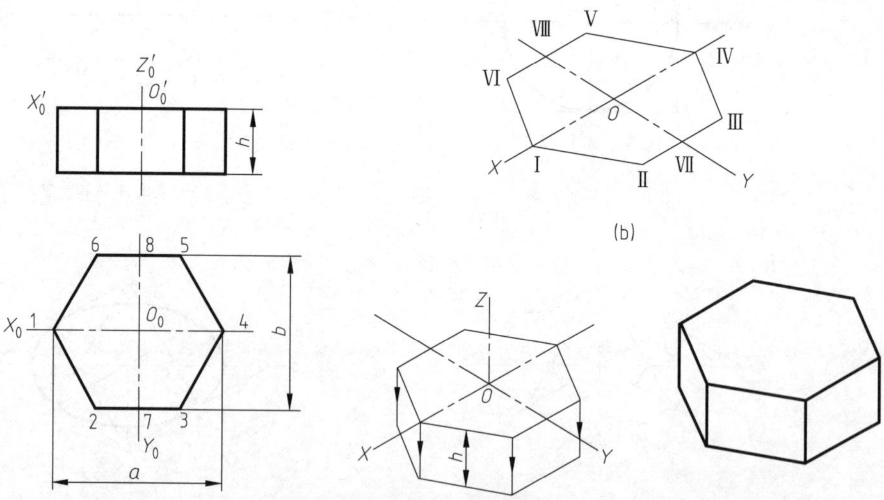

(a)　(b)　(c)　(d)

05-01 六棱柱的正等轴测图

图5-6 六棱柱的正等轴测图

① 在投影图上选定坐标原点和直角坐标轴O_0X_0、O_0Y_0，见图5-6（a）。

② 画出轴测轴OX、OY。以O为中心点在X轴和Y轴上分别确定出Ⅰ、Ⅳ和Ⅶ、Ⅷ点的位置。过Ⅶ、Ⅷ两点分别作X轴的平行线，在平行线上确定出Ⅱ、Ⅲ和Ⅴ、Ⅵ点的位置，如图5-6（b）。

③ 连接上述各点即得正六边顶面的轴测投影。由各顶点向下作Z轴的平行棱线，截取棱长度为h，得底面正六边形平面的各顶点，将其依次连接，如图5-6（c）。

④ 将多余的线擦去，整理加深，完成作图，如图5-6（d）。

【例5-2】作图5-7（a）所示支架的正等轴测图。

05-02 支架的正等轴测图

作图过程：

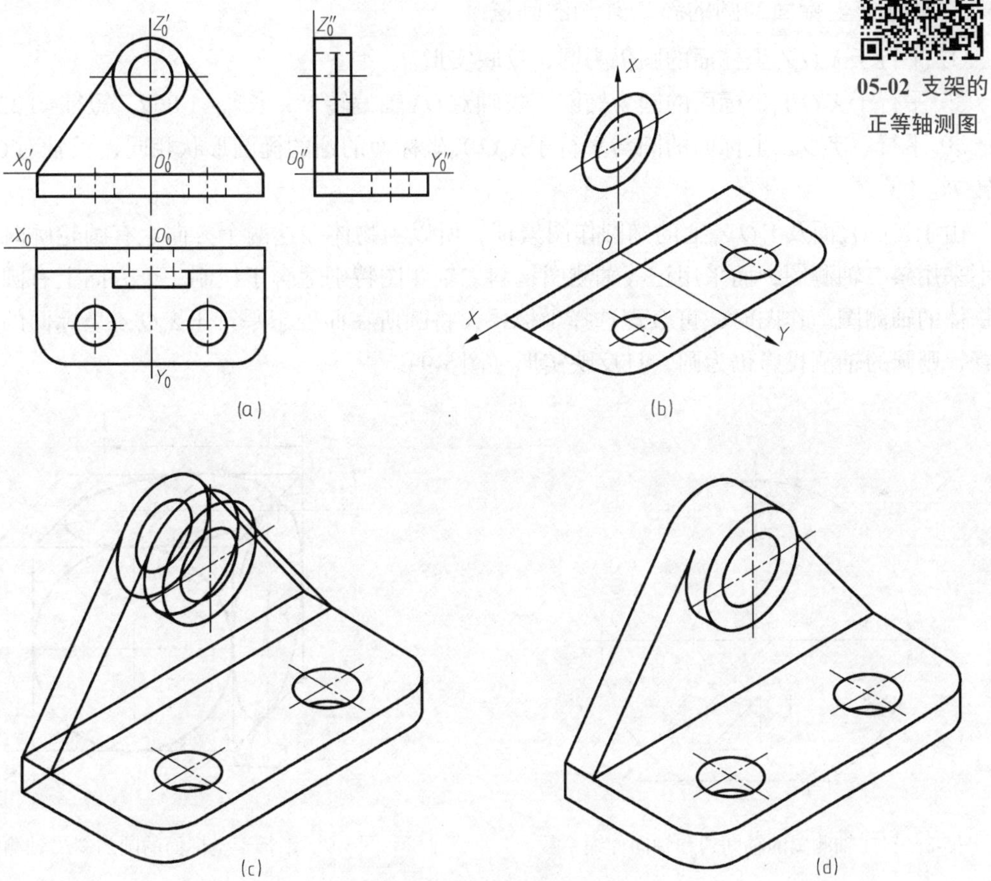

图5-7 支架的正等轴测图

① 对支架进行形体分析，在支架的三视图上确定直角坐标轴。如图5-7（a）所示。

② 画出对应的轴测轴，按投影关系画出底板、竖立板（先画成长方板）。如图5-7（b）所示。

③ 用四心圆法画竖立板圆孔和上半圆柱部分的正等轴测投影（其圆的投影皆为椭圆），并使竖板与上半圆柱侧面相切，画底板圆孔和圆角的轴测投影（其投影是椭圆及椭圆弧），如图5-7（c）所示。

④ 将多余的线擦去，整理加深，即得支架的正等轴测图。

5.3 斜二轴测图

将坐标轴O_0Z_0放置成铅垂位置，使$X_0O_0Z_0$坐标面平行于轴测投影面，采用斜投影向轴测投影面进行投影，得到的轴测图称为斜二等轴测投影（斜二轴测图），简称斜二测。国家标准（GB/T 14692—2008）规定，斜二轴测图的三个轴间角为$\angle XOZ=90°$，$\angle XOY=\angle YOZ=135°$；轴向伸缩系数$p=r=1$，$q=0.5$（图5-8）。

轴间角：$\angle XOZ=90°$，$\angle XOY=\angle YOZ=135°$

轴向变化率：$p=r=1$，$q=0.5$

5.3.1 平行于坐标面的圆的斜二轴测图画法

① 平行于$X_0O_0Z_0$坐标面的圆仍为圆，反映实形。

② 平行于$X_0O_0Y_0$坐标面的圆为椭圆，长轴对OX轴偏转7°，长轴≈$1.06d$，短轴≈$0.33d$。

③ 平行于$Y_0O_0Z_0$坐标面的圆与平行于$X_0O_0Y_0$坐标面的圆的椭圆形状相同，长轴对OZ轴偏转7°。

由于$X_0O_0Y_0$面及$Y_0O_0Z_0$上的椭圆作图繁琐，所以当物体在这两个方向上有圆轮廓时，一般不采用斜二轴测图，而采用正等轴测图；斜二轴测图特别适合于绘制一个方向上有圆轮廓的物体的轴测图。作图时，可合理选择坐标系，将圆所在面处于平行于$X_0O_0Z_0$坐标面的角度放置，则圆的轴测投影仍为圆，且反映实形（图5-9）。

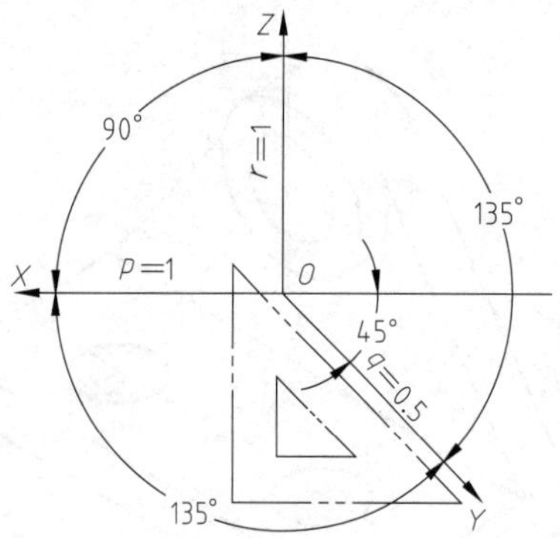

图5-8　斜二轴测图的轴间角和轴向伸缩系数

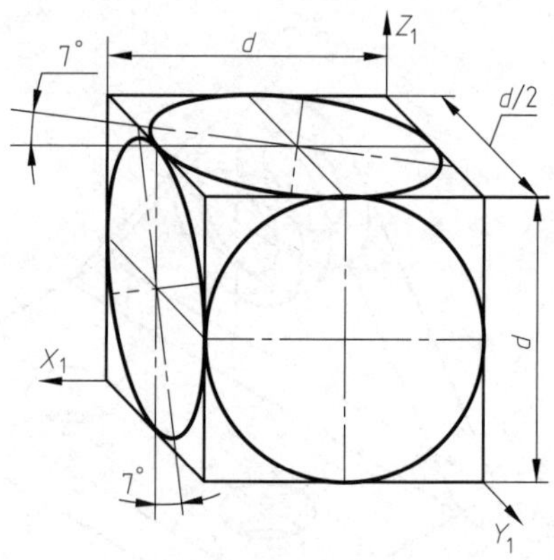

图5-9　平行于坐标面的圆的斜二轴测图

5.3.2 斜二轴测图画法举例

【例5-3】作图5-10（a）所示的轴形零件的斜二轴测图。

作图过程：

① 对物体进行形体分析，在零件的视图上确定直角坐标轴，如图5-10（a）。

② 画轴测轴OX、OY、OZ。在OY轴上量取$OA=L_1/2$，$OB=L/2$，确定A、B两点的位置；以O为圆心，以$d/2$为半径作一圆；以点A为圆心，以$d/2$和$d_1/2$为半径作两个同心圆；以点B为圆心，以$d_1/2$为半径作一圆。用公切线连接半径相同的圆，如图5-10（b）。

③ 擦去多余的线，整理加深，得到轴形零件的斜二轴测图，如图5-10（c）。

05-03 轴形零件的斜二轴测图

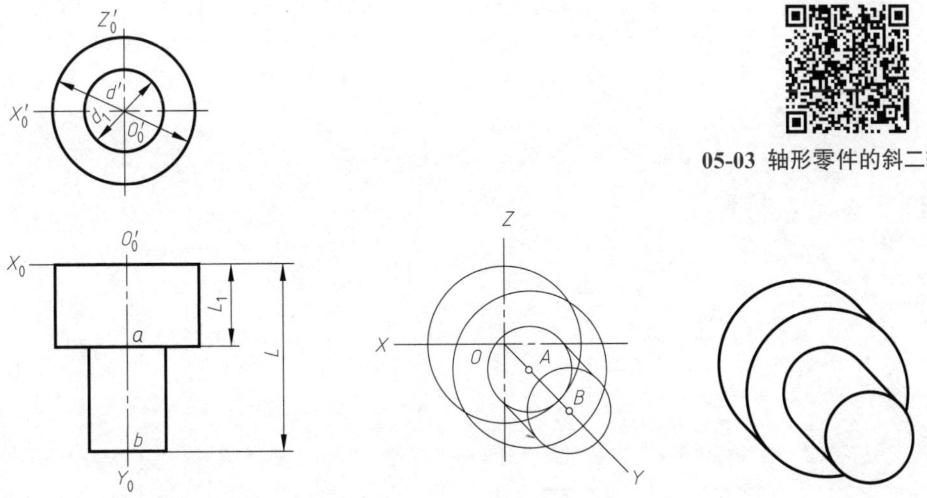

(a) (b) (c)

图5-10 轴形零件的斜二轴测图

第6章　机件常用的表达方法

本章课件

在生产实际中，当机件的形状和结构比较复杂时，如果仍用前面所讲的两视图或三视图，就难以将它们的内外形状完整、清晰、准确地表达出来。这时，可采用《机械制图》及《技术制图》国家标准中的视图、剖视图、断面图、局部放大图、简化画法和其他规定画法等表达方法；相应的国家标准包括《GB/T 4458.1—2002　机械制图 图样画法 视图》《GB/T 4458.6—2002　机械制图 图样画法 剖视图和断面图》《GB/T 17451—1998　技术制图 图样画法 视图》《GB/T 17452—1998　技术制图 图样画法 剖视图和断面图》。本章着重介绍标准中所介绍的常用表达方法。

6.1　视图

按GB/T 17451—1998的规定，视图（view）有基本视图（principle view）、向视图（view with arrow）、局部视图（partial view）和斜视图（special position of view）四种，下面分别加以介绍。

6.1.1　基本视图

国家标准规定，在原来三投影面的基础上，再增设三个投影面，组成一个正六面体投影面，这六个投影面称为基本投影面（basic projection plane）；机件向基本投影面投影所得到的视图，称为基本视图，如图6-1所示。因此，除了主视图、俯视图、左视图三个基本视图外，还有由右向左投影所得的右视图（right view），由下向上投影所得的仰视图（bottom view），由后向前投影所得的后视图（rear view）。

投影面按图6-1（a）展成同一个平面，所得到的六个基本视图的配置关系如图6-1（b）所示。若基本视图如6-1（b）规定配置，一律不标注基本视图的名称。六个基本视图依然遵循“长对正、高平齐、宽相等且前后对应”的投影原则。主视、俯视、仰视长对正，主视、左视、右视、后视高平齐，俯视、左视、仰视、右视宽相等且前后对应，俯视、左视、仰视、右视四个视图靠近主视的一侧为机件的后方，远离主视的一侧为前方。

尽管国标中规定了6个基本视图，但在具体表达机件时，需根据实际情况确定采用视图的数量。

选择视图表达方案的原则是：在正确、完整、清晰地表达机件各部分形状的前提下，力求制图简便；视图一般只画可见部分，必要时才画不可见部分。

如图6-2（a）所示，机件由底板、左右两块竖板组成。若采用如图6-2（b）所示的主视、俯视、左视三视图表达机件的结构形状，由于左右竖板形状不同，左视图上虚线多，不清晰。为了清楚表达右侧竖板的形状及板上开槽、小孔形状及其位置，可采用如图6-2（c）所示的表达方法，在主视、俯视、左视三视图的基础上增加一个右视图。在读图时，将这四个视图对照联系起来阅读，能清晰、完整地反映机件各部分的结构和形状。对于图形中已表达清楚部分的结构，其相应的虚线投影可以省略；因此只有主视图上有虚线，其他视图中的不可见投影都应省略，不再画出虚线。

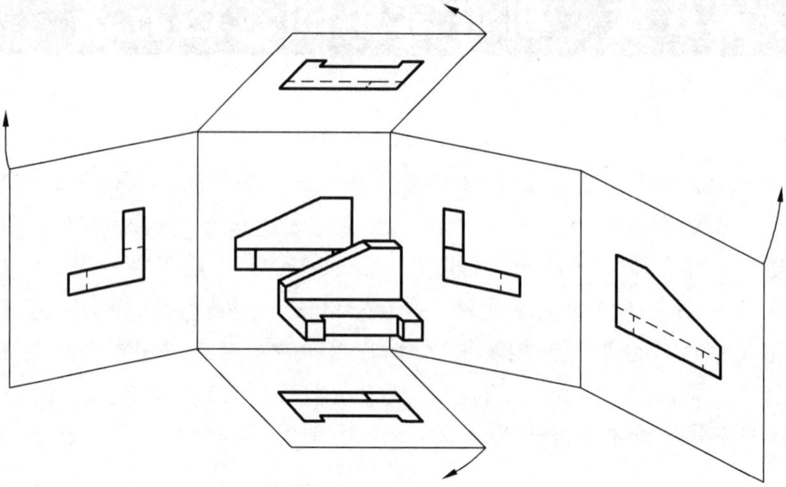

(a)

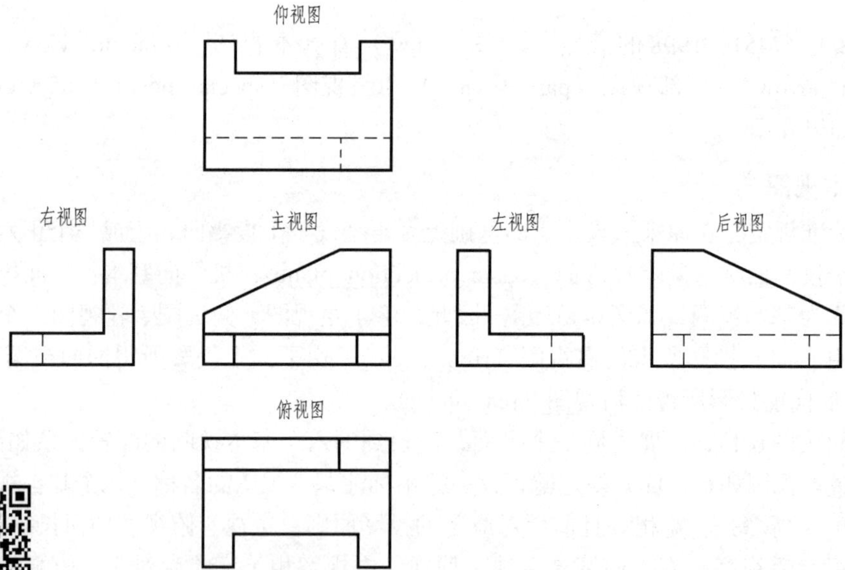

(b)

06-01 基本视图及其配置

图6-1 基本视图及其配置

6.1.2 向视图

若由于图幅的限制或出于布局考虑，不能按图6-1（b）配置视图时，则可采用向视图的表达方法。向视图是可以自由配置的视图。画向视图时，应在视图上方标出视图的名称“×”，“×”为大写拉丁字母，同时在相应的视图附近用箭头指明投射方向，并注上相同的字母。表示投射方向的箭头尽可能配置在主视图上，只有表示后视投射方向的箭头才配置在其他视图上，如图6-3所示。

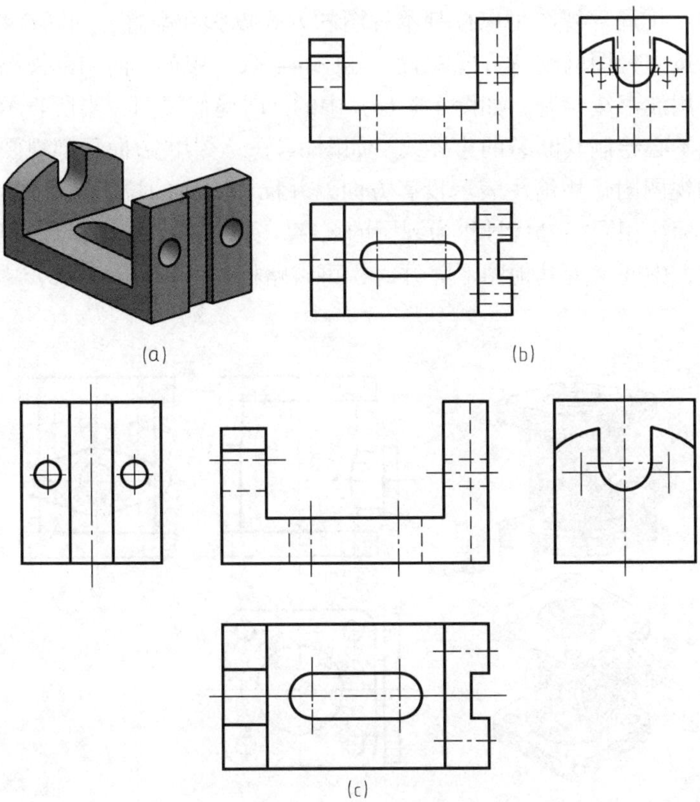

图6-2　运用基本视图的表达方案

06-02 运用基本视图的表达方案

06-03 向视图的表达方法

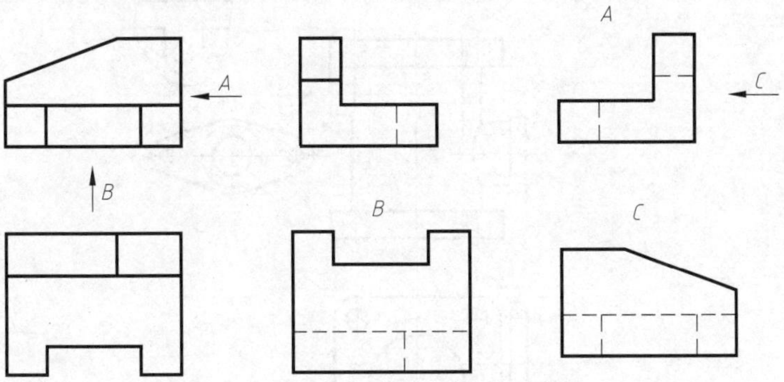

图6-3　向视图的表达方法

6.1.3　局部视图

局部视图是将机件的某一部分向基本投影面投射所得的视图。

如图6-4（a）所示，机件由主体圆筒、顶板、底板、左侧连接板及右侧耳板组成。该机件若采用三视图表达，如图6-4（b）所示。则机件的主体圆筒、顶板、底板结构，在主视和左视的投影完全一样，表达重复。且右侧耳板在左视图中为虚线，影响读图，也不便于标注尺寸。若不画左视图，机件左侧连接板和右侧耳板结构在主、俯视图中又不能清晰表达，这时可采用局部视图来补充，如图6-4（c）所示。

局部视图的画法：①局部视图可以按基本视图的方式投影和配置，如图6-4（c）中的B向局部视图，也可以按向视图的配置方式配置，如图6-4（c）中的A向局部视图。②绘制局部视图时，截断边界用波浪线绘制，如图6-4（c）中的A向局部视图；当所表示的局部视图外观轮廓封闭时，则不必绘制其断裂的边界线，如图6-4（c）中的B向局部视图。③标注局部视图时，在相应的视图附近用箭头表示投影方向，并标注大写的拉丁字母代表投影方向，并在局部视图的上方标注相同字母代号作为视图的名字，如图6-4（c）所示。当局部视图按基本视图的形式配置，中间又无其他图形隔开时，可省略标注，因此6-4（c）中的B向局部视图可不标注。

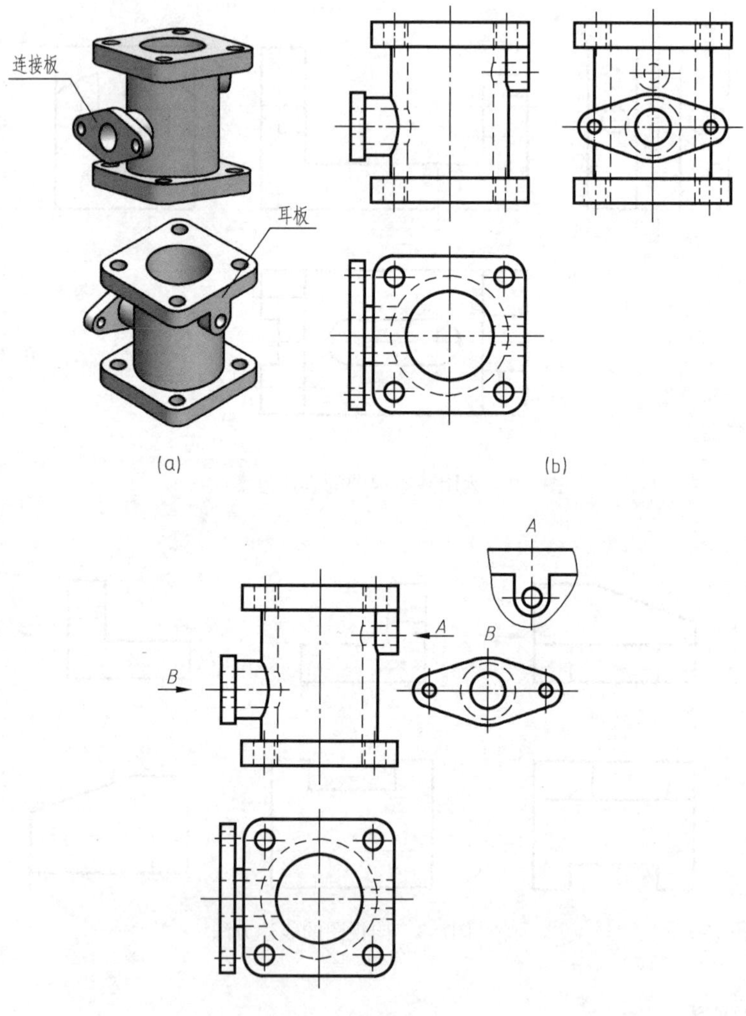

06-04 局部视图的表达方法

图6-4 局部视图

6.1.4 斜视图

斜视图就是将机件向一个倾斜的投影面（不平行于任何基本投影面）进行投影所得到的视图，通常用于表达机件上的倾斜结构。如图6-5（a）所示，机件右侧倾斜，其基本视图不能反映实形。采用三视图表达，不仅作图麻烦，读图也不便，如图6-5（b）所示。可增设一投影面P与右侧倾斜部分平行，将倾斜部分向投影面P投影，得到反映倾斜部分实形的视图，即斜视图，如图6-5（c）所示。

斜视图只画出倾斜部分投影即可，其断裂边界用波浪线表示。

斜视图的画法：①绘制斜视图时，通常将斜视图配制在投影方向对应的位置上，按投影关系正确绘制；之后，在相应的视图附近绘制箭头，表示投影方向；并标注大写的拉丁字母代号代表投影方向，在斜视图的上方标注相同的字母代号作为视图的名字，如图6-5（d）所示；②在不至于引起混淆的情况下，允许将斜视图旋转至方正，配置在适当的位置上，并在视图名称旁标出旋转方向符号，如图6-5（e）所示。旋转符号由半圆弧和箭头组成，箭头指向代表斜视图转正的方向，半圆弧的高度约等于字母高度，大写拉丁字母要靠近旋转符号的箭头端，也可将旋转角度标注在字母之后，如图6-5（e）中也可标注为B50°↶。

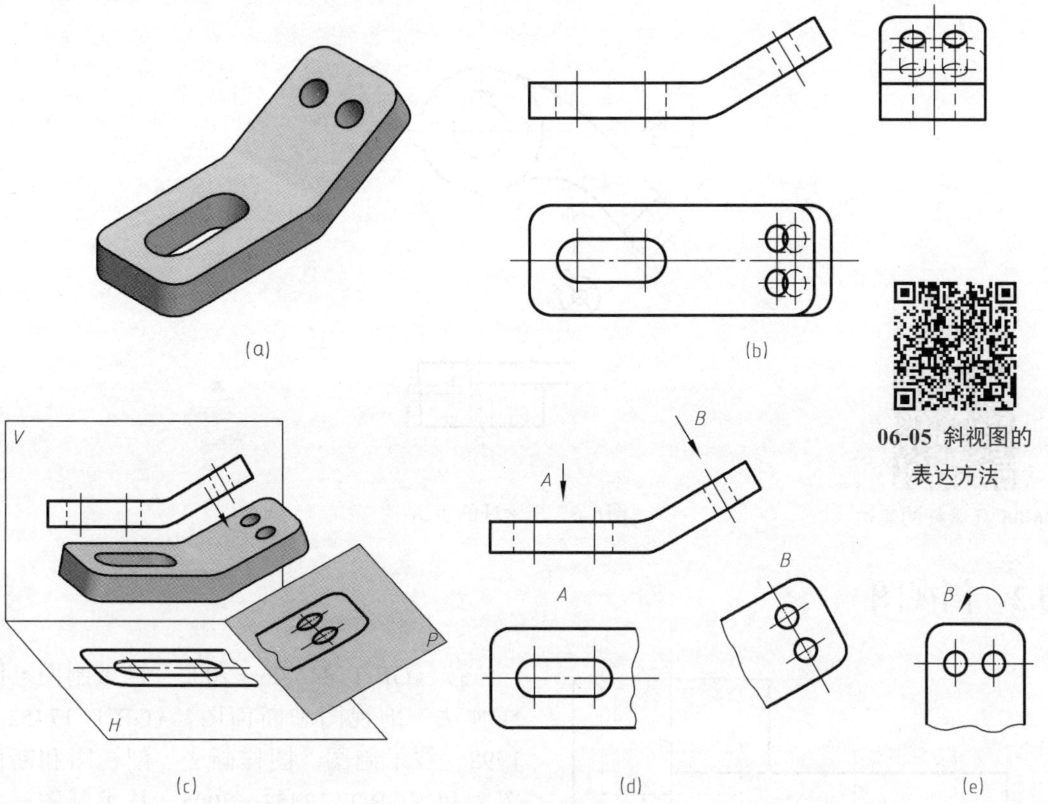

图6-5　斜视图

6.1.5　压紧杆的综合表达

图6-6（a）为压紧杆的三视图，由于压紧杆左侧小圆柱相对于投影面是倾斜的，其俯视图和左视图都不反映实形，画图困难，表达不够清楚，读图也不方便。因此，可采用斜视图左侧小圆柱的结构，如图6-6（b）所示。压紧杆右侧耳板在左视图中投影为虚线，也影响了读图，可采用右视方向的局部视图表达。这样，压紧杆左侧倾斜部分及右侧耳板的结构均得到清楚表达，则不必绘制完整的俯视图和左视图，可采用局部视图表达未表达清楚的结构。

综合以上分析，为了便于绘图及读图，在主视图不变的情况下，可采用斜视图及局部视图代替原来的俯视图及左视图，重新确定的表达方案如图6-6（c）所示。

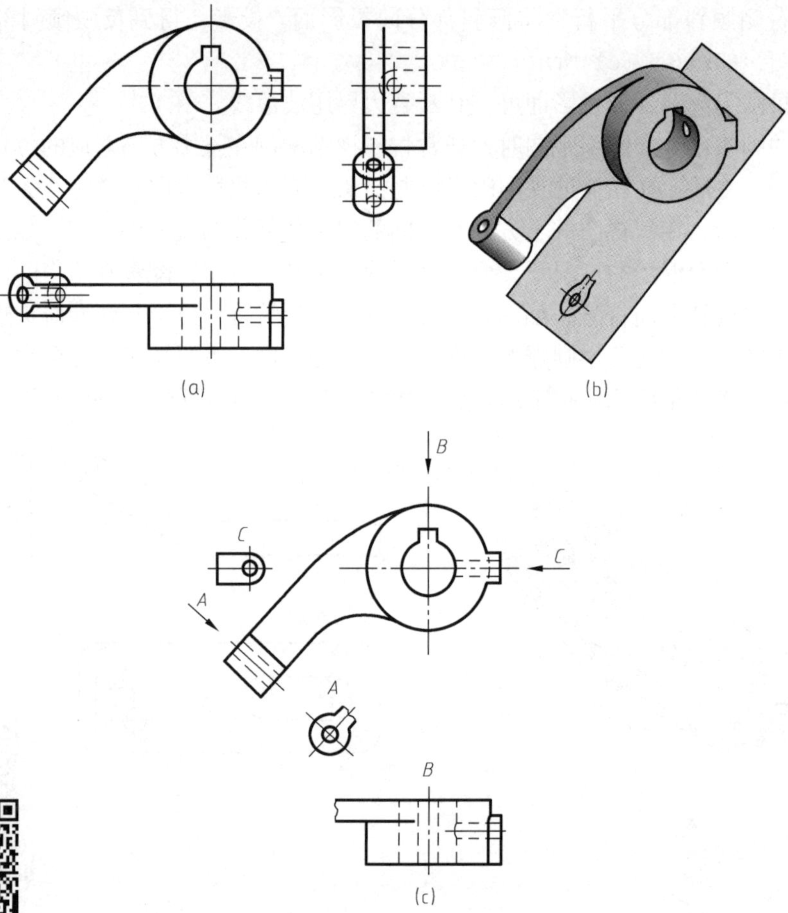

06-06 压紧杆的表达

图6-6 压紧杆的表达

6.2 剖视图

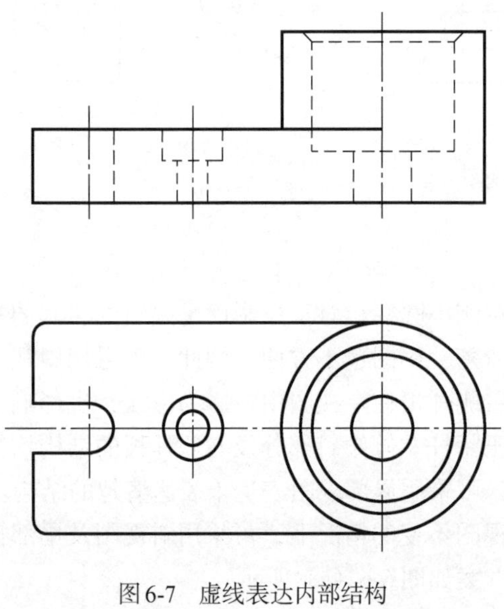

图6-7 虚线表达内部结构

按《GB/T 4458.6—2002 机械制图 图样画法 剖视图和断面图》《GB/T 17452—1998 技术制图 图样画法 剖视图和断面图》和《GB/T 17453—2005 技术制图 图样画法 剖面区域的表示方法》的相关规定绘制剖视图及断面图。

6.2.1 剖视图的概念和基本画法

当机件的内部结构比较复杂时，视图中不可避免地会出现虚线（如图6-7所示，主视图上虚线较多）；对于复杂结构，虚线和实线可能重叠，影响图线的清晰程度，不便于读图及尺寸标注。因此，在工程图样中，常采用剖视图取代虚线较多的视图，以表达机件的内部结构。

所谓剖视图（section）就是为了表达内部结构，假想用剖切面（cutting plane）剖开机件，将处于观察者和剖切面之间的部分移去，将剩下的部分向投影面投影，所得到的图形称为剖视图，如图6-8所示。一般剖切面可以是平面或曲面。

06-07 剖视图的形成

下面以图6-8为例，介绍绘制剖视图的步骤：

（1）合理确定剖切面的位置

如图6-8（a），该机件前后对称，内部孔的结构也是前后对称的。主视图上内部孔的结构投影为虚线，该部分的结构需要在主视图上采用剖视表达，剖切面的位置选择为实体前后对称面的位置。

（2）画剖视图

假想用剖切面剖开机件，移去观察者和剖切面之间的部分，将剩下的部分向投影面投影，得到图6-8（b）所示的剖视图。

注意：剖视图上不画移去部分的投影，也不画不可见的其他视图已表达清楚的结构虚线，只画剩下部分可见轮廓的投影；被剖切到的内部结构，由原来的不可见转化为可见，相应的虚线变为实线。画剖视图不能多线，也不能漏线。

在初学画剖视图时，应避免图6-9（b）中箭头所指的常见错误。

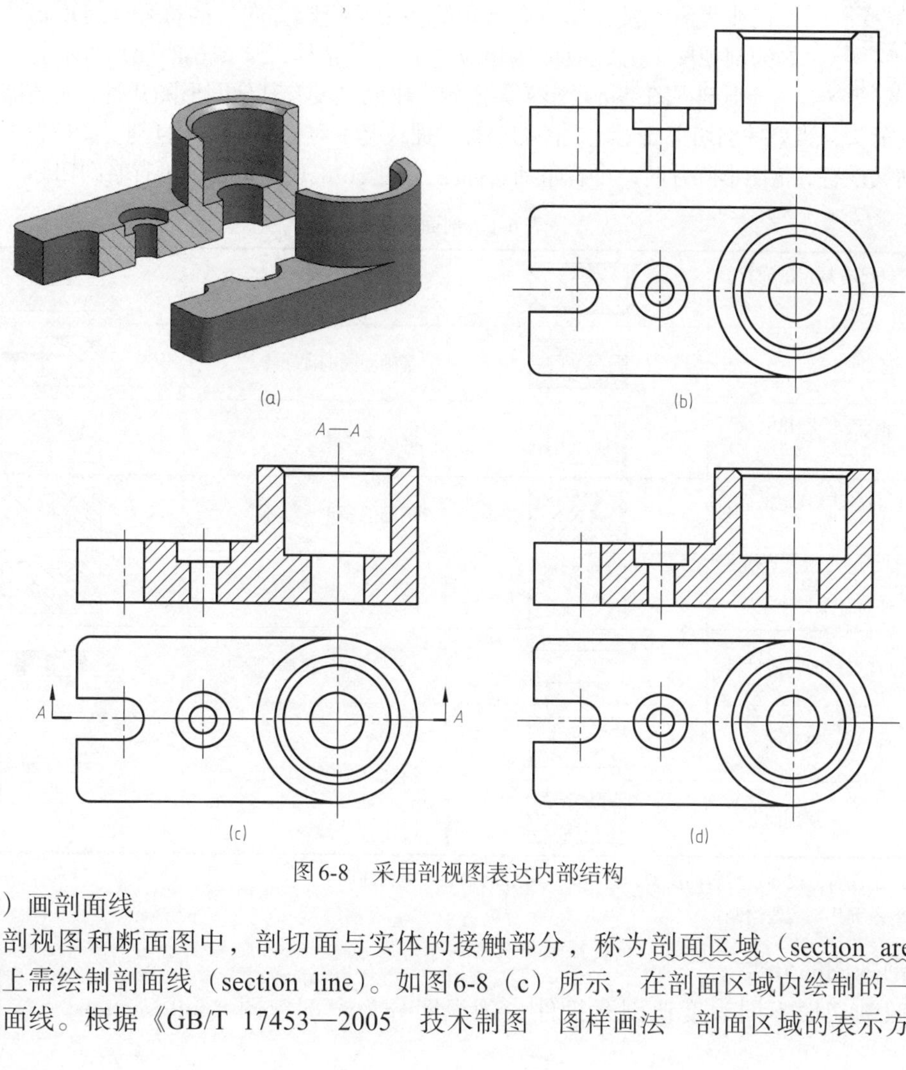

图6-8　采用剖视图表达内部结构

（3）画剖面线

在剖视图和断面图中，剖切面与实体的接触部分，称为剖面区域（section area），剖面区域上需绘制剖面线（section line）。如图6-8（c）所示，在剖面区域内绘制的一组细实线为剖面线。根据《GB/T 17453—2005　技术制图　图样画法　剖面区域的表示方法》规

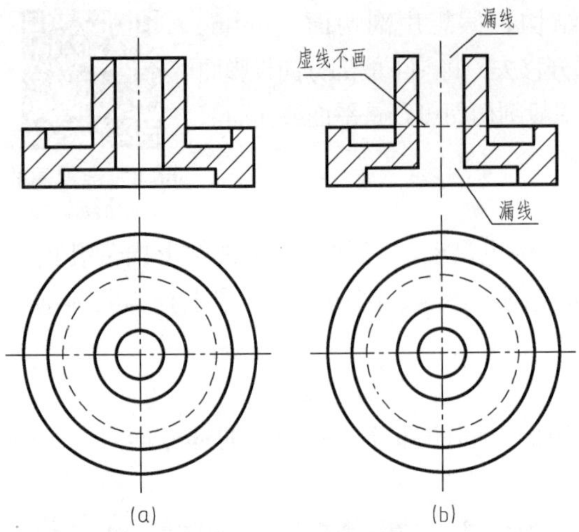

图6-9 剖视图中的常见错误

定：不需在剖面区域表示材料类别时，可采用通用剖面线表示；通用剖面线应以一组适当的细实线绘制，最好与主要轮廓或剖面区域的对称线呈45°角绘制，向左或向右倾斜、间隔均匀。同一零件，无论采用几个剖视图或断面图表达，其剖面线方向和间隔必须一致；当图形中的主要轮廓线与水平成45°时，该图形中剖面线应画成与水平方向呈30°或60°的平行线。

若需在剖面区域内表示材料类别时，可参见表6-1常见材料的剖面符号（section symbol）进行绘制。

（4）剖切标注

为了便于读图时了解剖视图的剖切位置和投影方向，迅速找出视图之间的对应关系，应在相应的视图上用剖切符号（cutting symbol）和大写的拉丁字母（如*A*）表示剖切位置。剖切符号是指示剖切面的起、止和转折位置（用粗短横线表示）及投影方向（用箭头表示投影方向）的符号（表6-1），并在画好的剖视图上方，应标注相应“*A*—*A*”字样。如图6-8（c）所示。

06-08 图6-9模型

当剖视图是按投影关系配置，中间又没有其他图形隔开时，可省略表示投影方向的箭头；当单一剖切平面通过机件的对称平面或基本对称的平面，且剖视图按投影关系配置，中间又没有其他图形隔开时，可省略剖切标注。故图6-8（d）中，也可省略剖切标注。

表6-1 剖面符号

材料	剖面符号	材料	剖面符号
金属材料(已有规定剖面符号者除外)	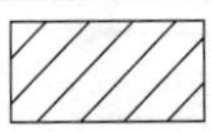	木质胶合板	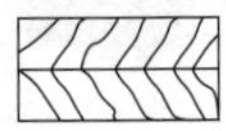
线圈绕组元件	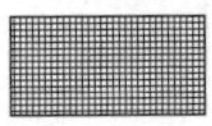	基础周围的泥土	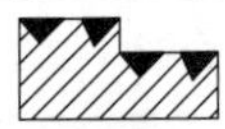
转子、电枢、变压器和电抗器的迭钢片	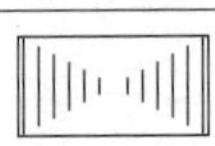	混凝土	
非金属材料(已有规定剖面符号者除外)	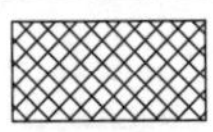	钢筋混凝土	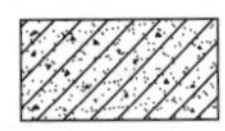
型砂、填砂、粉末冶金、砂轮、陶瓷刀片、硬质合金刀片等	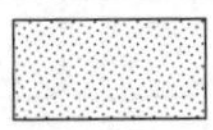	砖	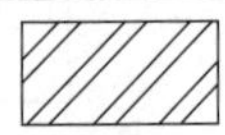
玻璃及供观察用的其他材料	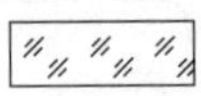	格网(筛网、过滤网等)	
木材 纵剖面	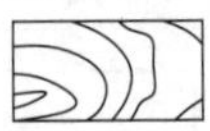	液体	
木材 横剖面	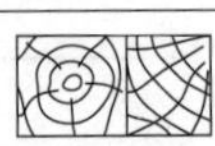		

注：1. 剖面符号仅表示材料的类型，材料的代号和名称必须另行注明。

2. 液面用细实线绘制。

6.2.2 剖视图的分类

按照剖切面不同程度地剖开机件，剖视图分为全剖视图（full section）、半剖视图

(half section）和局部剖视图（broken-out section)。

6.2.2.1　全剖视图

用剖切平面完全地剖开机件所得的视图，称为全剖视图。图6-10（a）是泵盖的两视图，从图中可看出泵盖前后对称，它的外形比较简单，内部结构比较复杂；主视图上虚线较多，影响图形的清晰程度，标注尺寸也不方便，因此主视图上宜采用剖视图表达。

06-09 全剖视图画法示例

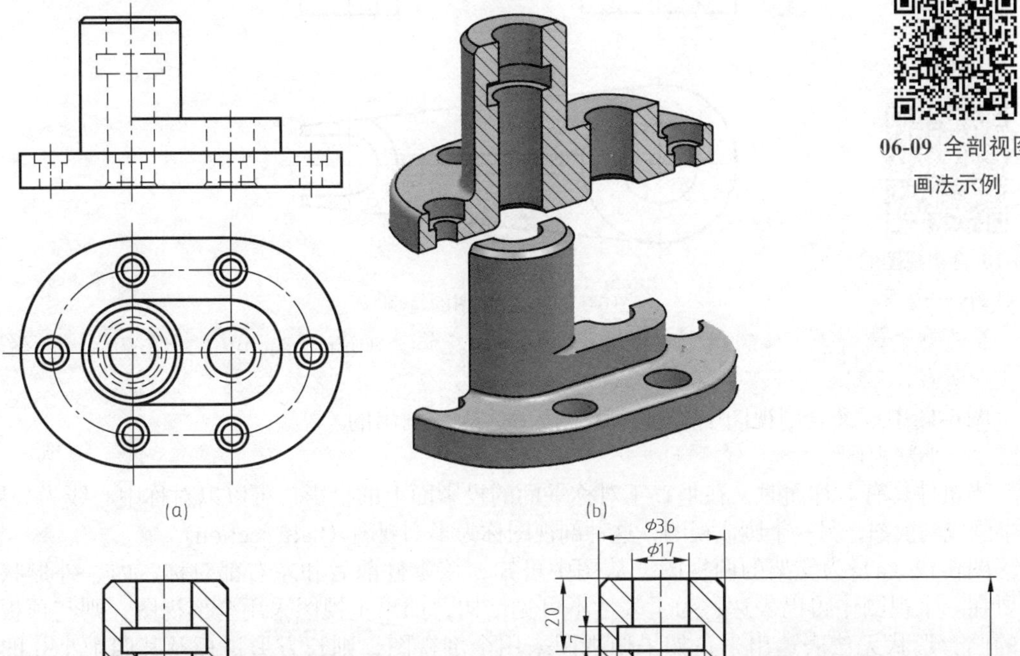

图6-10　全剖视图的画法示例

如图6-10（b）所示，假想用一个剖切平面沿泵盖的前后对称面将它完全剖开，移去前半部分，将余下部分向V面投影，画出剖视图，并在剖面区域上画出剖面线，进行剖切标注，便得出泵盖的全剖视图，如图6-10（c）所示。由于剖切平面沿泵盖的对称平面剖开泵盖，且视图按投影关系配置，中间又没有其他图形隔开，剖切标注省略。图6-10（d）为标注尺寸后的泵盖图。

图6-11表示一个拨叉，拨叉的左右两端用水平板连为一体，中间起加强连接作用的为肋板。

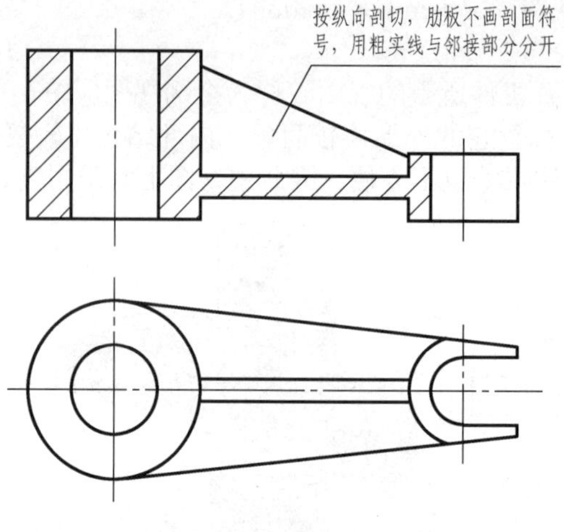

06-10 全剖视图的特例——拨叉

图6-11 全剖视图的特例

国标规定：对于机件的肋（rib）、轮辐（web）及薄壁（thin structure）等，如按纵向剖切，这些结构都不画剖面符号，而用粗实线将它与邻接部分分开。

图6-11中拨叉全剖视图中的肋，就是按上述规定画出的。

6.2.2.2 半剖视图

当机件具有对称面时，在垂直于对称平面的投影面上的投影，可以以对称中心线为分界，一半画成剖视图，另一半画成视图，这种剖视图称为半剖视图（half section）。

图6-12（a）为支架的两视图。从图中可知，该零件前后和左右都对称，内、外形状都需要在一个视图中得以表达；为了表达不可见结构，如果主视图采用全剖视图，则与顶板相接的凸台形状无法表达出来；如果俯视图采用全剖视图，则长方形顶板及其四个小孔的形状、小孔的定位也不能正确表达出来。因此，该机架的主、俯视图都不适合采用全剖视图表达，可将主视图和俯视图都画成半剖视图。

画半剖视图时必须注意：

① 半剖视图中，必须以点画线为分界线画半个外形视图和半个剖视图。

② 由于图形对称，零件的内部形状已在半个剖视图中表示清楚的部分，在半个视图中，表达清楚部分的虚线应省略不画。如果机件的某些内部形状在半剖视图中没有表达清楚，则在视图部分，应该用虚线画出，如图6-12（c）中顶板上的圆柱孔、底板上具有沉孔的圆柱孔，都用虚线画出；如能用其他的剖视图表达，如局部剖视图（将在后面学习到该部分内容）表达，则更加清楚、合理，如图6-12（d）所示。

③ 图6-12（c）的主视半剖图中，其剖切面的位置处于实体前后对称平面的位置，且剖视图按投影方向配置，中间没有隔其他视图，此时省略全部剖切标注；而俯视图中的半剖视图，其剖切面并不是支架的对称平面，所以必须在主视半剖图上标注带有字母“*A*”的剖切位置符号，并在俯视图上标注“*A*—*A*”字样。由于图形按投影关系配置，中间又没有其他图形隔开，可省略表示投影方向的箭头。

④ 在半剖视图中标注尺寸时，若涉及的轮廓只画了一半，这时可在尺寸线一端画出箭头，另一端只要略超出对称中心线即可，不画箭头。如主视图中半剖视图上钻孔锥顶角120°，*A*—*A*剖视图中的顶板四个小圆孔中心线之间的定位尺寸34、顶板的宽46以及圆柱体的内径尺寸ϕ20、外径尺寸ϕ36等都属这种情况。图6-12（d）为标注了尺寸的支架半剖视图。

标准中规定了半剖视图的特例。当机件的形状接近于对称，且当不对称部分已另有图形表达清楚时，也可以采用半剖视表达。如图6-13所示的带轮，其不对称的轴孔键槽，已由*A*向局部视图表达清楚，可将主视图画成半剖视图。

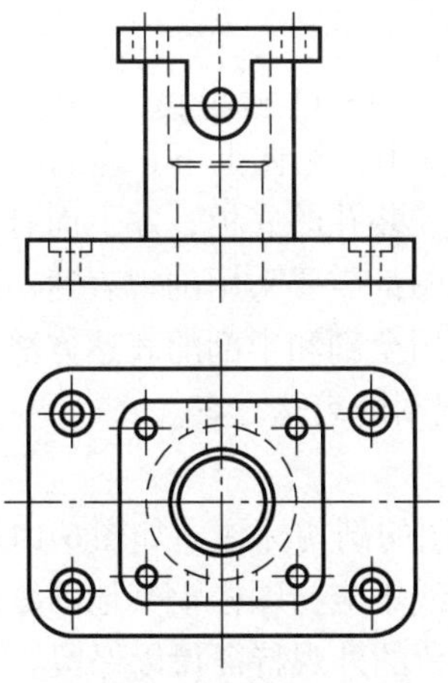

(a) 支架的两视图

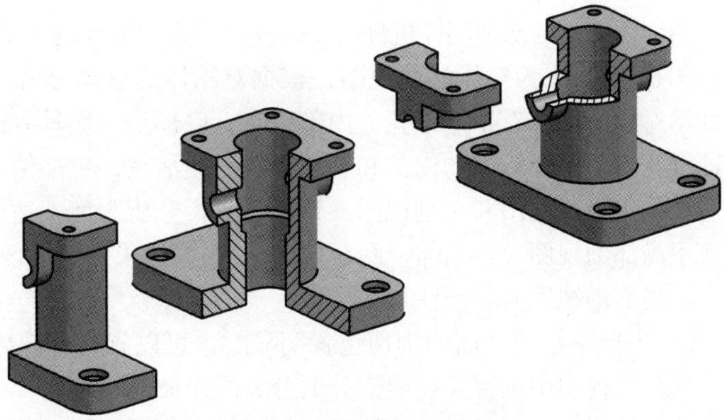

(b) 半剖视模型

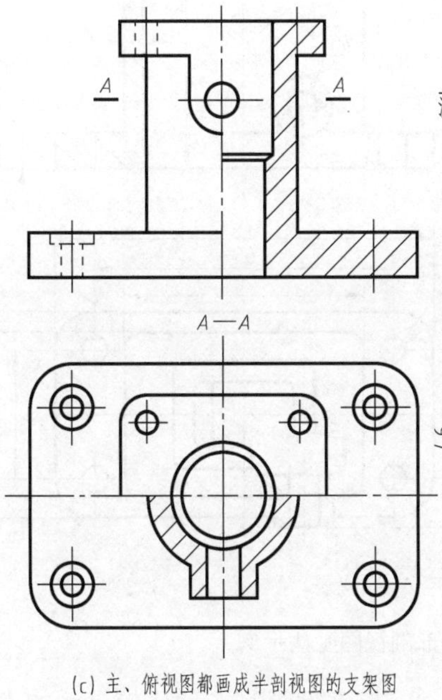

(c) 主、俯视图都画成半剖视图的支架图

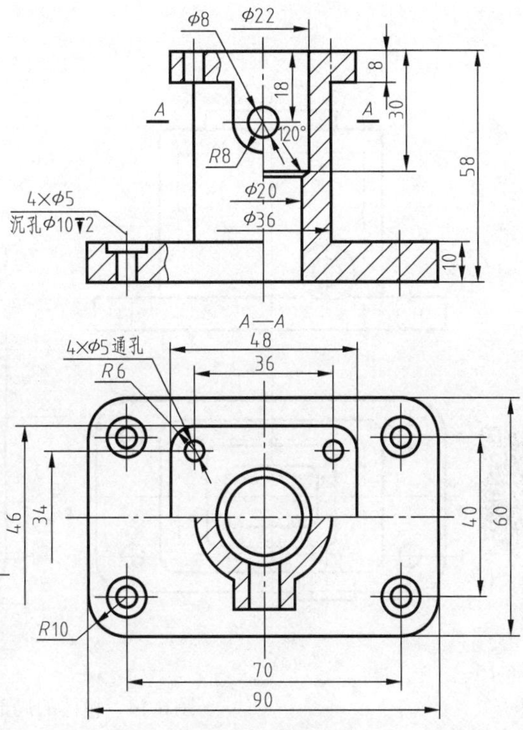

(d) 标注尺寸后的支架图

图6-12　半剖视图的画法示例

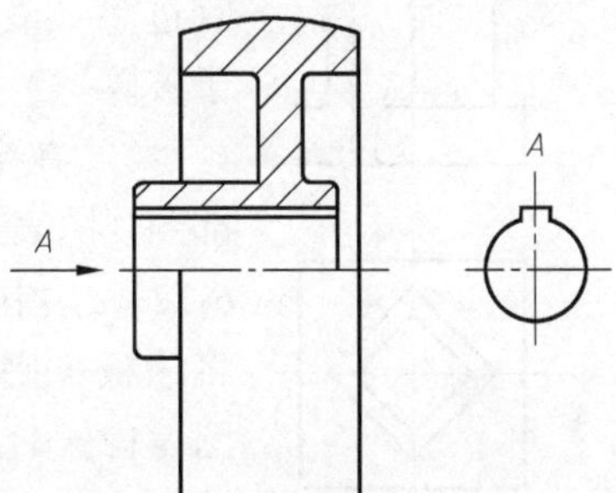

图6-13　半剖视图的特例

06-11 半剖视图的画法示例

06-12 图6-13模型

6.2.2.3 局部剖视图

用剖切平面局部地剖开机件所得的视图，称为局部剖视图（broken-out section）。

图6-14（a）为箱体的两视图，根据对箱体的形体分析可以看出：箱体上下、左右、前后都不对称，顶部有个矩形孔，内部中空，底部是一块具有四个安装孔的底板，左下面有一个轴承孔。为了使箱体的内部和外部都能表达清楚，主、俯两视图都需要采用剖视表达，但不适合采用全剖视图和半剖视图（请读者自行分析为何不适合采用全剖和半剖的表达方法），宜采用局部剖视图表达箱体。图6-14（b）为箱体采用的局部剖视图的表达方案。

画局部剖视图时必须注意：

① 当单一剖切平面的剖切位置明显时，可以省略局部剖视图的剖切标注，如图6-14所示。局部剖视图中剖视及视图部分的分界线用波浪线绘制，波浪线不应与图样上其他图线重合，波浪线代表的断开位置应使得该剖开的内部结构剖开，该保留的外观特征得以保留。

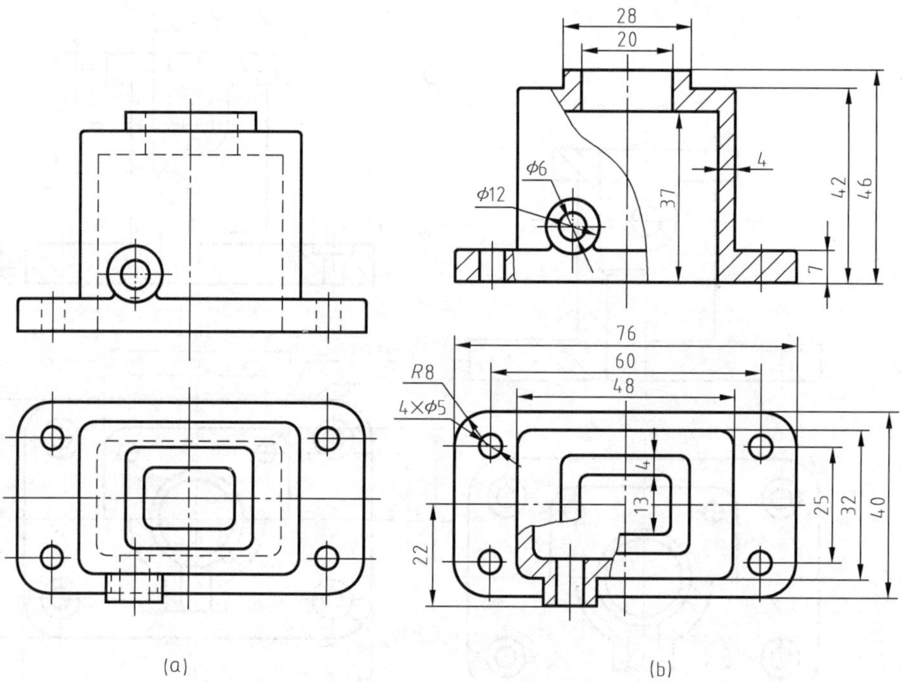

06-13 图6-14 模型

06-14 图6-15 模型

图6-14 箱体的局部剖视图画法示例

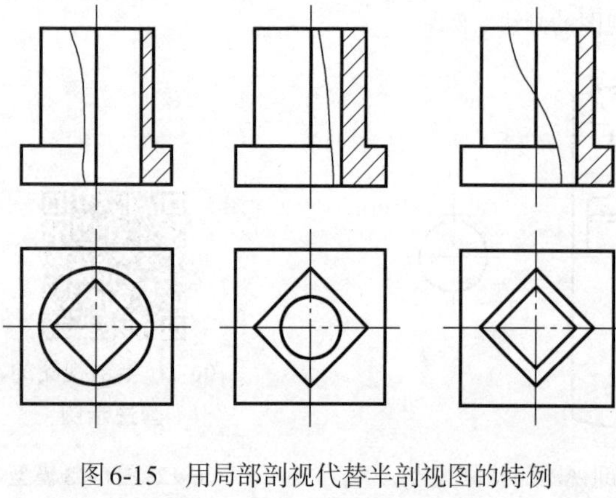

图6-15 用局部剖视代替半剖视图的特例

② 局部剖视是一种比较灵活的表达方法，当在一个视图中，局部剖视的数量不宜过多（最多不超过3个），以免使图形过于破碎。

③ 在半剖视图的视图部分，可采用局部剖视图表达未反映清楚的内部结构，如图6-12（c）中主视图上半剖图视图部分，若将顶板、底板上的孔用局部剖视表达，如图6-12（d），就显得更加清楚了。

当对称图形不宜采用半剖视图表达时，则可采用局部剖视图代替半剖视图。

图6-15所表示的三个机件，虽然前后、左右都对称，但因主视图的对称中心线都分别有外壁或内壁的交线存在，因此主视图不宜画成半剖视图，而应画成局部剖视图，并应合理地绘制波浪线，尽可能把形体的内壁或外壁的交线清晰地显示出来。

6.2.3 剖切机件的方法

在作剖视图时，应根据机件的结构特点，采用不同的剖切方法。《GB/T 17452—1998 技术制图 图样画法 剖视图和断面图》及《GB/T 4458.6—2002 机械制图 图样画法 剖视图和断面图》规定了以下几种剖切方法。

6.2.3.1 用单一剖切面剖切

（1）用平行于基本投影面的平面剖切

前面所述的全剖视图、半剖视图和局部剖视图，其剖切面皆平行于某一基本投影面。用平行于某一基本投影面的平面剖切，是最常用的剖切方法。

当采用一个公共剖切面剖开机件时，按不同的投影方向投影所得到的两个剖视图，应按图6-16形式进行标注。

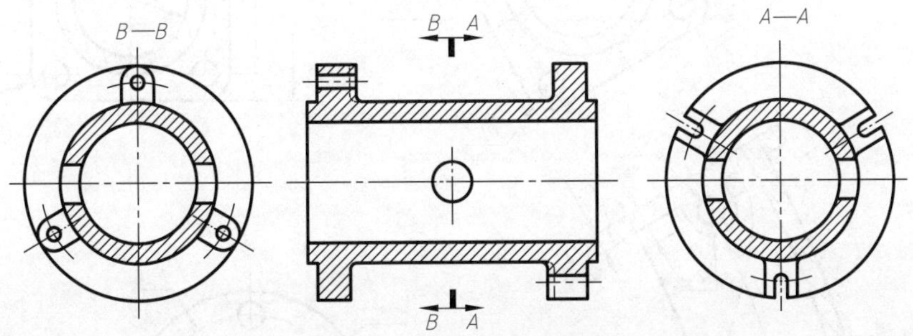

06-15 图6-16 模型

06-16 图6-17 模型

图6-16 用一个公共剖切平面获得的两个剖视图

（2）用柱面剖切

一般用单一剖切平面剖开机件，也可用单一柱面剖开机件。采用单一柱面剖切时，剖视图一般应按展开绘制，如图6-17所示。

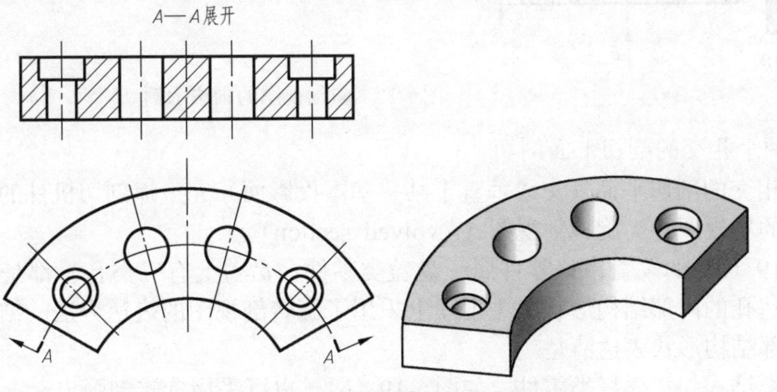

图6-17 单一剖切柱面获得的剖视图

（3）用不平行于基本投影面的剖切平面剖切

用不平行于基本投影面的剖切平面剖开机件的方法称为斜剖，所得到的剖视图为斜剖视图（auxiliary section）。

如图6-18中带端法兰的弯管，主视图上采用局部剖视，将U形凸台的外形、弯管内径及壁厚、下法兰小孔及其定位表达清楚；对于下法兰的外形，可采用*B*向的局部视图表达；而上法兰盘的形状、其小孔的定位及U形凸台中圆柱孔与弯管相通的情况，采用*A*—*A*斜剖视图表达，比较合适。

画斜剖视图时，应将实体向与剖切平面平行的投影面投影，以反映被表达部分的实形，然后再旋转到与某一基本投影面共面，配置在投影方向对应的位置上，便于读图；其剖切标注方法与一般的剖视图标注方法相同。在不至于引起混淆的情况下，允许将斜剖视图旋转至方正，配置在合适的位置，但需在剖视图上标注“×—×”字样及旋转方向符号，如图6-18。

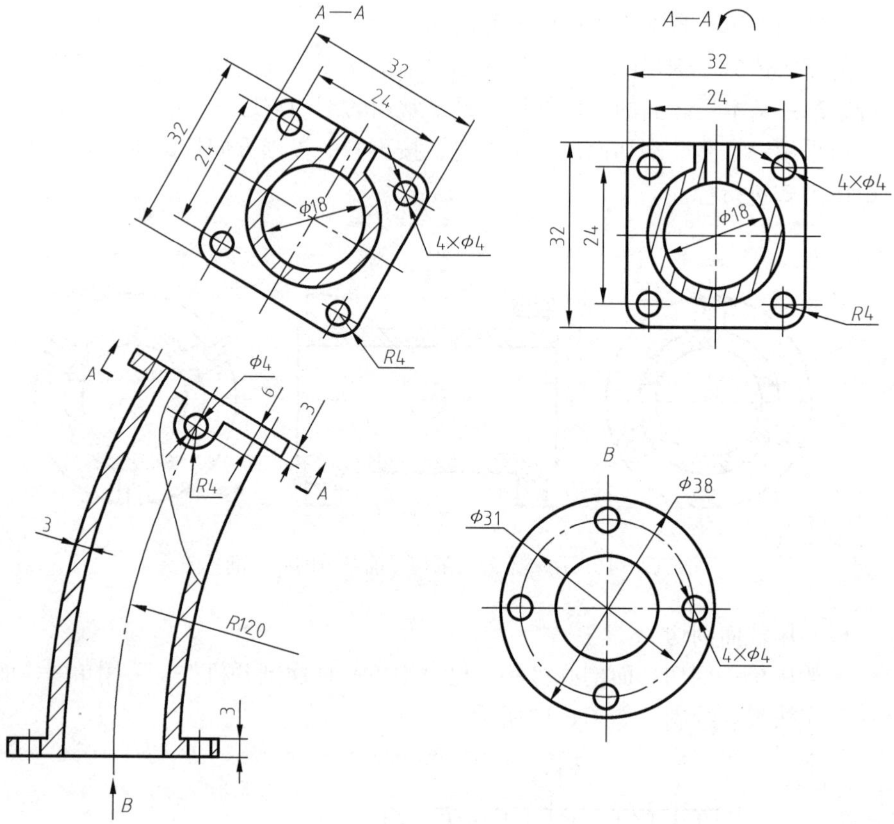

06-17 图6-18 模型

图6-18 斜剖视图的画法示例

6.2.3.2 用两个相交的剖切平面剖切

用两个相交的剖切平面（交线垂直于某一基本投影面）完整地剖切机件的方法称为旋转剖，所得到的剖视图称为旋转剖视图（revolved section）。

如图6-19（a）的泵盖，该零件属于盘盖类零件，盘盖上有三类孔，都是周向分布，为了清楚地表达孔的内部结构形状，主视图上采用了旋转剖视图的表达方法。结合右视图，将泵盖的内外部结构形状表达清楚。

除盘盖类结构外，摇杆类零件，如图6-19（b），也可采用旋转剖画出。

以图6-19（a）为例，说明旋转剖视图的画法。

先假想用交线垂直于正立投影面的两个平面剖开实体，将处于观察者与剖切平面之间的部分移去，并将被倾斜剖切平面剖开的结构断面及有关部分旋转到与选定的基本投影面平行的位置，然后再进行投影，便得到图中*A*—*A*旋转剖视图。

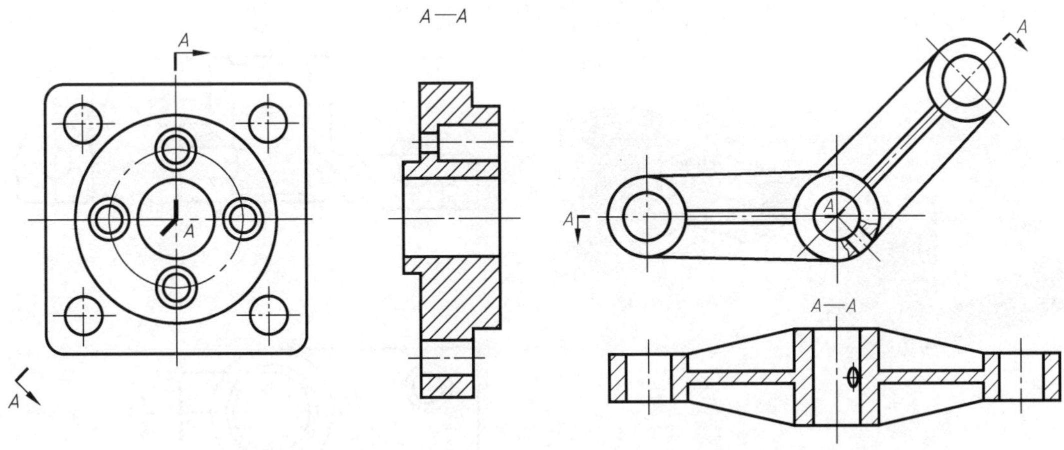

(a) 泵盖　　(b) 摇杆

图6-19　旋转剖视图的画法示例

旋转剖视中，对于未剖切到的结构，并不旋转，而是按投影关系，直接绘制在投影对应的位置上。如图6-19（b）摇杆中，倾斜剖切面下的油孔，就是仍按原来投影关系画在旋转剖视图上。当剖切产生不完整要素时，应将该部分按不剖绘制，如图6-20中的臂。

画旋转剖时，应画出剖切符号，并在剖切符号的起讫和转折处标注字母“×”，在剖切符号两端画出表示投影方向的箭头，并在剖视图上方注明剖视图的名称“×—×”，如图6-19所示。

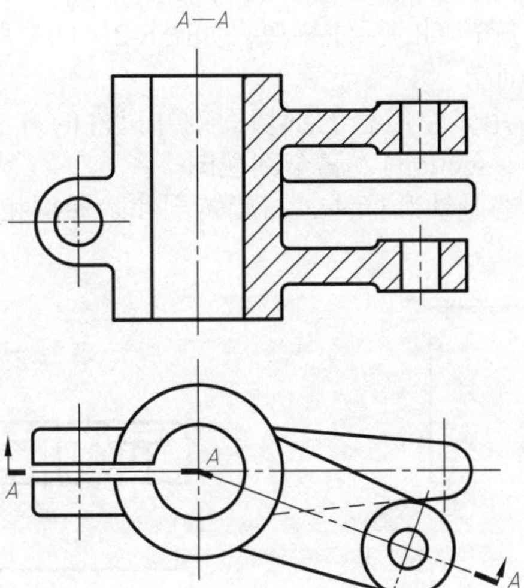

图6-20　剖切产生不完整要素的处理

06-18　图6-19（a）画法

06-19　图6-19（b）画法

06-20　图6-20模型

6.2.3.3　用几个平行的剖切面剖切

用几个平行的剖切平面剖开机件的方法称为阶梯剖，所得到的剖视图称为阶梯剖视图（offset section），属于全剖视图。

图6-21的机件如果用平行于基本投影面的单一剖切面剖切，则不可能将前后分布的两类孔结构同时表达出来，这时可采用两个平行的剖切面剖开机件，如图6-21（a）所示。

采用阶梯剖时，同一类孔的结构，剖切其中一个，表达出其内部结构即可。

画阶梯剖视应注意以下几点：

① 表示剖切面转折的转折符号不应与图线中的任何实线及虚线相重合。

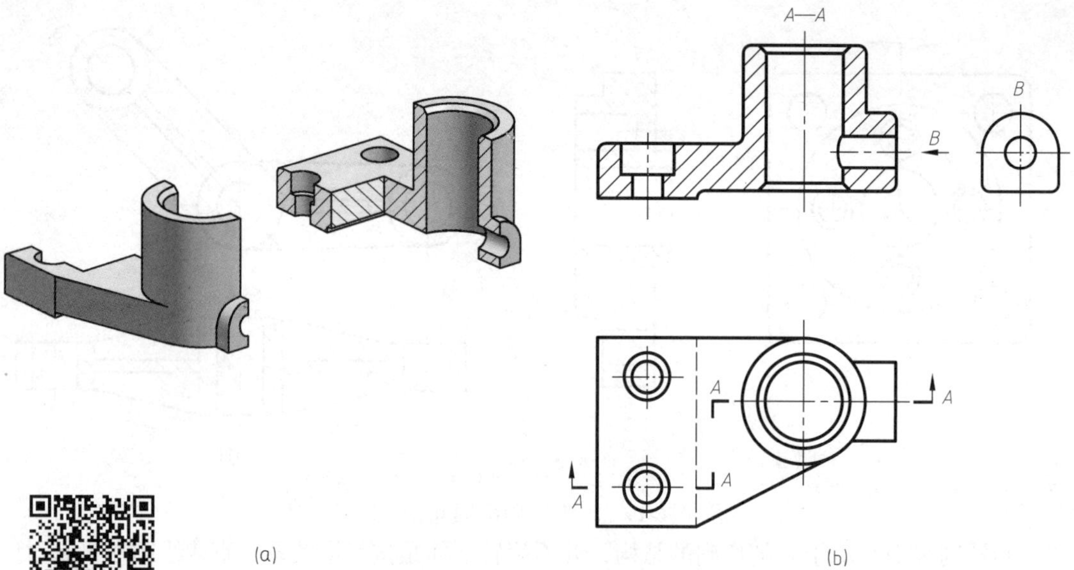

图6-21 阶梯剖视的画法示例

06-21 图6-21模型

06-22 图6-22模型

06-23 图6-23模型

② 阶梯剖视图中，不应画出两剖切平面转折处的投影。

③ 图形中不允许出现不完整要素。仅当两个要素在图形上具有公共对称中心线或轴线时，才可以出现不完整要素，这时，应以对称中心线或轴线为界，各画一半，如图6-22所示。

阶梯剖视的标注方法与旋转剖的标注相似，如图6-21（b）所示。

6.2.3.4 用组合的剖切平面剖切

除旋转剖、阶梯剖外，用多个组合的剖切面剖开机件的方法，称为复合剖。所得的视图称为复合剖视图（complex section），属全剖视图。

复合剖视图的剖切符号的画法和标注，与旋转剖和阶梯剖相似，如图6-23所示。

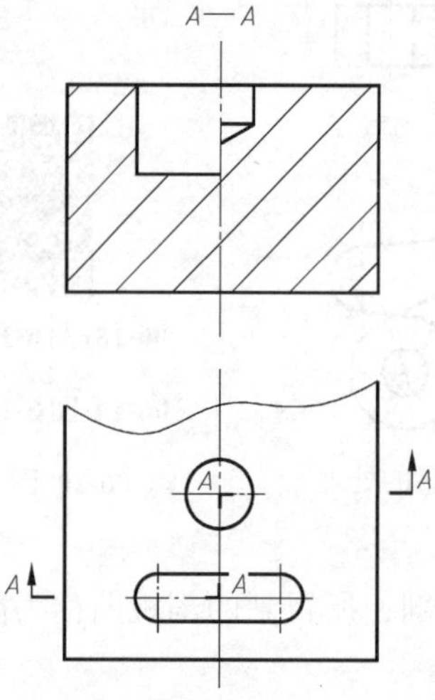

图6-22 阶梯剖视图的特例图

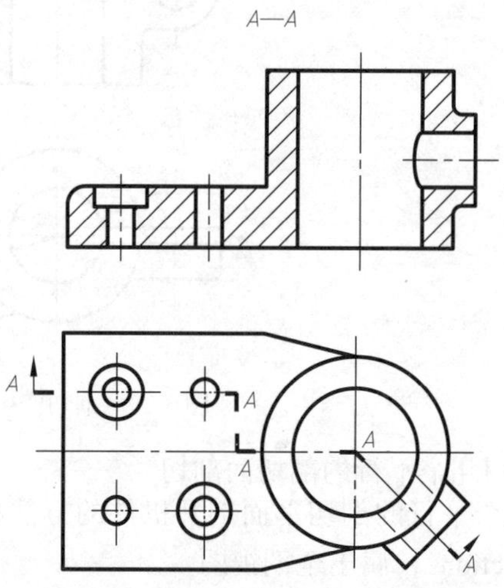

图6-23 复合剖视图的画法示例

6.3 断面图

按《GB/T 4458.6—2002 机械制图 图样画法 剖视图和断面图》规定介绍断面图。

6.3.1　断面图的基本概念

假想用剖切平面将机件剖开，只画出断面的图形，称为断面图（cut）。

图6-24（a）是圆轴的两视图。两视图中，若直接在主视图上标注各轴段的直径尺寸ϕ，则除了键槽的深度没有表达清楚外，都表达清楚了。故此时可省略左视图，而采用断面图表达具有键槽的轴断面及键槽的深度。

如图6-24（b）所示，假想用一个垂直于轴的剖切平面剖切带有键槽的轴段，只画出其断面形状，这种表达方法称为断面图，如图6-24（c）所示。

图6-24（d）为剖视图，断面图与剖视图的区别是：断面图只画出机件的断面形状，而剖视图则将机件处在观察者和剖切平面之间的部分移去后，将其余部分向投影面进行投影。显然，这里采用断面图更为合理。

06-24 图6-24
模型

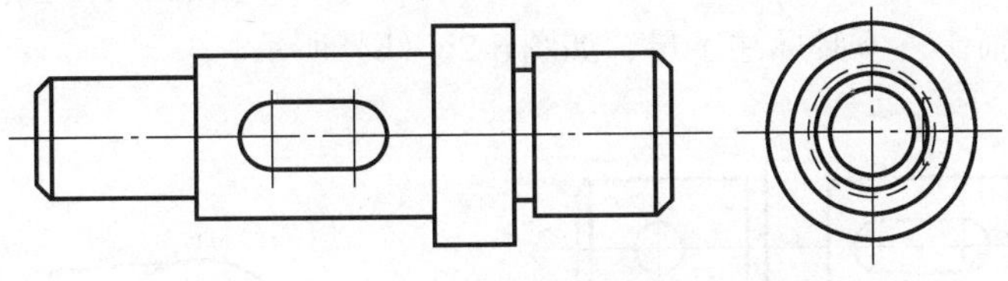

(a) 两视图

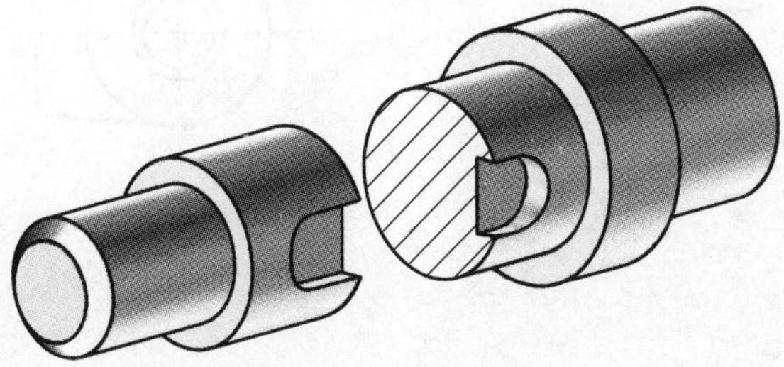

(b) 用剖切面将轴截断

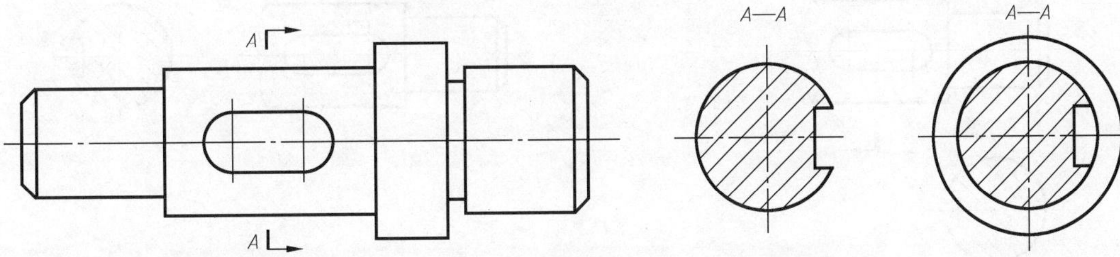

(c)主视图　(d) 断面图　(e)剖视图

图6-24　断面图与剖视图

6.3.2　断面图的种类及画法

断面图分移出断面（removed section）及重合断面（coincidence section）。

（1）移出断面

画在视图外部的断面图称为移出断面。

移出断面的轮廓线用粗实线绘制，应尽量配置在剖切符号或剖切平面迹线的延长线上，如图6-25（a）所示。当断面图图形对称时，可将断面图画在视图的中断处，如图6-25（b）所示。必要时，可将移出断面配置在其他适当的位置，如图6-25（c）所示。在不致引起误解时，允许将图形旋转，其标注形式见图6-25（f）。当剖切平面通过回转面形成的孔或凹坑的轴线时，则这些结构应按剖视图绘制，如图6-25（a）、（e）所示。当剖切平面通过非圆孔，会导致出现完全分开的两个剖面时，则这些结构应按剖视绘制，如图6-25（f）所示。由两个或多个相交平面剖切得出的移出剖面，中间应断开，如图6-25（g）所示。

断面图一般应标注剖切符号及表示投影方向的箭头，并应在断面图上方标注出相应的名称；若断面图配置在剖切符号迹线的延长线上，不对称的移出剖面可省略字母，如图6-25（a）所示。断面图配置在投影方向对应的位置上，可省略表示投影方向的箭头，如图6-25（d）所示。

（2）重合断面

在不影响图形清晰条件下，断面图也可按投影关系画在视图内，该断面图称为重合断面。重合断面的轮廓线用细实线绘制。当视图中的轮廓线与重合断面图形重叠时，视图中的轮廓线仍应连续画出，不可间断。如图6-26（a）所示支架的肋，对称的重合断面图，不需标注剖切符号；配置在剖切符号上的不对称的断面图，应在剖切位置标注剖切符号并画出表示投影方向的箭头，不必标注字母，如图6-26（b）所示。

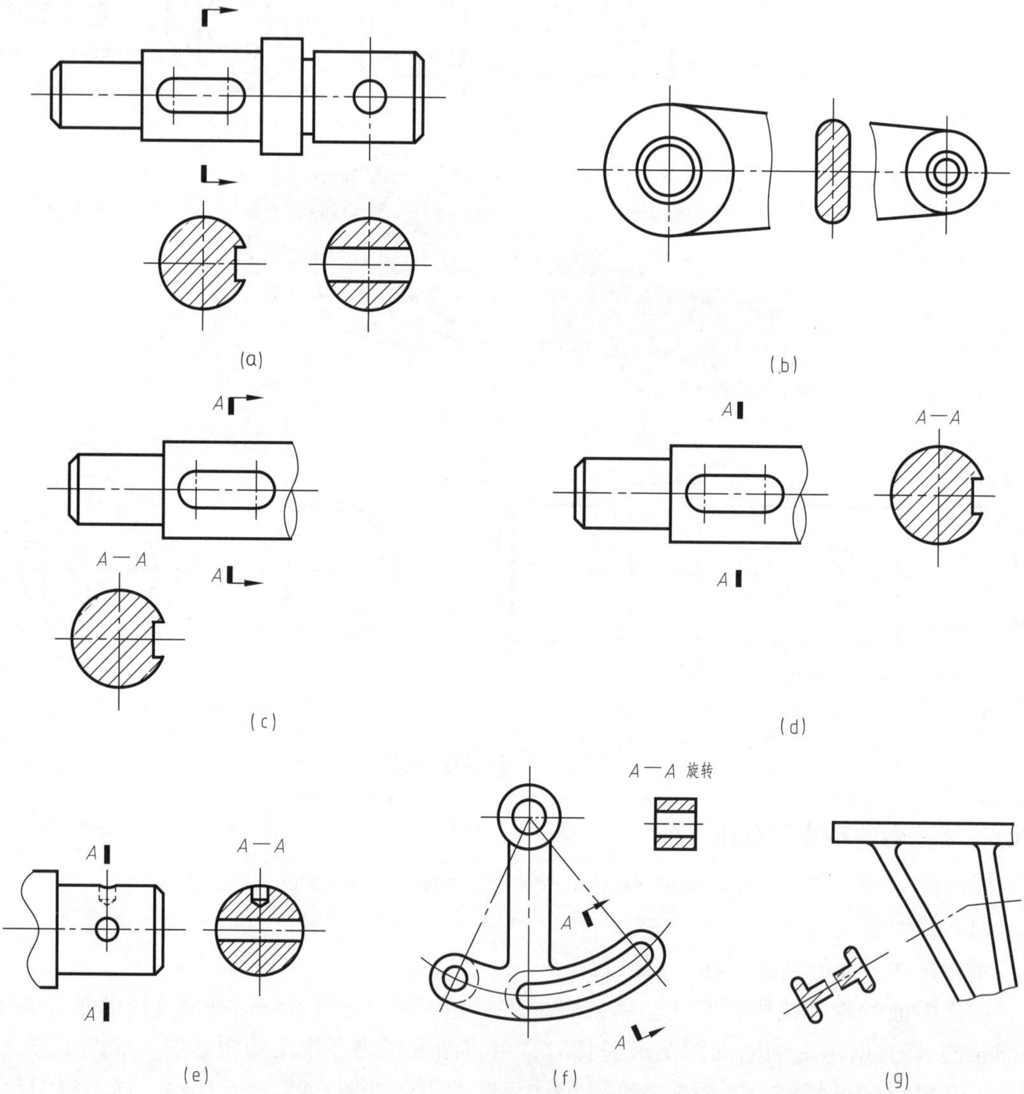

图6-25 移出断面的画法

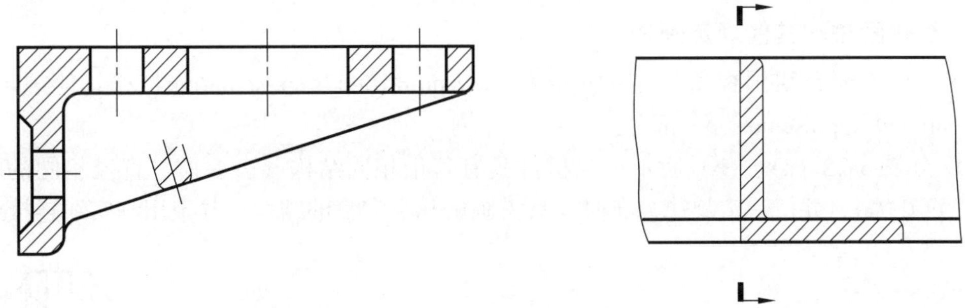

(a) 支架　(b) 角钢

图6-26　重合断面的画法

6.4　局部放大图、简化画法和其他规定画法

按《GB/T 4458.1—2002　机械制图　图样画法　视图》介绍下列内容。

6.4.1　局部放大图

如图6-27所示，将机件的部分结构，用大于原图形所采用的比例画出的图形称为局部放大图（partial enlarged view）。局部放大图可画成视图、剖视、断面的形式，其与被放大部分的表达方式无关。局部放大图应尽量配置在被放大部位的附近。

如图6-27所示，当同一机件上有几个部分需要被放大时，必须用罗马数字依次标明被放大的部位，并在局部放大图的上方标出相应的罗马数字和所采用的比例。

必要时，也可用几个图形表达同一被放大部分的结构。

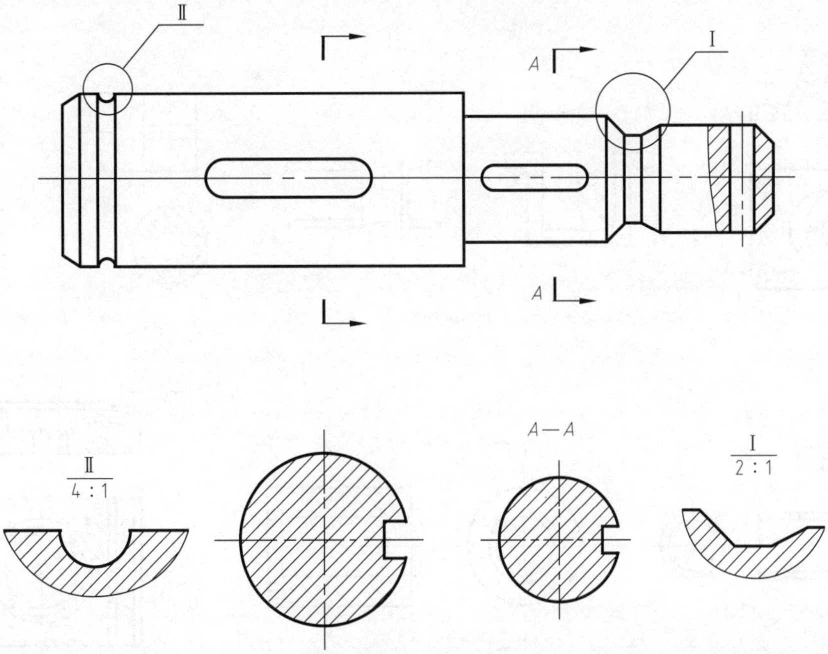

图6-27　局部放大图的画法

6.4.2 简化画法和其他规定画法

下面扼要地介绍国标所规定的简化画法（simplified representation）和其他规定画法（conventional representation）部分。

① 如图6-28（a）、（b）所示，当机件具有若干相同结构（齿、槽、直径相同的圆孔、螺孔、沉孔等），并按一定规律分布时，只需画出几个完整的结构，其余用细实线连接或画

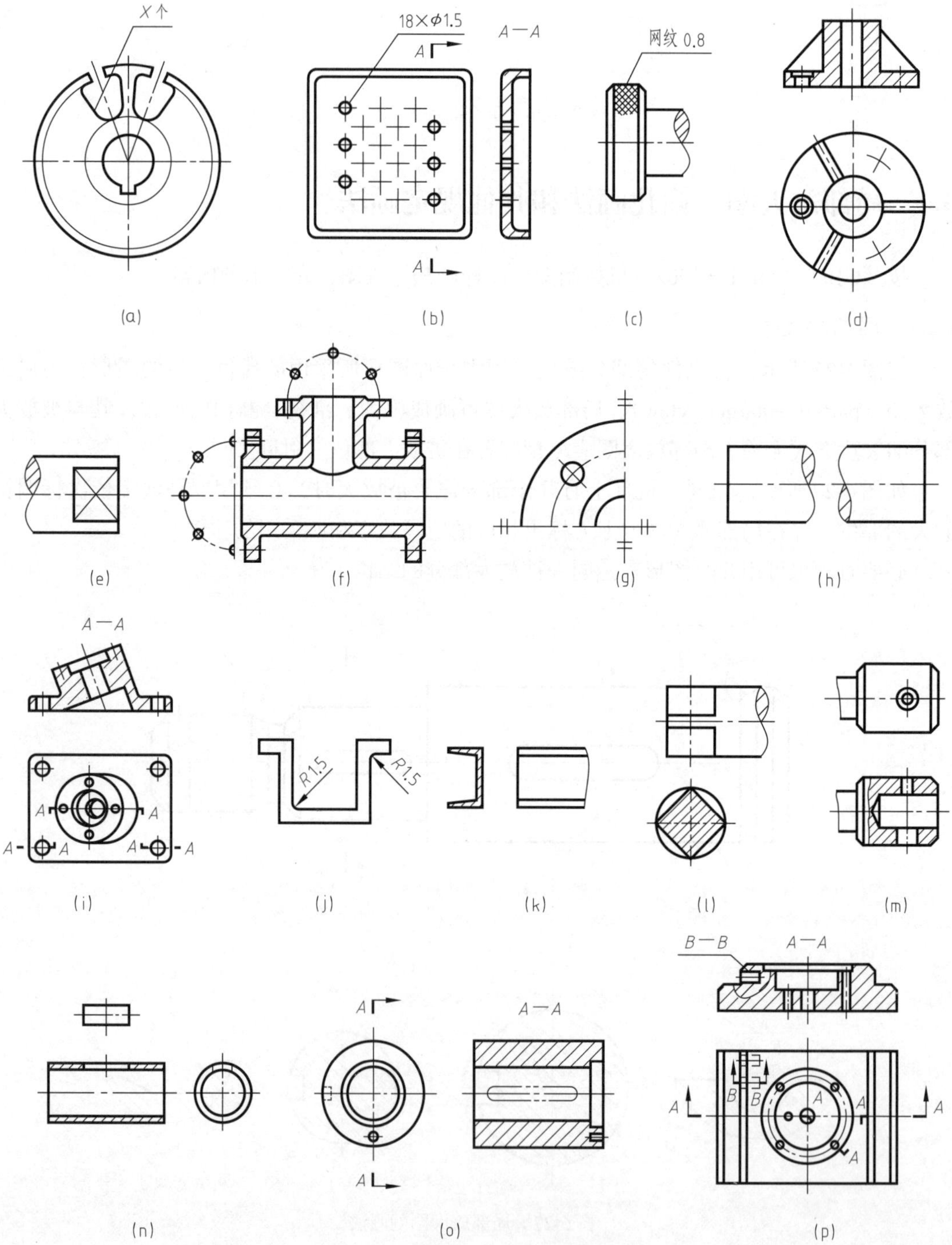

图6-28 简化画法及其他规定画法

出圆的对称中心线，并注明该结构的总数即可。

② 6-28（c）所示，网状物、编织物或机件上的滚花部分，可在轮廓线附近用细实线画出示意，并在零件图上或技术要求中注明这些结构的具体要求。

③ 对于机件的肋、轮辐及薄壁等，如按纵向剖切，这些结构都不画剖面符号，用粗实线将它与邻接部分分开。如图6-28（d）所示，回转体零件均匀分布的肋，其结构不处于剖切平面上时，可将这些结构旋转到平面上画出。

④ 如图6-28（e）所示，当图形不能充分表达平面时，可用平面符号（相交的两细实线）表示，以便于读图。

⑤ 圆盘法兰和类似零件上均匀分布的孔，可按图6-28（f）所示的方法表示。

⑥ 在不致引起误解时，对称机件的视图可只画一半或四分之一，但必须在对称中心线的两端画出两条与其垂直的平行细实线（对称符号），如图6-28（g）所示。

⑦ 如图6-28（h）所示，较长的机件（轴、杆、型材、连杆等）沿长度方向的形状一致或按一定规律变化时，可断开后缩短绘制。

⑧ 如图6-28（i）所示，与投影面倾斜角度小于或等于30°的圆或圆弧，其投影可用圆或圆弧代替。

⑨ 如图6-28（j）、（k）所示，在不致引起误解时，零件图中的小圆角、锐边的小倒圆或45°小倒角允许省略不画，但必须注明尺寸或在技术要求中加以说明。

⑩ 零件上较小结构，若在一个图形中已表达清楚时，其他图形可简化或省略，如图6-28（l）、（m）。

⑪ 零件上对称结构的局部视图，可按图6-28（n）所示的方法绘制。

⑫ 在需要表达位于剖切面前的结构时，这些结构按假想投影的轮廓线绘制，如图6-28（o）所示。

⑬ 当需要在剖视图中作二次局部剖视时，可采用图6-28（p）所示的方法表达，两个剖面的剖面线应同方向、同间隔。但要互相错开，并用引出线标注其名称，当剖切位置明显时，也可省略标注。

6.5 综合应用举例

当表达一个零件时，应根据零件的具体形状，恰当地选用表达方式（如视图、剖视图、断面图、局部放大图等），画出一组视图，并正确地标注尺寸，完整、清晰地表示出这个零件的形状和大小。下面举例说明选择视图表达方案的步骤。

【例6-1】 如图6-29所示，根据所给阀体的三视图，看懂视图后，选用合适的表达方法，重新表达该零件的内外部结构。

（1）形体分析

采用形体分析法分析清楚机件各组成部分的形状、组合方式及相对位置关系。从图6-29可知该阀体前后对称，有四部分构成，其分别为带有4个$\phi15$圆孔的安装底板、中空腔的主阀体、向右伸出的带有$\phi16$圆孔的轴承座及轴承座下的支撑板；主阀体部分左安装断面上有4个螺纹孔，内腔为$\phi154$半圆柱面与平面相切所构成；内腔中前、后对称的向内有凸台，凸

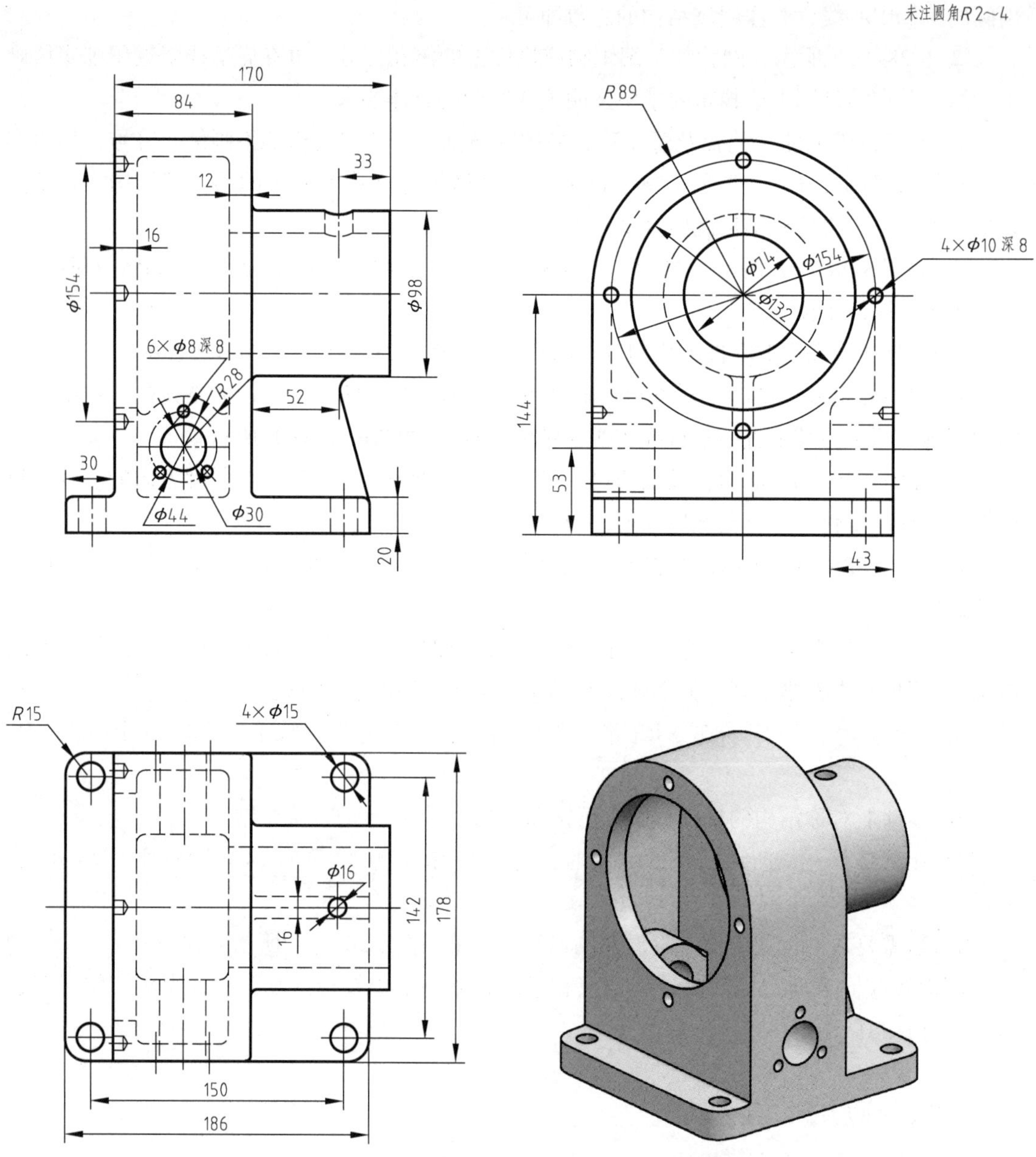

图6-29　阀体的三视图

台开有$\phi44$圆孔与内腔相通，在$\phi44$外周均匀分布三个$\phi8$圆孔。

（2）表达方案确定

① 主视图选择。选择主视图的方向如三视图中主视图的方向，采用在主、俯、左三个基本视图上进行合理剖视的方法表达阀体内外部结构。

06-25 阀体综合表达

② 合理确定具体表达方案。为了清楚地表达阀体的内部结构、轴承及其孔结构及底板上安装孔的结构，主视图上可采用*A*—*A*的阶梯剖视图（好于对称面位置的全剖），其剖切位置见图6-30中俯视图，除凸台上3个小孔未有显示外，阀体内部的结构基本表达清楚了。

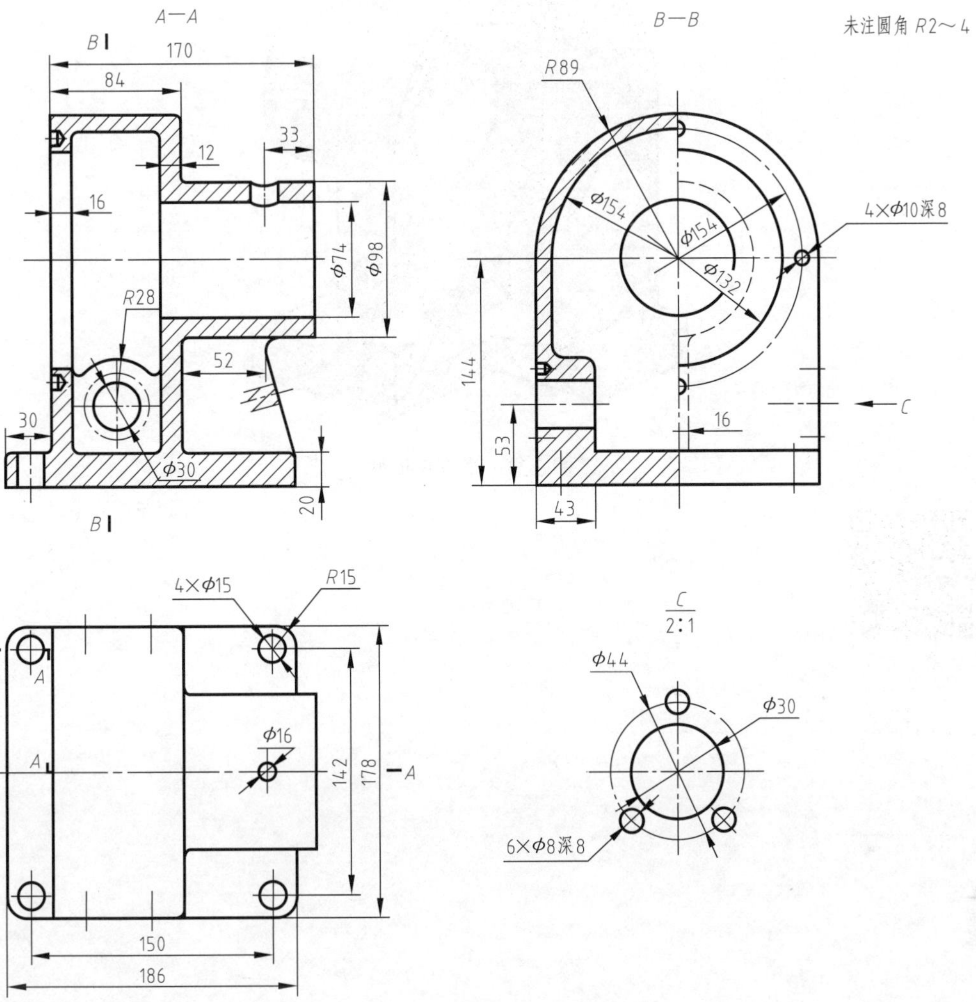

图6-30　阀体的表达方案

考虑到俯视图及左视图皆为对称图形，且左视图上需进一步反映内腔的形状特点，故左视图可采用*B*—*B*半剖视图的表达方法；从主视图的剖切位置可见，*B*—*B*剖切可以剖切到向内的凸台上$\phi8$圆孔及$\phi44$圆孔，且剖视图部分可以反映内部结构，而视图部分又可保留外观特性，因此左视图上采用*B*—*B*半剖表达好于*B*—*B*全剖（半剖视的模型如图6-31）。

在主视图上采用*A*—*A*阶梯剖，左视图上采用*B*—*B*半剖的表达下，阀体的内部结构已表达清楚，因此俯视图可只画出实线，以反映底板及其小孔定位，以及腔体外观形状。

对于没有反映清楚的凸台上3个小孔的分布位置，可采用*C*向的局部视图，加以表达；支撑板的断面形状，可采用重合断面的表达方法直接画在主视图中。

这样，阀体内外部结构和形状就表达清晰了。

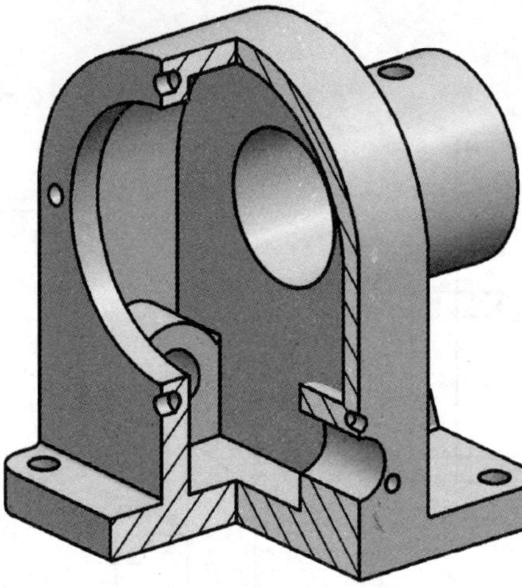

图6-31 半剖视模型

本章自测题

第7章　标准件及常用件

本章课件

本章将主要介绍常见的标准件、常用件的基本知识、规定画法和标注方法。

任何机器和部件都是由若干零件组成，这些零件中有的起连接和紧固作用，如螺栓、螺钉、螺母、键、销等；有的起传动、支承和减振作用，如齿轮、轴承、弹簧等。这些在机器中大量使用的机件，有的结构、尺寸、画法及标记等都已经标准化的，称为标准件；而部分结构要素和尺寸也已经系列化的机件，称为常用件。常见的标准件包括螺栓、螺钉、螺母、垫圈、键、销、轴承等；常用件包括齿轮、弹簧等。如图7-1所示的齿轮油泵的装配爆炸图，螺钉、螺栓、螺母、键、销、垫圈等属于标准件；齿轮属于常用件；泵体、泵盖、皮带轮、传动齿轮轴、齿轮轴等，都是一般零件。本章将主要介绍常见的标准件、常用件的基本知识、规定画法和标注方法。

07-01　齿轮油泵的装配爆炸视频

图7-1　齿轮油泵的装配爆炸图

7.1　螺纹

7.1.1　螺纹的形成

螺纹（thread）是指一平面图形（如三角形、梯形、矩形等）绕一圆柱或圆锥表面作螺旋运动时，在圆柱或圆锥表面形成的具有相同轴向断面的连续凸起和沟槽。在外表面上加工的螺纹称为外螺纹（external thread），在内表面上加工的螺纹称为内螺纹（internal thread）。

内外螺纹均可在车床上经车削加工而成，如图7-2（a）所示。对于直径较小的螺孔，则可先用钻头钻出光孔，再用丝锥攻螺纹，如图7-2（b）所示。

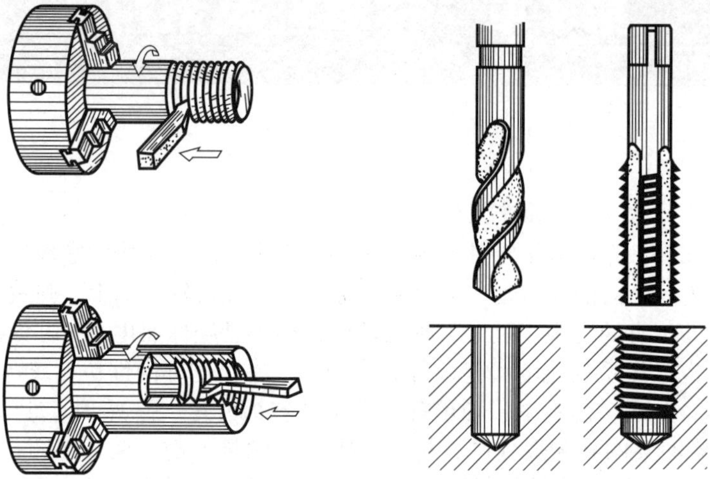

(a) (b)

图7-2 螺纹的加工

7.1.2 螺纹的要素

螺纹的五项基本要素包括牙型、公称直径、线数、螺距和旋向。只有五项基本要素完全一致的内、外螺纹才能旋合在一起。

（1）牙型（thread tooth profile）

在通过螺纹轴线的剖面上，螺纹的轮廓形状称为螺纹的牙型，常见的螺纹牙型有三角形、梯形和锯齿形，如图7-3所示。螺纹牙型不同，螺纹所起的作用也不同。

07-02 螺纹的牙型

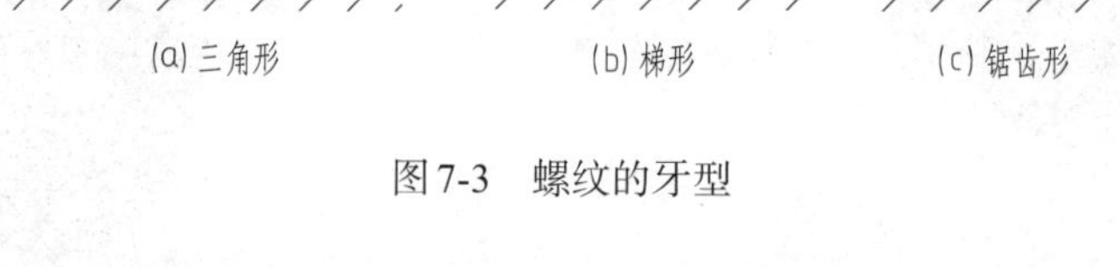

(a) 三角形 (b) 梯形 (c) 锯齿形

图7-3 螺纹的牙型

（2）公称直径（nominal diameter）

螺纹的公称直径即螺纹的大径（major diameter），它是指与外螺纹的牙顶或内螺纹的牙底相重合的假想圆柱的直径，其代号为d（外螺纹）或D（内螺纹）。而与外螺纹的牙底或内螺纹的牙顶相重合的假想圆柱的直径，称为小径（minor diameter），代号为d_1（外螺纹）或D_1（内螺纹）。通过牙型上沟槽和凸起宽度相等处的假想圆柱的直径，称为中径（pitch diameter），代号为d_2（外螺纹）或D_2（内螺纹），如图7-4所示。

（3）线数n（thread number）

螺纹有单线及多线之分。沿一条螺旋线形成的螺纹称为单线螺纹（single-start thread）；沿轴向等距分布的两条或两条以上的螺旋线所形成的螺纹称为多线螺纹（multi-start thread）。

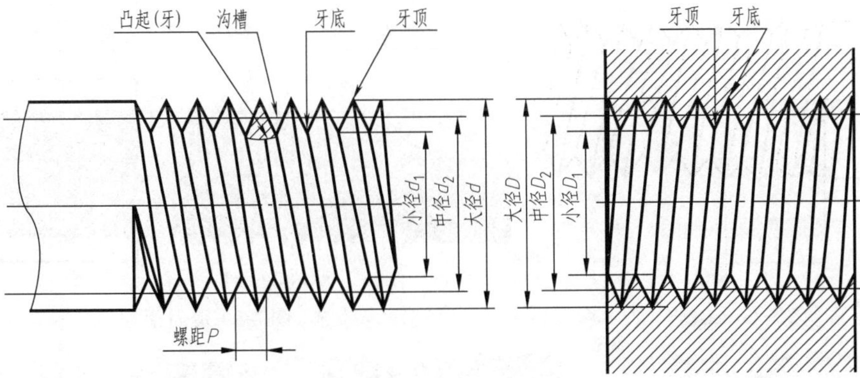

(a) 外螺纹　　(b) 内螺纹

图7-4　螺纹结构要素

(4) 螺距（pitch，P）和导程（lead，P_h）

螺纹上相邻两牙在中径线上对应两点之间的距离称为螺距，用P表示。螺纹上同一条螺旋线上相邻两牙在中径线上对应两点之间的距离称为导程，用P_h表示。对于单线螺纹来说，$P_h=P$；对于多线螺纹来说，$P_h=n\times P$，如图7-5所示。

(5) 旋向（revolving direction）

螺纹有左旋和右旋之分，顺时针旋入的螺纹称为右旋螺纹（right thread）；逆时针旋入的螺纹称为左旋螺纹（left thread）。在工程中常用的螺纹大多为右旋螺纹，如图7-6所示。

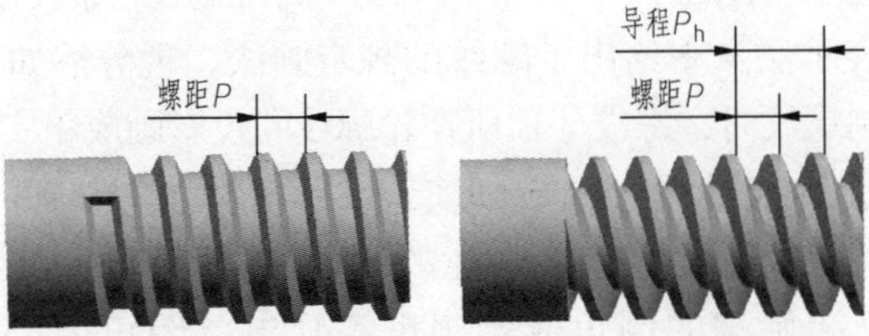

(a) 单线螺纹　　(b) 双线螺纹

图7-5　螺距和导程

(a) 右旋　　(b) 左旋

图7-6　螺纹的旋向

在上述五个螺纹要素中，牙型、公称直径和螺距都符合标准的螺纹称为标准螺纹（standard thread）；牙型符合标准而公称直径、螺距不符合标准的称为特殊螺纹（special thread）；三者都不符合标准的称为非标准螺纹（non-standard thread）。

7.1.3　螺纹的工艺结构

(1) 螺尾（washout thread）和退刀槽（undercut）

车削螺纹时，刀具逐渐离开工件时在螺纹末端形成的沟槽渐浅的部分称为退刀纹或螺尾，如图7-7所示。为了避免产生螺尾，可在螺纹终止线处先加工出退车刀用的退刀槽，再加工螺纹，如图7-8所示。

(2) 螺纹倒角和倒圆

为了方便装配和防止螺纹起始圈损坏，在螺纹的始端一般加工出倒角或倒圆，如图7-9所示。

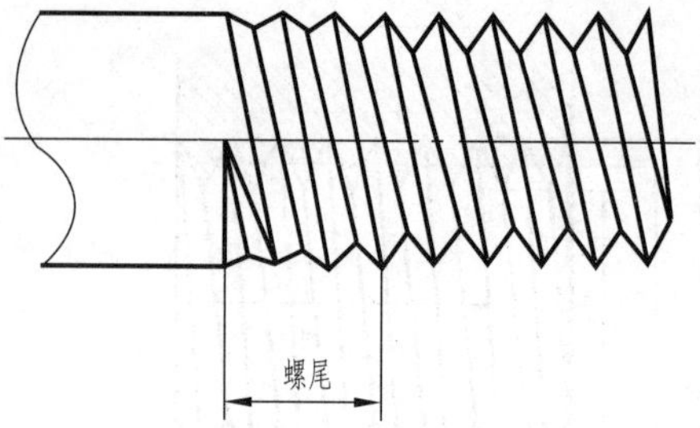

图7-7　螺尾

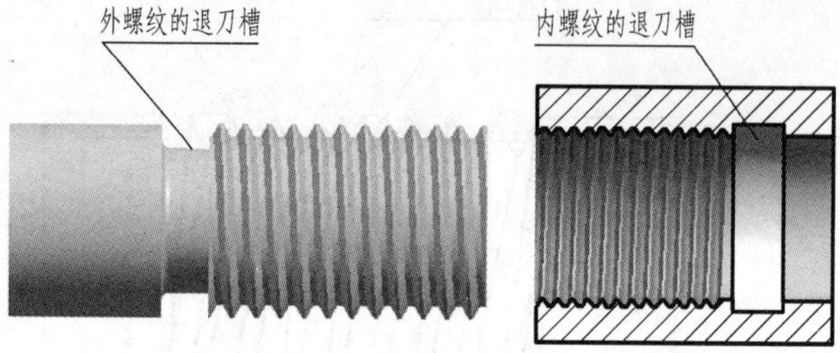

图7-8　退刀槽

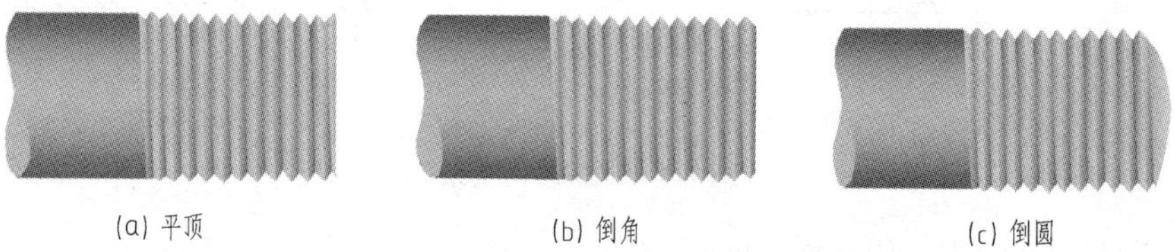

图7-9　螺纹的起始端结构

（3）不穿通的螺孔

对于不穿通的螺纹孔，钻头的顶端在孔的末端形成圆锥面，由于钻头顶端的尖角约118°，因此画图时此锥孔画成120°。在加工不穿通的内螺纹时，一般不将螺纹加工到钻孔底部，如图7-10所示。

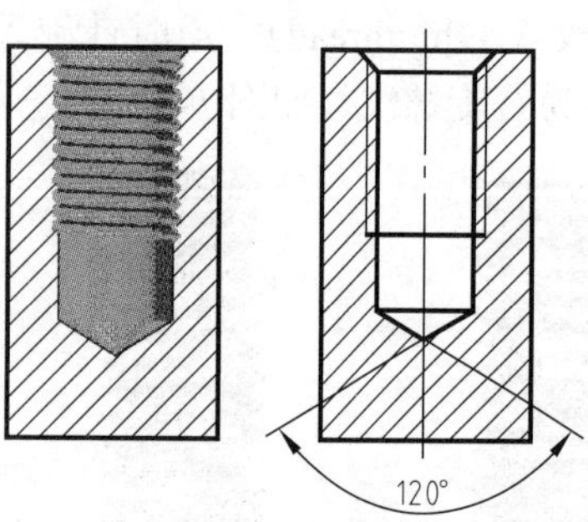

图7-10　不穿通的螺孔

7.1.4　螺纹的规定画法

国家标准《GB/T 4459.1—1995　机械制图 螺纹及螺纹紧固件表示法》中给出了螺纹的规定画法，现分述如下。

在绘制螺纹时，螺纹牙顶所在轮廓线的投影画成粗实线，牙底所在轮廓线的投影画成细实线，小径尺寸按d_1=0.85d（或D_1=0.85D）进行绘制（实际的小径尺寸可查阅相关标准）；螺纹起始端的倒角或倒圆也需画出，倒角为45°，尺寸按0.15d（或0.15D）进行绘制。螺纹中止线用粗实线绘制。

（1）外螺纹

在垂直于螺纹轴线的视图中，表示牙底圆（小径）的细实线只画约3/4圆，且倒角圆省略不画。若采用剖视图表达，剖面线应画到粗实线的位置，如图7-11所示。

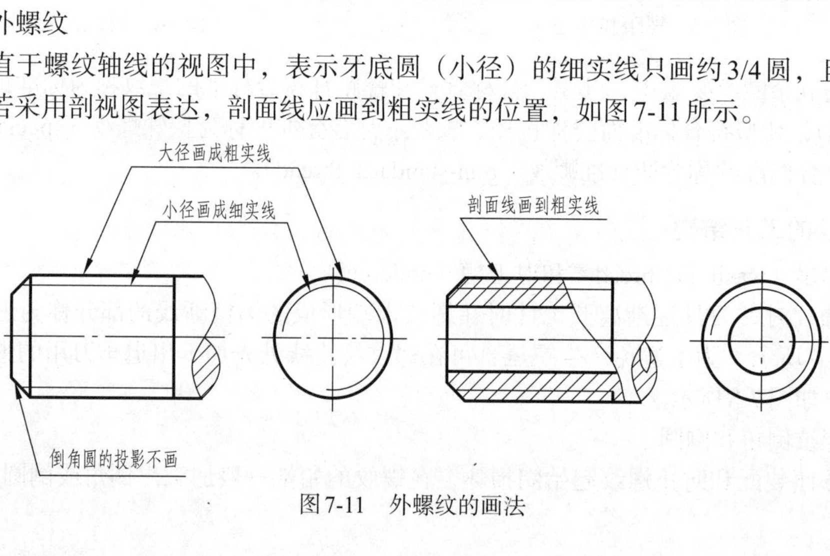

图7-11　外螺纹的画法

（2）内螺纹

在垂直于轴线的视图中，表示牙底圆（即大径）的细实线只画约3/4圆，内螺纹一般采用剖视图表达，剖面线画到粗实线的位置，如图7-12（a）所示。若采用视图的形式表达内螺纹孔，不可见的图线用虚线绘制，如图7-12（b）所示。

（3）内、外螺纹旋合的画法

用剖视图表达内、外螺纹连接时，旋合部分按照外螺纹的画法绘制，其余部分仍按各自的画法绘制，如图7-13所示。需要注意的是，表示外螺纹大径的粗实线应与表示内螺纹大径的细实线对齐，同样表示外螺纹小径的细实线应与表示内螺纹小径的粗实线对齐，与倒角的大小无关。

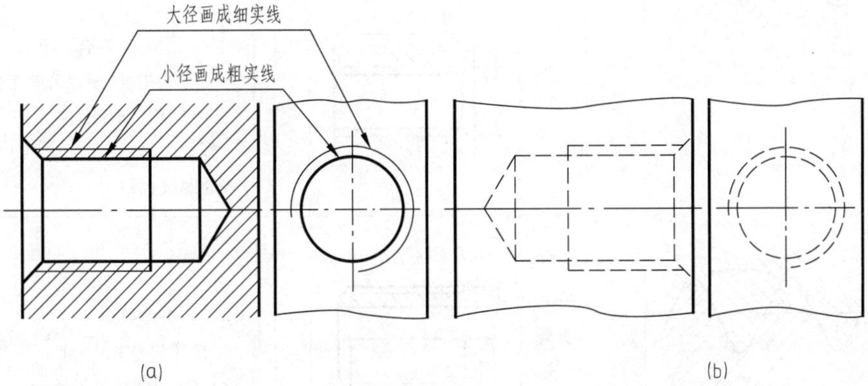

图7-12　内螺纹的画法

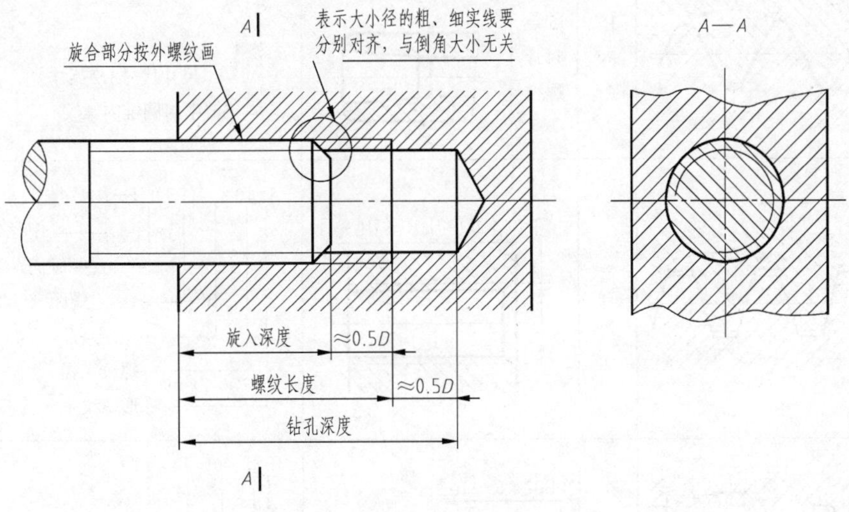

图7-13　内、外螺纹旋合的画法

7.1.5　螺纹的分类及标注

7.1.5.1　螺纹的分类

螺纹按用途不同可分为连接螺纹和传动螺纹两大类。连接螺纹主要起连接作用，最常用的连接螺纹有普通螺纹和管螺纹；传动螺纹主要起传递动力和运动的作用，常用的传动螺纹有梯形螺纹和锯齿形螺纹，见表7-1。

表 7-1　常用螺纹的种类及规定标记

螺纹种类		牙型放大图	特征代号	标记示例		说明
连接螺纹	普通螺纹	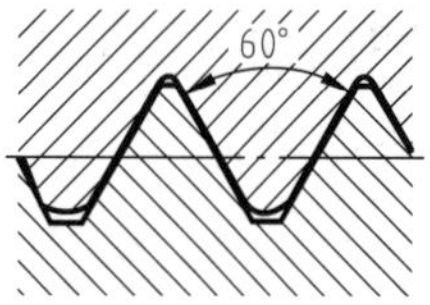	M	粗牙	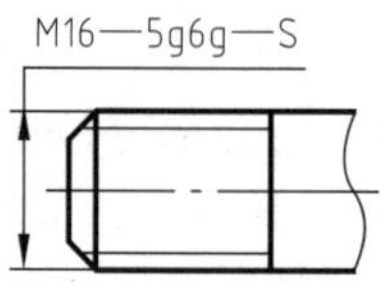	M16—5g6g—S 顶径公差带代号 中径公差带代号 螺纹大径 普通螺纹代号
				细牙	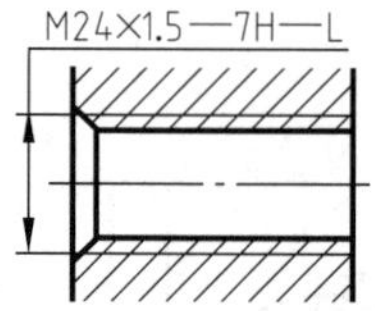	M20×1.5—7H—L 旋合长度 中径、顶径公差带代号 螺距(细牙螺纹) 螺纹大径 普通螺纹代号
	管螺纹	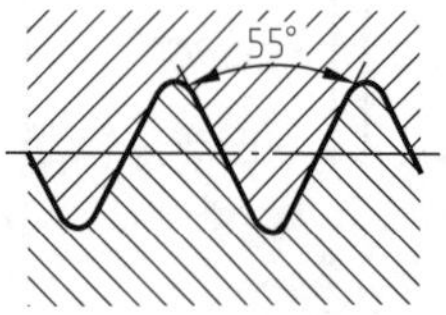	G	55°非密封管螺纹	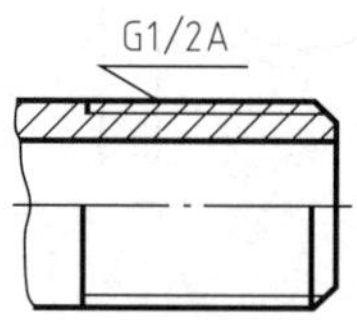	G1/2A 公差等级 尺寸代号 1/2 英寸 55°非密封圆柱外螺纹
		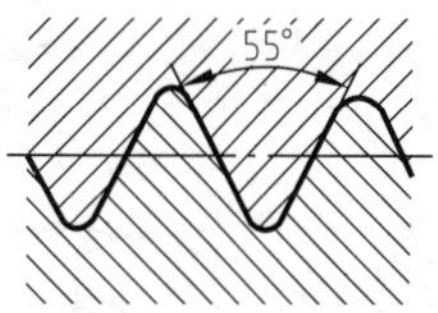	Rp R_1 Rc R_2	55°密封管螺纹	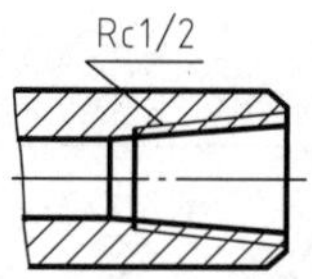	Rc1/2 尺寸代号 1/2 英寸 55°密封圆锥内螺纹
传动螺纹	梯形螺纹	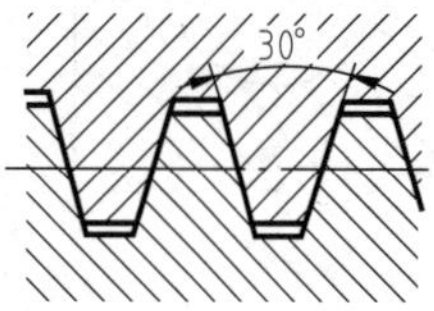	Tr	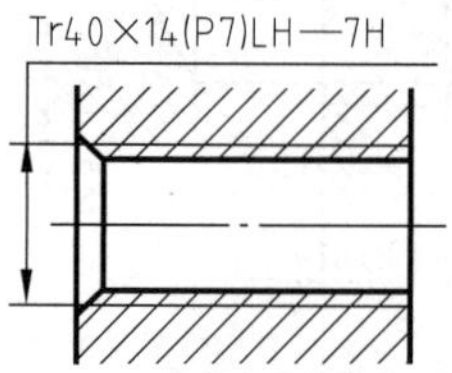		Tr40×14(P7)LH—7H 中径公差带代号 旋向 螺距 导程 螺纹大径 梯形螺纹
	锯齿形螺纹	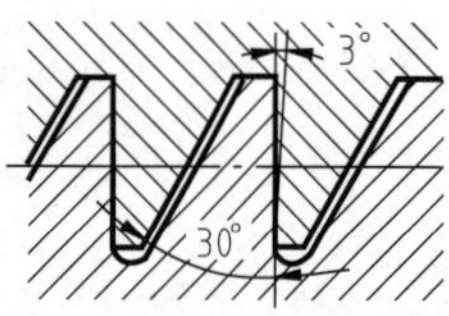	B	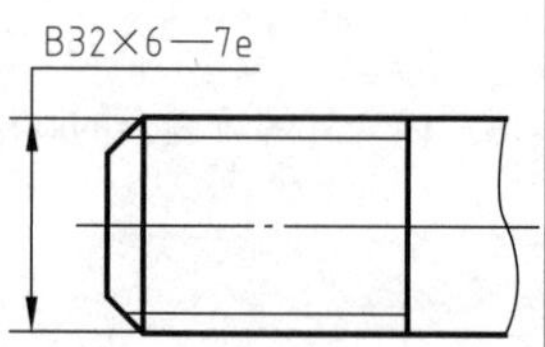		B32×6—7e 中径公差带代号 螺距 螺纹大径 锯齿形螺纹

7.5.1.2　螺纹的标注

螺纹按照规定画法画出后，还需对螺纹进行标注，以标明螺纹的牙型、螺距、线数、旋向等结构要素。下面介绍几种常见螺纹的标注方法及示例，见表 7-1。

（1）普通螺纹（metric thread）

普通螺纹的公称直径系列及螺距等，可查附表1。普通螺纹分成普通粗牙螺纹（coarse pitch thread）和普通细牙螺纹（fine pitch thread）。参照国家标准《GB/T 197—2018 普通螺纹 公差》中的规定，普通螺纹标注的一般格式如下：

[螺纹特征代号] [公称直径] × [螺距] — [公差带代号] — [旋合长度代号] — [旋向]

① 普通螺纹的特征代号为M。

② 普通螺纹的公称直径指的是螺纹的大径。

③ 同一公称直径的粗牙螺纹只有一种螺距，因此螺距省略不标；同一公称直径的细牙螺纹有一种及一种以上螺距，必须标注螺距。

④ 螺纹公差带代号是指螺纹允许的尺寸公差，由中径公差带代号和顶径（即牙顶圆的直径，外螺纹的顶径为大径，内螺纹的顶径为小径）公差带代号组成。公差带代号由数字和字母构成，如6g，数字表示公差等级，字母代表基本偏差，外螺纹用小写字母表示，内螺纹用大写字母表示。若中径和顶径的公差带相同，则只标注一个。

⑤ 螺纹的旋合长度分为长、中、短三种，分别用L、N、S表示。若旋合长度为中等，则省略标注。

⑥ 左旋螺纹标注LH，右旋螺纹旋向省略不标。

【举例】 M24-6H表示公称直径为24mm的粗牙普通内螺纹，中径和小径的公差带代号均为6H，旋合长度中等，右旋。M6×0.75—5h6h—S—LH表示公称直径为6mm的细牙普通外螺纹，螺距为0.75mm，中径的公差带代号为5h，大径的公差带代号为6h，旋合长度为短组，左旋。

（2）管螺纹（pipe thread）

管螺纹常用于水、蒸汽等管道的连接，有密封的管螺纹及非密封的管螺纹，其尺寸单位为英寸制。管螺纹的标记格式如下：

[螺纹特征代号] [螺纹尺寸代号] [公差等级] — [旋向]

① 特征代号：55°非密封管螺纹为G。55°密封管螺纹中，与圆锥外螺纹旋合的圆柱内螺纹为Rp；与圆锥外螺纹旋合的圆锥内螺纹为Rc；与圆柱内螺纹旋合的圆锥外螺纹为R_1；与圆锥内螺纹旋合的圆锥外螺纹为R_2。Rp与R_1配合，Rc与R_2配合。

② 管螺纹的尺寸代号是指管子的名义直径，如G1/2、Rc3/4等，不是指螺纹的大径或小径。管螺纹的大径、小径及螺距等尺寸可从标准中查出。55°非密封管螺纹的结构型式及尺寸见附表2。

③ 密封管螺纹及非密封管螺纹的内螺纹公差等级均只有一种，无需标注。非密封管螺纹的外螺纹公差等级分成A、B两种，需标注，如G1/2A。

④ 左旋的管螺纹应标注LH；右旋螺纹旋向省略不标，如G4B—LH。管螺纹一律从螺纹大径上引出进行标注。

（3）梯形螺纹（trapezoidal thread）及锯齿形螺纹（buttress thread）

梯形螺纹和锯齿形螺纹是用来传递动力的，如梯形螺纹传递双向动力，锯齿形螺纹传递单向动力。梯形螺纹和锯齿形螺纹的标记格式一般如下：

[螺纹特征代号] [公称直径] × [螺距或导程（*P*螺距）] [旋向] — [公差带代号] — [旋合长度代号]

① 梯形螺纹的螺纹特征代号为Tr，锯齿形为B。

② 梯形螺纹及锯齿形螺纹的公称直径指的是螺纹的大径。

③ 无论是梯形螺纹还是锯齿形螺纹，单线时只标注螺距，多线时导程和螺距都需要标出。

④ 左旋标LH，右旋省略不标。

⑤ 梯形螺纹及锯齿形螺纹仅标注中径公差带代号。

⑥ 梯形螺纹和锯齿形螺纹的旋合长度只有中（N）、长（L）两种，中等旋合长度省略不标。

7.2 螺纹紧固件

常用的螺纹紧固件有螺栓、螺母、螺钉、双头螺柱、垫圈等，这些都是标准件，如图7-14所示，这些标准件的结构、尺寸等都已标准化，可直接从相关的国家标准中查得。螺纹紧固件是运用一对内、外螺纹的旋合来连接或紧固零件的。机器上常见的螺纹连接有：螺钉连接、螺栓连接及双头螺柱连接。

图7-14 常用螺纹紧固件

7.2.1 常用螺纹紧固件的画法及其标记

螺纹紧固件（screw fastener）是标准件，其结构、尺寸及画法，相关标准中已作出了规定，一般无需绘制零件图。若需要，可采用比例画法（将螺纹连接件的各部分尺寸与螺纹的大径形成一定比例后画出）简化绘制，并标注标记代号即可。《GB/T 1237—2000 紧固件标记方法》规定了紧固件的完整标记方法和简化标记方法，本书采用的均是不同程度的简化标记，有关完整标记的内容和顺序，需要时可查阅该标准。

常用螺纹紧固件的视图、主要尺寸及规定标记见表7-2。

表7-2　常用螺纹紧固件及其标记示例

名称及视图	规定标记示例	名称及视图	规定标记示例
开槽盘头螺钉 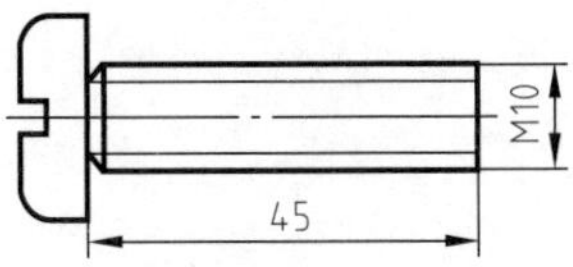	螺钉 GB/T 67 M10×45	双头螺柱 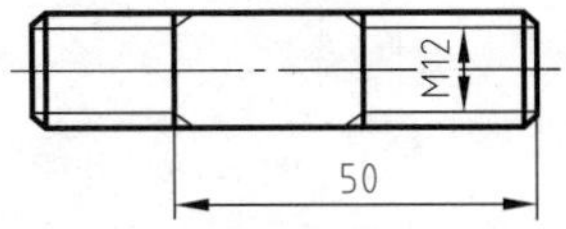	螺柱 GB/T 899 M12×50
内六角圆柱头螺钉 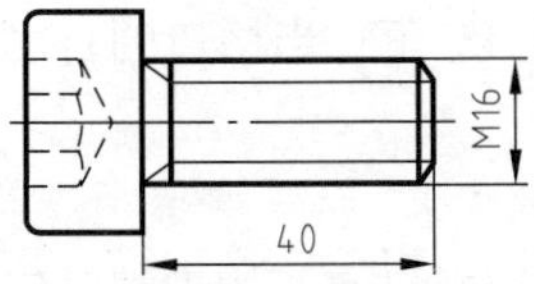	螺钉 GB/T 70.1 M16×40	1型六角螺母 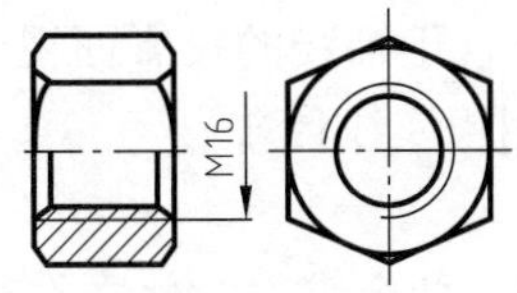	螺母 GB/T 6170 M16
开槽锥端紧定螺钉 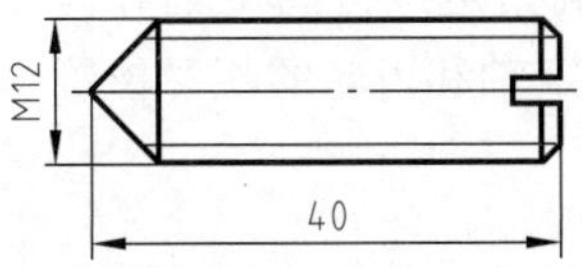	螺钉 GB/T 71 M12×40	平垫圈 A级 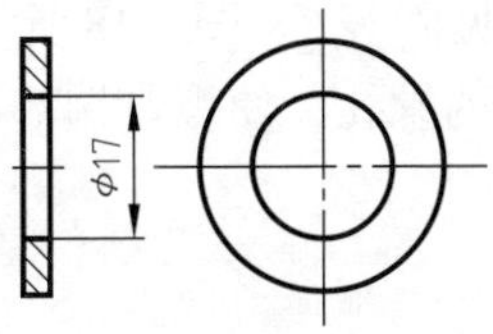	垫圈 GB/T 97.1 16
六角头螺栓 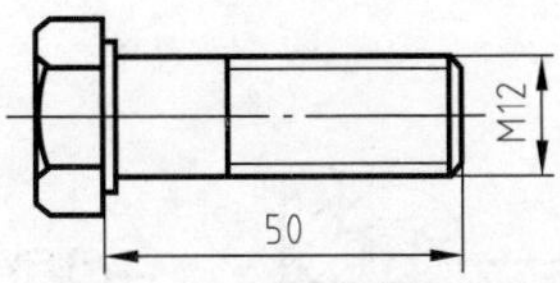	螺栓 GB/T 5782 M12×50	标准型弹簧垫圈 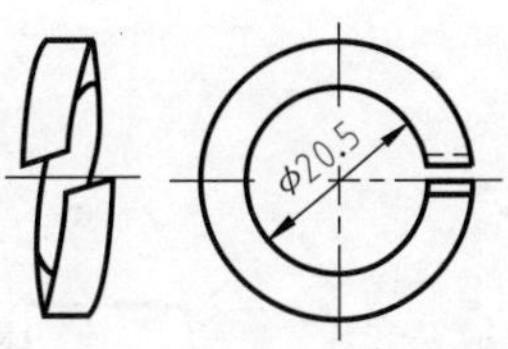	垫圈 GB/T 93—2025 20

7.2.2　常见螺纹连接件的连接画法

7.2.2.1　螺钉连接（screw joint）

螺钉有连接螺钉和紧定螺钉，分别起连接和紧固作用。

（1）连接螺钉

连接螺钉主要用于连接两个不经常拆卸、受力不大的零件。通常在较厚的零件上加工出螺孔，另一零件钻有通孔（孔径约1.1*d*），将螺钉穿过通孔旋入螺孔从而连接两个零件，连接螺钉的示意图如图7-15所示。

连接螺钉种类很多，根据其头部形状的不同，可分成圆柱头螺钉、沉头螺钉、盘头螺钉等。为方便拆卸，螺钉头部通常开槽或制成内六角形状。常用的螺钉有开槽圆柱头螺钉（GB/T 65—2016）、开槽盘头螺钉（GB/T 67—2016）、开槽沉头螺钉（GB/T 68—2016）和内六角圆柱头螺钉（GB/T 70.1—2008）等，其画法和尺寸分别见附表4和附表5。在装配图中，常采用比例画法绘制螺纹紧固件的连接，也可采取简化画法，即省略螺纹连接件的一些工艺结构，如倒角、倒圆等。开槽圆柱头螺钉的比例画法见图7-16。

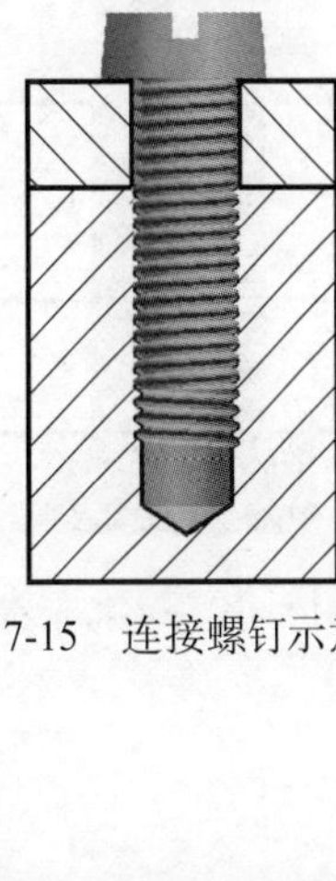

图7-15　连接螺钉示意图

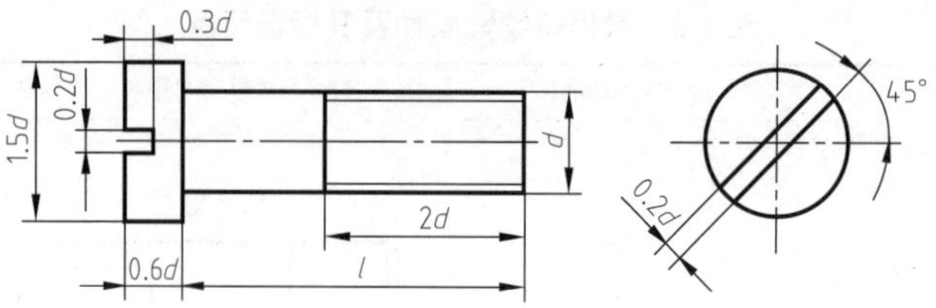

图7-16 开槽圆柱头螺钉的比例画法

图7-17是开槽圆柱头螺钉的连接画法，螺钉按照不剖绘制，螺钉大径与通孔不接触，应画两条线。螺钉的头部采用比例画法，头部的槽口在平行于螺钉轴线的投影面视图上应与投影面垂直，而在垂直于轴线的投影面视图上，应画成与水平线呈45°角。当槽口的宽度小于2mm时，槽口可用粗实线代替。

（2）紧定螺钉

紧定螺钉用来固定两个零件，使之不产生相对运动。常用的紧定螺钉有开槽锥端紧定螺钉（GB/T 71—2018）、开槽平端紧定螺钉（GB/T 73—2017）和开槽长圆柱端紧定螺钉（GB/T 75—2018），见附表6。图7-18所示的即是用一个开槽锥端紧定螺钉固定轴和齿轮，将紧定螺钉旋入轮毂的螺孔，使螺钉端部与90°锥坑压紧，从而固定轴和齿轮的相对位置。

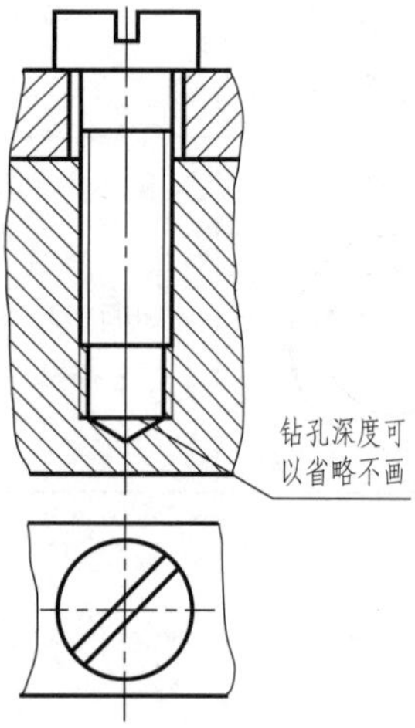

图7-17 开槽圆柱头螺钉的连接画法

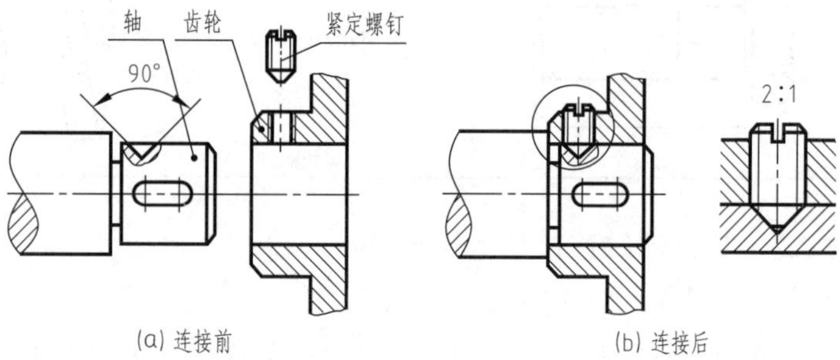

图7-18 紧定螺钉连接的画法

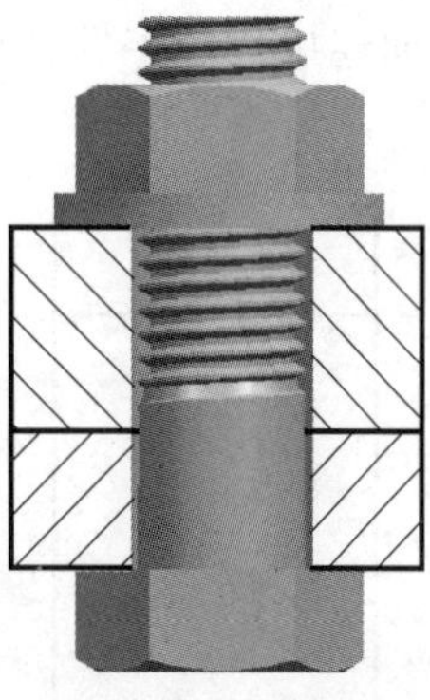

图7-19 螺栓连接示意图

7.2.2.2 螺栓连接（bolt joint）

螺栓连接包括螺栓、螺母和垫圈三个螺纹紧固件，主要用于连接两个不太厚且能钻成通孔的零件，其拆卸方便，连接稳固。被连接零件的孔径比螺栓公称直径稍大，约为1.1*d*。连接时，先将螺栓穿过被连接件的光孔，然后套上垫圈，最后拧紧螺母，如图7-19所示。

（1）螺母（nut）

常用的螺母有1型六角螺母C级（GB/T 41—2016）、1型六角螺母（GB/T 6170—2015）、六角薄螺母（GB/T 6172.1—2016）等，其结构及尺寸见附表7。从表中按公称直径可直接查出螺母的结构尺寸，如螺母的厚度*m*等。1型六角螺母（C级）的比例画法见图7-20。

（2）螺栓（bolt）

螺栓种类繁多，常用的有六角头螺栓（GB/T 5782—2016）、全螺纹六角头螺栓（GB/T 5783—2016）等，其结构和尺寸见附表8。由表可知，螺柱的长度应符合规定的系列值。图7-21给出了六角头螺栓的比例画法。

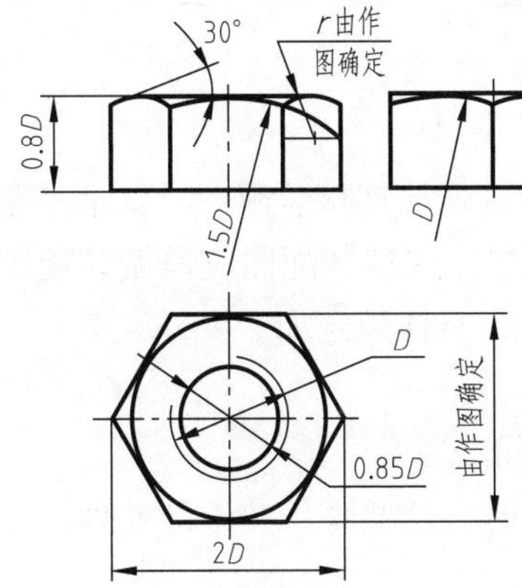

图7-20　螺母的比例画法

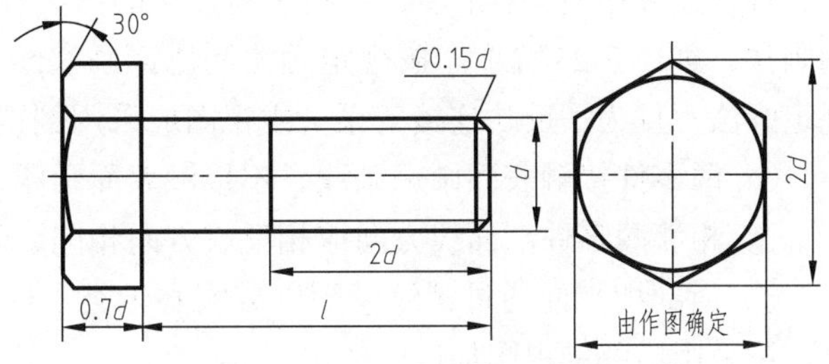

图7-21　螺栓的比例画法

（3）垫圈（washer）

垫圈上没有螺纹，常与螺母、螺柱等紧固件配合使用，起密封、减震及保护零件表面等作用。垫圈的规格尺寸d并非垫圈的内径，而是指该垫圈与螺纹规格为d的螺纹紧固件配合使用。常用的垫圈有平垫圈A级（GB/T 97.1—2002）和标准型弹簧垫圈（GB/T 93—87），其结构尺寸见附表9、附表10，从表中可查出垫圈厚度等结构尺寸。平垫圈和弹簧垫圈的比例画法如图7-22所示。

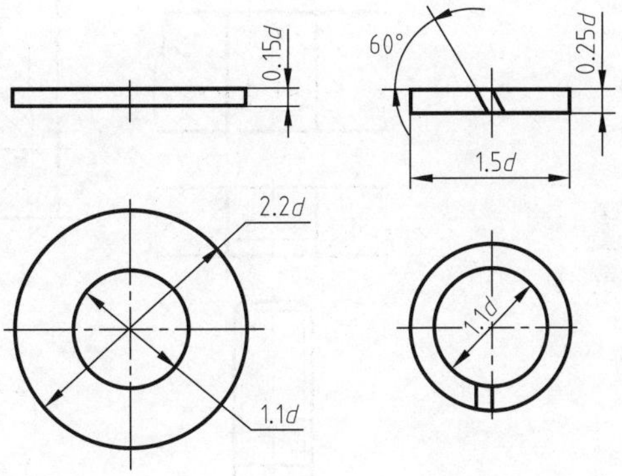

(a) 平垫圈的比例画法　　(b) 弹簧垫圈的比例画法

图7-22　垫圈的比例画法

（4）螺栓的选用

在绘制螺栓连接装配图前，应先确定螺栓的直径和长度，螺栓直径一般由强度计算决定，螺栓的长度需根据被连接件的厚度及与螺栓相配合的螺母及垫圈厚度来决定。一般用下列公式计算：

$$l=\delta_1+\delta_2+m+h+a$$

式中，a是螺栓伸出螺母的长度，一般取0.3d左右。上式计算得出l的数值后，再圆整至标准中l的系列值。

【例7-1】　用粗牙螺纹、公称直径d=12mm的六角头螺栓（GB/T 5782—2016）连接两个零件。被连接件的厚度分别是12.5mm和17mm，选用1型六角螺母C级（GB/T 41—2016）和平垫圈A级（GB/T 97.1—2002）紧固。试查阅附录中的有关表格，写出螺母及垫圈的规定标记，并计算公称长度l，选定螺栓。

解：查阅附表7和附表9可知，螺母和垫圈的规定标记为：

螺母 GB/T 41 M12

垫圈 GB/T 97.1 12

由附表中查出螺母的厚度 m=12.2mm，垫圈的厚度 h=2.5mm，已知 δ_1=12.5mm，δ_2=17mm，可计算出螺栓的公称长度：

$$l=\delta_1+\delta_2+m+h+a=12.5+17+12.2+2.5+12\times0.3=47.8\text{（mm）}$$

查阅附表8，在长度系列中选定50mm，因此选用的螺栓为：

螺栓 GB/T 5782 M12×50

（5）螺栓连接装配图的画法

螺栓连接中有5个组件，反映螺栓连接的图为装配图。画螺栓连接装配图时，常采用比例画法，如图7-23所示。按规定画法和比例画法绘制好的螺栓连接装配图应遵循装配图的规定画法，且为了反映连接关系，主视图应采用剖视图表达，具体规定如下：

① 两零件接触表面画一条线，不接触表面画两条线。

② 相邻两零件剖面线方向应相反或方向相同、间距不同。

③ 当剖切平面通过螺纹紧固件或实心轴类零件的轴线时，这些零件按不剖处理，必要时，可采用局部剖视图加以表达。

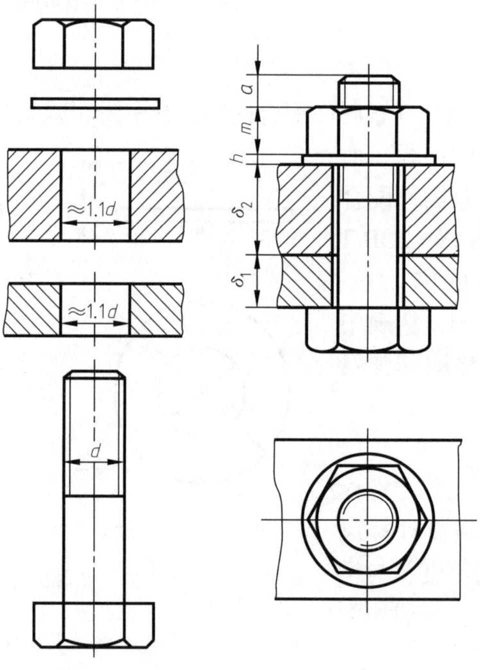

图7-23 螺栓连接比例画法

7.2.2.3 双头螺柱连接（stud joint）

双头螺柱连接由双头螺柱、垫圈、螺母构成，主要用于两个连接件中一个较厚或不适合用螺栓连接的情况。双头螺柱两端均有螺纹，其中一端全部旋入较厚零件的螺孔中，称为旋入端；另一端穿过较薄零件的通孔，再套上垫圈，拧紧螺母，称为紧固端。旋入端的长度用 b_m 表示，根据国标的规定，b_m 有四种规格，由带有螺孔的零件材料决定，见表7-3。

表7-3　双头螺柱旋入端长度

带螺孔零件的材料	旋入端长度(b_m)	国标号
钢、青铜	$b_m=d$	GB/T 897—88
铸铁	$b_m=1.25d$	GB/T 898—88
	$b_m=1.5d$	GB/T 899—88
铝或铸铝	$b_m=2d$	GB/T 900—88

双头螺柱的比例画法如图7-24所示。

图7-25（a）是双头螺柱连接示意图。连接时，先在较薄的零件上钻出通孔（孔径约1.1d），再在较厚零件上制出螺纹孔。然后双头螺柱的旋入端旋入螺孔，紧固端穿过通孔，套上垫圈，旋紧螺母。图7-25（b）为双头螺柱连接的比例画法，从图中可见，双头螺柱连接的上半部分与螺栓连接相似，下半部分则与螺钉连接相似。

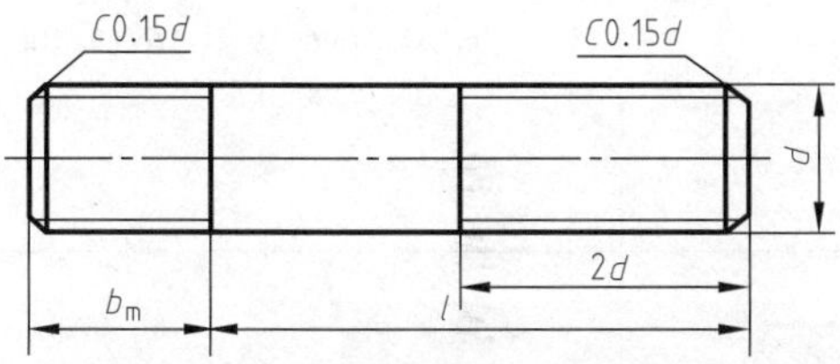

图7-24　双头螺柱的比例画法

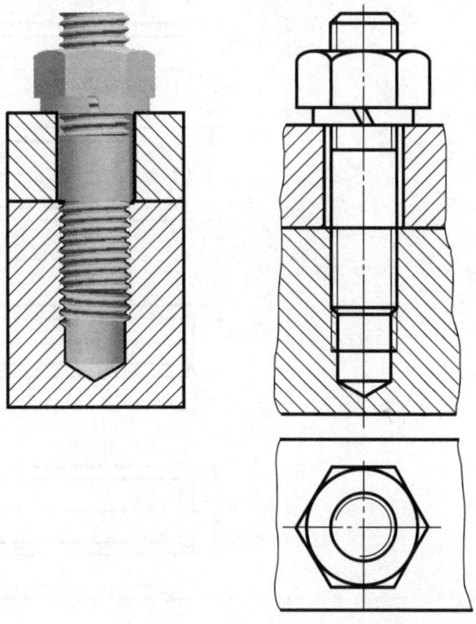

(a) 双头螺柱连接示意图　(b) 双头螺柱连接比例画法

图7-25　双头螺柱连接

7.3　键和销

7.3.1　键

机器上常用键（key）来连接轴和轴上零件（如齿轮、带轮等），以便轴带动轴上零件一起转动。键起传递扭矩的作用，这种连接称为键连接。常用的键有平键、半圆键和钩头楔键等，见图7-26。

(a) 平键　(b) 半圆键　(c) 钩头楔键

图7-26　常用的键

键是标准件，其结构及尺寸都已标准化，具体可参见《GB/T 1095—2003　平键　键槽的剖面尺寸》《GB/T 1096—2003　普通型　平键》《GB/T 1098—2003　半圆键　键槽的剖面尺寸》《GB/T 1099.1—2003　普通型　半圆键》和《GB/T 1565—2003　钩头型　楔键》国家标准的规定。本节主要介绍普通平键及其连接的画法和标记。

（1）普通平键的画法和标记

普通平键分成A型、B型和C型，其形状、尺寸和标记见表7-4。

表7-4　普通平键的型式和尺寸（GB/T 1096—2003）

型式	图例	标记示例
A型	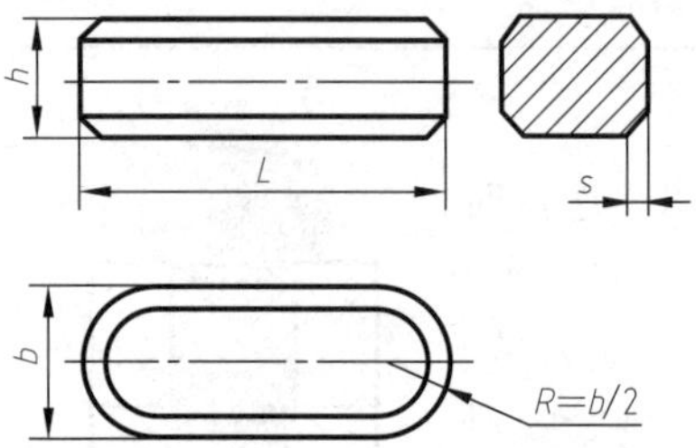	宽度b=16mm、高度h=10mm、长度L=100mm的普通A型平键的标记为： GB/T 1096　键 16×10×100 （A可以省略）
B型	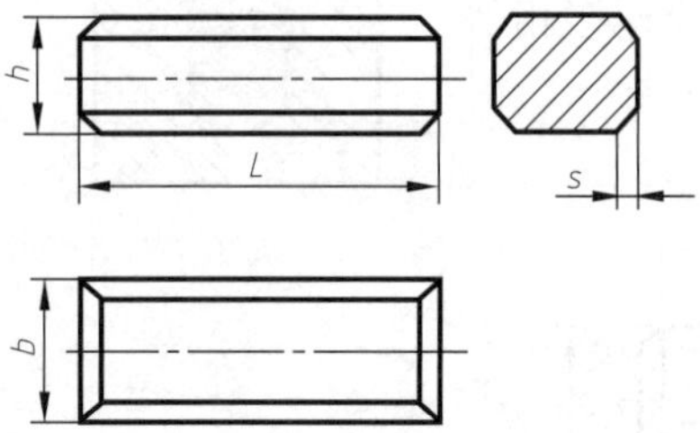	宽度b=16mm、高度h=10mm、长度L=100mm的普通B型平键的标记为： GB/T 1096　键B 16×10×100
C型	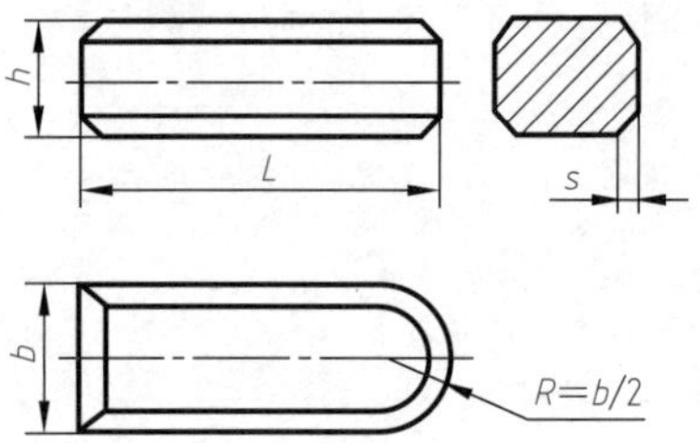	宽度b=16mm、高度h=10mm、长度L=100mm的普通C型平键的标记为： GB/T 1096　键C 16×10×100

（2）普通平键连接的画法

画键连接时，可根据轴的直径查阅相关标准，选取键的断面尺寸$b \times h$，并在标准系列中根据需要选取键的长度L。键槽的尺寸可根据键的尺寸在相关标准中查得。普通平键和键槽的部分尺寸见附表12。

平键的连接画法如图7-27所示，平键与被连接零件是键的侧面接触，而键顶面留有一定空隙，连接图中键的倒角或小圆角一般省略不画。

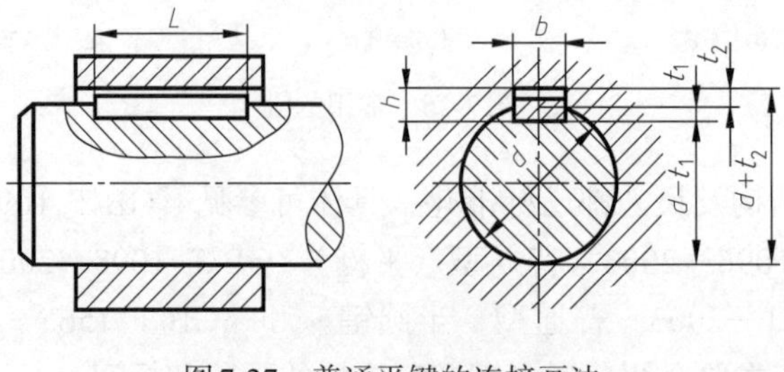

图7-27　普通平键的连接画法

7.3.2　销

在机器和设备上常用销（pin）来连接或固定零件间的相对位置，也用销来定位，这种连接称为销连接。常用的销有圆柱销、圆锥销及开口销等，如图7-28所示。销也是标准件，可按照国家标准规定加以选用，常用销的部分尺寸见附录13~15。

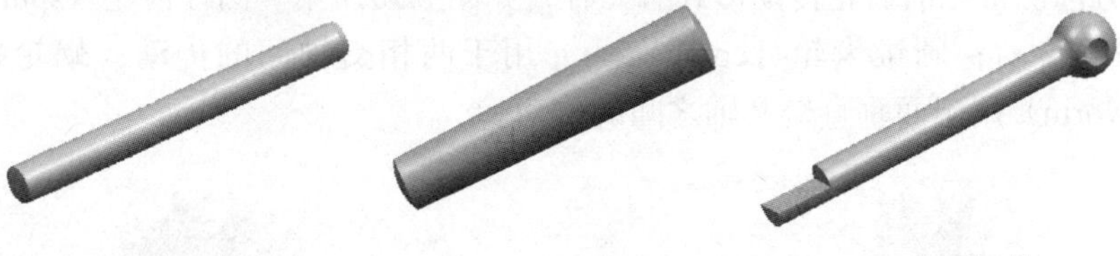

(a) 圆柱销　(b) 圆锥销　(c) 开口销

图7-28　常用的销

（1）常用销的画法和标记见表7-5

表7-5　常用销的画法和标记

名称	标准号	图例	标记示例
圆柱销	GB/T 119.1—2000	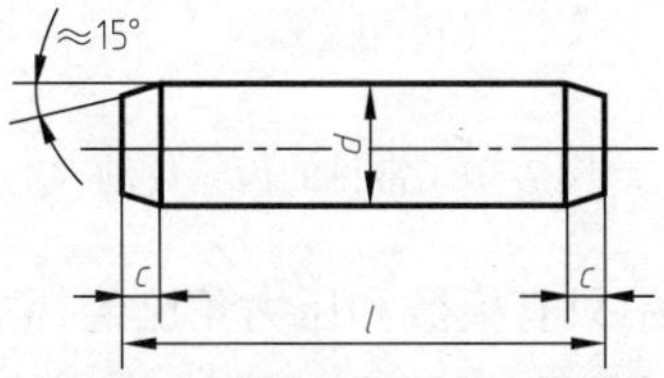	公称直径d=6mm、公差为m6、公称长度l=30mm、材料为钢、不经淬火、不经表面处理的圆柱销的标记： 销 GB/T 119.1　6 m6×30
圆锥销	GB/T 117—2000	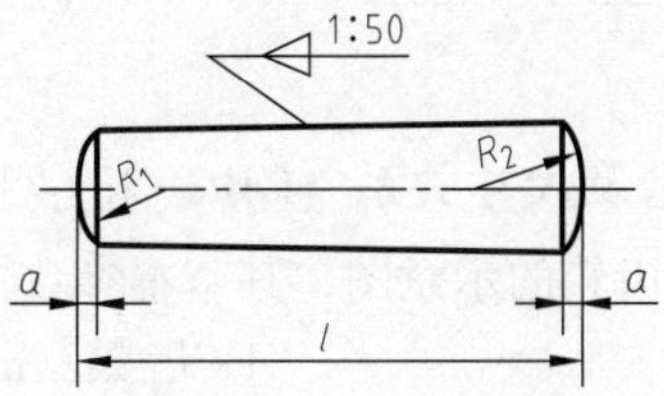	公称直径d=6mm、公称长度l=30mm、材料为35钢、表面氧化处理的A型圆锥销的标记为： 销 GB/T 117　6×30
开口销	GB/T 91—2000	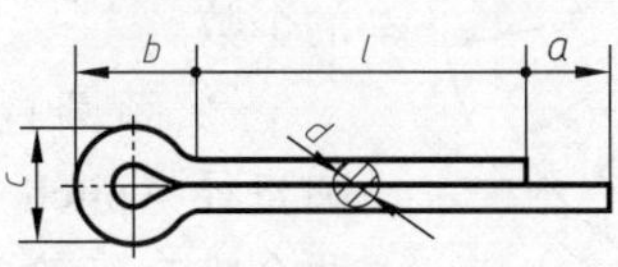	公称规格为5mm、公称长度l=50mm、材料为Q215或Q235、不经表面处理的开口销的标记： 销 GB/T 91 5×50

（2）销的连接画法

圆柱销和圆锥销的连接画法如图7-29所示，在剖视图中，当剖切平面通过销的轴线时，销按照不剖来绘制。当圆柱销和圆锥销在作定位使用时，为了保证定位的精度，两零件的销孔应同时钻出，同时铰孔。

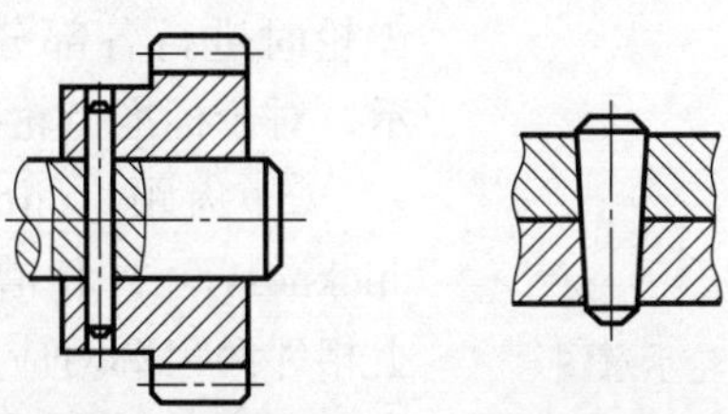

(a) 圆柱销连接　(b) 圆锥销连接

图7-29　销的连接画法

7.4 齿轮

齿轮（gear）是一种常用的传动零件，能将一根轴的运动传递给另一根轴，且可以改变转速和旋转方向。常见的齿轮传动形式有三种，如图7-30所示。圆柱齿轮（spur gear）用于两平行轴间的传动；圆锥齿轮（conic gear）用于两相交轴间的传动；蜗轮蜗杆（worm wheel and worm）用于两垂直交叉轴之间的传动。

(a) 圆柱齿轮　(b) 圆锥齿轮　(c) 蜗轮蜗杆

图7-30 常见的齿轮传动

齿轮属于常用件，它的参数中只有模数和压力角已经标准化。齿轮的图样不必按照真实的投影绘制，可采用简化画法（GB/T 4459.2—2003）绘制。本节主要介绍圆柱齿轮的基本参数和规定画法。

7.4.1 直齿圆柱齿轮的基本参数及尺寸关系（GB/T 3374.1—2010）

图7-31是两个啮合直齿圆柱齿轮的示意图，其基本参数描述如下：

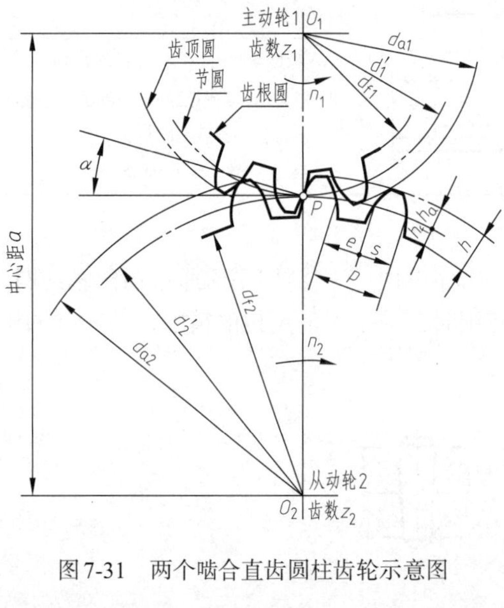

图7-31 两个啮合直齿圆柱齿轮示意图

① 齿数（number of teeth，z）。齿轮轮齿的个数。

② 节圆直径（pitch diameter，d'）和分度圆直径（pitch diameter，d）。点O_1、O_2分别是两个啮合齿轮的中心，两齿轮齿廓的啮合接触点与O_1、O_2共线，这个接触点称为节点P。分别以点O_1、O_2为圆心，O_1P、O_2P为半径作圆，这两个圆就是齿轮的节圆，其直径用d'表示。分度圆是针对单个齿轮而言的，是设计、制造齿轮时进行各部分计算的基准圆，直径用d表示，对于标准齿轮，节圆和分度圆是重合的。

③ 齿距（circular pitch，p）、齿厚（tooth thickness，s）和槽宽（slot width，e）。分度圆上相邻两齿廓对应点之间的弧长称为齿距，用p表示；单个齿廓在分度圆上的弧长称为齿厚，用s表示；单个齿槽在分度圆上的弧长称为槽宽，用e表示。对于标准齿轮来说，$s=e$，$p=s+e$。

④ 齿顶圆直径（external diameter，d_a）和齿根圆直径（root diameter，d_f）。通过齿轮齿顶的圆称为齿顶圆，其直径用d_a表示；通过齿轮齿根的圆称为齿根圆，其直径用d_f表示。

⑤ 齿高（tooth height，h）、齿顶高（addendum，h_a）和齿根高（dedendum，h_f）。齿顶圆到齿根圆的径向距离称为齿高，用h表示；齿顶圆到分度圆的径向距离称齿顶高，用h_a表示；分度圆到齿根圆的径向距离称齿根高用h_f表示。

⑥ 压力角（pressure angle，α）。在节点P处，两齿廓曲线的公法线（即齿廓的受力方向）与两节圆的内公切线之间的夹角（锐角）称为压力角。国家标准中规定标准齿轮的压力角为20°。

⑦ 模数（module，m）。模数是齿距与π的比值，即$m=p/\pi$。由于分度圆周长$\pi d=zp$，因此$m=d/z$。π是常数，因此模数大则齿距大，齿厚也增大，齿轮的承受能力亦增大。模数m是设计、制造齿轮的重要参数，已经标准化。一对正确啮合的齿轮其压力角α和模数m必须相等。

⑧ 传动比（speed ratio，i）。传动比i指主动齿轮和从动齿轮的转速比值，$i=n_1/n_2$，用于减速的一对啮合齿轮，$i>1$。

⑨ 中心距（center distance，a）。中心距a指两圆柱齿轮轴线之间的最短距离。即

$$a=\frac{d_1+d_2}{2}=\frac{m\left(z_1+z_2\right)}{2}$$

在设计齿轮时要先确定模数和齿数，其他各部分尺寸都可由模数m和齿数z计算出来。标准直齿圆柱齿轮的计算公式见表7-6。

表7-6　标准直齿圆柱齿轮的计算公式

各部分名称	代号	计算公式
齿顶高	h_a	$h_a=m$
齿根高	h_f	$h_f=1.25m$
齿高	h	$h=2.25m$
分度圆直径	d	$d=mz$
齿顶圆直径	d_a	$d=m(z+2)$
齿根圆直径	d_f	$d=m(z-2.5)$
齿距	p	$p=\pi m$
齿厚	s	$s=0.5\pi m$
中心矩	a	$a=0.5(d_1+d_2)=0.5m(z_1+z_2)$

7.4.2　圆柱齿轮的规定画法（GB/T 4459.2—2003）

（1）单个圆柱齿轮的画法

单个圆柱齿轮的画法见图7-32。其中齿顶圆和齿顶线用粗实线绘制，分度圆和分度线用细点画线绘制，齿根圆和齿根线用细实线绘制，也可以省略不画。在剖视图中，当剖切平面通过齿轮的轴线时，轮齿一律按不剖处理，齿根线用粗实线绘制。如果需要表明齿形，可在图形中用粗实线画出一个或两个齿，或用适当比例的局部放大图表示。当需要表示齿线特征时（如斜齿、人字齿等），可用三条与齿线方向一致的细实线表示，直齿则不需要表示。

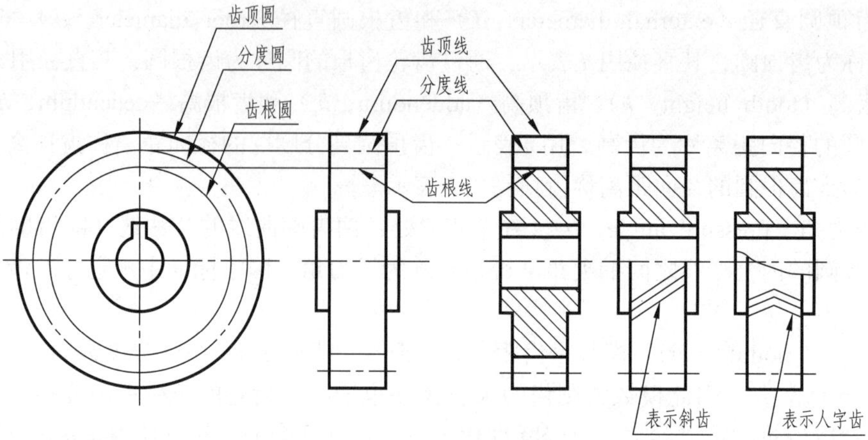

图7-32 单个圆柱齿轮的画法

（2）圆柱齿轮啮合的画法

在垂直于圆柱齿轮轴线的视图中，啮合区内的齿顶圆均用粗实线绘制，如图7-33（a）的左视图所示。如果采用省略画法，则啮合区内的齿顶圆可不画，如图7-33（b）所示。在平行于齿轮轴线的视图中，啮合区内齿顶线不画，重合的节线用粗实线绘制，如图7-33（c）所示。在剖视图中，当剖切平面不经过齿轮的轴线时，一律按不剖画；当剖切平面经过两啮合齿轮轴线时，在啮合区内，将一个齿轮的轮齿用粗实线绘制，另一个齿轮的轮齿被遮挡的部分用虚线绘制，如图7-33（a）的主视图所示，也可省略不画。

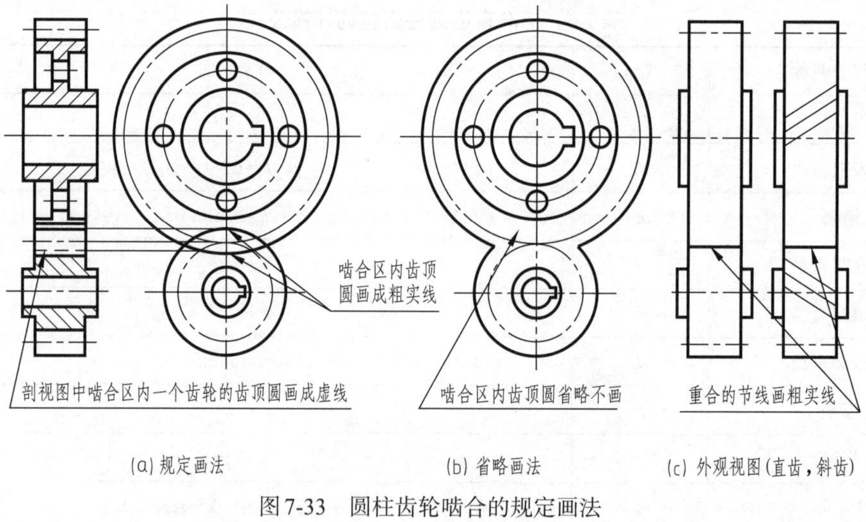

图7-33 圆柱齿轮啮合的规定画法

圆柱齿轮啮合区在剖视图中的画法详见图7-34，由于齿根高和齿顶高相差0.25m。因此，一个齿轮的齿顶线和另一个齿轮的齿根线之间，有0.25m的间隙。

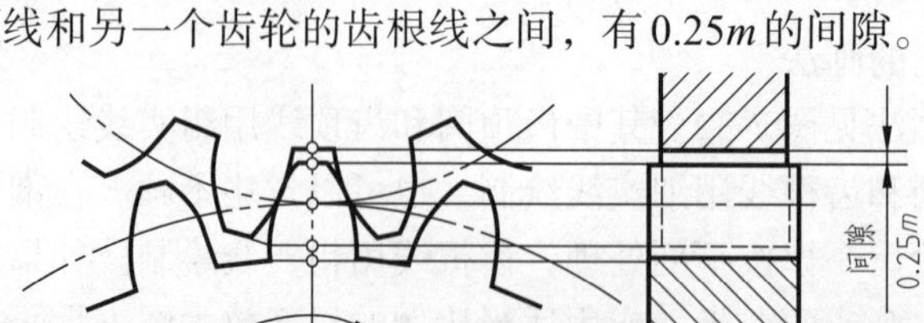

图7-34 圆柱齿轮啮合区的画法

7.4.3　圆柱齿轮的零件图

零件图中，齿轮的参数表一般放在图样的右上角，参数表中所列的参数项目可根据需要增减，检验项目按功能要求而定。图样中的技术要求一般放在图样的右下角，如图7-35所示。

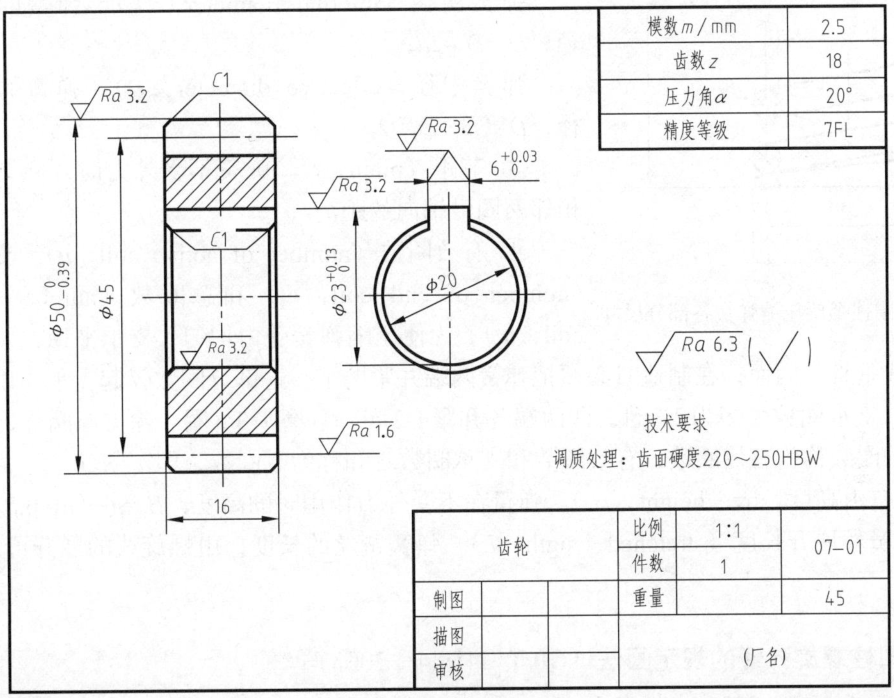

模数 m/mm	2.5
齿数 z	18
压力角 α	20°
精度等级	7FL

齿轮			比例	1:1	07–01
			件数	1	
制图			重量		45
描图			（厂名）		
审核					

图7-35　齿轮零件图

7.5　弹簧

弹簧（spring）在机器中广泛应用，具有减震、夹紧、承受冲击、储存能量和测力等作用，它的特点是外力去掉后能恢复原状。常用的弹簧有压缩弹簧、拉伸弹簧、扭转弹簧等，如图7-36所示。本节仅介绍圆柱螺旋压缩弹簧的相关尺寸和画法，如图7-37所示。

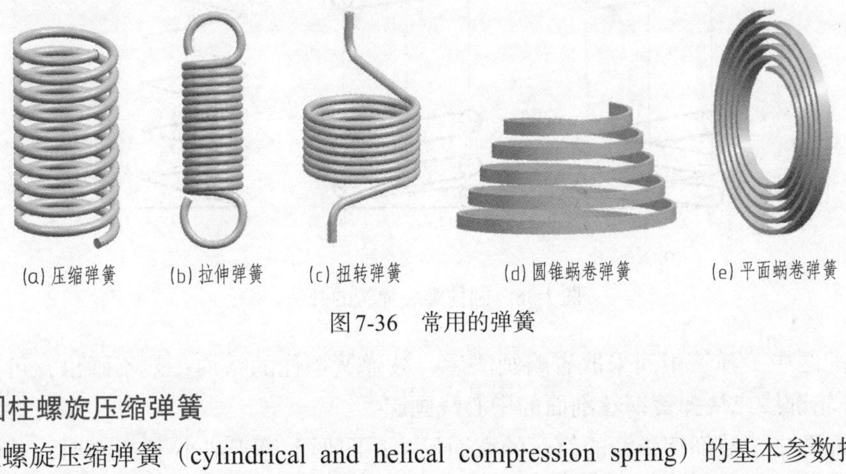

(a) 压缩弹簧　(b) 拉伸弹簧　(c) 扭转弹簧　(d) 圆锥蜗卷弹簧　(e) 平面蜗卷弹簧

图7-36　常用的弹簧

7.5.1　圆柱螺旋压缩弹簧

圆柱螺旋压缩弹簧（cylindrical and helical compression spring）的基本参数描述如下：

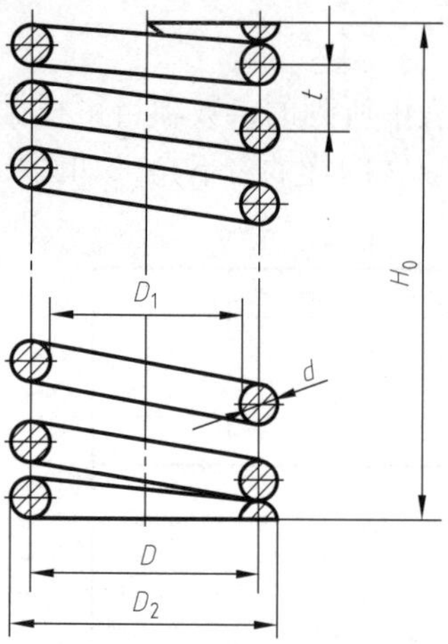

图7-37 圆柱螺旋压缩弹簧各部分尺寸

① 簧丝直径（wire diameter of spring，d），弹簧钢丝的直径。

② 弹簧外径（external diameter，D_2），弹簧的最大直径；

弹簧内径（internal diameter，D_1），弹簧的最小直径，$D_1=D_2-2d$；

弹簧中径（effective diameter，D），弹簧的平均直径，$D=(D_1+D_2)/2$。

③ 节距（pitch，t）。弹簧不受外力时，除支承圈外相邻两圈沿轴向的距离。

④ 有效圈数（number of active coil，n）、支承圈数（number of end coil，n_2）和总圈数（number of total coil，n_1）。为使压缩弹簧受力均匀、支承平稳，要求两端面与轴线垂直。因而，在制造时必须把弹簧两端并紧磨平，这部分圈数仅起支承作用，称为支承圈。支承圈数大多为2.5圈，即两端各并紧1/2圈，且磨平3/4圈。除支撑圈外，保证相等节距的圈数称为有效圈数，有效圈数和支承圈数之和称为总圈数，即$n_1=n+n_2$。

⑤ 自由高度（free height，H_0）。弹簧在不受外力作用时的高度，$H_0=nt+(n_2-0.5)d$。

⑥ 簧丝展开长度（stretched length，L）。弹簧簧丝的长度，由螺旋线的展开可知，$L \approx n_1\sqrt{(\pi D)^2+t^2}$。

7.5.2 圆柱螺旋弹簧的规定画法（GB/T 4459.4—2003）

GB/T 4459.4—2003 中规定：

① 在平行于螺旋弹簧轴线的投影面视图中，其各圈的轮廓应画成直线，按图7-38绘制。

② 图样中，螺旋弹簧无论右旋还是左旋，均可画成右旋，但左旋弹簧必须加注“左”字。

③ 对有效圈数在四圈以上的螺旋弹簧，中间部分可省略，适当缩短图形的长度。

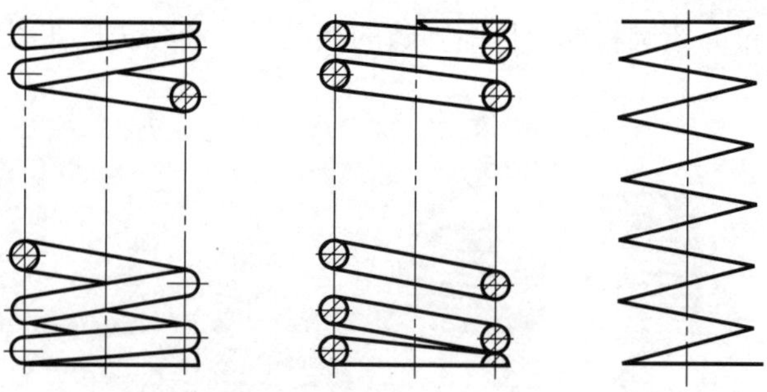

(a) 视图　(b) 剖视图　(c) 示意图

图7-38 圆柱螺旋弹簧的画法

④ 装配图中，弹簧中间采取省略画法后，被弹簧挡住的结构一般不画出，可见部分应从弹簧的外轮廓线或从弹簧钢丝剖面的中心线画起。

⑤ 装配图中，被剖切弹簧的簧丝的截面尺寸在图形上等于或小于2mm时，其断面可以

涂黑，如图7-39（b），也可用示意画法，如图7-39（c）所示。

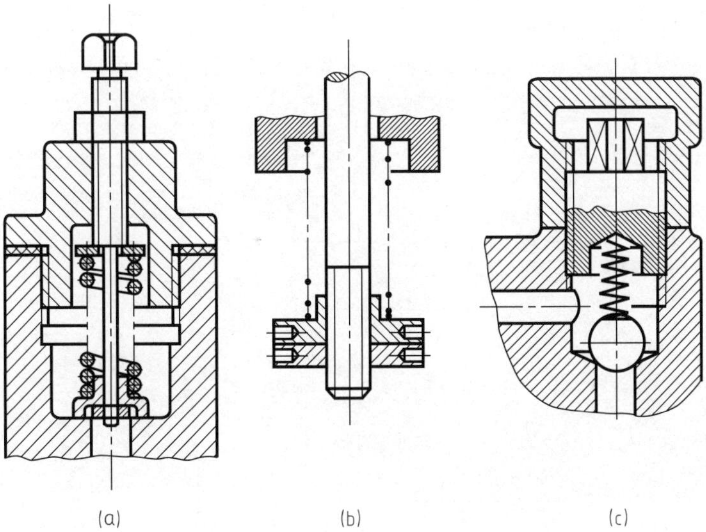

图7-39　弹簧在装配图中的画法

本章自测题

第8章 零 件 图

本章课件

本章主要介绍零件图的内容，零件图的视图表达、尺寸标注及技术要求，零件图的绘制及识读方法。

8.1 零件图的内容

任何机器设备（或部件）都是由若干零件组成的。反映整个机器设备（或部件）工作原理、装配关系的图样称为装配图（assembly drawing），而用来表达单个零件的结构形状、尺寸大小及技术要求的图样称为零件图（detail drawing）。装配图和零件图分别反映整体及局部，彼此相互依赖，关系密切。通常在绘制和识读零件图之前，应通过机器设备实物或其装配图了解零件在机器设备（或部件）中所起的作用及与其他零件的连接关系，这样才能正确确定表达方案及读懂零件图。

08-01 齿轮油泵前泵盖模型

在机械生产中，零件图是指导零件制造和检验的重要技术文件，它不仅应将零件的材

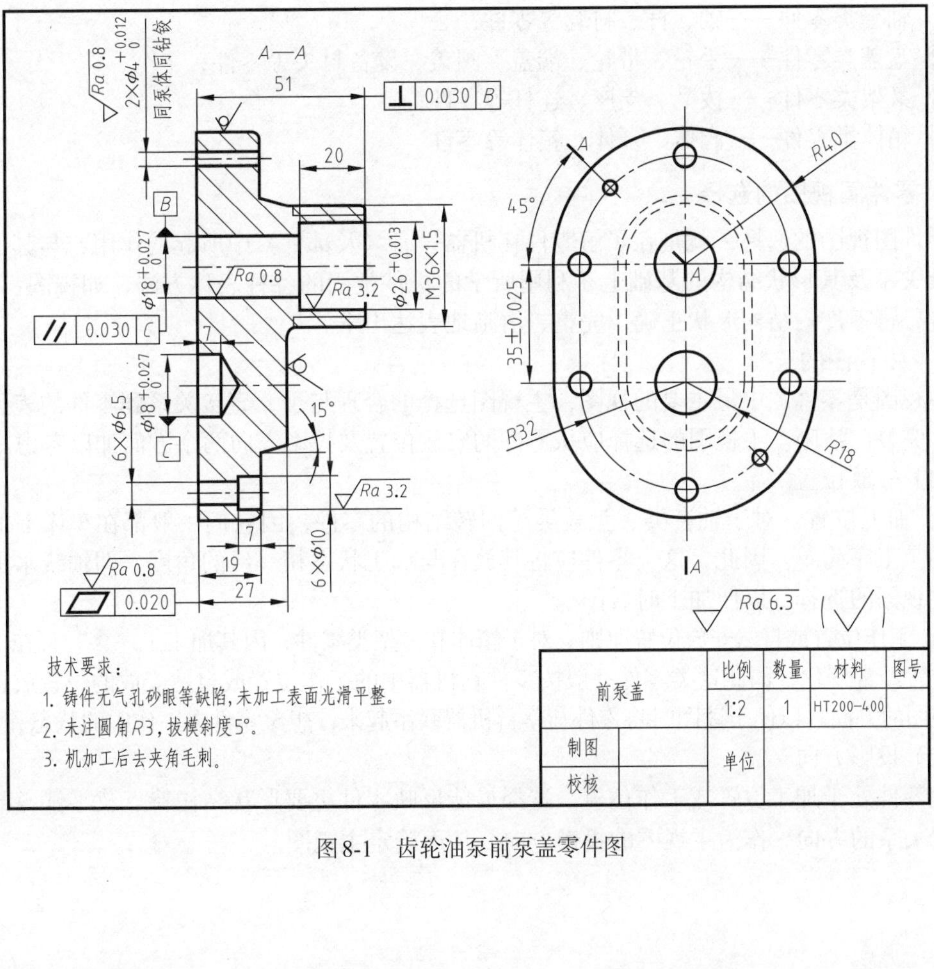

图8-1 齿轮油泵前泵盖零件图

料、内外结构和大小表达清楚，而且还应注明零件在加工、检验过程中的技术要求。

一张完整的零件图（图8-1）应包括四方面的内容：

① 一组视图（a group of view）。用一组视图完整、清晰地表达出零件的内、外形状和结构。

② 完整的尺寸（integrated dimension）。零件图中应正确、完整、清晰、合理地标注出制造、检验零件所需的全部尺寸。

③ 技术要求（technical requirement）。零件图中必须用规定的符号、数字和文字简明地表示出零件在制造和检验时应达到的技术要求。主要包括零件的尺寸公差、表面结构要求、几何公差以及零件热处理要求等。

④ 标题栏（title block）。零件图的右下角一般为标题栏，标题栏中应填写零件名称、材料、件数、重量、绘图比例、图号、单位名称、设计、审核、批准人员的签名及日期等。

8.2　零件图的视图选择及尺寸标注

8.2.1　零件的分类

零件可分为标准件、常用件及一般零件。标准件无需绘制零件图，只需根据已知条件，查阅相关标准，即能得到全部尺寸。常用件的结构要素大多已经标准化，并有规定画法，依据国家标准简化绘制即可。一般零件需绘制零件图来表达其形状、结构及尺寸。

根据零件的结构形状，一般零件大致可分成四类：

① 轴套类零件——轴、杆、衬套等零件；

② 盘盖类零件——手轮、带轮、端盖、阀盖、设备封头等零件；

③ 叉架类零件——拨叉、支座、连杆等零件；

④ 箱体类零件——阀体、泵体、箱体等零件。

8.2.2　零件图视图的选择

零件图视图的选择，就是在了解零件在机器设备（及部件）中所起的作用、与其他零件的安装关系及其形状结构的基础上，利用所学的机件常用的各种表达方法，如视图、剖视、断面等，将零件的结构形状正确、完整、清晰地表达出来。

8.2.2.1　主视图的选择

主视图是零件图中最主要的视图，主视图选择的合理与否，直接关系到零件的表达是否正确、完整、清晰。主视图的选择应从零件的安放位置及投影方向两个方面加以考虑。

（1）安放位置

① 加工位置。对于轴套类、盘盖类等回转结构的零件，因它们一般都在车床上加工而成，加工工序简单。因此，这类零件应将其放在与加工状态相一致的角度，即轴线水平放置进行主视图的选择，以便加工时看图。

② 工作位置或自然安放位置原则。对于箱体和叉架类零件，因其加工工序多，且在加工过程中位置经常变化，因此这类零件一般按零件在机器中的工作位置或自然安放的位置放置，选择主视图的方向。以便于读图时将零件与整台机器联系起来，想象零件在工作中的状态和作用。

（2）投影方向

使零件处于加工位置或工作位置，选择最能反映零件主要形状结构特点及零件各部分相对位置关系的方向，作为主视图的投影方向，从而确定主视图。

8.2.2.2　其他视图的选择

主视图确定后，对于零件中尚未表达清楚的结构，需要补充其他视图将其表达清楚。其他视图的选择应考虑以下几点：

① 在能完整、清晰地表达零件结构的前提下尽量减少视图的数量；

② 对于未表达清楚的部分，首先考虑选择基本视图或者基本视图上的剖视来表达，以便于画图和读图，在此基础上再考虑局部视图、断面图、局部放大图等其他表达方法；

③ 注意每用一个视图都应有表达重点，避免重复表达，并合理布置视图的位置。

8.2.3　典型零件的视图选择示例

（1）轴套类零件

轴套类零件的基本形状是同轴回转体，主要在车床及磨床上加工而成。选择主视图时，常使轴套类零件的轴线水平放置，选择合适的主视图的投影方向，如图8-2所示，再辅以断面图、局部视图、局部剖视图等表达方法将键槽、销孔、退刀槽等未表达清楚的结构表达清楚。

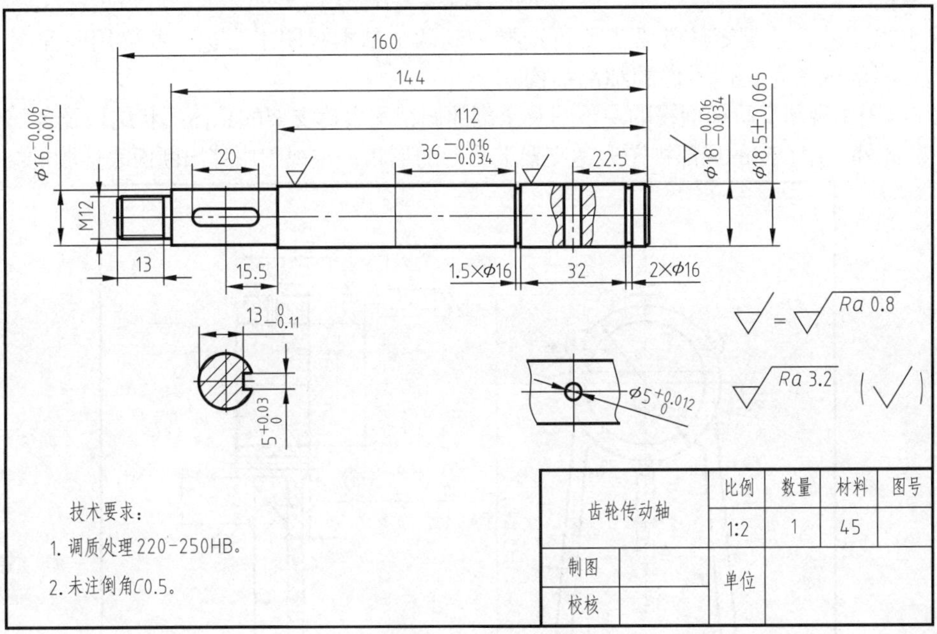

图8-2　轴套类零件

（2）盘盖类零件

盘盖类零件大多是共轴线的回转体结构，如法兰盘、泵盖、皮带轮等。这类零件轴向尺寸较小，径向尺寸较大，呈扁平状。零件上安装孔、轮辐及肋板等结构多为圆周分布，一般在车床上加工。

08-02 齿轮传动轴

盘盖类零件一般按加工位置放置，进行主视图的选择。采用主视图和左视图（或右视图）表达零件的内外形状和结构特点，主视图常采用剖视的表达方法以表达各类孔的结构尺寸，如图8-3所示。

（3）叉架类零件

叉架类零件形式多样、结构复杂，多为铸造或锻造制成毛坯，再经过机械加工而成。由于叉架类零件加工位置多变，在选择主视图时，通常按工作位置放置，选择最能反映结构形状的视图为主视图，并根据结构特点确定表达方案，如图8-4。

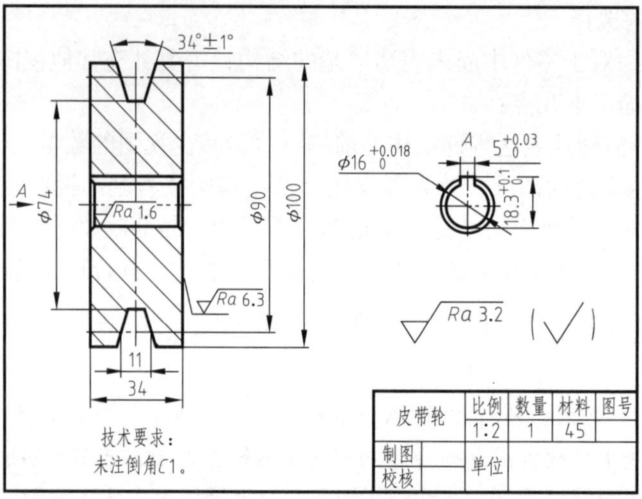

08-03 皮带轮

08-04 支架

图8-3 盘盖类零件

除主视图外，这类零件常常需要再选择一到两个基本视图来表达，并要用断面图、局部视图、局部剖视图等表达零件的细部结构。

图8-4用主视图、阶梯剖视的左视图及全剖的俯视图表达支架的总体形状结构及各部分的相对位置。此外，用C向的局部视图表达支架上凸台的形状，左视图用移出断面表达肋的结构。

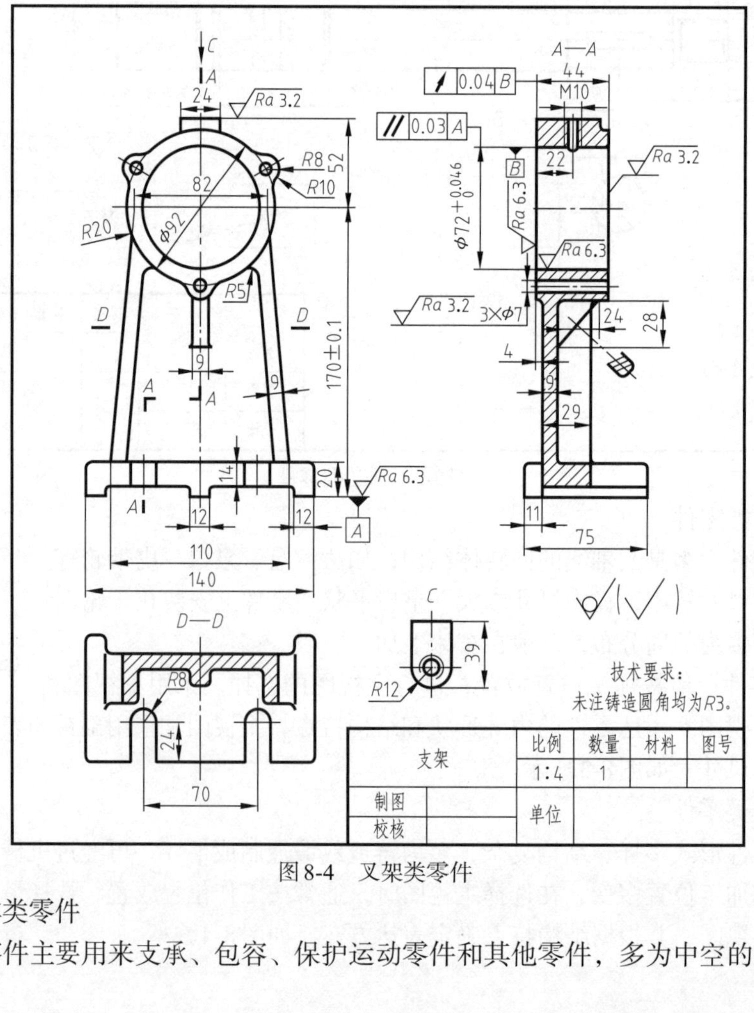

图8-4 叉架类零件

(4) 箱体类零件

箱体类零件主要用来支承、包容、保护运动零件和其他零件，多为中空的壳体，并有轴孔、凸台和肋板及固定用的底板、安装孔等结构。箱体类零件的形状结构比较复杂，大多为铸造类零件，经时效处理后，在机床上加工出安装孔和接触面等，其加工位置多变。选择主视图时，从工作位置和形状特征出发，选择主视图，并灵活确定表达方案。

图8-5中齿轮油泵的泵体，采用了带局部剖视的主视图、旋转剖视的左视图及*C*向的局部视图来表达泵体的整体结构及各部分的位置关系，对泵体圆周上的安装孔则采用了*A*—*A*剖视的展开画法来表达。

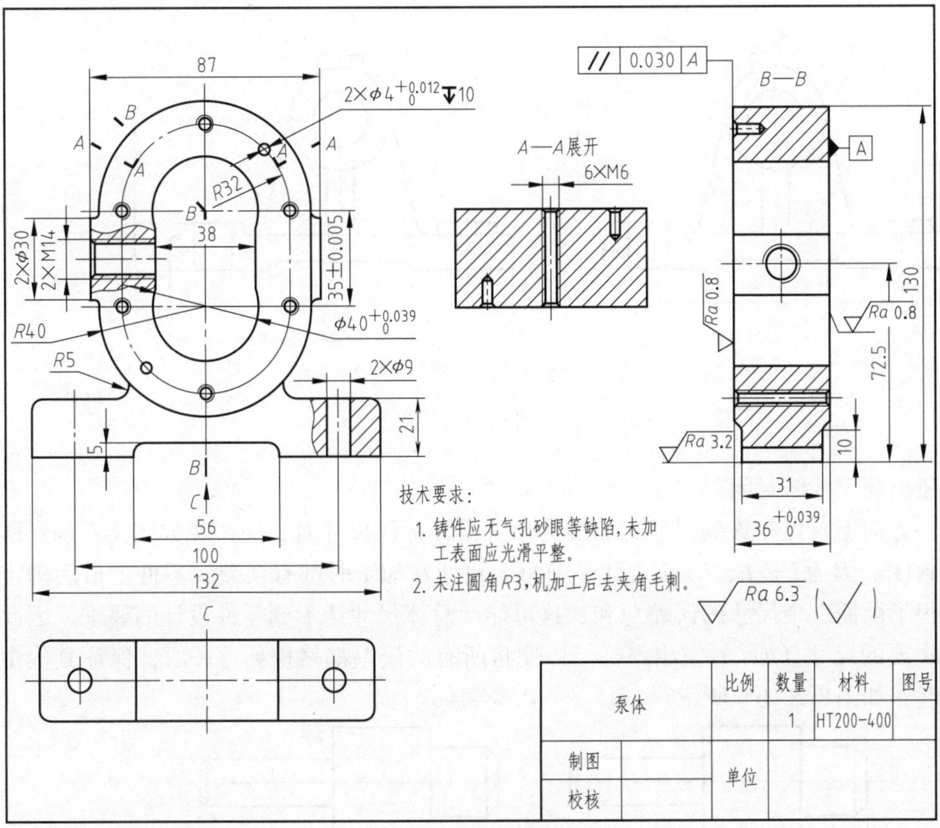

图8-5　箱体类零件

08-05 泵体

8.2.4　零件图的尺寸标注

零件图上的尺寸是制造和检验零件的重要依据，因此零件图上的尺寸标注应建立在对零件结构及各部位作用充分了解的基础上，不仅要正确、完整、清晰，还要合理，即要求图样上所标注的尺寸既要符合零件的设计要求，又要符合加工工艺，便于加工、测量和装配。

8.2.4.1　尺寸基准（datum）的选择

尺寸基准可由基准线或基准面充当，零件的主要加工面、结合面、对称面、重要端面，可作为基准面，主要的轴线、中心线等可作为基准线。零件的长、宽、高三个方向应至少各具有一个尺寸基准，定位尺寸应从基准出发进行标注。为了方便加工和测量，除主要基准外，通常还附加一些辅助基准，主、辅基准之间必须有尺寸联系。如图8-5所示的齿轮油泵的泵体为左右基本对称结构，其长度方向的尺寸基准即为泵体的左右对称面；同时泵体前后基本对称，因此宽度方向的尺寸基准为泵体的前后对称面；高度方向的尺寸基准为泵体的底面。

8.2.4.2 尺寸标注的注意事项

（1）零件图上的重要尺寸应直接注出

零件上凡是影响产品性能、工作精度和互换性的重要尺寸，如性能规格尺寸、配合尺寸、安装尺寸和定位尺寸等，都必须从尺寸基准直接注出。图8-6（a）中的轴承座，轴承孔的中心高度h_1和安装孔的间距l_1应直接注出。图8-6（b）中轴承孔和安装孔的尺寸没有直接注出，而要通过其他尺寸h_2、h_3及l_2、l_3间接计算得到，导致尺寸误差的累积，是不合理的尺寸注法。

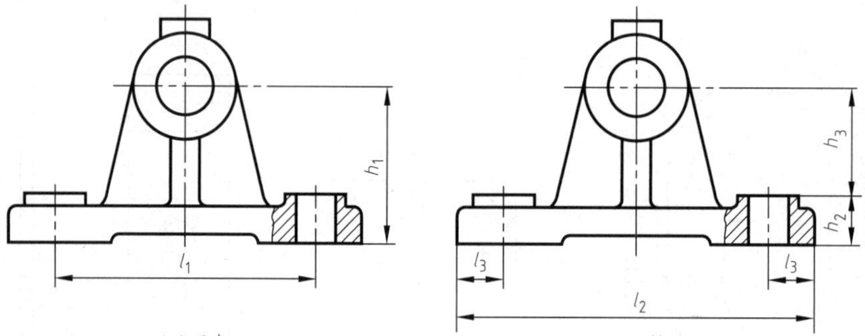

(a) 正确　　(b) 错误

图8-6 主要尺寸应直接注出

（2）避免出现尺寸链封闭

零件同一方向上首尾相连的尺寸组，称为尺寸链。标注尺寸时，应避免如图8-7（a）所示的尺寸链封闭。因为l_4是l_1、l_2、l_3之和，而每个尺寸在加工时都有误差，零件上最后确定的尺寸就累积了前面三个尺寸的误差总和，这可能使总体尺寸达不到零件设计的要求。因此应选择一个次要的尺寸（如l_1）空出不标，以便将所有的误差都累积到这一段，保证其他主要尺寸的精度，如图8-7（b）所示。

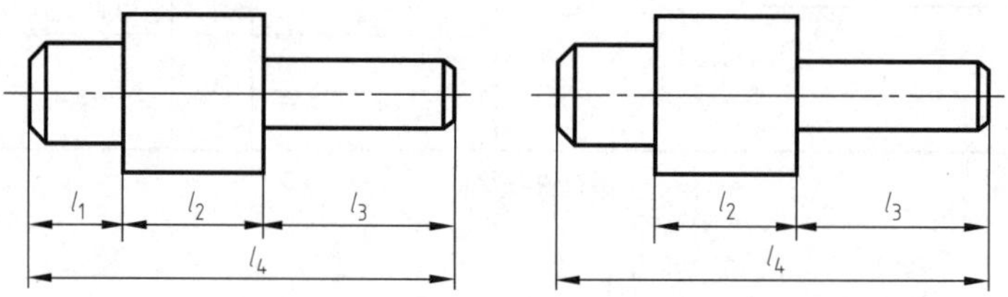

(a) 错误　　(b) 正确

图8-7 避免出现封闭的尺寸链

（3）尺寸标注要便于加工和测量

① 尺寸标注应符合加工工艺。如图8-8所示的传动轴，长度方向的尺寸标注应符合加工顺序，以便读图及加工。从图8-9所示的传动轴在车床上的加工顺序可以看出，从下料到加工的每一步工序所涉及的尺寸，都在图8-8中按加工顺序直接标出了。

② 考虑测量、检验方便的要求。图8-10（a）所示的套筒中尺寸标注便于测量，而8-10（b）中标注的尺寸不便于测量。

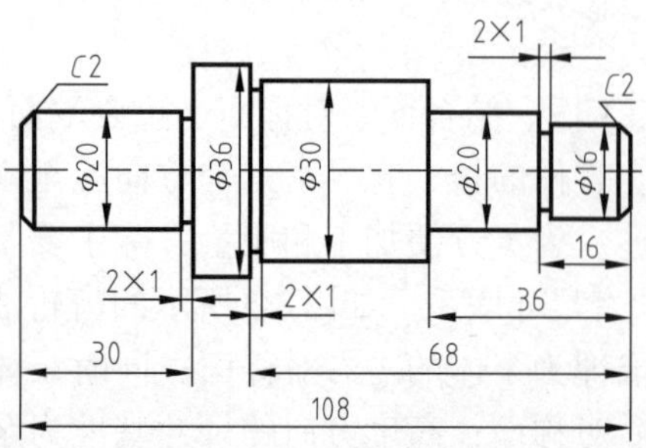

图8-8 传动轴

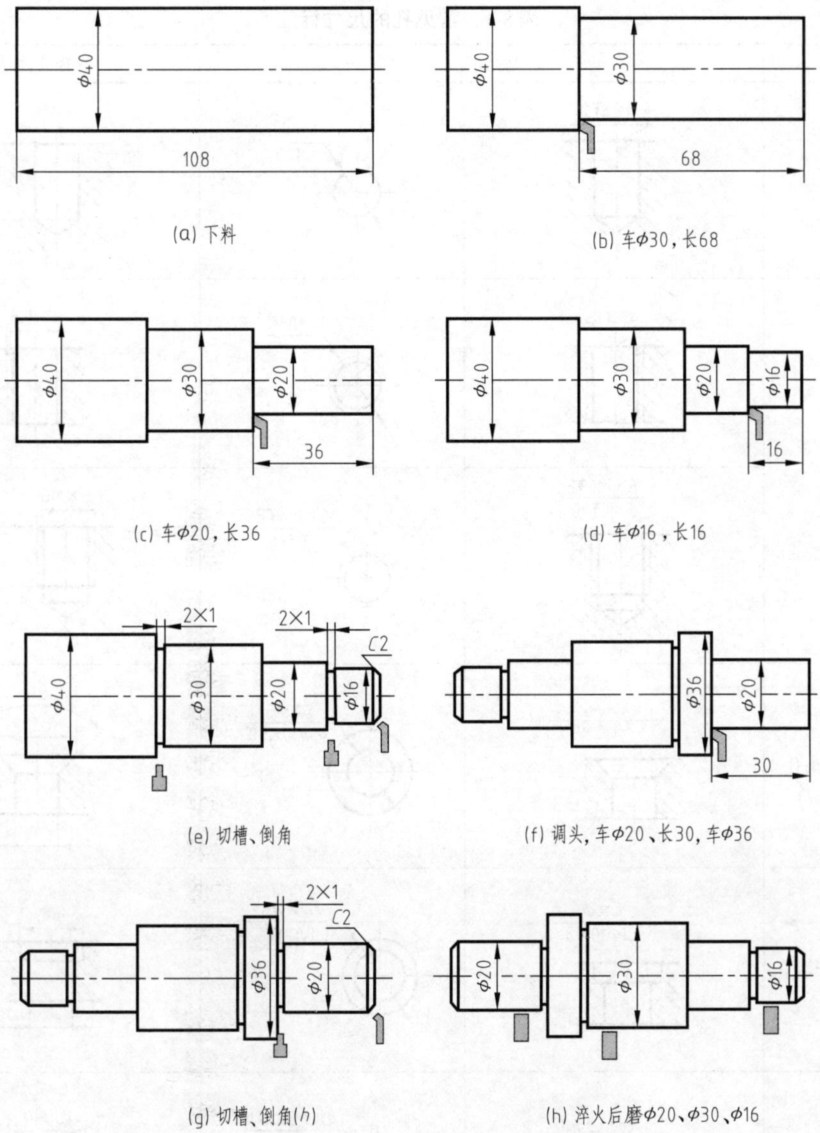

图8-9　传动轴的加工顺序

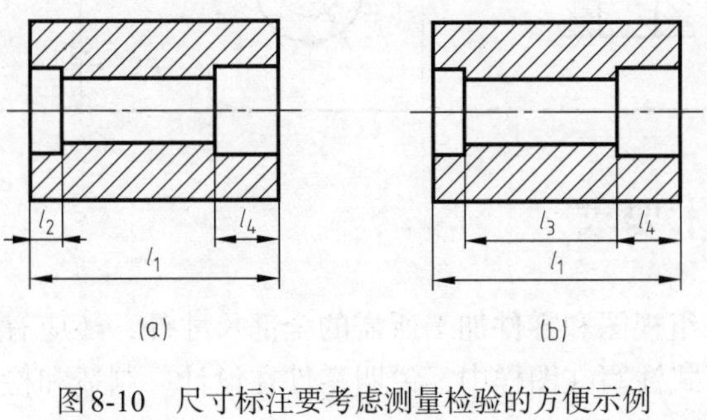

图8-10　尺寸标注要考虑测量检验的方便示例

8.2.4.3　零件上常见结构的尺寸标注

零件图上常见的各类孔结构，如光孔、锪孔、沉孔、螺孔等尺寸，都有固定的标注方法，如表8-1。

表 8-1　常见孔的尺寸标注

结构		旁注法		普通注法
光孔		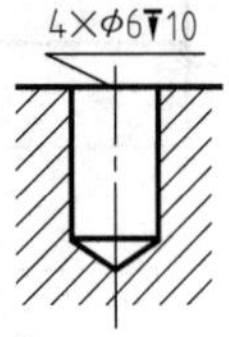	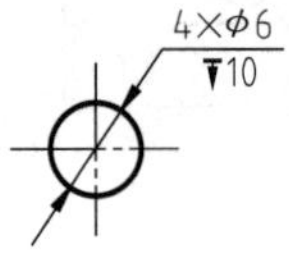	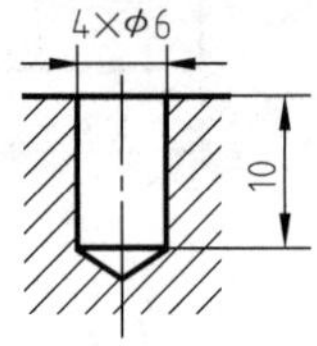
螺孔		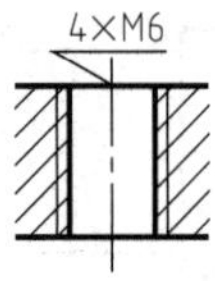	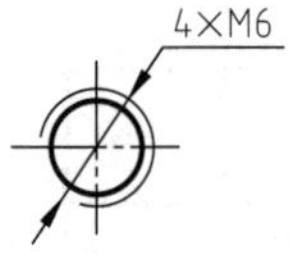	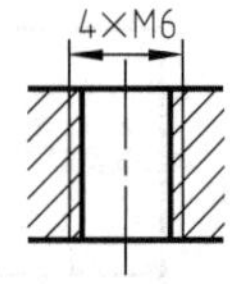
		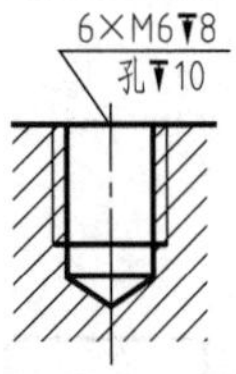	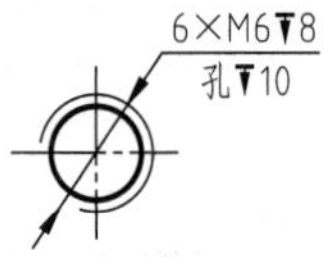	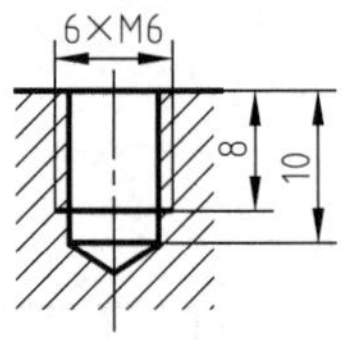
沉孔	埋头孔	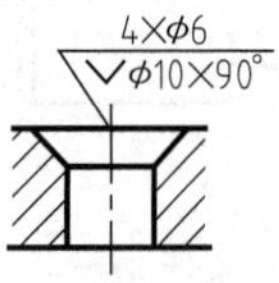	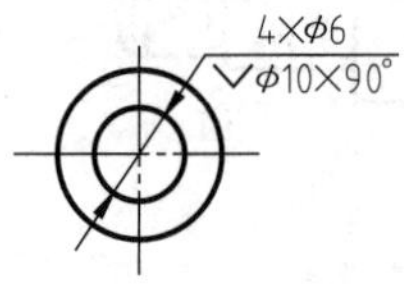	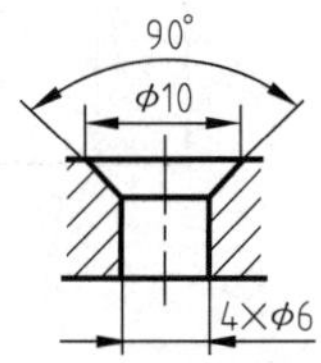
	柱形沉孔	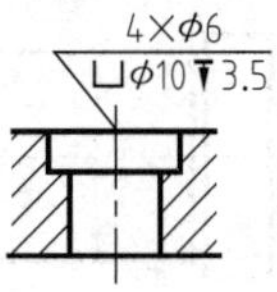	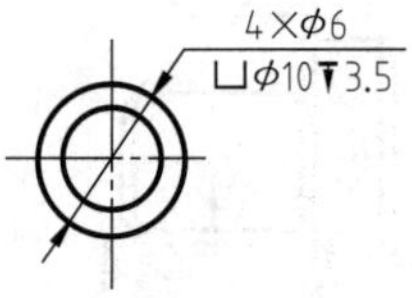	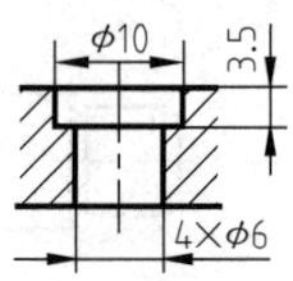
	锪平孔	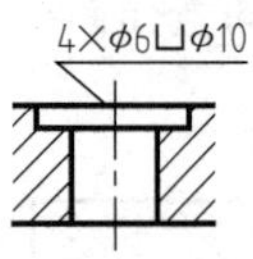	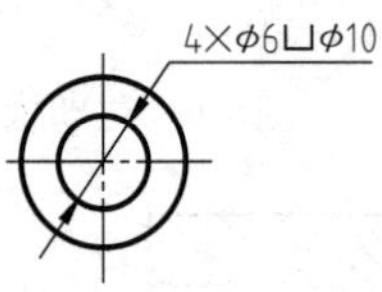	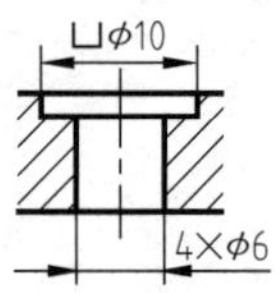

8.3　零件图的技术要求

零件图除了包括一组视图和零件加工所需的全部尺寸外，还应有技术要求。技术要求常以符号、数字或文字形式注写在图样中，说明零件在设计、制造和检验等方面的有关规定和要求。零件的技术要求主要包括以下几个方面：

① 零件的表面结构要求；

② 零件的尺寸及几何公差；

③ 零件的热处理及表面处理的要求；

④ 其他要求（如动平衡、未注圆角或倒角、去毛刺、毛坯要求等）。

本节主要介绍零件的表面结构要求、极限与配合及几何公差的相关内容。

8.3.1 表面结构要求

（1）基本概念

表面结构（surface texture）是指零件表面的几何形貌，它是表面粗糙度（surface roughness）、表面波纹度、表面纹理、表面缺陷和表面几何形状的总称。

零件加工时，由于刀具切削、金属塑性变形及其他因素，使零件表面具有较小的峰、谷、刀痕及波纹等。这种实际表面的微观不平度，对零件磨损、疲劳强度、耐腐蚀性、配合性质和喷涂质量及外观等都有很大影响，尤其是对运转速度快、装配精度高、密封要求严的产品，更具有重要意义。

（2）评定表面结构的参数

表面结构的常用评定参数为轮廓参数。《GB/T 3505—2009 产品几何技术规范（GPS） 表面结构 轮廓法术语、定义及表面结构参数》中规定了三个轮廓参数：*P*参数（原始轮廓参数）、*W*参数（波纹轮廓参数）及*R*参数（粗糙度轮廓参数）。其中，在我国机械图样中最常用的参数是轮廓算术平均偏差（*Ra*）和轮廓最大高度（*Rz*），而轮廓算术平均偏差（*Ra*）是目前生产中评定零件表面结构的主要参数。

① 轮廓算术平均偏差（*Ra*）。如图8-11所示，在取样长度*l*内，轮廓线上各点到基准线上的距离绝对值的算术平均值称为轮廓算术平均偏差。

② 轮廓最大高度（*Rz*）。如图8-11所示，在取样长度内，轮廓最高峰顶线和最低谷底线之间的距离称为轮廓最大高度。

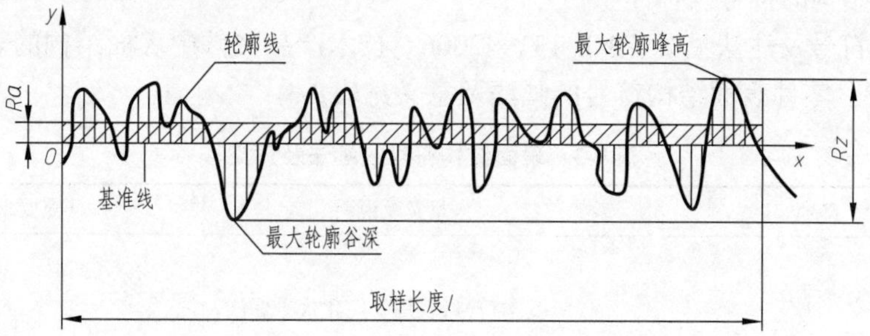

图8-11 轮廓算术平均偏差（*Ra*）和轮廓最大高度（*Rz*）

（3）粗糙度轮廓参数的选用

*Ra*是生产中用得最多的参数，GB/T 1031—2009规定了*Ra*值系列。*Ra*值越小，表面质量越高，其加工成本也越高，因此设计选用表面结构时，在满足使用要求的前提下，应尽量选用较大的*Ra*值，以降低成本。表8-2列出了常见加工方法可获得的*Ra*值。

表8-2 不同表面结构要求的表面特征、加工方法及应用举例

表面微观特征		*Ra*/μm	加工方法	应用举例
粗糙表面	明显见刀痕	≤200	粗车、粗刨、粗铣、钻、毛锉、锯断	半成品粗加工的表面、非配合的加工表面，如轴断面、倒角、钻孔、齿轮和带轮侧面、键槽底面、垫圈接触面等

续表

表面微观特征		Ra/μm	加工方法	应用举例
半光表面	微见加工痕迹	≤100	车、刨、铣、镗、钻、粗铰	轴上不安装轴承、齿轮的非配合表面、紧固件的自由装配表面、轴和孔的退刀槽等
	微见加工痕迹	≤50	车、刨、铣、镗、拉、粗刮、滚压	半精加工表面、箱体、支架、盖面、套筒和其他零件结合而无装配要求的表面，需要发蓝的表面等
	看不清加工痕迹	≤25	车、刨、铣、镗、磨、拉、刮、压、铣齿	接近精加工表面、箱体上安装轴承的镗孔表面、齿轮的加工面等
光表面	可辨加工痕迹方向	≤12.5	车、镗、磨、拉、刮、精铰、滚压、磨齿	圆柱销、圆锥销、与滚动轴承配合的表面、普通车床导轨面、内外花键定心表面等
	微辨加工痕迹方向	≤6.3	精铰、精镗、磨、刮、滚压	要求配合性质稳定的配合表面、工作时受应力的重要零件、较高精度车床的导轨面等
	不可辨加工痕迹方向	≤3.2	精磨、珩磨、研磨、超精加工	精密机床主要锥孔、顶尖圆锥面、发动机曲轴、凸轮轴工作表面、高精度齿轮齿面
极光表面	暗光泽面	≤1.6	精磨、研磨、普通抛光	精密机床主轴颈表面，一般量规工作表面、气缸套内表面、活塞表面等
	亮光泽面	≤0.8	超精磨、精抛光、镜面磨削	精密机床主轴颈表面，滚动轴承的滚珠、高压油泵中柱塞和柱塞孔配合表面等
	镜状光泽面	≤0.4		
	镜面	≤0.1	镜面磨削、超精研	高精度量仪、量块的工作表面、光学仪器中的金属镜面等

（4）表面结构的符号及标注

表面结构符号及注法见《GB/T 131—2006　技术产品文件中表面结构的表示法》，代替GB/T 131—93。零件表面结构符号的画法及意义见表8-3。

表8-3　表面结构符号的画法及意义

符号	意义及说明	补充要求的注写
	基本符号，仅用于简化代号标注，没有补充说明时不能单独使用	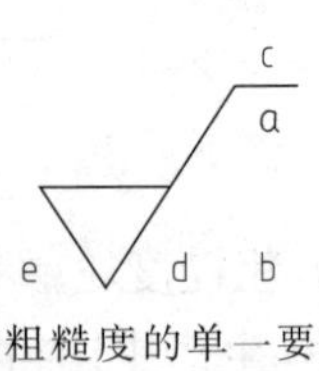 a：注写粗糙度的单一要求，如 Ra 6.3（中间有空格）； b：注写第二个粗糙度要求； c：注写加工方法； d：注写表面纹理和方向； e：注写加工余量
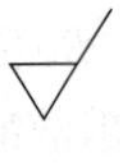	基本符号加一个短横，表示表面是用去除材料的方法获得，如车、铣、刨、磨、钻、抛光、腐蚀、电火花加工、气割等	
	基本符号加一小圈，表示表面是用不去除材料的方法获得，如铸、锻、冲压变形、热轧、冷轧、粉末冶金等	
	在上述三个符号上均加一横线，用于标注有关参数和说明	

续表

符号	意义及说明	补充要求的注写
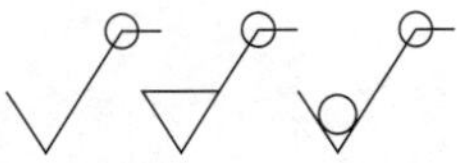	在上述三个符号上再加一小圆圈，表示在图样某个视图上构成封闭轮廓的各表面具有相同的表面结构要求。符号应标注在图样中工件的封闭轮廓线上。如果标注会引起歧义，各表面应分别标注	

（5）表面结构参数的注写

表面结构参数的注写及含义见表8-4。检验零件表面质量是否符合表面结构规定值的要求时，判断规则为16%规则和最大规则。16%规则是默认规则，是指当表面结构参数的所有实测值中超过规定值的个数少于总数的16%时，该表面仍是合格的。最大值规则是指要求表面的任何一处的实测值均不能超过给定值。

表8-4 表面结构参数的注写及含义

代号	意义	代号	意义
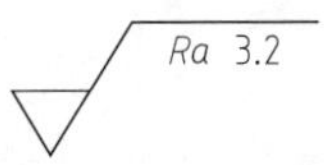	用去除材料的方法获得的表面，*Ra*的上限值为3.2μm（16%规则）	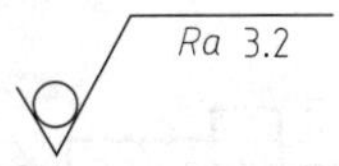	用不去除材料的方法获得的表面，*Ra*的上限值为3.2μm（16%规则）
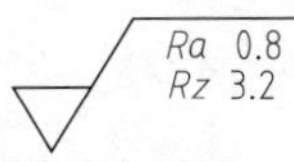	用去除材料的方法获得的表面，*Ra*的上限值为0.8μm，*Rz*的上限值为3.2μm（16%规则）	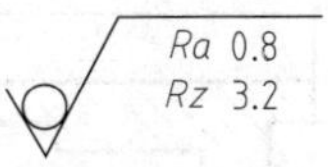	用不去除材料的方法获得的表面，*Ra*的上限值为0.8μm，*Rz*的上限值为3.2μm（16%规则）
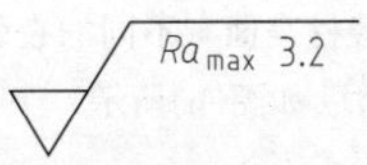	用去除材料的方法获得的表面，*Ra*的最大值为3.2μm（最大规则）	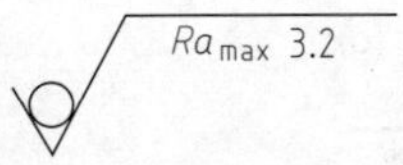	用不去除材料的方法获得的表面，*Ra*的最大值为3.2μm（最大规则）

（6）表面结构要求在图样中的注法及简化注法

表面结构要求一般标在可见轮廓线、尺寸线、尺寸界限及其延长线、几何公差的框格上，代号中数值的书写方向必须和尺寸的注写和读取方向一致。在同一个图样上，每一个表面一般只标注一次，并尽可能地靠近轮廓线，当空间狭小或不便标注时，可以引出标注，见表8-5。

表8-5 表面结构要求标注示例

标注示例	说明
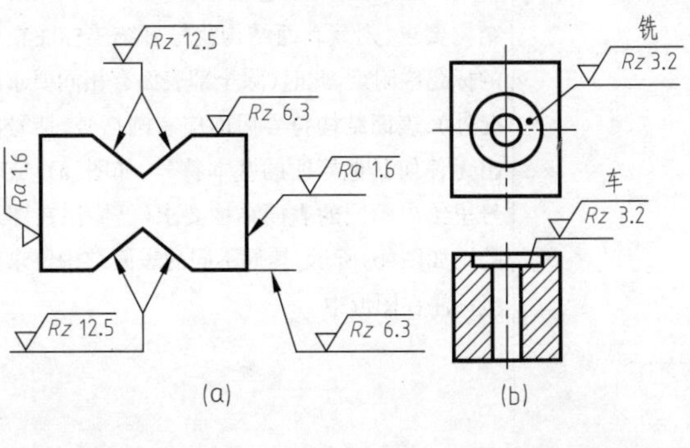	表面结构要求可标在可见轮廓线及其延长线上，符号的尖端必须从材料外指向并接触表面，如图(a)所示。必要时，表面结构符号也可用带箭头或黑点的指引线引出标注，如图(b)所示

续表

<table>
<tr><th>标注示例</th><th>说明</th></tr>
<tr><td>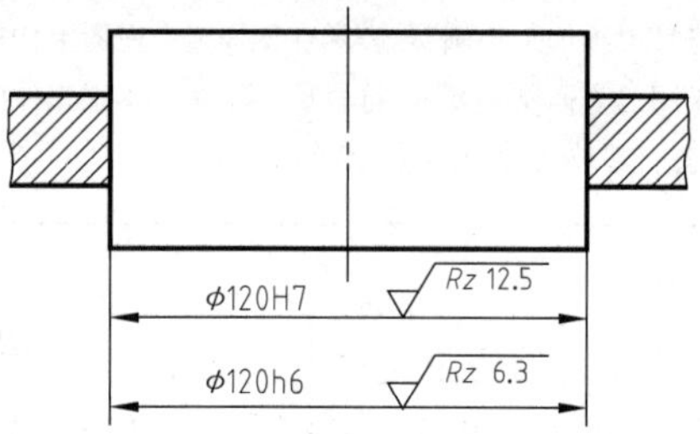
</td><td>在不致误解时，表面结构要求可标注在给定的尺寸线上，如图所示</td></tr>
<tr><td>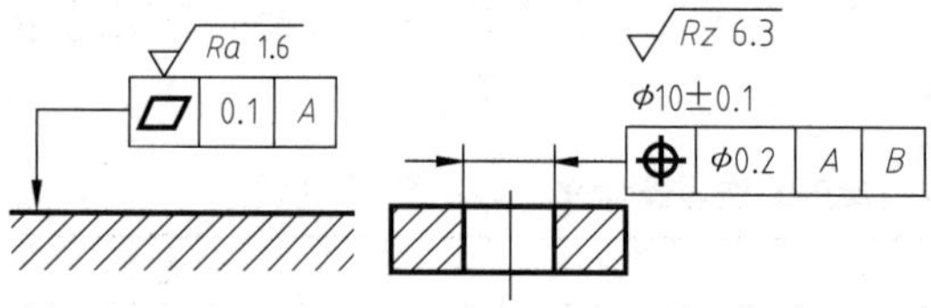
</td><td>表面结构要求可标注在几何公差框格的上方，如图所示</td></tr>
<tr><td>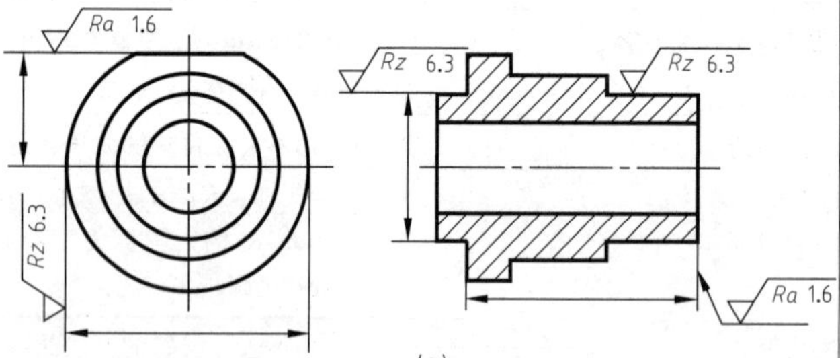

(a)
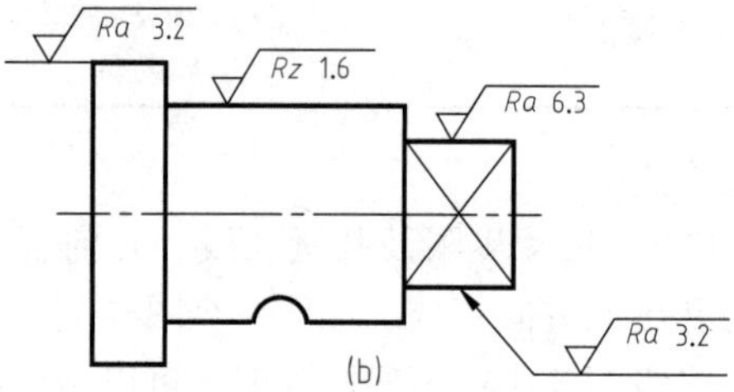

(b)</td><td>圆柱和棱柱表面的表面结构要求只标注一次，如图(a)所示。如果每个棱柱表面有不同的表面结构要求，则应分别单独标注，如图(b)所示</td></tr>
<tr><td>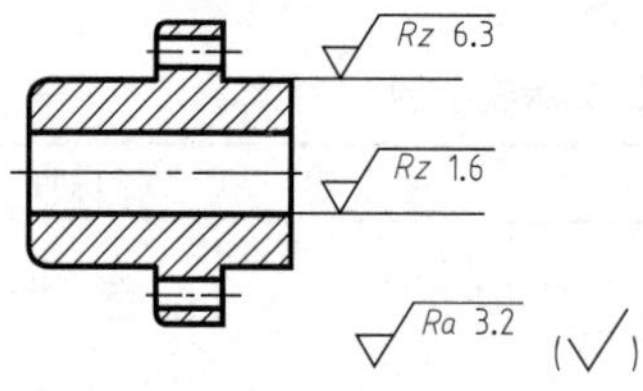

(a)
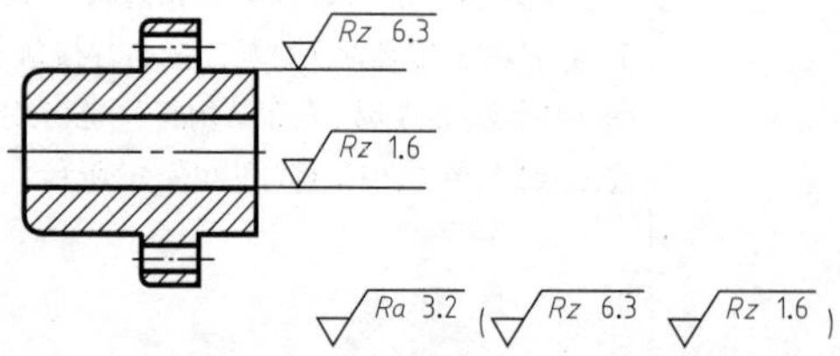

(b)</td><td>如果工件的多数(包括全部)表面有相同的表面结构要求，则其表面结构代号可统一标注在图样的标题栏附近。此时(除全部表面有相同要求的情况外)，表面结构符号后面应有圆括号，括号内给出无任何其他标注的基本符号，如图(a)；或者括号里给出不同的表面结构要求(已标注在图形中的)，如图(b)所示。其他不同的表面结构要求应直接标注在图形中</td></tr>
</table>

续表

标注示例	说明
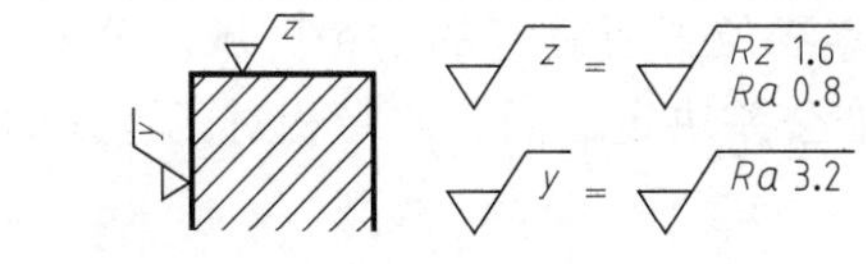 (a) 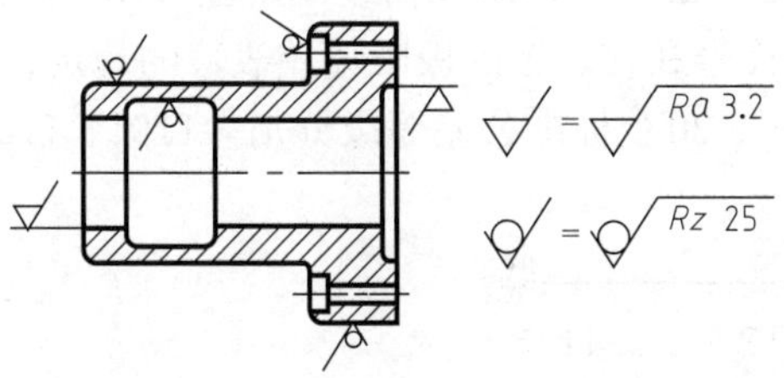 (b)	当多个表面具有相同的表面结构要求或图纸空间有限时，可采用简化注法。既可用带字母的完整符号，以等式的形式，在图形或标题栏附近，对有相同表面结构要求的表面进行简化标注，如图(a)，也可只用表面结构符号，以等式的形式给出对多个表面共同的结构要求，如图(b)

8.3.2 极限与配合（limit and fit）

现代机器生产中，要求从一批相同的零件中任取一个，不经修配就能立即装配到产品中，并能达到一定的使用要求（如工作性能及配合关系等），零件的这种性质称为互换性。零件具有互换性能可大大简化零件的生产和装配过程，显著提高工作效率，不仅降低了生产成本，便于维修，而且还保证了产品质量的稳定。

为保证零件的互换性，需将零件的实际尺寸控制在一个尺寸允许的范围内，这个尺寸允许的变动量称为尺寸公差。下面用图8-12中孔的尺寸$\phi 40^{+0.064}_{+0.025}$来说明尺寸公差的相关术语。

8.3.2.1 尺寸公差及公差带（size tolerance and size tolerance zone）

① 基本尺寸（basic size）。设计给定的尺寸，如图8-12，孔的基本尺寸均为ϕ40。

② 实际尺寸（actual size）。通过测量获得的尺寸。

③ 极限尺寸（limit size）。允许实际尺寸变动的极限值，允许的最大尺寸叫最大极限尺寸（maximum limit size），允许的最小尺寸叫最小极限尺寸（minimum limit size）。

ϕ40孔的最大极限尺寸为ϕ(40+0.064)= ϕ40.064。

ϕ40孔的最小极限尺寸为ϕ(40+0.025)= ϕ40.025。

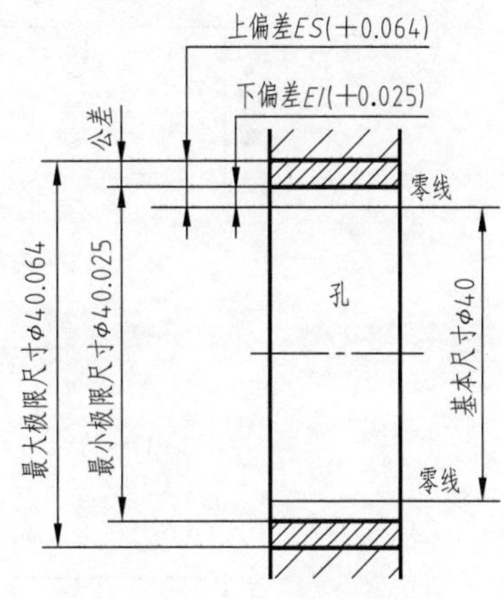

图8-12 尺寸公差示意图

④ 极限偏差（limit deviation）。极限尺寸减去其基本尺寸所得的代数差称为极限偏差。最大极限尺寸减去基本尺寸所得的代数差为上偏差（upper deviation），最小极限尺寸减去基本尺寸所得的代数差为下偏差（lower deviation）。

ϕ40孔的上偏差（ES）：40.064−40=0.064

ϕ40孔的下偏差（EI）：40.025−40=0.025

⑤ 尺寸公差（size tolerance）。尺寸允许的变动量称为尺寸公差（简称公差）。尺寸公差等于最大极限尺寸与最小极限尺寸之差，也等于上偏差与下偏差之差，其值为正。ϕ40孔直径的公差为：40.064−40.025=0.064−0.025=0.039。

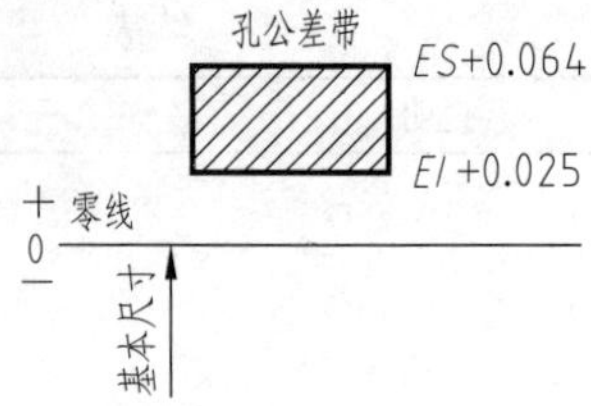

图8-13 公差带图

为简化起见，一般用公差带来表示尺寸公差，如图8-13所示。零线是代表基本尺寸的一条基准直线。公差带是由公差大小和公差带相对于零线位置所确定的一个区域。公差带图中，公差带的大小由标准公差决定，而公差带相对于零线的位置由基本偏差确定。

⑥ 标准公差（standard tolerance）。用以确定公差带大小的任一公差叫标准公差，根据国标《GB/T 1800.2—2020 产品几何技术规范（GPS） 线性尺寸公差ISO代号体系 第2部分：标准公差带代号和孔、轴的极限偏差表》的规定，标准公差共分成20个等级，用以确定尺寸的精确程度。20个标准公差等级分别为IT01、IT0、IT1、IT2~IT18。标准公差与公差等级的关系为：

公差等级 高←——————————低

IT01，IT0，IT1，IT2，…，IT18

标准公差 小——————————→大

各级标准公差的数值见附表16。

⑦ 基本偏差（basic deviation）。用以确定公差带相对于零线位置的上偏差或下偏差，一般指靠近零线的那个偏差。国家标准对孔和轴各规定了28种不同的基本偏差，见图8-14。图中的公差带一端开口，另一端代表公差带相对零线的各种位置，即基本偏差。基本偏差代号用一个或两个拉丁字母表示，孔用大写字母表示，轴用小写字母表示。

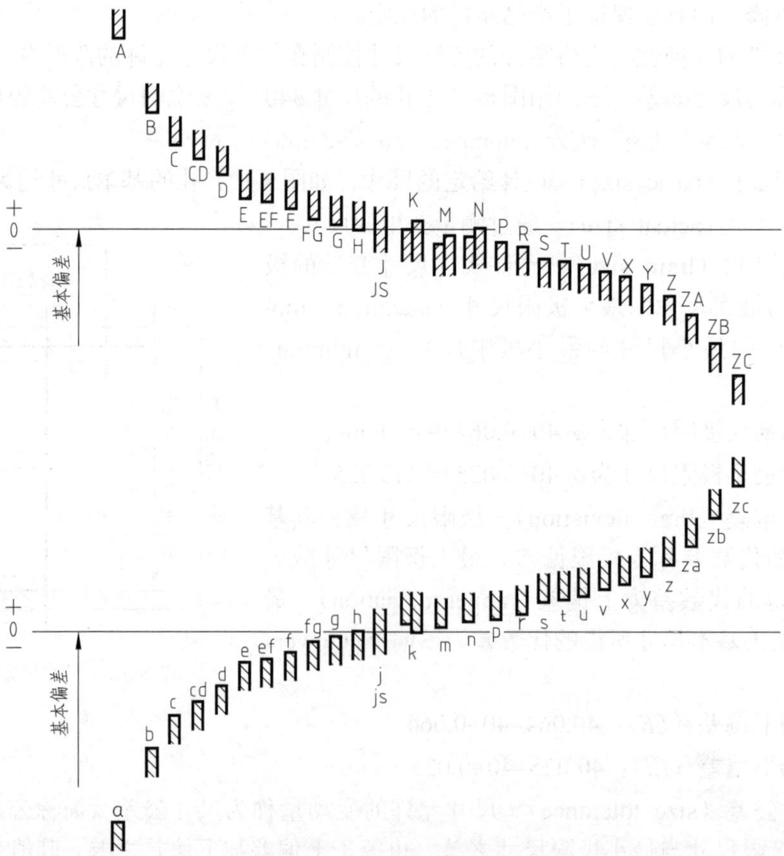

图8-14 基本偏差系列示意图

孔和轴的公差带代号由基本偏差代号和标准公差等级代号组成，例如：

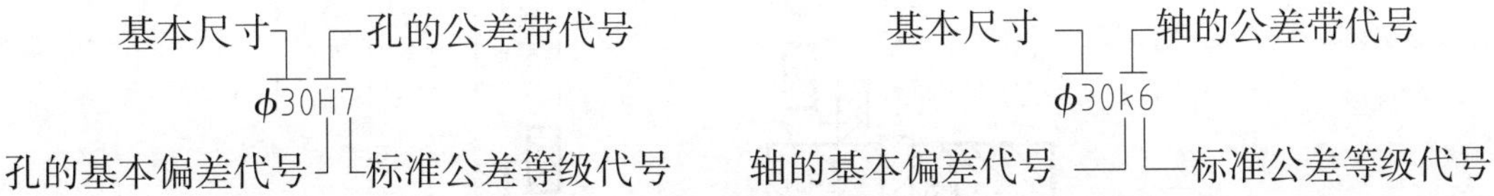

已知孔或轴的公差带代号，其对应的极限偏差数值可由其基本偏差代号与标准公差等级确定。如ϕ30H7，H为基本偏差代号，从图8-14可知，“H”的下偏差为0，其确定了公差带的位置；7为标准公差等级，查附表16，由公称直径30和IT7级可查出7级标准公差对应的公差大小为0.021mm，其确定了公差带的大小。因此，ϕ30H7所对应的极限偏差为$\phi30^{+0.021}_{\ 0}$。

8.3.2.2　配合

基本尺寸相同、相互结合的孔和轴的公差带之间的关系，称为配合（fitting）。

（1）配合的种类

根据使用要求的不同，基本尺寸相同的孔和轴之间的配合有紧有松，国家标准规定配合有三种类型，即间隙配合、过盈配合和过渡配合，如图8-15所示。

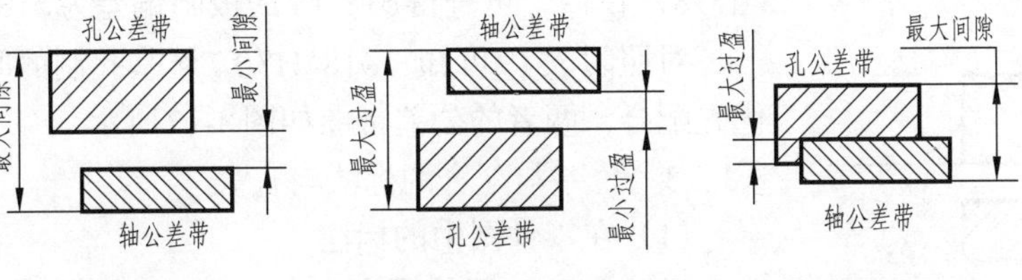

(a)间隙配合　(b)过盈配合　(c)过渡配合

图8-15　配合的三种类型

① 间隙配合（clearance fit）。孔和轴装配时，孔的实际尺寸大于轴的实际尺寸，孔和轴之间有间隙的配合，称为间隙配合。间隙配合中，轴可以在孔中自由转动，孔的公差带在轴的公差带之上（包括最小间隙为零）。

② 过盈配合（interference fit）。孔和轴装配，孔的实际尺寸小于轴的实际尺寸，装配时需借助外力或将带孔零件加热变形，再将轴装入孔中的配合称为过盈配合。过盈配合的轴和孔无相对运动。过盈配合时，轴的公差带在孔的公差带之上（包括最小过盈为零）。

③ 过渡配合（transition fit）。孔和轴装配时，既可能有间隙，也可能有过盈的配合称为过渡配合。过渡配合中，即孔和轴的公差带相互交叠。

（2）配合制度

为了减少刀具、量具的规格、数量，便于安装装配，国家标准规定了两种配合制，即基孔制（hole-based system of fit）和基轴制（shaft-based system of fit）。

① 基孔制。基本偏差为一定的孔的公差带，与不同基本偏差的轴的公差带形成各种配合的一种制度，如图8-16（a）所示。基孔制的孔为基准孔，其下偏差为0，基本偏差代号为H。

② 基轴制。基本偏差为一定的轴的公差带，与不同基本偏差的孔的公差带形成各种配合的一种制度，如图8-16（b）所示。基轴制的轴为基准轴，其上偏差为0，基本偏差代号为h。

③ 优先常用配合。国家标准《GB/T 1800.1—2020　产品几何技术规范（GPS）　线性尺寸ISO代号体系　第1部分：公差、偏差和配合的基础》规定了基孔制常用配合共59种，其中优先配合13种，见附表19；基轴制常用配合47种，其中优先配合13种，见附表20。

④ 公差与配合查表。对于相互配合的孔和轴，可根据其基本尺寸和公差带代号，查附

表17和附表18获得极限偏差数值。

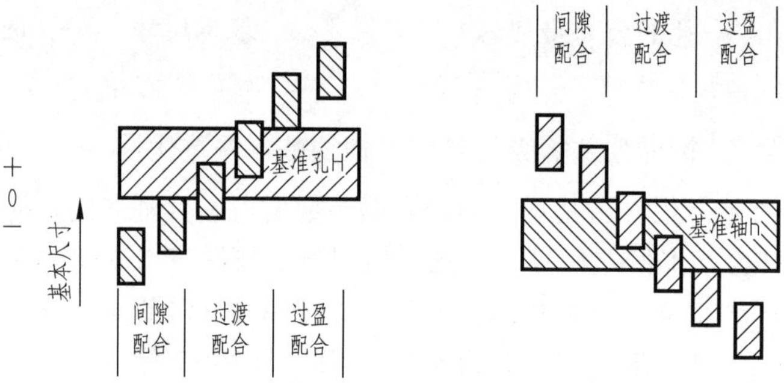

(a) 基孔制　　(b) 基轴制

图8-16　基孔制和基轴制

【例8-1】 查表写出ϕ18 H8/f7的极限偏差值并说明其配合关系。

解：查附表18，由基本尺寸18（14至18）和H8可查得ϕ18 H8的极限偏差为$\phi18^{+0.027}_{0}$，查附表17，由基本尺寸18（14至18）和f7，可查得ϕ18 f7的极限偏差为$\phi18^{-0.016}_{-0.034}$。

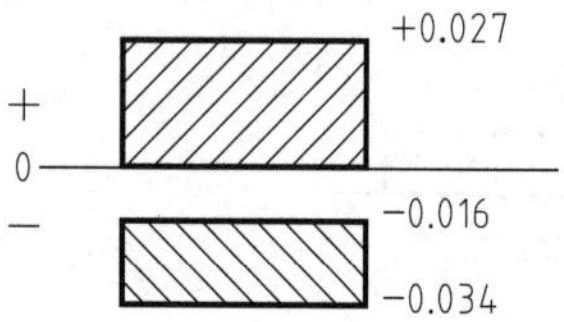

图8-17　ϕ18 H8/f7的公差带图

对照附表19可知，ϕ18 H8/f7属基孔制的间隙配合，属于优先配合，两者的公差带图如图8-17所示。

8.3.2.3　公差与配合的标注与查表

（1）在零件图中的标注

尺寸公差在零件图中有三种标注方法：公差带代号注法、极限偏差注法和双注法，如图8-18所示。

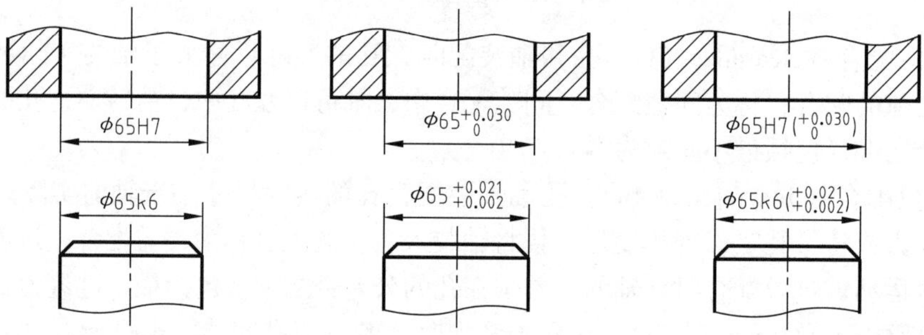

(a) 公差带代号注法　　(b) 极限偏差注法　　(c) 双注法

图8-18　尺寸公差在零件图上的标注

（2）在装配图中的标注

在装配图上，一般采取分子分母组合形式来表示孔和轴的尺寸公差与配合关系，图8-19为基本尺寸ϕ25的基孔制间隙配合的标注。

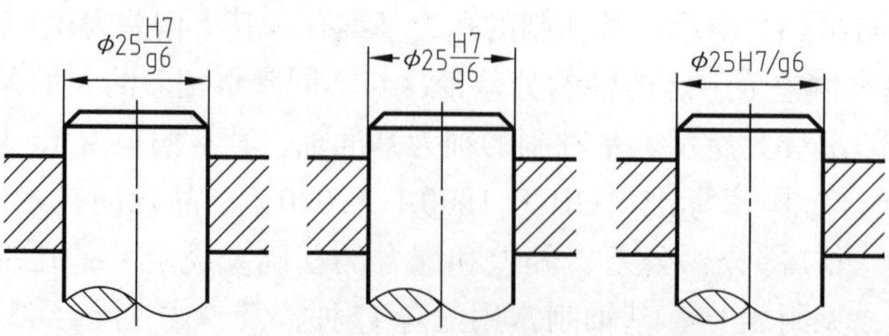

图8-19　公差与配合在装配图上的标注

8.3.3 几何公差简介

对于精度要求较高的零件，不仅需要保证其尺寸公差，还要保证几何公差。几何公差包括形状公差、方向公差、位置公差和跳动公差。

形状公差（form tolerance）指单一实际要素的形状与其理想形状之间所允许的变动全量，被测要素包括直线、平面、圆、圆柱面。

方向公差（orientation tolerance）指关联实际要素对基准在方向上允许的变动全量，包括平行、垂直等。

位置公差（location tolerance）是指关联实际要素的位置对基准所允许的变动全量，包括同心、同轴、对称等。

跳动公差（run-out tolerance）是指关联实际要素绕基准轴回转一周或连续回转时所允许的最大跳动量。

（1）几何公差符号

几何公差各项目的符号见表8-6。

表8-6 几何公差各项目的符号

公差类型	几何特征	符号	基准	公差类型	几何特征	符号	基准
形状公差	直线度	—	无	位置公差	位置度	⌖	有或无
	平行度	▱	无		同心度(用于中心点)	◎	有
	圆度	○	无		同轴度(用于轴线)	◎	有
	圆柱度	⌭	无		线轮廓度	⌒	有
	线轮廓度	⌒	无		面轮廓度	⌓	有
	面轮廓度	⌓	无				
方向公差	平行度	//	有		对称度	⌯	有
	垂直度	⊥	有				
	倾斜度	∠	有	跳动公差	圆跳动	↗	有
	线轮廓度	⌒	有		全跳动	⌰	有
	面轮廓度	⌓	有				

（2）几何公差的标注

几何公差的标注见国标GB/T 1182—2018，当无法用代号标注时，允许在技术要求中用文字说明。几何公差的代号由指引线、框格、几何公差符号和基准代号组成，如图8-20所示。

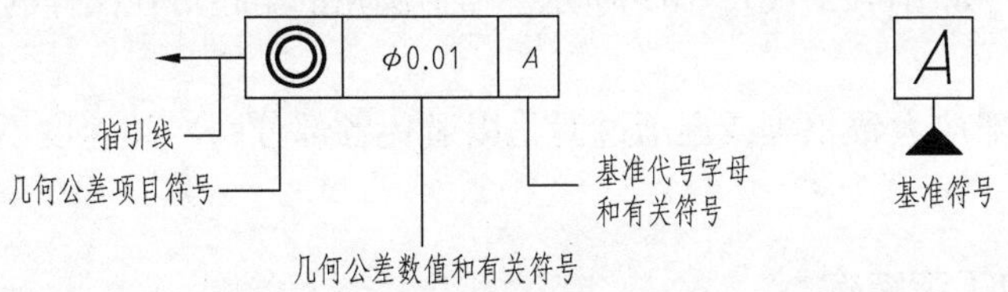

图8-20 几何公差框格及基准符号

几何公差在图样中的标注如图8-21所示。

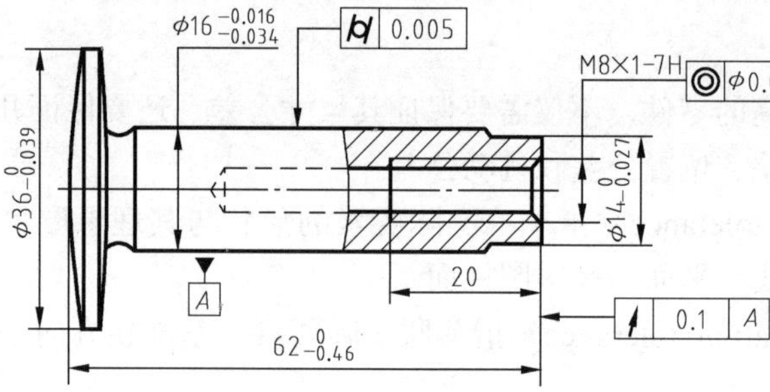

图8-21 几何公差标注示例

图中各几何公差标注的含义是：

[⌭ | 0.005] 表示杆身$\phi16$的圆柱度公差为0.005；

[◎ | $\phi0.01$ | A] 表示M8×1的螺纹孔轴线对$\phi16$轴线的同轴度必须保证在$\phi0.1$的圆柱面内；

[↗ | 0.1 | A] 表示零件最右端平面对于$\phi16$轴线的圆跳动公差是0.1。

8.4 零件结构的工艺性简介

8.4.1 铸件的合理结构

（1）拔模斜度

采用铸造方法制造零件时，为方便从砂型中取出模样，一般在模样拔模的方向设计出一定的斜度，叫作拔模斜度，如图8-22（a）所示。木模的斜度一般为1°~3°；金属模一般为1°~2°。拔模斜度在图样中可以不标注，也可不画出，如图8-22（b）所示，必要时，可在技术要求中说明。

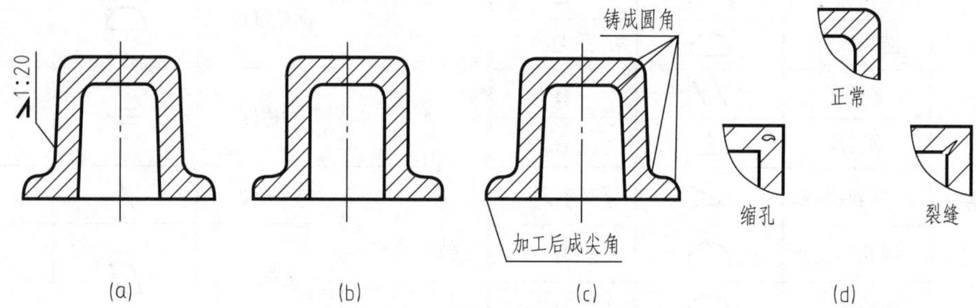

图8-22 拔模斜度和铸造圆角

（2）铸造圆角

铸件各表面交界处，应有铸造圆角，主要是防止浇注时铁水冲坏砂型或避免铁水冷却时铸件产生裂纹和缩孔，如图8-22（c）、（d）所示。铸造圆角的半径可在图样的技术要求中说明。

（3）铸件壁厚

铸件的壁厚一般应大致相等或逐渐过渡，以避免各部分因冷却速度不同而产生裂纹或缩孔，如图8-23所示。

8.4.2 机械加工的工艺结构

（1）倒角和倒圆

为了便于装配及保护装配面，在轴或孔的端部一般都加工成倒角，如图8-24所示，为

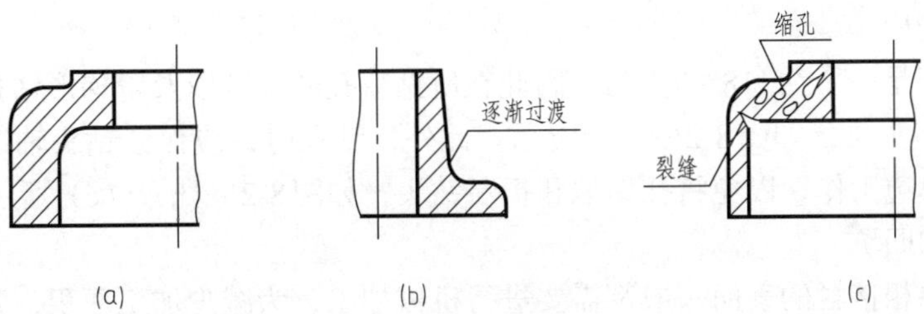

图8-23　铸件的壁厚

了避免因应力集中而产生裂纹，零件的台阶处，如轴肩，往往制成圆角，称为倒圆，如图8-22（c）所示。

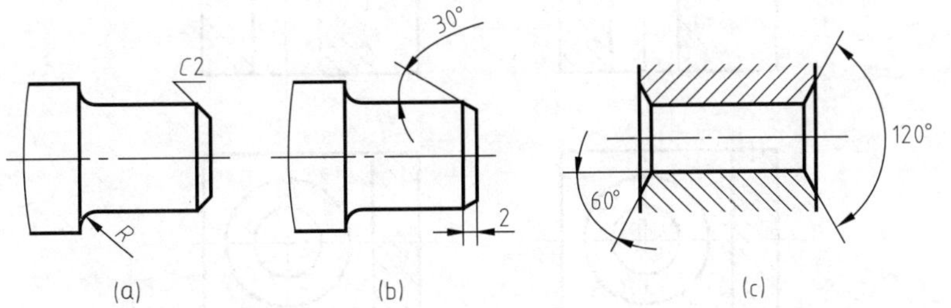

图8-24　倒角

（2）退刀槽和砂轮越程槽

在零件的切削和磨削加工时，为了便于退出刀具或砂轮及保证在装配时零件与零件配合时能接触良好，常常在被加工表面的尾部预先加工出退刀槽或砂轮越程槽，如图8-25所示。

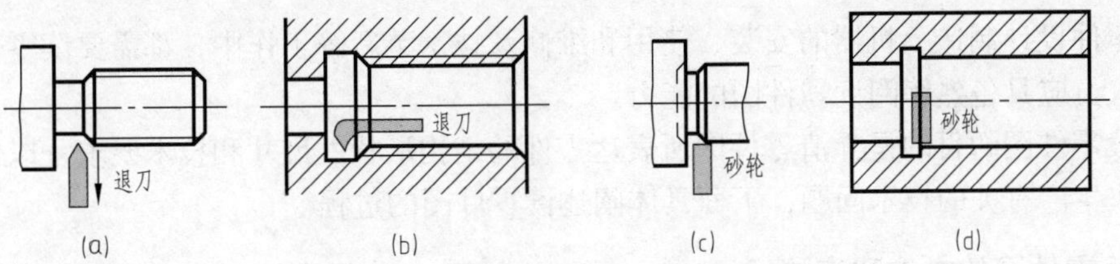

图8-25　零件的退刀槽和砂轮越程槽

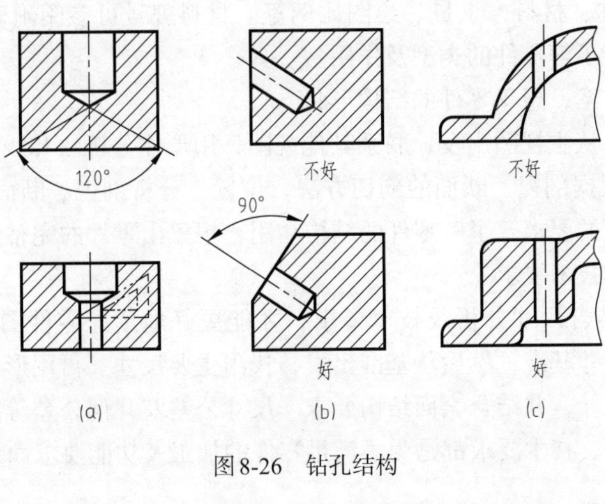

图8-26　钻孔结构

（3）钻孔结构

钻头的端部是一个约118°的尖角，因此在所钻盲孔的末端以及阶梯形钻孔的过渡处，均应画出120°的钻头角，如图8-26（a）所示。此外，钻孔时，应保证钻头轴线与被钻表面垂直且避免钻头单边工作，以免将孔钻偏和折断钻头，如图8-26（b）、（c）所示。

（4）凸台和凹坑

与其他零件相接触的表面一般都需要进行机械加工，为减少加工面积，并保证零件与零件接触良好，常常在铸件上设计出凸台或凹坑，如图8-27所示。

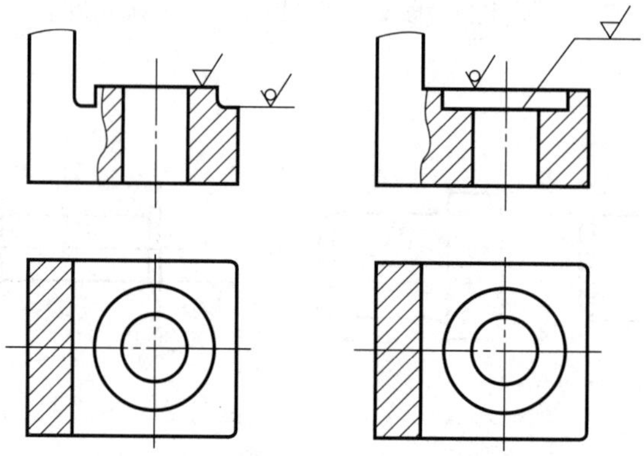

(a)　　(b)

图8-27　凸台和凹坑

8.5 读零件图

在零件设计制造、机器的安装、使用和维修及技术革新等工作中，都需要读零件图，工程技术人员应具备熟练阅读零件图的能力。

识读零件图的目的是弄清零件图所表达零件的结构形状、尺寸和技术要求，以便指导生产和解决生产有关的技术问题，下面具体阐述读零件图的过程。

8.5.1 读零件图的方法和步骤

（1）读标题栏

了解零件的名称、材料、重量、绘图比例等。材料牌号可参阅附表21、附表22，并结合零件的分类，初步了解零件的类型及作用。

（2）分析表达方案，想象零件的结构形状

分析视图布局，从主视图出发，联系其他视图，用形体分析法和线面分析法分析零件各部分的结构形状。根据剖视、断面的剖切方法、位置，分析剖视、断面的表达目的和作用，结合设计及加工方面的要求，了解零件的结构功用，想象出零件的完整形状。

（3）分析尺寸和技术要求

读图时，还需结合尺寸分析及技术要求，才能更好地读懂零件图。首先找出零件长、宽、高三个方向的尺寸基准，然后从基准出发，找出主要尺寸。再用形体分析法找出各部分的定形尺寸和定位尺寸，并结合表面结构要求、尺寸公差及几何公差等技术要求，进一步了解零件的结构。尺寸、技术要求都是为了满足零件的加工及功能要求而设计的。

（4）综合分析

为了读懂零件图，需将零件的结构形状、尺寸标注和技术要求等内容综合起来，有时还需要参考有关技术资料，如零件所在部件的装配图及其他相关零件图等，才能比较全面地读懂零件图。

8.5.2 读零件图举例

读图8-28涡轮箱的零件图。

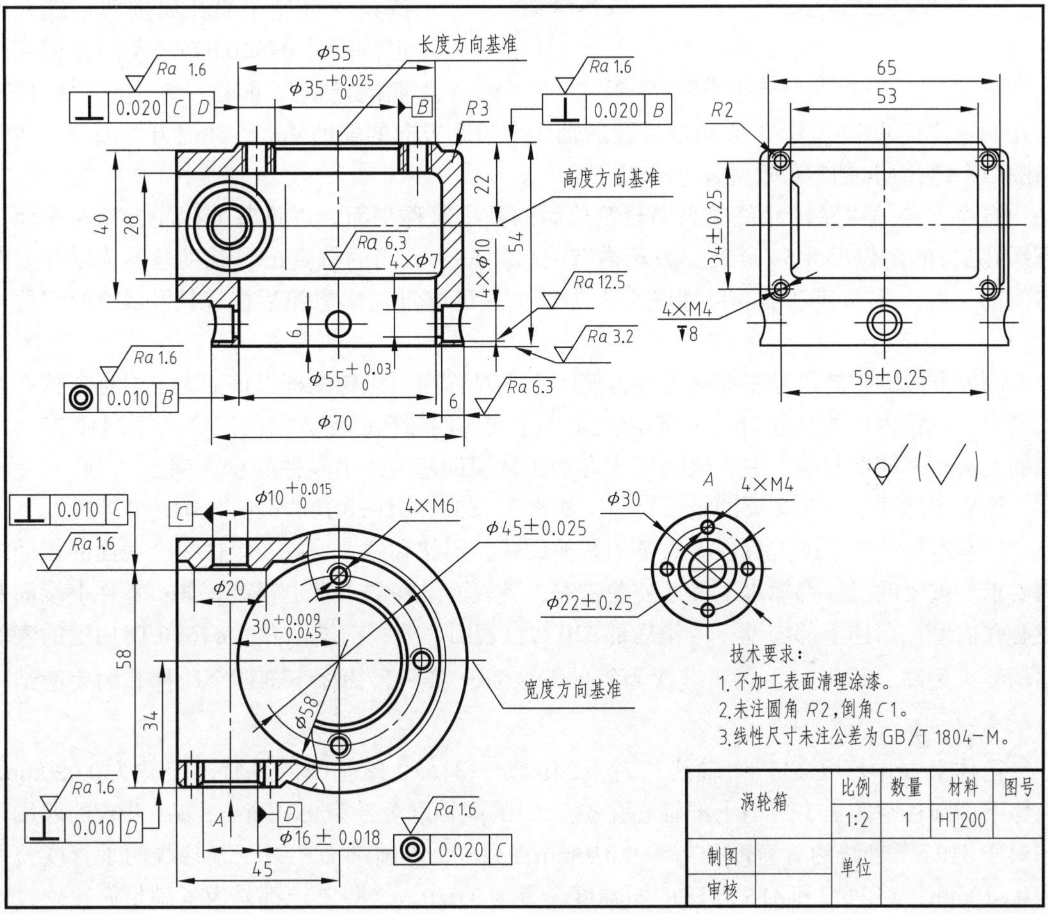

图8-28 涡轮箱零件图

（1）读标题栏

零件名称是涡轮箱，属箱体类零件，其内部可装配涡轮蜗杆结构，是化工及制药机器中常见零件。材料为HT200的灰铸铁，是强度较高的铸件。

08-06 涡轮箱

（2）分析视图，想象形状

该零件共采用了主、俯、左视图及一个局部视图表达。零件按工作位置放置，主视图采用全剖视图，将箱体内部结构表达清晰；左视图为箱体外形图；俯视图采用局部剖视，即保留了箱体的基本外形，又充分表达了箱体左侧前后两连接孔的结构。综合主、俯、左视图，可知涡轮箱体由左端方箱结构（内装蜗杆）和右端圆筒结构（内装涡轮）组成。圆筒上方凸台上均匀分布了四个螺孔M4，下部筒体上均匀分布四个阶梯孔。零件左端方箱前后各一个连接孔，前端连接孔的细节结构由A向的局部视图充分表达。涡轮箱的具体结构形状如图8-29

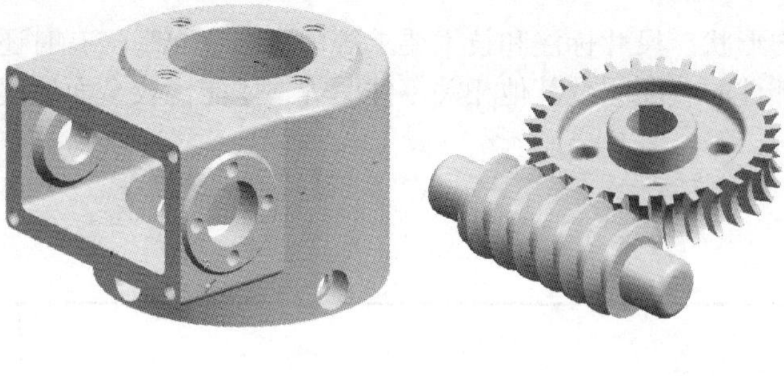

图8-29 涡轮箱及蜗杆涡轮

所示。

（3）分析尺寸及技术要求

零件长度方向的主要尺寸基准为筒体的轴线，从主视图可见圆筒外径尺寸为$\phi70$，内径为$\phi55^{+0.03}_{0}$、内腔直径为$\phi58$，中心孔径$\phi35^{+0.025}_{0}$；从俯视图可见中心孔周围四个螺孔的定位尺寸$\phi45\pm0.025$，左侧方箱左端面的定位尺寸45，方箱前后蜗杆支承孔的定位尺寸$30^{+0.009}_{-0.045}$。以方箱前后孔的轴线为长度方向的辅助基准，注出方箱前端连接孔周围四个螺孔M4的定位尺寸$\phi22\pm0.25$。

宽度方向的主要尺寸基准为涡轮箱前后的基本对称平面，以该基准标注方箱左端面四个螺孔M4的定位尺寸59±0.25，方箱内壁的尺寸53，方箱的总宽65。辅助基准为零件方箱体的前端面，主、辅基准的尺寸联系为34，由辅助基准注出方箱后侧连接孔$\phi20$的定位尺寸58。

高度方向的主要尺寸基准为左端方箱的上下对称面，涡轮蜗杆以该面上下对称连接在涡轮箱中，方箱内壁的高度28、外壁40及箱体左端面四螺孔高度方向的定位尺寸34±0.25。零件的上端面为辅助基准，主、辅间尺寸为22，从辅助基准注出零件的总高54。

图中还标注了一些必要的定形尺寸，如$\phi55$、$\phi30$、$\phi16\pm0.18$、$\phi20$及$\phi10^{+0.015}_{0}$等。

除基本尺寸外，图上标注了大量的其他尺寸、形状和位置公差及零件每个表面的表面结构要求。重要的尺寸都标出了尺寸公差要求，且表面结构的要求也很高，如：零件上端面及中心孔内壁，筒体下部内壁，方箱后部$\phi20$凸台表面，方箱前端面及孔$\phi16\pm0.18$内壁的表面结构要求最高，均为$\sqrt{Ra\ 1.6}$；其次为零件下端面$\sqrt{Ra\ 3.2}$，筒体下部四个阶梯孔的表面结构分别为$\sqrt{Ra\ 6.3}$、$\sqrt{Ra\ 12.5}$。

筒体上端中心孔$\phi35^{+0.025}_{0}$轴线相对于$\phi10^{+0.015}_{0}$、$\phi16\pm0.18$轴线的垂直度公差为0.020mm；筒体下部圆柱空腔$\phi55^{+0.03}_{0}$与上部轴心孔$\phi35^{+0.025}_{0}$的同轴度公差为0.010mm，$\phi20$凸台的前端面相对于$\phi10^{+0.015}_{0}$轴线的垂直度公差为0.010mm；$\phi16\pm0.18$前端面相对于其轴线的垂直度公差为0.010mm；$\phi10^{+0.015}_{0}$和$\phi16\pm0.18$的同轴度公差为0.020。这些要求都是为了满足涡轮蜗杆能较好地配合而设计的。

此外，图中还用文字补充说明了零件表面处理（零件表面常见热处理工艺见附表23）、未注铸造圆角和倒角的尺寸及线性尺寸公差等技术要求。

（4）综合分析

涡轮箱大致是经过铸造、时效处理、铣底面、车削、镗孔、攻丝等工序制造完成。在看涡轮箱的零件图时，可参见与之相配合的涡轮蜗杆的实体模型或零件图（图8-28），综合全面地了解涡轮箱的结构、尺寸、技术要求及与其他零件的连接关系。

本章自测题

第9章 装 配 图

本章课件

本章主要介绍装配图的内容；装配图的视图表达方法、尺寸标注、序号编写；绘制及识读装配图的方法及步骤等。

机器设备（或部件）都是由若干零件按照一定的安装及装配关系组装而成的，反映整个机器设备（或部件）的工作原理、各零部件之间的安装及装配关系、机械设备（或部件）整体结构特点的图样，称为装配图（assembly drawing）。装配图是指导安装、调试、操作和维修机器设备的重要技术文件。安装、调试时，均需依据装配图及图上的技术要求进行，并检验产品是否合格；使用和维修时，也需根据装配图了解机器设备的工作原理、装配关系、传动路线和结构性能等，确定操作、保养和维修的方法。

设计机器设备（或部件）时，一般先按设计要求绘制装配图，然后再根据装配图拆画零件图。

9.1 装配图的内容

07-01 齿轮油泵的装配爆炸视频

图9-1是齿轮油泵的装配图。

一张完整的装配图应包括以下内容：

（1）一组视图

采用一组视图表达机器设备（或部件）的工作原理、结构特点及各组成零件的相对位置、装配连接关系等。

（2）必要的尺寸

装配图上需标注与安装、装配、包装及运输等相关联的尺寸，包括机器（或部件）的性能（规格）尺寸、零件之间的安装及配合尺寸、外形尺寸和其他重要尺寸等。

（3）技术要求

采用文字或符号说明机器设备（或部件）在安装和装配、检验和调试、操作与维修等方面的技术要求。

（4）标题栏、零部件序号和明细栏

装配图中，需对零部件进行编号，并在标题栏上方按编号顺序绘制出明细栏。

9.2 装配图的视图表达方法

第6章的机件常用表达方法（如视图、剖视图、断面图和局部放大图等），同样适用于装配图。但由于装配图主要用以反映机器设备的工作原理、装配关系及整体结构特点，其表达的重点与零件图有所不同，因此装配图还有一些规定画法和特殊表达方法。

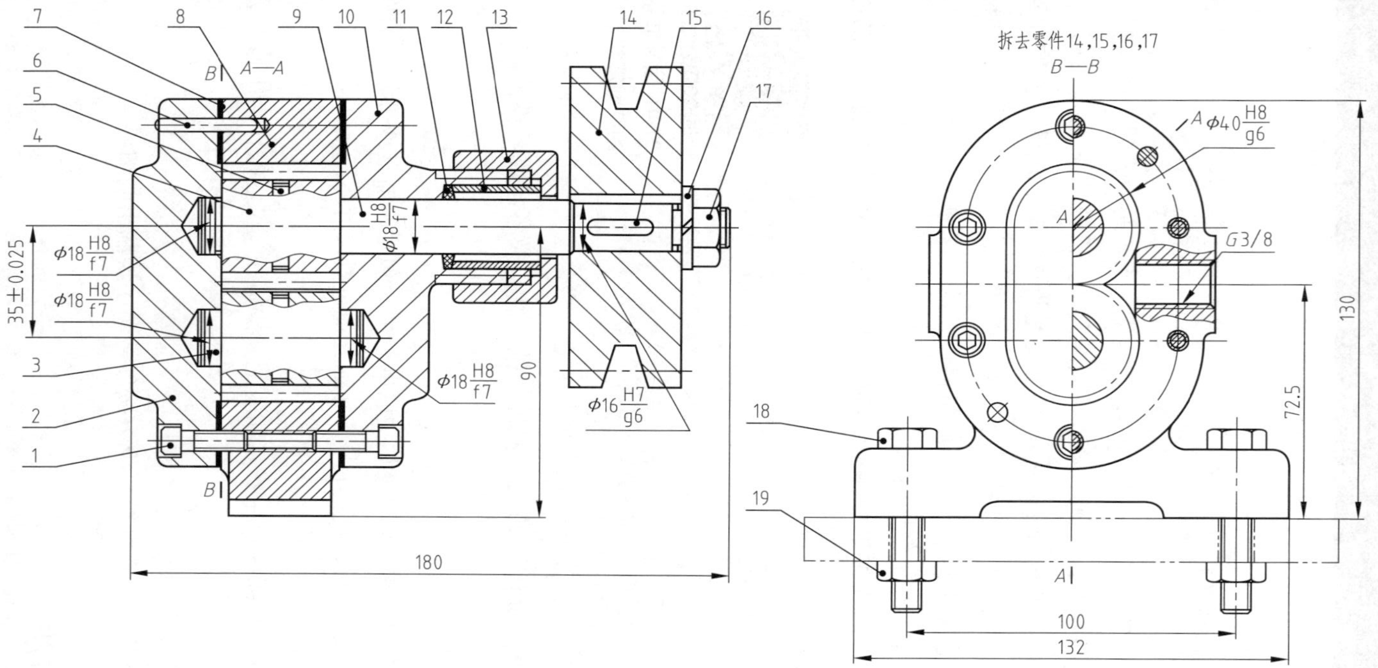

技术要求：

1. 齿轮安装后，用手转动传动齿轮时，应灵活旋转。
2. 两齿轮轮齿的啮合面占齿长的3/4以上。

序号	名称	数量	材料	备注	序号	名称	数量	材料	备注
19	螺母M8	2	Q235	GB/T 6170—2000	7	垫片	2	纸	$\delta=1$
18	螺栓M8×50	2	Q235	GB/T 5782—2000	6	销A4×30	4	45	GB/T 119—2000
17	螺母M12×1.5	1	35	GB/T 6171—2000	5	销A5×28	2	45	GB/T 119—2000
16	弹簧垫圈	1	65Mn	GB/T 859—87	4	齿轮	2	45	M=2.5,Z=14
15	键5×25	1	45	GB/T 1096—2003	3	齿轮轴	1	45	
14	皮带轮	1	45		2	后泵盖	1	HT200	
13	压紧螺母	1	35		1	螺钉M6×32	12	35	GB/T 70—2000
12	轴套	1	ZCuSn5Pb5Zn5						
11	密封圈	1	橡胶						
10	前泵盖	1	HT200						
9	传动齿轮轴	1	45						
8	泵体	1	HT200						

齿轮油泵	比例	1:1	共 张
	质量		第 张
制图			
设计			
审核			

图9-1 齿轮油泵装配图

9.2.1 装配图的规定画法

为了明显区分各零件，并确切地表示它们之间的装配关系，绘制装配图需遵循以下规定画法：

（1）接触面与配合面画一条线

相邻两零件的接触表面和配合面（相同尺寸的轴和孔的配合）只画一条线，不接触面即使间隙再小，也必须画两条线，如图9-2所示。

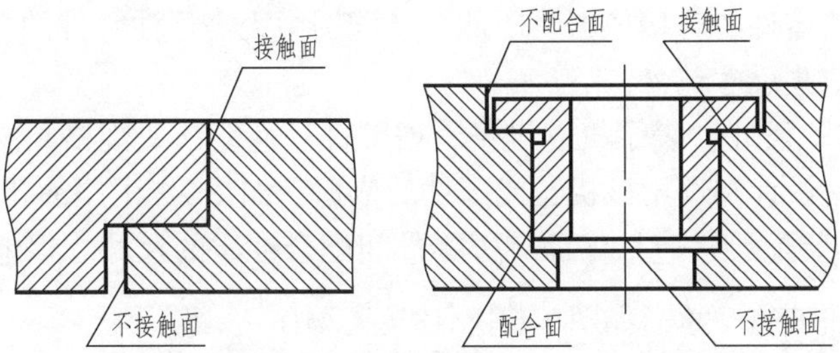

图9-2 相邻两零件接触面与配合面的画法

（2）相邻接零件剖面线的画法

相邻接零件剖面线的方向应相反，或方向相同，间距不同。同一零件的剖面线在各剖视图或断面图中应保持方向一致，间隔相等。

（3）紧固件和实心零件的画法

对于紧固件和实心的轴类零件（如螺钉、螺栓、螺母、垫圈、键、销及轴等），若剖切平面通过它们的轴线或对称平面时，这些零件均按不剖绘制。必要时，可作局部的剖视。如图9-1中的件1、件3、件5、件9等，均按不剖绘制。

9.2.2 装配图的特殊表达方法

（1）沿结合面剖切和拆卸画法

为了更加清楚地表达机器设备（或部件）的装配关系、工作原理等，可假想沿某些零件的结合面剖切或采用拆卸画法。如图9-1中，为了反映齿轮油泵中齿轮啮合的情况，左视图采用了沿泵体和泵盖的结合面剖切的表达方法；此时，零件的结合面不画剖面线，被横向剖切的轴、螺栓或销等要画剖面线。同时，左视图采用了拆卸画法，将件14、15、16、17拆卸后绘制左视图。另图9-19中左视图，为了清楚表达皮带轮及主、从动齿轮的装配关系，也拆除了皮带罩进行绘制。

（2）假想画法

为了表示机器设备（或部件）与相邻零件的安装关系或某零件运动的极限位置，可以用双点画线画出其轮廓。如图9-1中，为了反映齿轮油泵与安装板的装配关系，采用假想画法用双点画线绘制安装板。

（3）夸大画法

对于直径或厚度小于2mm的较小零件或较小间隙（如薄片零件、细丝弹簧等），若按它们的实际尺寸在装配图中很难画出或难以表示清楚时，可不按比例而采用夸大画法绘制，如图9-1中的垫片。

（4）简化画法

① 装配图上若干个相同的零件组（如螺栓连接等），允许只详细画出一组结构，其余用

点画线表示出其装配位置即可。

② 装配图上零件的工艺结构，如退刀槽、倒角、倒圆等，允许省略不画。

9.3 装配图的尺寸标注和技术要求

9.3.1 尺寸标注

装配图不是制造零件的直接依据。因此，装配图中无需标注零件的全部尺寸，只需标注一些必要的尺寸，这些尺寸包含：

① 性能（规格）尺寸。表示机器设备（或部件）性能（或规格）的尺寸，这些尺寸在设计时已经确定，是设计和选用该机器或部件的依据，如图9-1中压油孔的尺寸$G3/8$。

② 装配尺寸。装配尺寸包括保证有关零件间配合性质的尺寸、保证零件间相对位置的尺寸、装配时进行加工的尺寸，如图9-1中$\phi 18\frac{H8}{f7}$、$\phi 16\frac{H7}{g6}$等。

③ 安装尺寸。机器设备（或部件）安装时需要保证的尺寸，如图9-1中的72.5、90、35±0.025等。

④ 外形尺寸。表示机器或部件外形轮廓的大小，即总长、总宽和总高。它是机器设备（或部件）在包装运输、安装和厂房设计时不可缺少的数据，如图9-1中的外形尺寸130、132、180。

⑤ 其他重要尺寸。在设计中经过计算而确定的尺寸，如运动零件的极限位置尺寸、主要零件的重要定位尺寸等。

上述五种尺寸在一张装配图上不一定同时都有，有时一个尺寸也可能包含几种含义。应根据机器设备（或部件）的具体情况具体分析，从而合理地标注出装配图的尺寸。

9.3.2 技术要求

装配图上的技术要求主要是针对机器设备（或部件）的工作性能、装配及检验、调试、操作与维护所提出的要求。不同的机器设备（或部件）具有不同的技术要求，一般用文字注写在图样中。

9.4 装配图中序号、明细栏及标题栏的规定

为了便于设计、生产及安装调试过程中查阅有关零件，便于读图，装配图中所有零部件必须编写序号，同一装配图中相同的零、部件只编写一个序号，并将相关信息填写在明细栏中。

9.4.1 序号的一般规定（GB/T 4458.2—2003）

编写序号时，应使零部件的序号与明细栏中的序号一致，并且同一装配图中编写序号的形式应一致，序号编写的规定如下：

① 编写时，常在需要编写的零部件上画一圆点，然后从圆点引出指引线，在指引线的端部画一水平线或圆（引线及水平线用细实线绘制），在水平线上或圆内编写序号；序号的字号一般比尺寸数字大一号或两号，如图9-3（a）所示。指引线相互不交错，当指引线通过剖面线区域时应避免与剖面线平行。

② 装配关系清楚的紧固件可采用公共指引线，如图9-3（b）所示；标准部件（如油杯、滚动轴承等）在图中被当成一个部件，只编写一个序号。

③ 零部件序号应沿水平或垂直方向按顺时针（或逆时针）方向顺次排列整齐，并尽可能均匀分布，如图9-1所示。

④ 很薄的零件（或涂黑断面），可在指引线的末端画出箭头，并指向该部分的轮廓，如图9-3（c）所示。

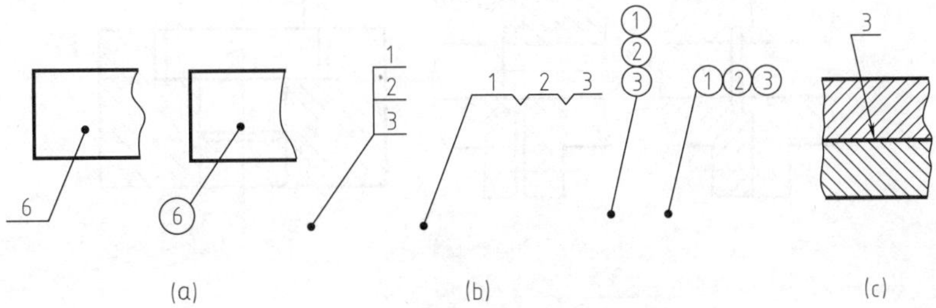

图9-3　零部件序号的编写形式

9.4.2　明细栏（GB 10609.2—2009）

明细栏是机器或部件中全部零部件的详细目录。明细栏在标题栏上方，当空间位置不够时，可续写在标题栏的左方，明细栏的边框竖线为粗实线绘制，其余均为细实线。

零件的序号自下而上填写，以便在增加零件时可继续向上画格。明细栏中“名称”一栏除了填写零、部件名称外，对于标准件还要填写其规格尺寸，标准件的标准号应填写在“备注”一栏中。

9.5　装配结构的合理性

在设计装配体的过程中，应考虑到装配结构的合理性，以保证机器和部件的性能，并给零件的加工和拆卸带来方便，满足装配要求。

9.5.1　装配工艺结构

（1）轴和孔的配合结构

要保证轴肩与孔的端面接触良好，应在孔的接触面制成倒角或在轴肩根部切槽，如图9-4所示。

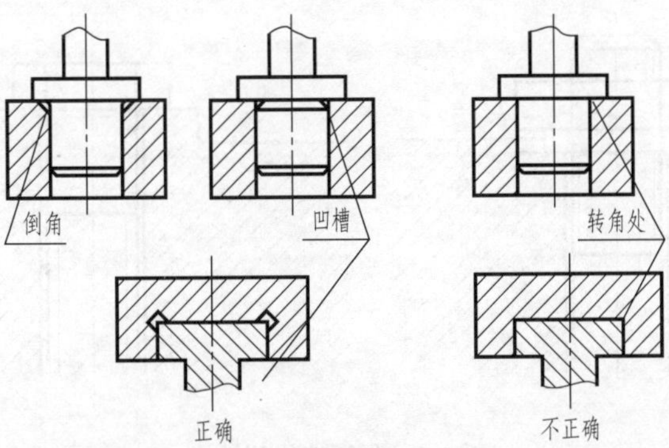

图9-4　轴和孔的配合结构

（2）接触面的数量

当两个零件接触时，在同一方向上应只有一个接触面，这样即可满足装配要求，制造也较方便，如图9-5所示。

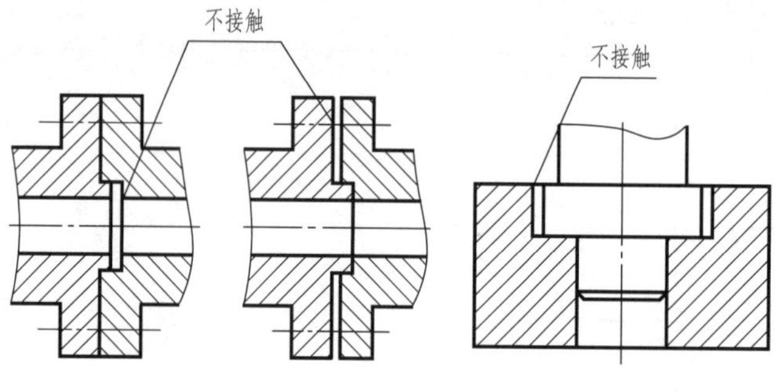

正确

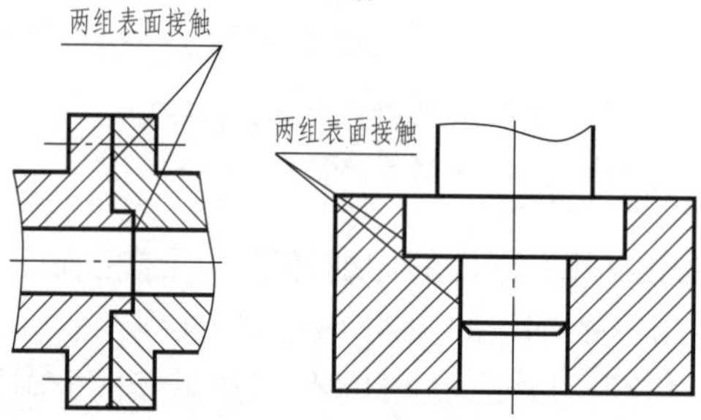

不正确

图9-5 接触面的数量

（3）销配合处结构

为了保证两零件在装拆前后不致降低装配精度，通常用圆柱销或圆锥销将零件定位。为了加工和装拆的方便，在可能的条件下，最好将销孔做成通孔，如图9-6所示。

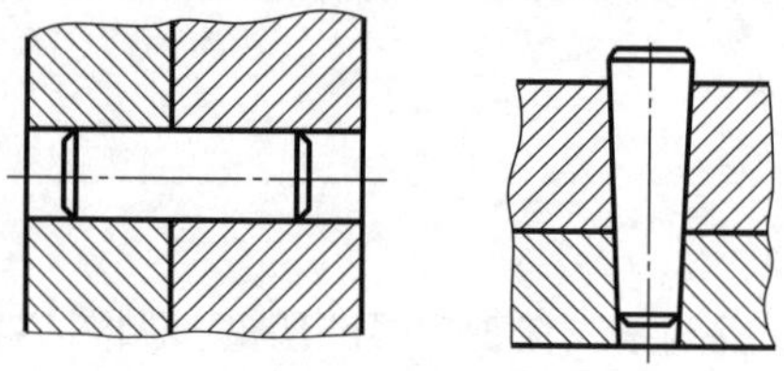

图9-6 销配合处结构

（4）紧固件装配结构

为了使螺栓、螺母、螺钉、垫圈等紧固件与被连接表面接触良好，在被连接件的表面应加工成凸台或鱼眼坑等结构，如图9-7所示。

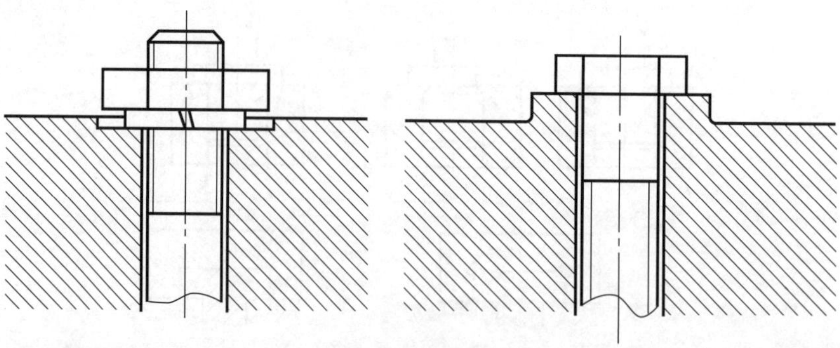

图9-7 紧固件装配结构

9.5.2 机器上的常见结构

（1）螺纹防松装置

为防止设备机器在工作中由于振动而使螺纹紧固件松开，常采用双螺母、弹簧垫圈、止动垫圈和开口销等防松装置，其结构如图9-8所示。

（2）便于装拆的合理结构

用螺纹紧固件连接时，要考虑到安装和拆卸紧固件是否方便，如图9-9所示。

（3）密封装置

在制药设备中，为了保证GMP的执行，防止灰尘、杂屑、润滑油等进入轴承或泄漏到药品中，常采用机械式密封或采用较好材料的垫片密封，对于一些不直接接触药品的场合（如冷却水系统等），也可采用填料式密封，如图9-10所示。

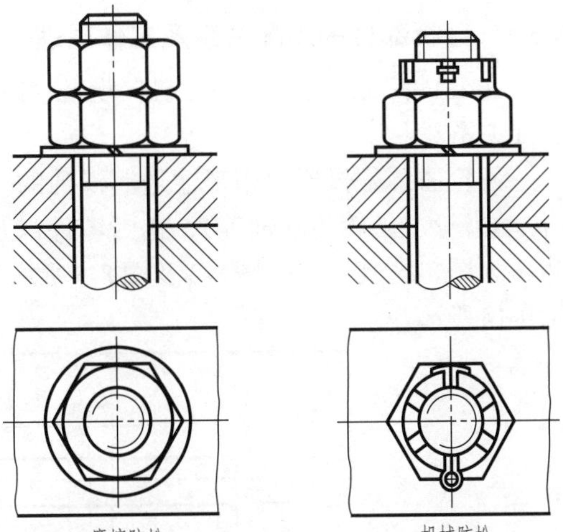

图9-8 螺纹防松装置

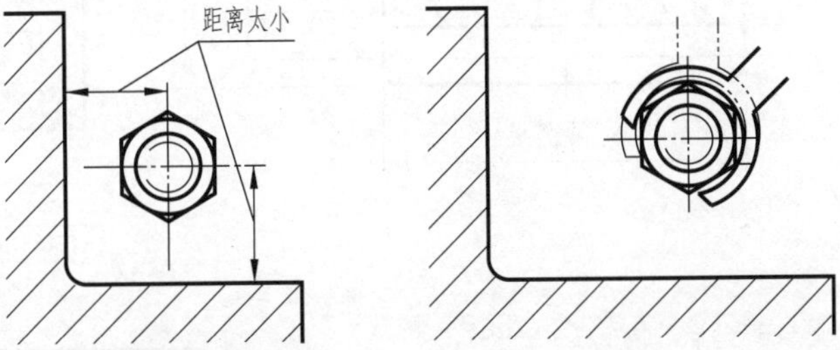

图9-9 留出扳手活动空间

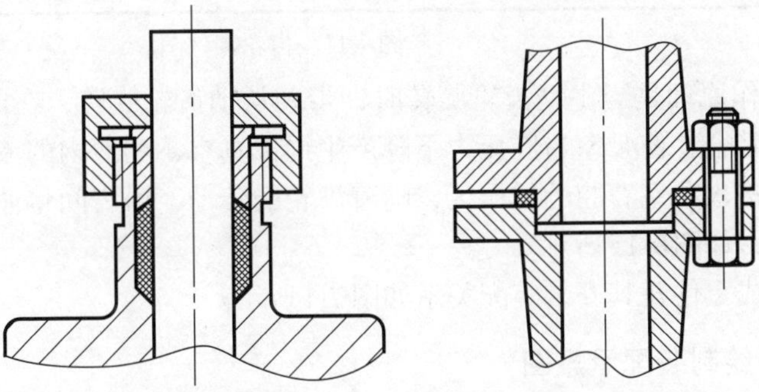

图9-10 密封装置

9.6 绘制装配图

设计机器设备（或部件）时，一般先按设计要求绘制装配图，下面以齿轮油泵为例介绍装配图的绘制方法及步骤。

9.6.1 分析部件的装配关系及工作原理

在绘制装配图前，需清楚机器设备（或部件）的工作原理、各零件的相对位置及其安装装配关系。

齿轮油泵是机器中用来输送润滑油的一个部件，由泵体，前泵盖、后泵盖，运动零件（传动齿轮、齿轮传动轴等），密封零件以及标准件等组成。其中前泵盖、轴、皮带轮及泵体，如图8-1、图8-2、图8-3及图8-5所示；齿轮、后泵盖、齿轮轴、压紧螺母如图9-11~图9-14所示。

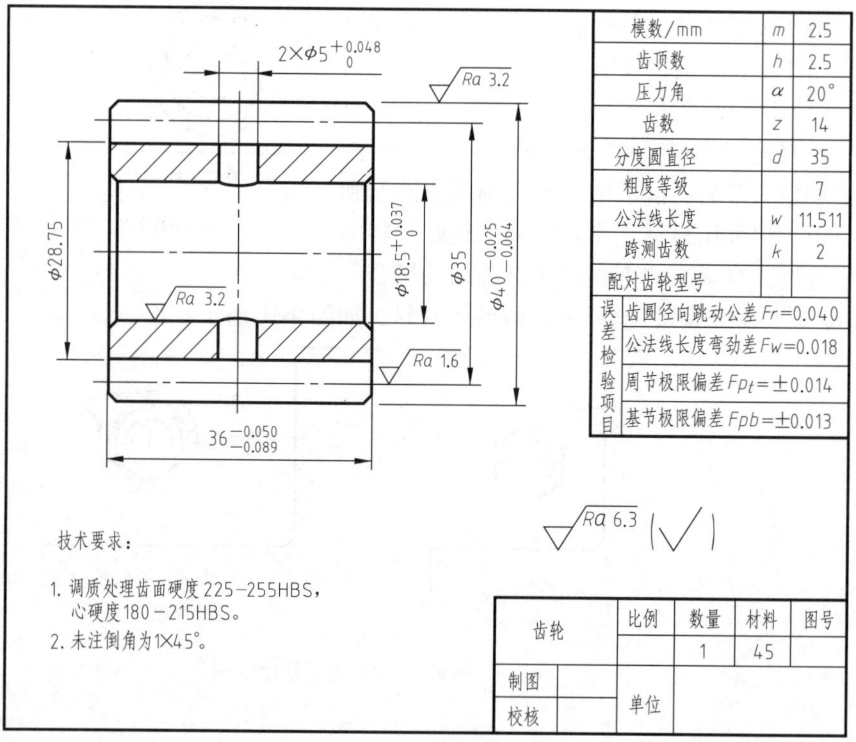

09-01 齿轮

图9-11 齿轮零件图

齿轮油泵的工作原理是当主动齿轮旋转时，带动从动齿轮旋转，在两个齿轮的啮合处，由于轮齿瞬时脱离啮合，使泵室右腔压力下降产生局部真空，油池内的液压油便在大气压力作用下，从吸油口进入泵室右腔的低压区，随着齿轮的转动，由齿间将油带入泵室左腔，并使油经出油口排出，如图9-15所示。

齿轮油泵各组成零件及其安装装配关系如图7-1所示。

9.6.2 拆卸零件，绘制装配示意图

绘制装配图前，应拆卸需测绘的机器设备（或部件），绘制装配示意图。

① 拆卸前，应了解拆卸顺序；测量一些重要尺寸，如部件总体尺寸、零件的相对位置尺寸、极限尺寸、装配尺寸等，以便校对图样和装配部件。

② 拆卸前至拆卸过程中，画出装配示意图，如图9-16所示。

9.6.3 绘制零部件草图

机器设备（或部件）的各种零件中，标准件只需测量出其规格尺寸，查有关标准后列表记录即可，非标准件都应画出零部件草图或零部件图，各关联零件之间的尺寸要协调一致。

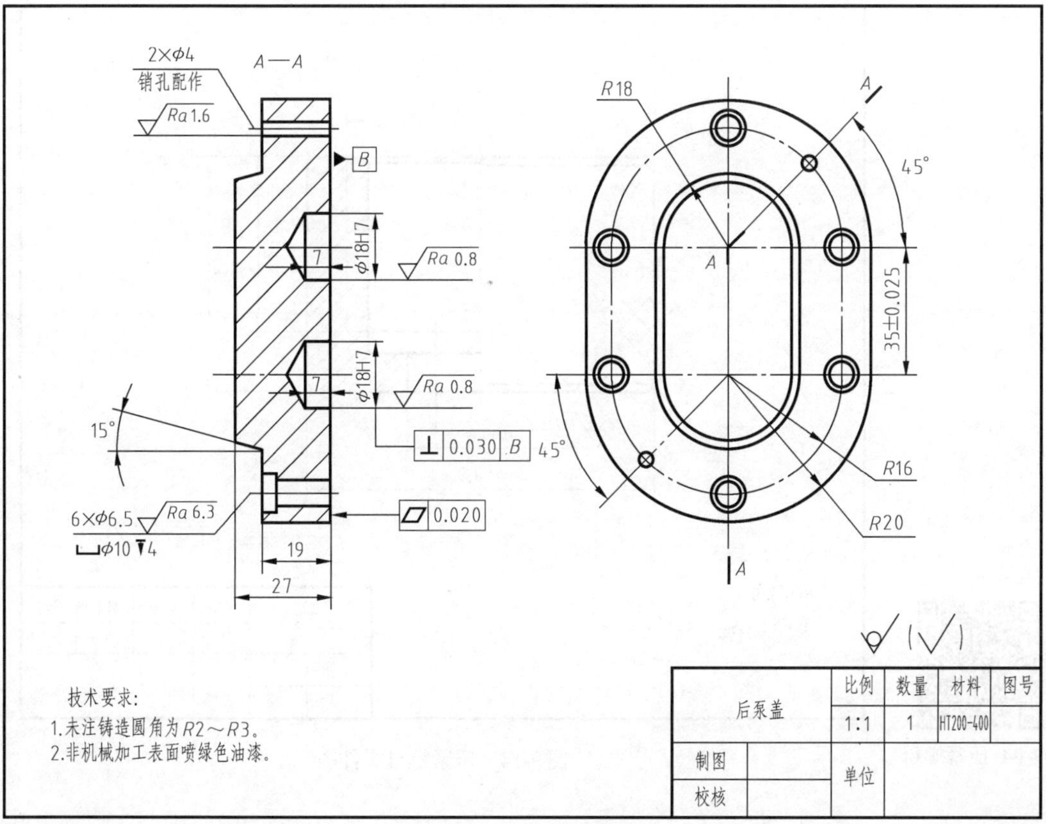

图9-12 后泵盖零件图

09-02 后泵盖

09-03 齿轮轴

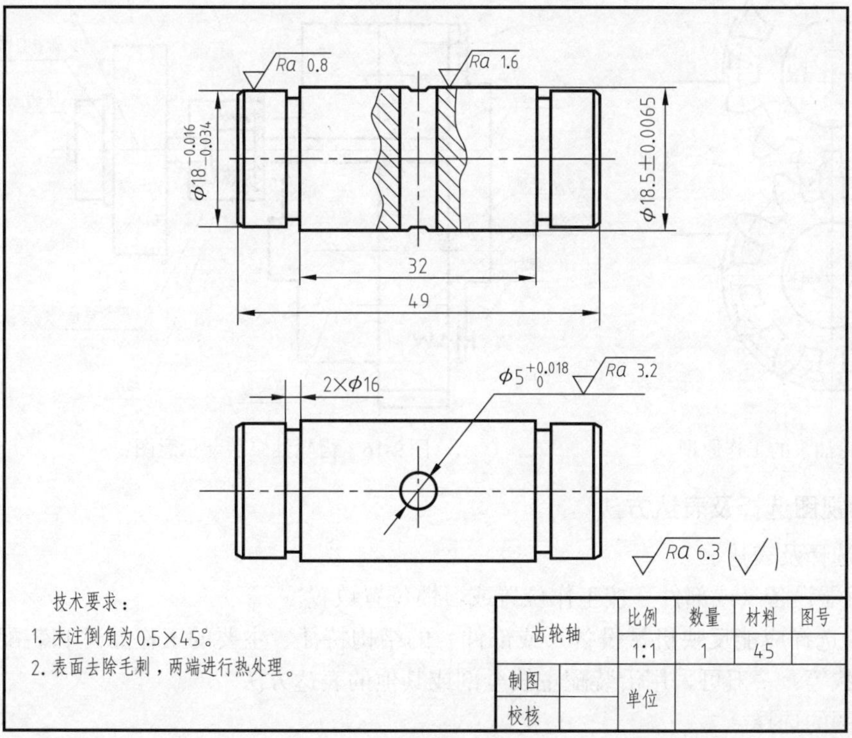

图9-13 齿轮轴零件图

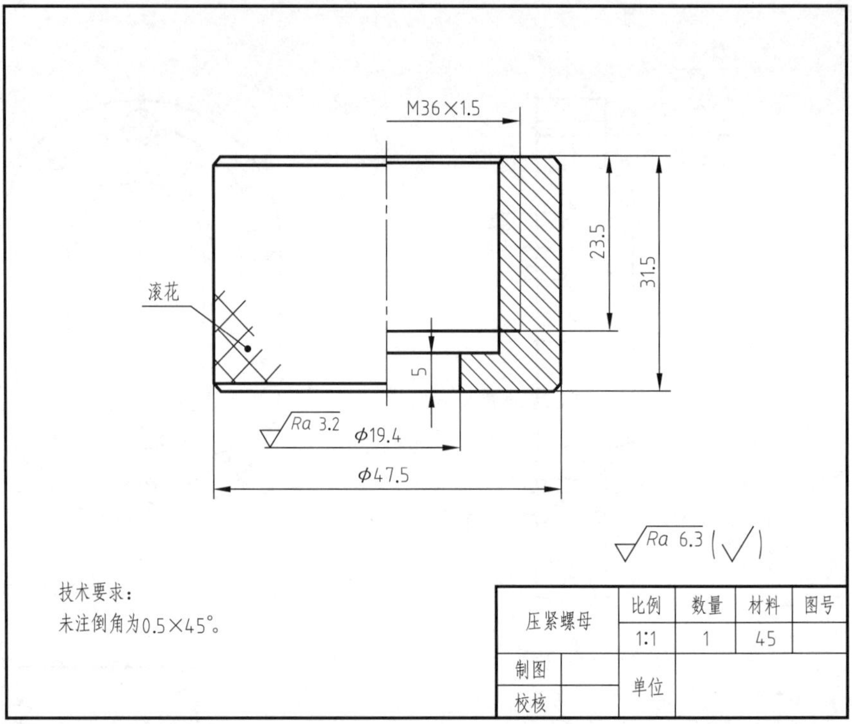

09-04 压紧螺母

图 9-14 压紧螺母零件图

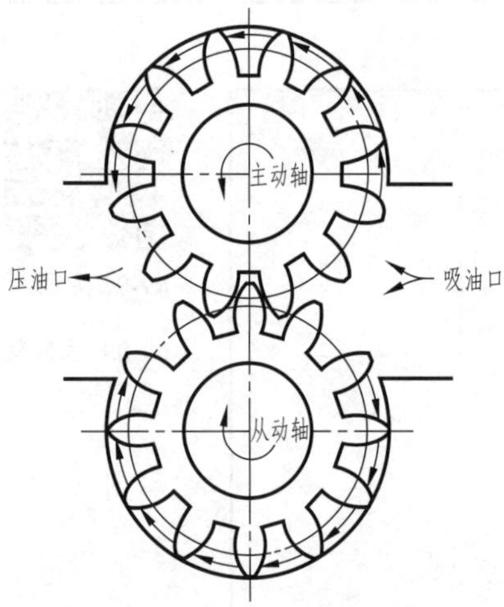

图 9-15 齿轮油泵的工作原理

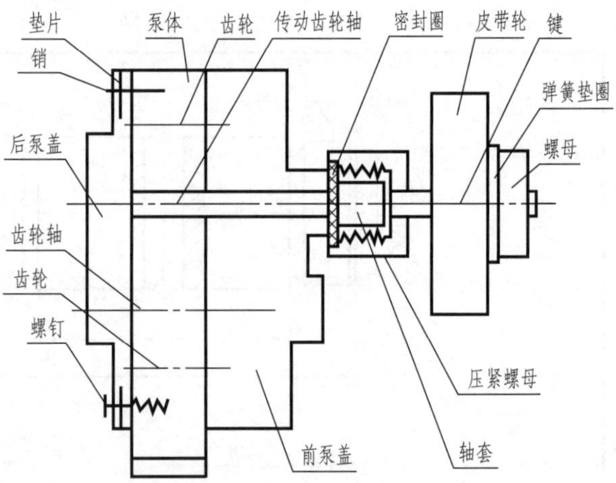

图 9-16 齿轮油泵装配示意图

9.6.4 装配图的视图选择及表达方法

（1）主视图选择及表达

① 一般将机器设备（或部件）按工作位置或习惯位置放置。

② 主视图的选择应能反映机械设备（或部件）的结构特征、主要的工作原理和装配关系及主要零件形状等，一般可采用沿装配主线全剖或其他的表达方法。

（2）其他视图的选择

其他视图主要是进一步表达主视图未表达清楚的工作原理、装配关系和主要零件的结构形状。其他视图的选择应考虑以下几点：

① 分析还有哪些装配关系、工作原理及零件的主要结构形状还没有表达清楚，从而选择适当的视图及相应的表达方法。

② 尽量用基本视图及在基本视图上作剖视来表达有关内容。

③ 合理布置视图，使图形清晰，便于看图。

如图9-1齿轮油泵装配图，其由19种零件装配而成，采用两个视图表达。全剖视的主视图，反映了组成齿轮油泵各个零件间的装配关系。左视图采用半剖视图，其剖切面沿后泵盖2与泵体8的结合面剖切后，移去垫片7，它清楚地反映油泵的外形、齿轮的啮合情况；半剖视图内，再以局部剖视表达吸、压油的工作原理。

9.6.5 绘制装配图的方法与步骤

（1）选定作图比例、图幅，绘制定位基准线

根据机器设备（或部件）的大小，视图数量，选取适当的绘图比例，确定图幅的大小；进行合理布局，布局时考虑留出标题栏、明细栏和填写技术要求的位置；绘制各视图的定位基准线（主要轴线、对称中心线、作图基准线），如图9-17（a）所示。

（2）画主要部件的轮廓线

由主视图开始，画主要零件的轮廓线，几个视图配合进行。画剖视图同时，可以装配主线为基准，由内向外或由外向内逐一画出，如图9-17（b）所示。

（3）绘制其他零件

沿装配主线，画出其余全部零件，完成装配图底稿，如图9-17（c）所示。

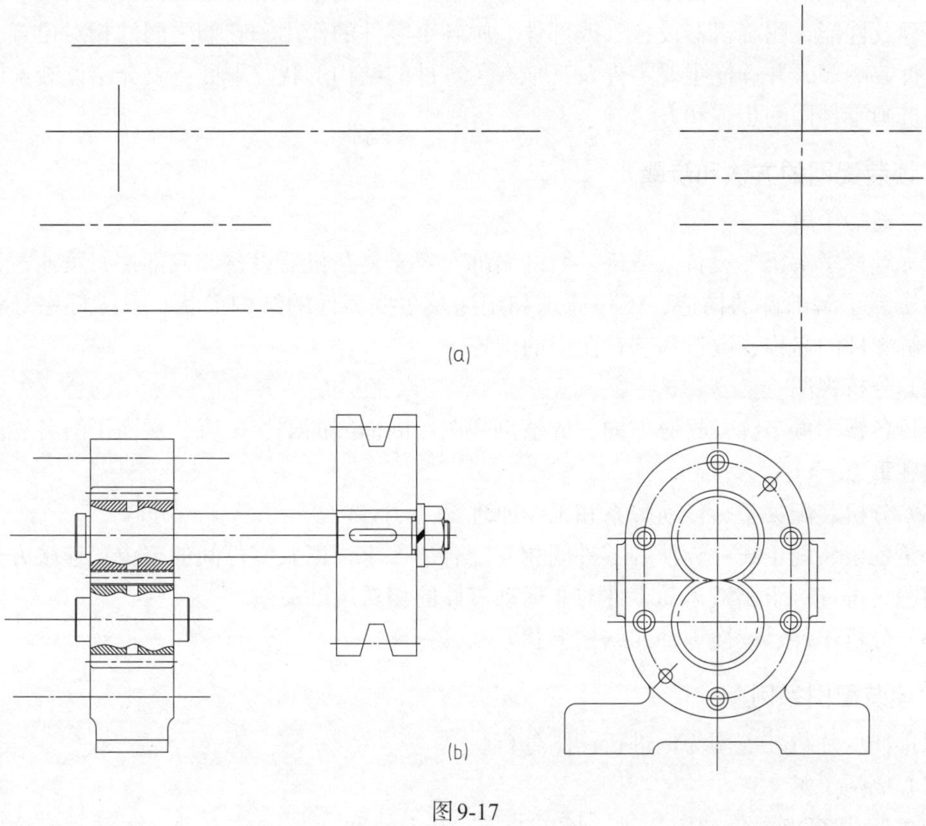

图9-17

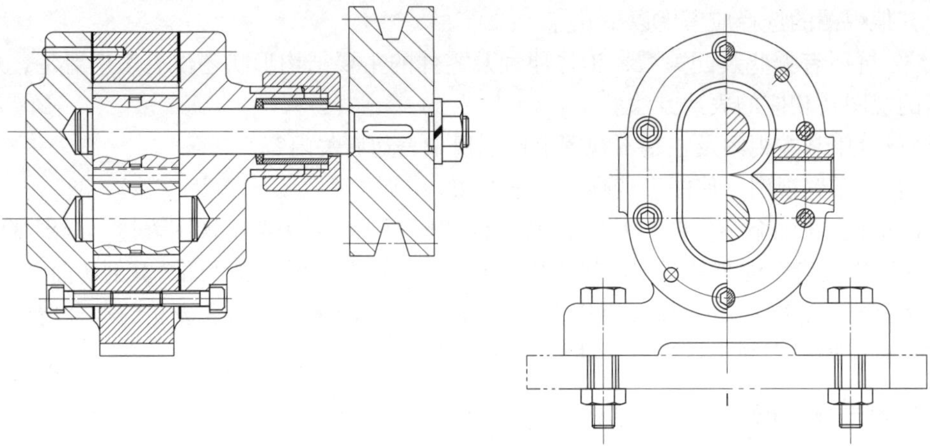

(c)

图9-17 绘制装配图的方法与步骤示例

(4) 加深及其他

底稿线完成后，需经校核后，加深图线画剖面线，注写尺寸，编写明细栏及标题栏，再经校核，完成装配图绘制，如图9-1。

9.7 读装配图及由装配图拆画零件图

在制药机械的生产和使用过程中，经常要通过装配图来了解制药机器设备（或部件）的工作原理及性能，明确机器设备（或部件）中各个零件的作用和它们之间的相对位置、装配关系及拆装顺序，并读懂主要零件及其他有关零件的结构形状。下面主要介绍读装配图及由装配图拆画零件图的步骤和方法。

9.7.1 读装配图的方法和步骤

(1) 概括了解

看标题栏了解机器设备（或部件）的名称，对于复杂机器设备（或部件）可通过说明书或参考资料了解部件的构造、工作原理和用途及主要零件的结构形状；看零件序号和明细栏，了解零件的名称、数量和它在图中的位置。

(2) 分析视图

分析各视图的名称及投影方向，弄清剖视图、断面图的剖切位置，从而了解各视图的表达意图和重点。

(3) 分析装配关系、传动关系和工作原理

分析各条装配干线，弄清各零件间相互配合的要求，以及零件间的定位、连接方式、密封等问题，再进一步搞清运动零件与非运动零件的相对运动关系。

(4) 分析零件、读懂零件的结构形状。

9.7.2 读装配图举例

以单冲压片机装配图为例进行读图分析。

(1) 概括了解

图9-18为TDP型单冲压片机。该单冲压片机是一种小型台式电动（手动）连续压片的

图9-18　TDP型单冲压片机

机器，可将粉末状原料压制成片剂，广泛用于制药企业、化工企业、医院、科研等部门。

图9-19（见后插页）为该单冲压片机的装配图。由标题栏可知，该机器是单冲压片机，由图9-19明细栏知道它共由66种零件组成，结合图中所注写的尺寸及技术要求、实际产品和产品说明书等有关资料，了解该机器的用途、使用条件、生产产品的规格、操作安装过程及维修防护方法等。

（2）分析视图

单冲压片机装配图采用了两个基本视图和一个局部视图表达其工作原理、装配关系及压片机的整体结构。主视图为清楚表达部件外形，假想拆除大料斗；并用*A—A*剖视图表达工作原理及主要装配干线的装配关系。左视图中，为了清楚表达皮带轮及主、从动齿轮的装配关系，假想拆除防护罩，增加一个*B*向局部视图表示大料斗和挂钩之间的相互位置关系。

（3）分析工作原理、装配关系和传动关系

本机的主要零件为一个流线型机身1，是整体铸造而成的。其工作原理和传动关系如下：

由电动机53和主动轮8通过O型三角带10旋转，进而带动从动轮16旋转，从动轮与小齿轮一体同轴，小齿轮再带动从动齿轮18旋转，致使与从动齿轮用键17连接并带动的主轴37旋转。主轴上串联着出片凸轮23及心形凸轮组件（由心形凸轮壳24、凸轮油帽25组合而成），还串联着偏心轮30。主轴的旋转使得其上各个凸轮带动着各自的连杆19、28、32，做不同的升降运动；出片凸轮23旋转，通过滑块20传递给连杆19，连杆19与升降叉3过盈连接，带动升降叉上下升降，确定下冲5的高低位置；心形凸轮旋转后，带动调节螺杆28、上冲芯29、上冲钉11上下升降，确定上冲钉的高低位置。偏心轮30旋转，通过滑块31带动连杆32前后运动，带动小料斗43、大料斗61往复送料。旋转下冲芯4上部的出片调节轮2，调整下冲5的口面与中模7平面平齐，保证出片顺利。根据充填量需要，可旋转下冲芯4下部的充填调节轮2，向右旋增加充填量，向左旋减少充填量。根据片剂的软硬程度需要，旋转上冲芯29，向右旋软，向左旋硬，调整后须将紧固螺母14板紧。电动机通电带动主轴旋转后，上述各环节功能组合运行，充填、冲压、出模动作连续进行，实现单冲压片机的电动压片过程。主轴的右端还装有飞轮33并附有活动手柄36，无电时可以实现手动压片过程。

零件间的装配关系要从装配干线最清楚的视图入手，主视图反映了单冲压片机的主要装配关系，由该视图中的ϕ25H7/h6分别表示主轴37与机身1定位孔及三个凸轮之间的装配关系；ϕ19H7/h6表示连杆19与机身1之间的装配关系；ϕ25H7/h6表示上冲芯29和机身1之间的装配关系。各紧固件的相对位置在主视图、左视图及局部视图中表达出来。

（4）分析零件的结构形状

根据装配图，分析零件在部件中的作用，并通过构形分析确定零件各部分的形状。先看主要零件，再看次要零件；先看容易分离的零件，再看其他零件；先分离零件，再分析零件的结构形状。

① 由明细栏中的零件序号，从装配图中找到该零件所在位置。如图中的中模台板的序号为6，再由装配图中找到序号6所指的零件。

② 在装配图中，根据零件的剖面线倾斜方向和间隔，确定零件在各视图中的轮廓范围，并可大致了解到构成该零件的简单形体。

③ 综合分析，确定零件的结构形状。

（5）总结归纳

在对机器或部件的工作原理、装配关系和各零件的结构形状进行分析之后，还应对所标注的尺寸和技术要求进行分析研究，从而了解机器或部件的设计意图和装配工艺性能等，并弄清各零件的安装及拆卸顺序。经归纳总结，加深对机器或部件的全面认识，完成装配图的识读，并为拆画零件图打下基础。

9.7.3　由装配图拆画零件图

由装配图拆画零件图，简称为拆图。拆图的过程是继续设计零件的过程，它是在看懂装配图的基础上进行的一项设计内容。

装配图中的零件类型可分为以下几种：

① 标准件。标准件一般属于外购件，不画零件图。按明细栏中标准件的规定标记，列出标准件即可。

② 借用零件。借用零件是借用定型产品上的零件，这类零件可用定型产品的已有图样，不拆画。

③ 重要设计零件。在设计说明书中给出这类零件的图样或重要数据，此类零件应按给出的图样或数据绘图。

④ 一般零件。这类零件是拆画的主要对象，现以序号为6的中模台板及序号为7的中模为例，说明由装配图拆画零件图的方法和步骤。

9.7.3.1　分离零件

在看装配图时，已将零件分离出来，且已基本了解零件的结构形状，现将其他零件从中卸掉，恢复中模台板和中模被挡住的轮廓和结构，得到中模台板及中模完整的视图轮廓。

9.7.3.2　确定零件的视图表达方案

装配图的表达是从整个部件的角度来考虑的，因此装配图的表达方案不一定适合零件的视图表达需要。拆图时，不宜照搬装配图中的方案，而应根据零件的结构形状，进行全面的考虑。有的对原方案只需作适当调整或补充，有的则需重新确定。

如中模台板6和中模7，在主视图中的位置，既反映其工作位置，也反映其形状特征，所以这一位置仍作为零件图的主视图。而中模台板上下平面的孔及侧面孔的位置和深度未表达清楚，中模的内外部形状也需进一步表达。因此，中模台板还需要通过俯视图、仰视图和剖面图来共同表达，中模也需要增加俯视图来共同表达。经分析后确定的视图表达方案分别如图9-20和图9-21所示。

9.7.3.3　零件尺寸的确定

装配图中已标注的零件尺寸都应移到零件图上，凡注有配合的尺寸，应根据公差代号在零件图上注出公差带代号或极限偏差数值。

9.7.3.4　拆画零件图应注意的问题

① 在装配图中允许不画的零件的工艺结构如倒角、圆角、退刀槽等，在零件图中应全部画出。

② 零件的视图表达方案应根据零件的结构形状确定，而不能盲目照抄装配图，要从零件的整体结构形状出发选择视图。箱体类零件主视图应与装配图一致；轴类零件应按加工位置选择主视图；叉架类零件应按工作位置或摆正后的位置选择主视图。其他视图应根据零件的结构形状和复杂程度来选定。

③ 装配图中已标注的尺寸，是设计时确定的重要尺寸，不应随意改动，零件图的尺寸，除在装配图中注出者外，其余尺寸都在图上按比例直接量取。对于标准结构或配合的尺寸，如螺纹、倒角、退刀槽等要查标准注出。

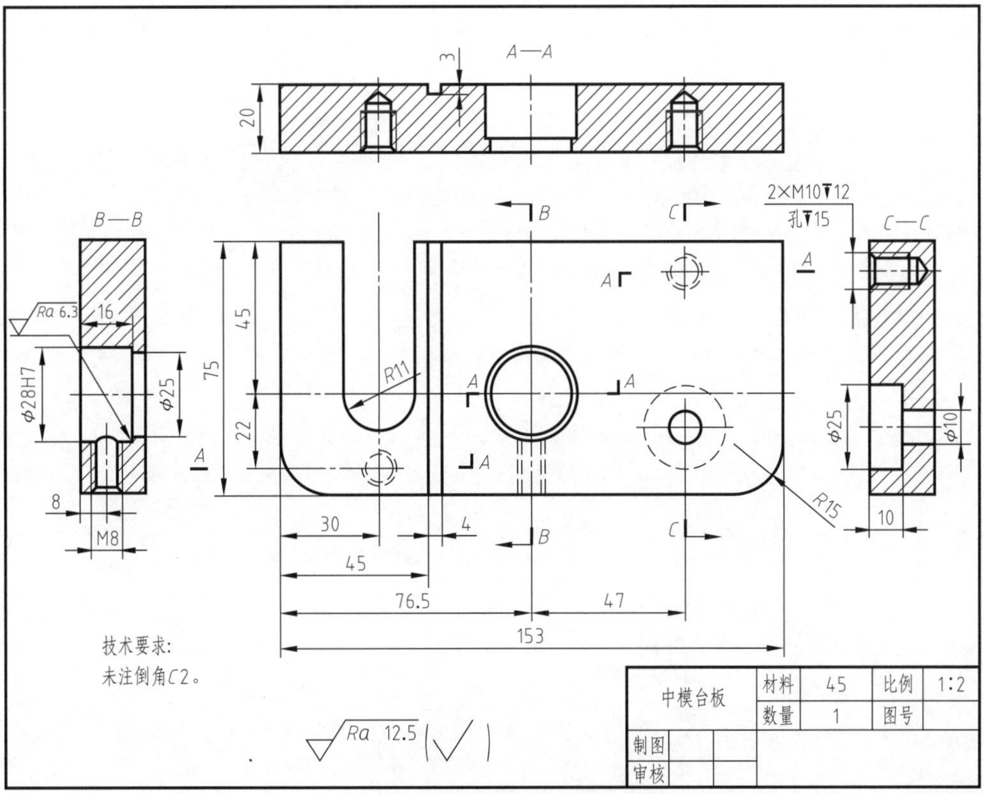

图9-20 中模台板零件图

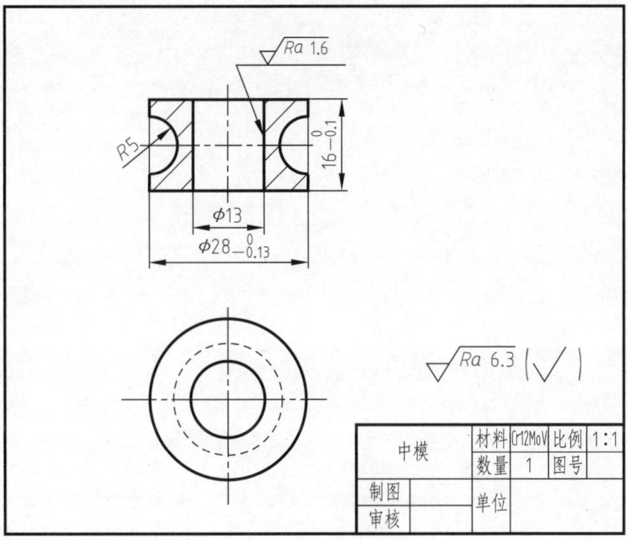

图9-21 中模零件图

09-05 中模台板

09-06 中模

④ 标注表面粗糙度、公差配合、形位公差等技术要求时，要根据装配图所示该零件在机器中的功用、与其他零件的相互关系，并结合自己掌握的结构和制造工艺方面知识而定。

本章自测题

第10章 焊 接 图

本章课件

本章主要介绍常用的焊接方法、焊缝形式、焊缝的规定画法、焊缝符号、标记方法及焊接图的阅读。

在各种制药及化工装备的制造过程中，经常需要将两个或多个零件连接起来，或将板材卷曲成一定形状制成容器和管道，其连接方式通常为焊接（welding）。焊接是一种较常用的、不可拆卸的连接方法，主要利用电弧或火焰产生的局部高温，使被连接处局部处于受热熔化或半熔化状态，并填充助焊金属，将被连接件熔合而连接在一起。

因焊接具有工艺简单、连接可靠、节省金属、劳动强度低等优点，因此被广泛应用于工业生产中大多数板材及线材制品的不可拆卸连接。

10.1 焊接方法及焊缝形式

10.1.1 焊接方法

金属焊接方法有40种以上，主要分为熔化焊、压焊和钎焊三大类。

① 熔化焊是在焊接过程中将工件接口加热至熔化状态，不加压力完成焊接的方法。

② 压焊是在加压条件下，使两工件在固态下实现原子间的结合，又称固态焊接。

③ 钎焊是使用比工件熔点低的金属材料作钎料，将工件和钎料加热到高于钎料熔点、低于工件熔点的温度，利用液态钎料填充接口间隙并与工件实现原子间的相互扩散，从而实现焊接的方法。

10.1.2 焊接接头的基本形式（摘自GB/T 985—2008）

零件熔接处的熔合物接缝为焊缝（welding seam）。常见的焊缝形式有对接焊缝、角焊缝及塞焊缝三种，对应的焊接接头形式有对接接头、T形接头、角接接头、搭接接头等四种，如图10-1所示。

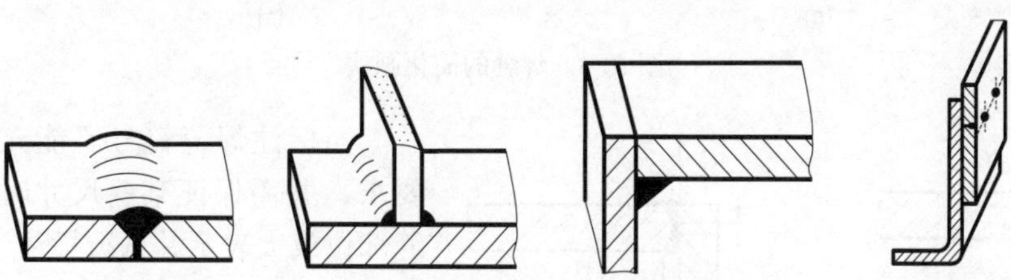

对接接头 (a) 对接焊缝　　T形接头　(b) 角焊缝　角接接头　　搭接接头 (c) 塞焊缝

图10-1 常用的焊缝形式及接头形式

10.2　焊缝的规定画法及其标注

10.2.1　焊缝的规定画法

在画焊接图时，焊缝可见面可用波纹线表示，焊缝不可见面用粗实线表示，焊缝的断面需要涂黑（当图形较小时，可不画出焊缝断面的形状），图10-2为四种常见焊接接头的画法。当焊接件上的焊缝比较简单时，只需画出焊缝的简化图，如图10-3所示，并进行标注即可。

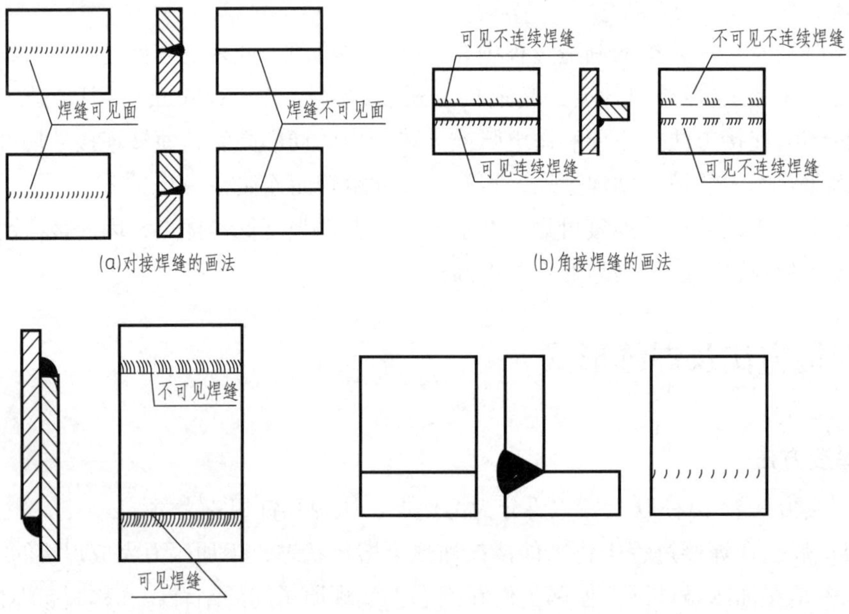

(a)对接焊缝的画法　(b)角接焊缝的画法

(c)搭接焊缝的画法　(d)角接焊缝的画法

图10-2　焊缝画法

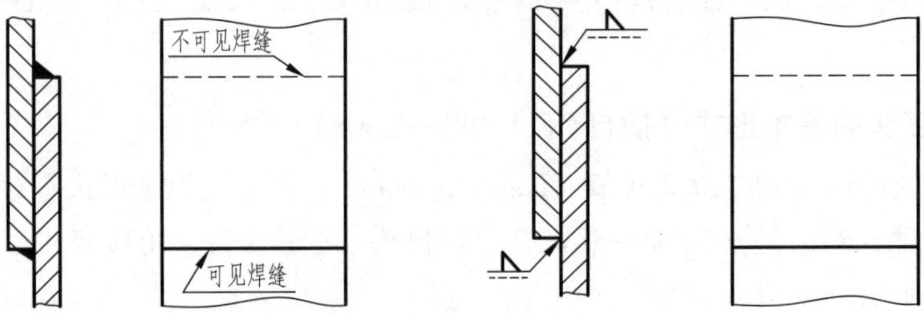

(a)　(b)

图10-3　焊缝的简化画法

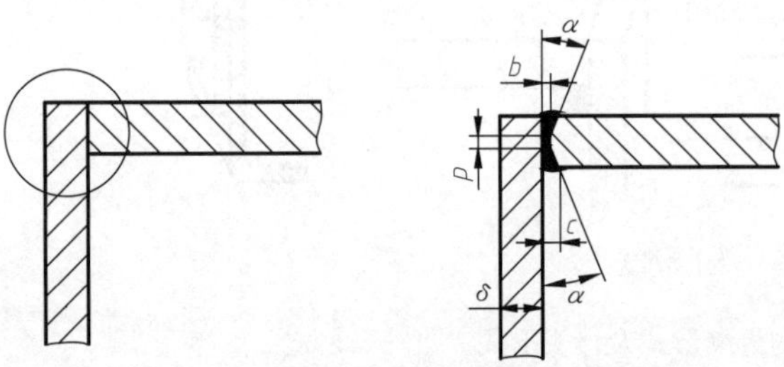

图10-4　局部放大的画法

当标注焊缝符号不能充分表达设计要求，并需保证某些尺寸时，可将该焊缝部位放大表示并进行标注，如图10-4。

10.2.2　焊缝的标注

在图样上，焊缝需按规定的格式和符号进行标注或说明。

焊接符号是以标准图示的形式和缩写代码标示出一个焊接接头或钎焊接头的完整信息，如接头类型、焊缝坡口形状、焊缝类型、焊缝尺寸等。

焊接符号一般由基本符号与指引线组成，必要时还可以加上辅助符号、补充符号和焊缝尺寸符号。图形符号的比例、尺寸和在图样上的标注方法，按技术制图有关规定。

10.2.2.1　焊缝的基本符号

基本符号是表示焊缝横截面形状的符号，使用粗实线绘制。常见焊缝的基本符号及其标注示例见表10-1所示。

表10-1　常见焊缝的基本符号及标注示例

名称	焊缝形式	基本符号	标注示例
I形焊缝	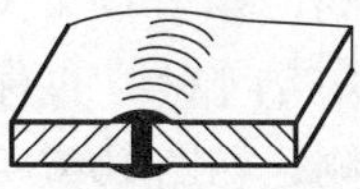	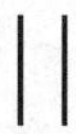	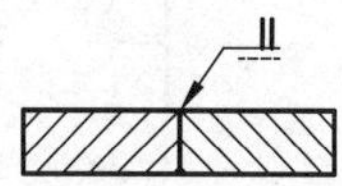
V形焊缝	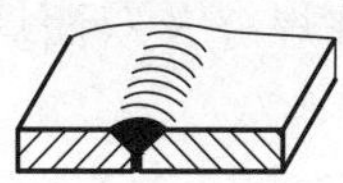		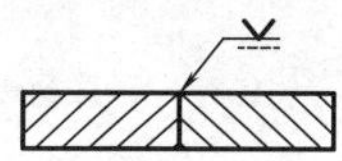
角焊缝	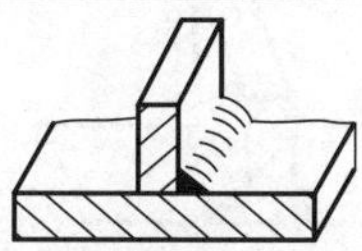	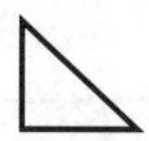	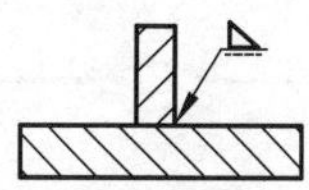
带钝边U形焊缝	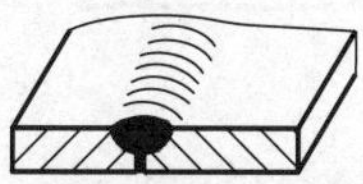		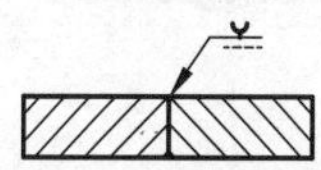
封底焊缝	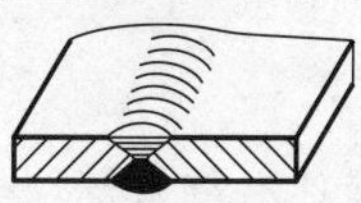		
点焊缝	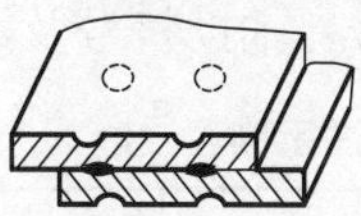		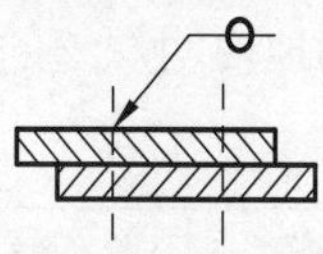
塞焊缝	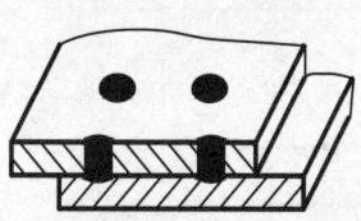	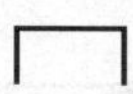	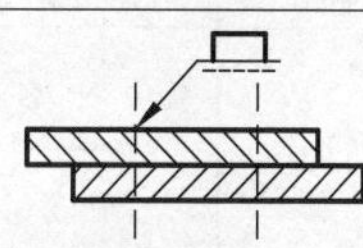

10.2.2.2　焊缝指引线

焊缝指引线一般由一条箭头线和两条基准线（一条为细实线，另一条为虚线）组成，用细线绘制。如图10-5（a）。

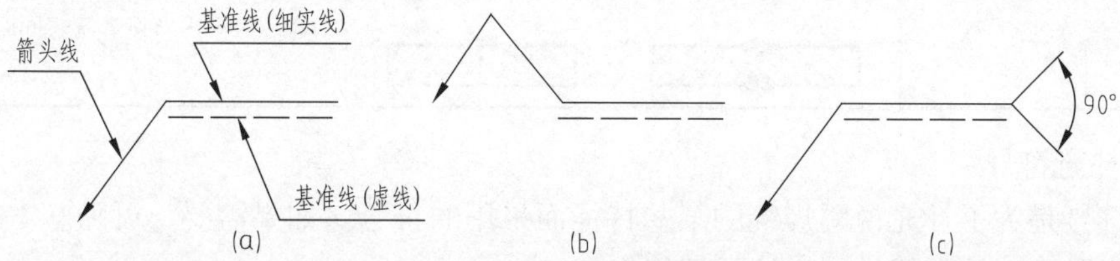

图10-5　指引线

（1） 箭头线

用来将整个符号指到图样上的有关焊缝处。必要时，允许箭头线弯折一次，如图10-5（b）。如有需要，可在实基准线的另一端画出尾部，如图10-5（c）所示，以注明其他附加内容。

（2）基准线

基准线的上面和下面用来标注有关的焊缝符号。基准的虚线既可画在基准线实线的上侧，也可画在下侧。基准线一般应与图样的底边相平行。

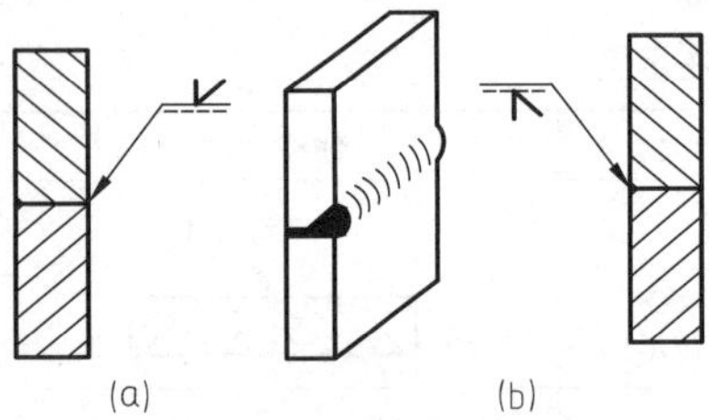

图10-6　焊接标示位置图

（3）基本符号相对于基准线的位置

根据标准规定，标注时需要遵循以下规则：

① 如果箭头指向焊缝的施焊面，则基本符号标注在基准线的实线侧，如图10-6（a）。

② 如果箭头指向焊缝的背焊面，则基本符合标注在基准线的虚线侧，如图10-6（b）。

③ 标注对称焊缝及双面焊缝时，基准线的虚线可省略不画，如图10-7。

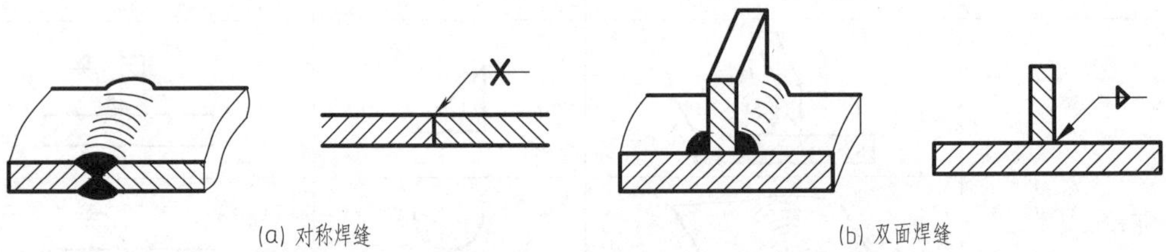

图10-7　焊接标注图

10.2.2.3　辅助符号

辅助符号是表示焊缝表面形状特征的符号。它随基本符号标注在相应的位置上。若不需要确切地说明焊缝的表面形状时，可以不用辅助符号。辅助符号及标注示例见表10-2。

表10-2　辅助符号及标注示例

名称	符号	形式及标注示例	说明
平面符号	—	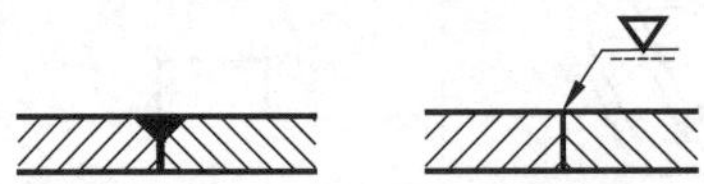	表示V形对接焊缝表面齐平（一般通过加工）
凹面符号	◡	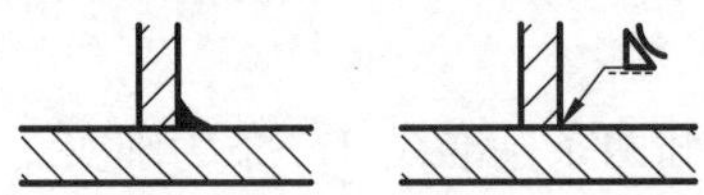	表示角焊缝表面凹陷
凸面符号	◠	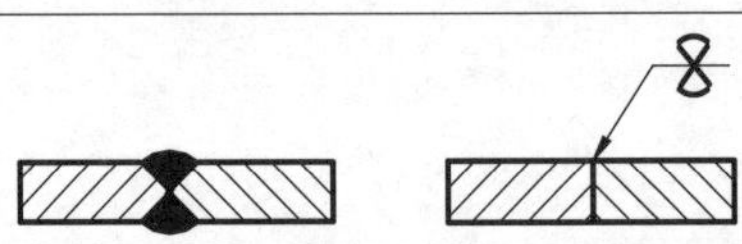	表示X形焊对接焊缝表面凸起

10.2.2.4　补充符号

补充符号是为了补充说明焊缝的某些特征而采用的符号。如果需要，可随基本符号标注在相应的位置上。补充符号及标注示例见表10-3。

表10-3 补充符号及标注示例

名称	符号	形式及标注示例	说明
带垫板符号	▭	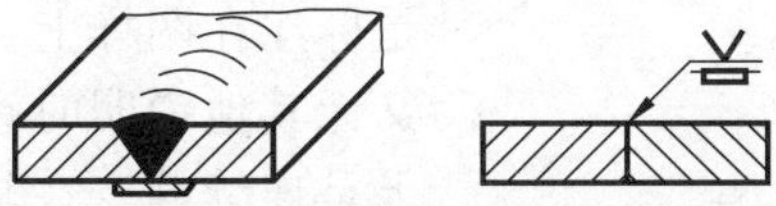	表示V形焊缝的背面底部有垫板
三面焊缝符号	⊏	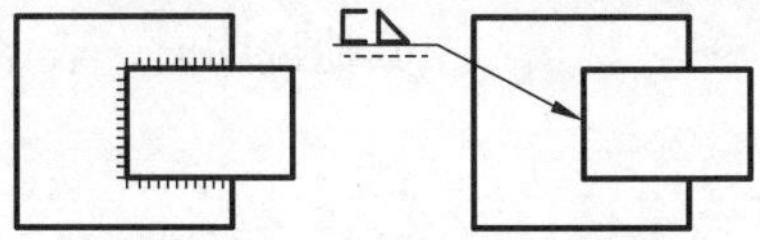	工件三面施焊，开口方向与实际方向一致
周围焊缝符号	○	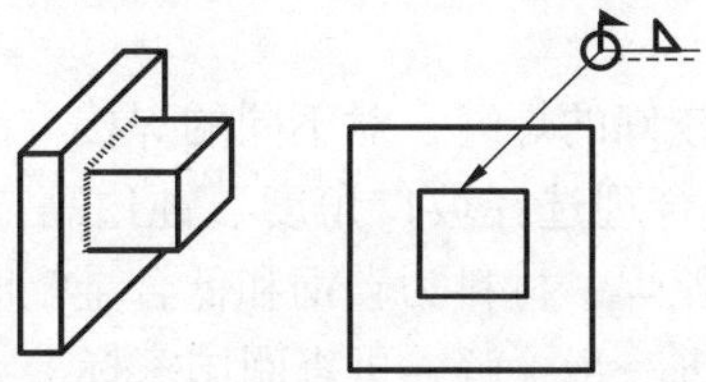	表示在现场沿工件周围施焊
现场符号	▶		
尾部符号	<	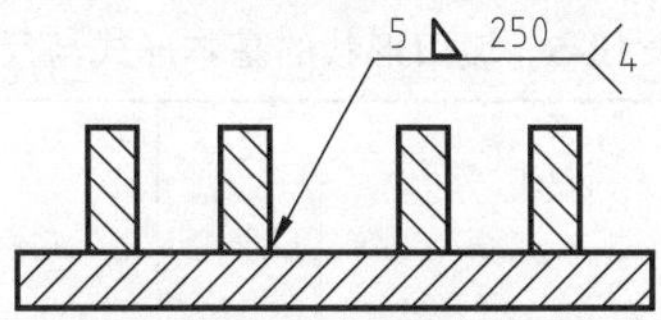	表示有4条相同的角焊缝

10.2.2.5 焊缝尺寸符号及其标注方法

焊缝尺寸在需要时才标注。标注时，随基本符号标注在规定的位置上。常用的焊缝尺寸符号如表10-4。

表10-4 常用的焊缝尺寸符号

名称	符号	示意图及标注	名称	符号	示意图及标注
工件厚度	δ	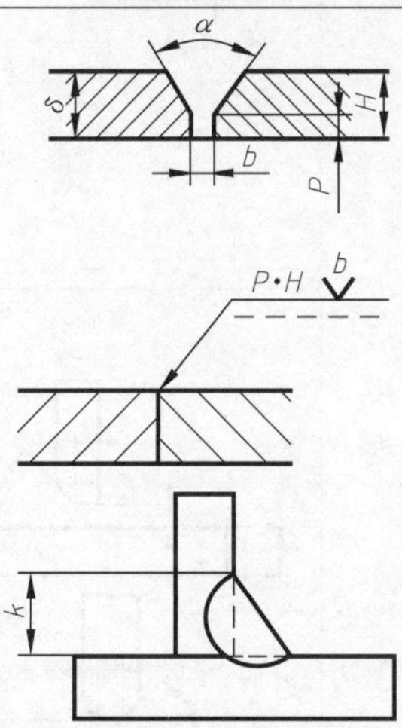	焊缝段数	n	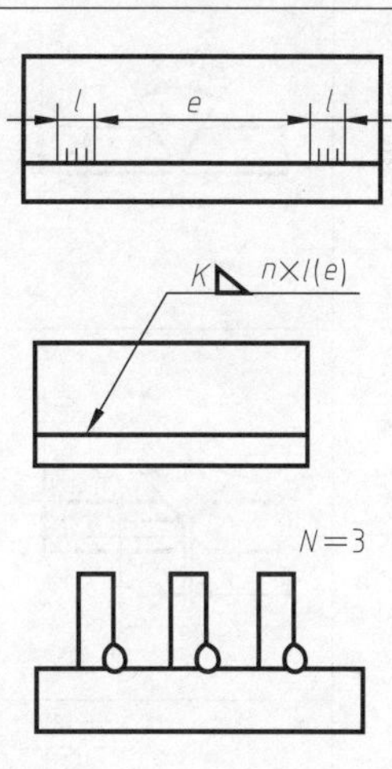
坡口角度	α		焊缝间距	e	
根部间隙	b		焊缝长度	l	
钝边高度	p		焊角尺寸	K	
坡口深度	H		相同焊缝数量符号	N	
焊角尺寸	k				

焊缝尺寸符号及数据的标注如图10-8，须遵循如下原则：

① 焊缝横截面上的尺寸标在基本符号的左侧；

② 焊缝长度方向的尺寸标在基本符号的右侧；

③ 坡口角度、坡口面角度、根部间隙等标在基本符号的上侧或下侧；

④ 相同焊缝数量符号标在尾部；

⑤ 当需要标注的尺寸数据较多又不易分辨时，可在数据前面增加相应的尺寸符号，当

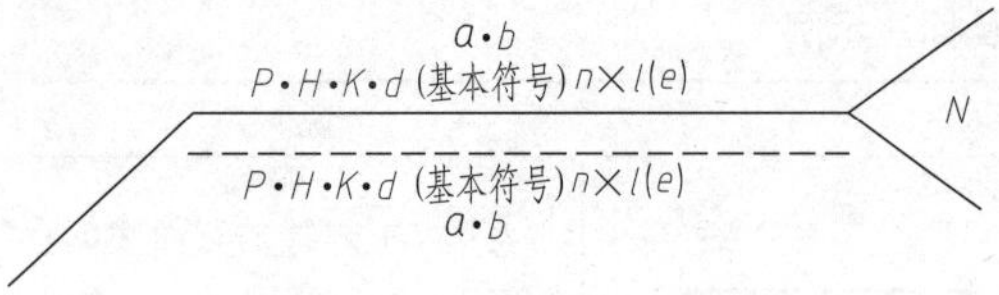

图10-8 焊缝尺寸的标注

箭头线方向变化时，上述原则不变。

焊缝位置的尺寸不在焊缝符号中给出，而是标注在图样上。在基本符号右侧无任何标注又无其他说明时意味着焊缝在工件的整个长度上是连续的。在基本符号左侧无任何标注又无其他说明时，表示对接焊缝要完全焊透。

10.3 焊缝尺寸的确定

为了保证焊接质量，获得较好的焊缝，对不同的焊接方法，不同的焊件厚度及不同材质需要选用不同的坡口形状，应合理选择坡口角度、钝边高，根部间隙等结构尺寸。表10-5列出了目前应用最广的手工电弧焊，材料为碳钢和低合金钢时的不同焊件厚度及不同的接头形式与坡口形状的关系。如需进一步了解，可查阅国家标准（GB/T 985.1—2008）。

表10-5 坡口形状的基本形式与尺寸

<table>
<tr><th>接头形式</th><th>坡口尺寸</th><th>说明</th><th>接头形式</th><th>坡口尺寸</th><th>说明</th></tr>
<tr><td rowspan="4">对接接头</td><td>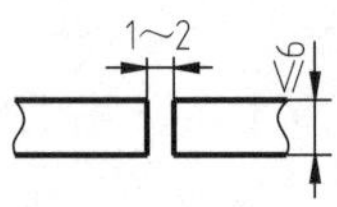</td><td>板厚≤6时一般不开坡口。但对主要结构，板厚>3就需开坡口</td><td rowspan="4">T形接头</td><td rowspan="2">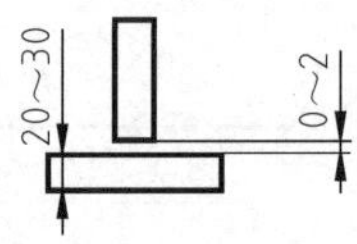</td><td rowspan="2">板厚20~30时，对普通结构不开坡口</td></tr>
<tr><td>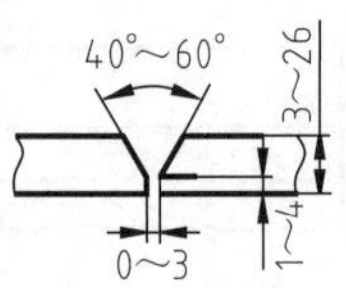</td><td>板厚为3~26时，采用V形坡口。V形坡口容易加工，但焊后易变形</td></tr>
<tr><td>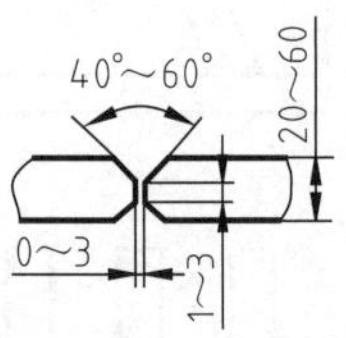</td><td>板厚为20~60时，采用X形坡口。X形比V形变形小，主要用于要求变形小的结构</td><td rowspan="2">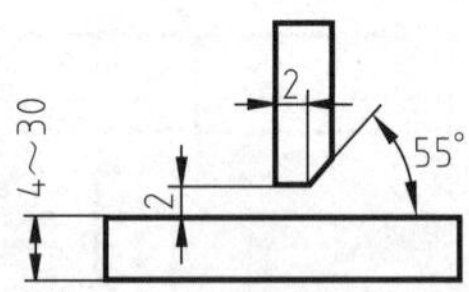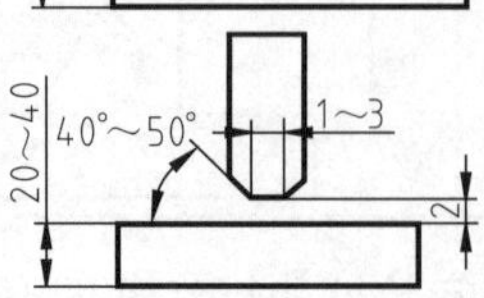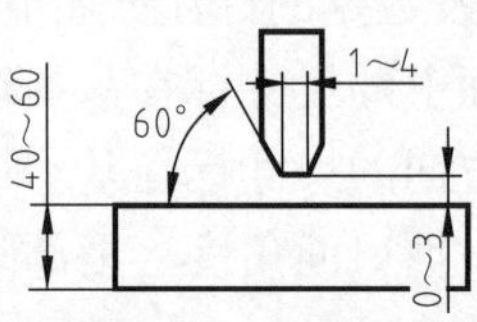</td><td rowspan="2">板厚在4~60时，对承受载荷的结构，则应按板厚及对结构的强度要求分别选用V形、K形、双U形坡口</td></tr>
<tr><td>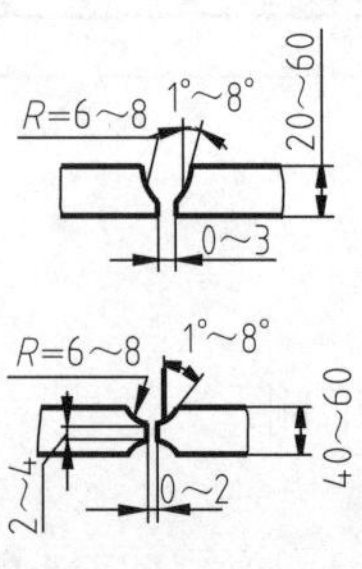</td><td>板厚为20~60时，采用U形坡口。但该种坡口加工难，故用于重要结构。单U形比双U形坡口焊后变形小</td></tr>
</table>

续表

接头形式	坡口尺寸	说明	接头形式	坡口尺寸	说明
角接接头	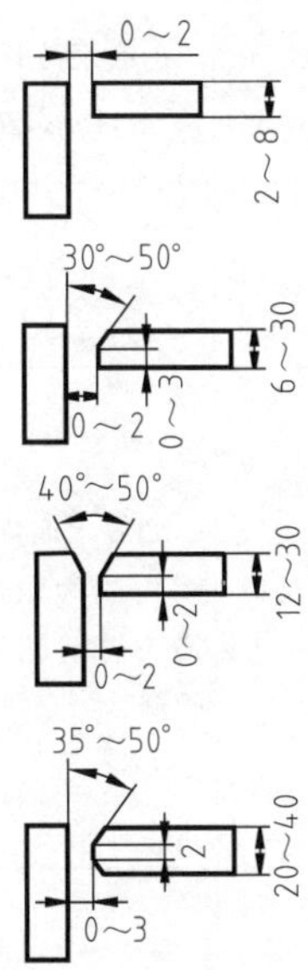	角接接头一般用于不重要的结构中。根据板厚，角接接头可分别选用不开坡口，开单边V形、V形及K形四种。但实际情况中，开坡口的角接接头应用较少	搭接接头	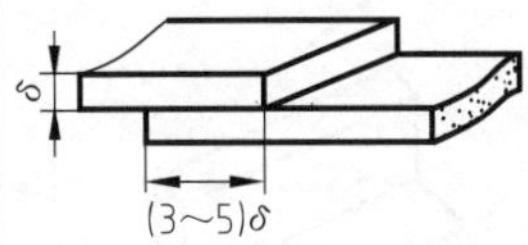	板厚≤12时，不开坡口。其重叠部分为板厚的2~3倍，并采用双面焊。该结构承载小
				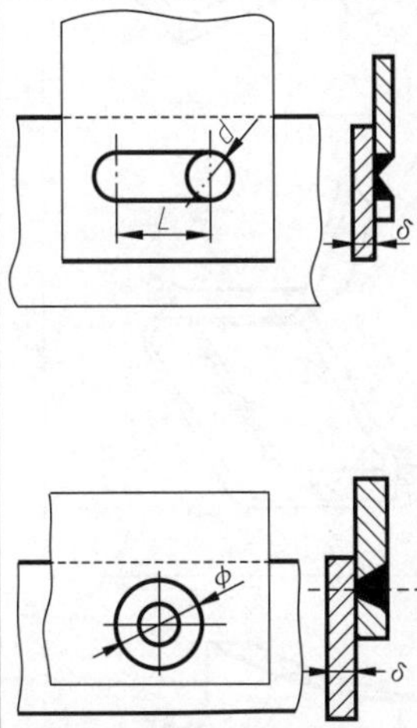	当重叠面积较大时，可根据需要分别选用圆孔内塞焊和长孔内角焊。主要适用于被焊结构狭小处及密封结构。其孔径$d\geqslant(0.8\sim2)\delta$，且$d\geqslant10$。$L$和孔数根据强度要求计算确定

注：本表中尺寸单位为mm。

10.4 常见焊缝标注方法示例

表10-6列出了常见焊缝标注方法示例。

表10-6 常见焊缝标注方法示例

接头形式	焊缝形式	标注示例	说明
对接接头	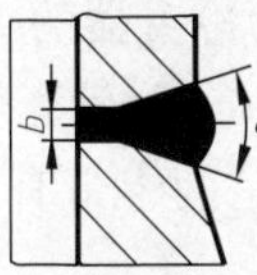	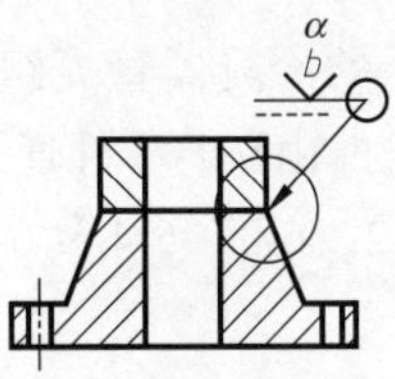	V形焊缝；坡口角度为α；根部间隙为b；○表示环绕工件周围施焊
T形接头	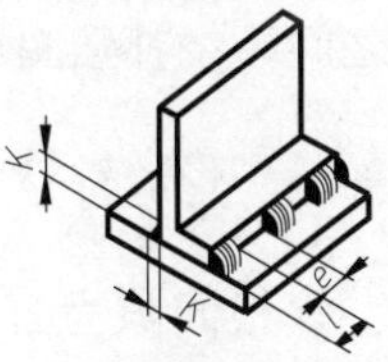	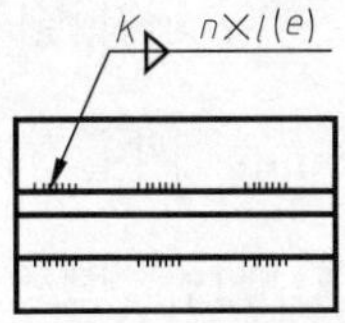	K▷表示双面角焊缝；n表示有n段焊缝；l表示焊缝长度；e为焊缝间距
	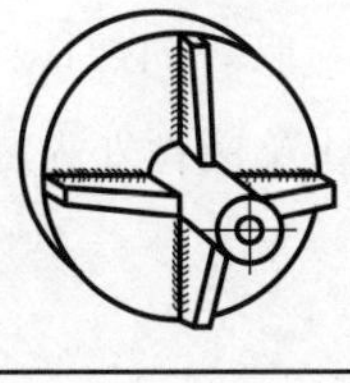	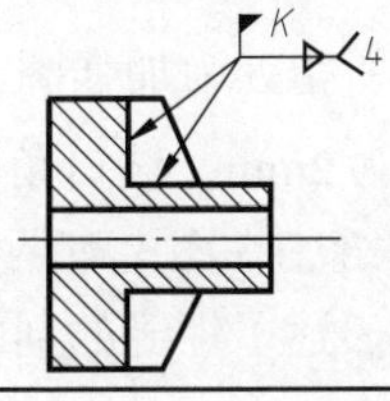	⚑表示在现场装配时进行焊接；K为焊角尺寸；▷表示双面角焊缝；4表示有4条相同的焊缝

续表

接头形式	焊缝形式	标注示例	说明
角接接头	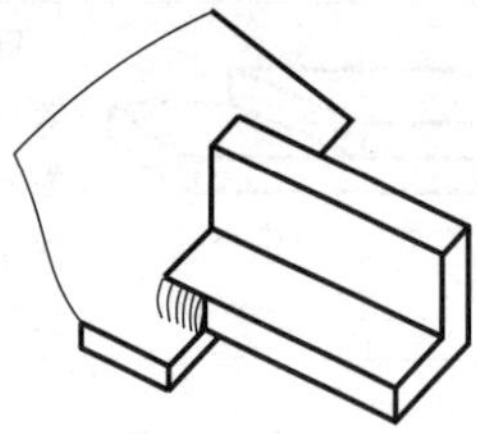	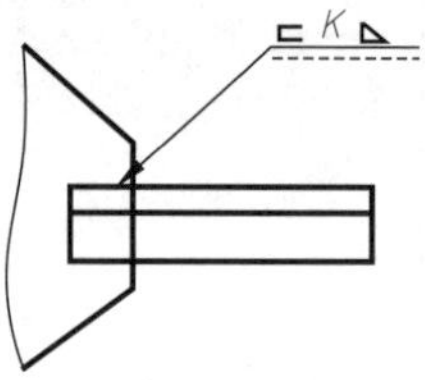	⊏表示按开口方向三面焊缝；◺表示单面角焊缝；K为焊角尺寸
	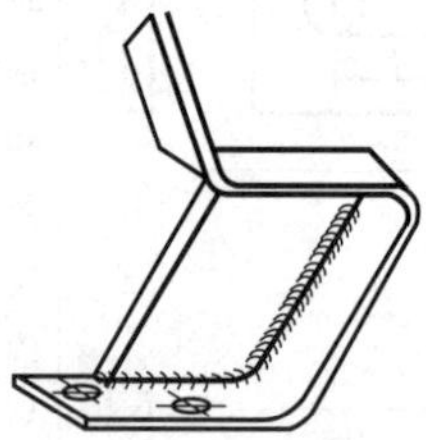	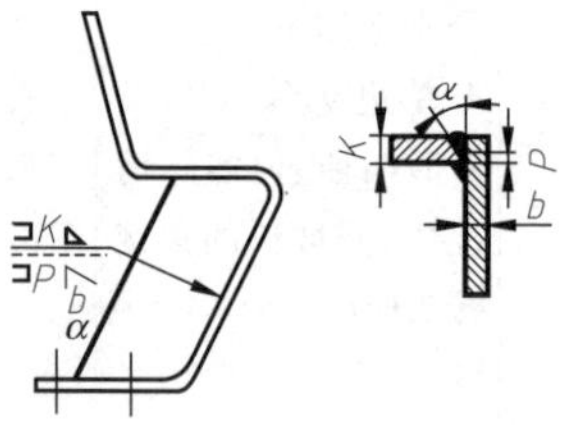	⊐为三面焊缝；◺表示箭头侧为角焊缝；◸为箭头另一侧为单边V形焊缝
搭接接头	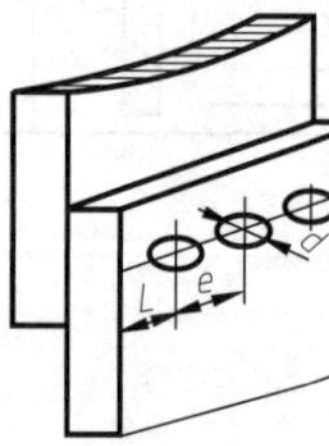	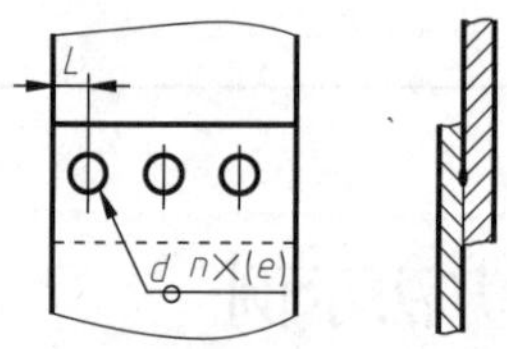	d为熔核直径；⊖表示点焊缝；e为焊点间距；n表示n个焊点；L为焊点与板边的距离

10.5 图样中焊缝的应用举例

【例10-1】 读图10-9所示的冷凝器管壳组件装配图。管壳为冷凝器的一个主要组成件。从主视图可看出，整个管壳组件由9个零件通过焊接而成。零件6-5为管壳体，零件6-1、6-6分别为管壳法兰盘，零件6-2、6-3、6-4及6-7、6-8、6-9分别是两组带有管法兰及补强圈的接管。

主视图上，焊缝符号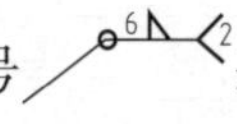表示补强圈6-4与管壳6-5之间环绕补强圈周围进行焊接。◺表示角焊缝，其焊角高度为6mm，图上有两处相同的焊接部位。焊缝符号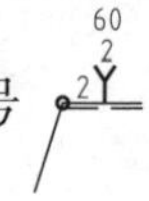表示管壳与法兰盘之间为环向焊缝，Y形坡口，焊缝坡口角度为60°，焊根间隙为2mm，钝边高为2mm。焊缝符号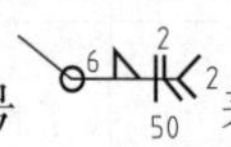表示所指处为加强圈、接管与管壳沿接管环向焊接，加强环与接管及管壳开I形坡口，坡口间隙为2mm，坡口角度为50°，加强环及接管外为环向角焊缝，焊角高度为6mm，与之相同的焊缝，在图上有两处。

焊缝的局部放大图清楚地表达了焊缝的剖面形状及尺寸。

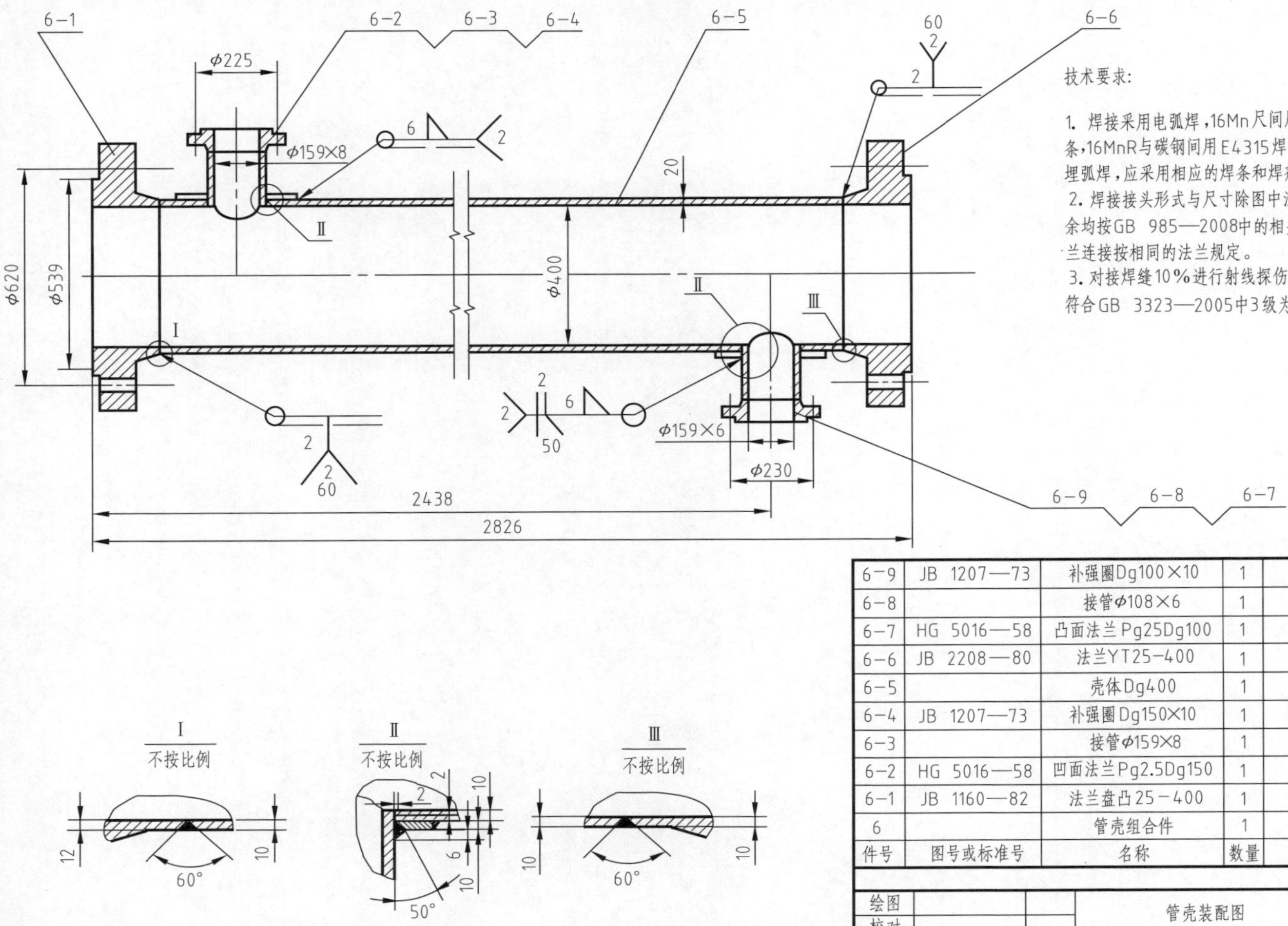

技术要求：

1. 焊接采用电弧焊，16Mn尺间用E5015焊条，16MnR与碳钢间用E4315焊条，若采用埋弧焊，应采用相应的焊条和焊剂。
2. 焊接接头形式与尺寸除图中注明外，其余均按GB 985—2008中的相关规定，法兰连接按相同的法兰规定。
3. 对接焊缝10%进行射线探伤，射线探伤符合GB 3323—2005中3级为合格。

件号	图号或标准号	名称	数量	材料	单量	总重	备注
6-9	JB 1207—73	补强圈Dg100×10	1	16Mn			
6-8		接管φ108×6	1	10			
6-7	HG 5016—58	凸面法兰Pg25Dg100	1	20			
6-6	JB 2208—80	法兰YT25-400	1	16Mn			
6-5		壳体Dg400	1	16Mn			
6-4	JB 1207—73	补强圈Dg150×10	1	16Mn			
6-3		接管φ159×8	1	10			
6-2	HG 5016—58	凹面法兰Pg2.5Dg150	1	20			
6-1	JB 1160—82	法兰盘凸25-400	1	16Mn			
6		管壳组合件	1		重量		

					工程项目
绘图		管壳装配图			中国药科大学
校对					
		比例	1:10	数量	1
审核		班号		学号	图号

图10-9 管壳装配图

第11章　制药设备图

本章课件

本章主要介绍制药设备图的特点、表达方法、尺寸标注和技术要求；制药设备图的绘制及识读的方法及步骤。

11.1　概述

在原料药、中药制药、生物制药及药物制剂工业生产中，常使用反应器（reactor）、发酵罐（fermentation tank）、提取罐（extractor）、浓缩蒸发罐（evaporator）、喷雾干燥器（spray dryer）、流化床干燥及制粒设备（fluid-bed dryer and granulating equipment）、多效蒸馏水机（multi-effect water still）等各类设备，以实现药品生产过程中的反应、提取、浓缩、干燥、制粒、药用制水及药物制剂等操作，这类设备通常被称为制药设备（pharmaceutical equipment）。图11-1为几种典型的制药设备。制药设备在设计、制造、检验、安装调试过程中，除需满足与常规化工设备相同的要求外，还必须符合《药品生产质量管理规范》（good manufacturing practices for drug，GMP）对设备的要求。

制药设备的设计、制造、检验、安装和使用均需通过图样来进行。因此，制药工程行业的技术人员必须具有阅读及绘制制药设备图样的能力。

一套完整的制药设备施工图样，通常包括制药设备的装配图及其零部件图；其零件图的

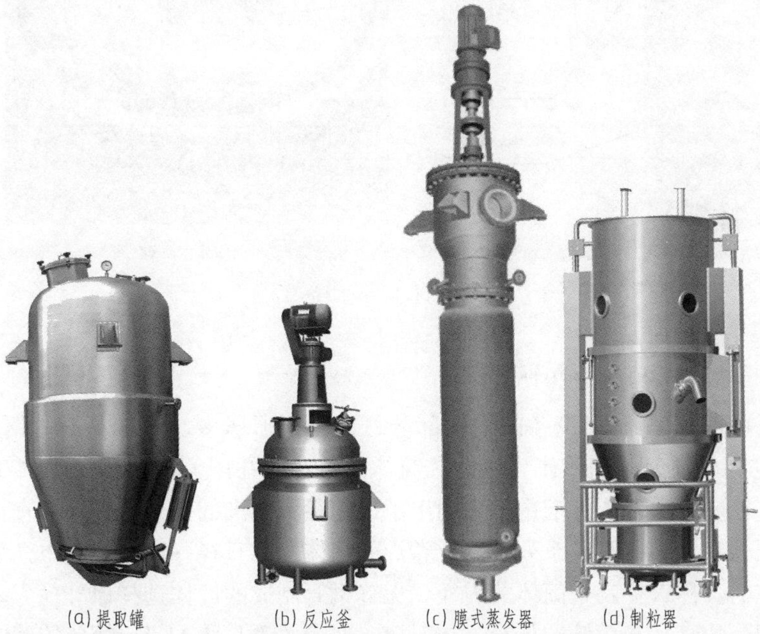

图11-1　常见制药设备

绘制与识读可采用第8章零件图介绍的方法，这里主要介绍制药设备装配图（简称制药设备图）的视图表达特点、绘制及阅读的方法。

制药设备图（assemble drawing of pharmaceutical equipment）表示了一台制药设备的结构形状及尺寸、工作原理、技术要求、各零部件之间的连接及装配关系等，是制药设备生产、检验、安装、调试及使用操作的指南。

图11-2（见后插页）是一张$3m^3$的静态提取罐装配图。由图可知，制药设备图的主要内容除了包括一组图形、必要的尺寸、技术要求、零部件序号、明细表及标题栏外，还包括接管口序号（nozzle number）和管口表（nozzle list）、技术特性表（technical data list）两项内容。

① 接管口序号和管口表。制药设备上常有很多接管口、人孔及视镜等，所有这些接管口均需用英文小写字母顺序编号，并用管口表列出各管口的有关数据及用途内容。

② 技术特性表。在制药设备图上采用表格形式列出设备的设计压力、设计温度、物料名称、设备容积等设计参数，用以表达设备的主要工艺特性。

11.2　制药设备通用零部件

制药设备的形状、构造各有不同，但都含有一些结构、作用相同的零部件，可称之为制药设备通用零部件，如筒体、封头、法兰、视镜、人孔等，如图11-3所示。

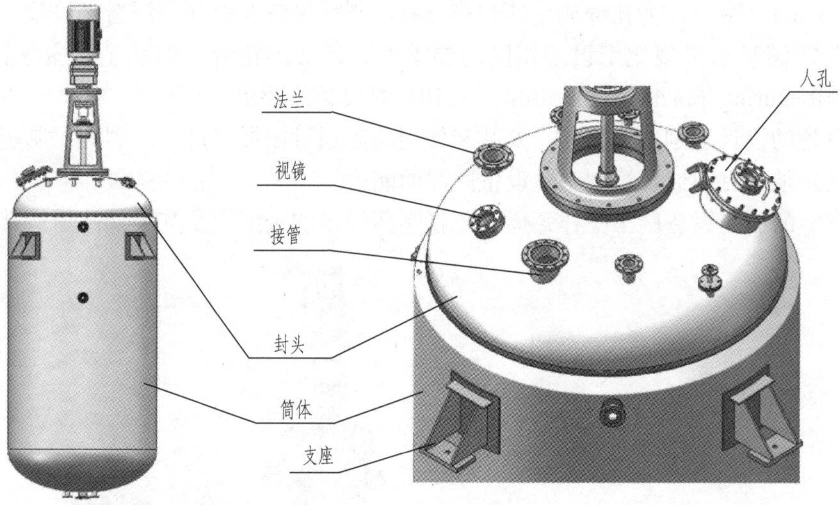

图11-3　反应釜

11.2.1　筒体（GB/T 9019—2015）

筒体（cylinder）是制药设备的主体部分，以圆柱形居多。筒体一般由钢板卷焊而成，小直径设备也可截取无缝钢管作为筒体。筒体的直径应在国家标准《GB/T 9019—2015 压力容器公称直径》中选取。标准中分别列出了以内径为基准的压力容器公称直径系列和以外径为基准的压力容器公称直径系列。钢板卷焊的筒体公称直径一般选择以内径为基准的尺寸系列，即筒体的公称直径就是筒体的内径。无缝钢管制成的筒体选择以外径为基准的尺寸系列，即筒体的公称直径与筒体的外径一一对应，对应关系见表11-1。筒体的壁厚和高度（或长度）则根据工艺条件经过计算确定。

表11-1　压力容器公称直径（摘自GB/T 9019—2015）　单位：mm

公称直径(内径为基准)									
300	350	400	450	500	550	600	650	700	750
800	850	900	950	1000	1100	1200	1300	1400	1500
1600	1700	1800	1900	2000	2100	2200	2300	2400	2500
2600	2700	2800	2900	3000	3100	3200	3300	3400	3500
3600	3700	3800	3900	4000	4100	4200	4300	4400	4500
4600	4700	4800	4900	5000	5100	5200	5300	5400	……
公称直径(外径为基准)									
公称直径		150	200	250	300	350	400		
外径		168	219	273	325	356	406		

筒体的规定标记格式为：

公称直径 DN ××××　标准号

例如：圆筒内径2800mm的压力容器公称直径，其规定标记可写为：

公称直径　DN　2800　GB/T　9019—2015

公称直径为250mm，外径为273mm的无缝钢管做筒体的压力容器公称直径：

公称直径　DN　250　GB/T　9019—2015

在制药设备图明细栏的“名称”这一列中，零件筒体可以注写为“筒体　公称直径×壁厚 H（L）=筒体高（长）”，如图11-2中零件5和零件6。零件5为夹套筒体 $DN1500\times8$ H=700，表示夹套筒体的公称直径（内径）为1500mm，筒体厚度为8mm，高度为700mm。

11.2.2　封头（GB/T　25198—2023）

封头（head of pressure vessles）与筒体的上、下部连接，共同形成设备的主壳体。封头的类型主要有半球形、椭圆形、蝶形、球冠型等。常见封头的断面形状、类型代号及型式参数如表11-2所示。

表11-2　常见封头的断面形状、类型代号及型式参数（摘自GB/T　25198—2023）

名称		断面形状	类型代号	型式参数
半球形封头		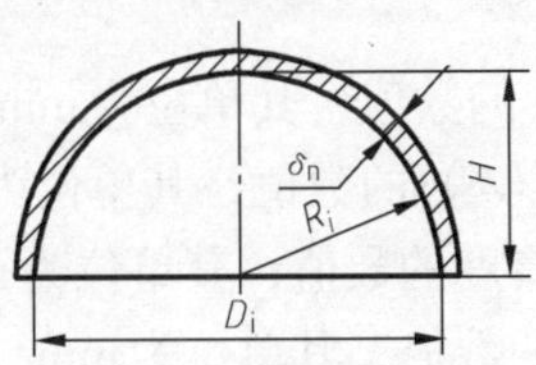	HHA	$D_i=2R_i$ $D=D_i$
椭圆形封头	以内径为基准	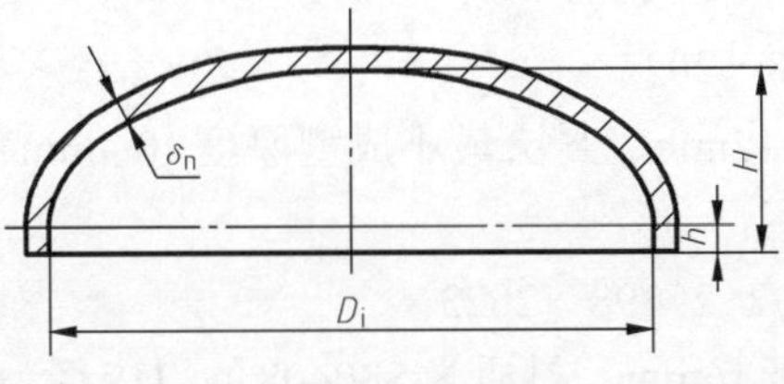	EHA	$\frac{D_i}{2(H-h)}=2$ $D=D_i$

续表

名称		断面形状	类型代号	型式参数
椭圆形封头	以外径为基准	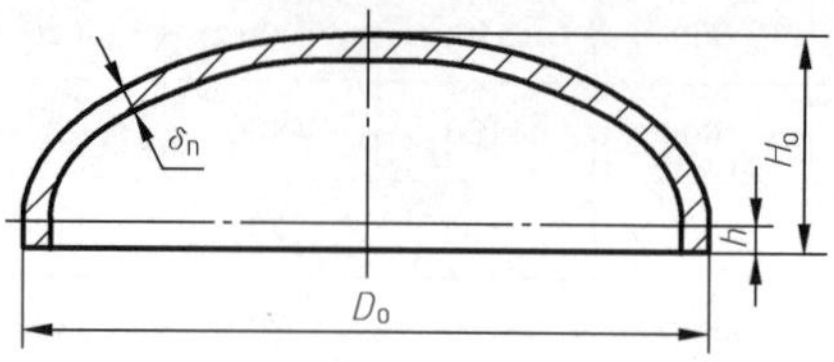	EHB	$\frac{D_o-2\delta_n}{2(H_o-h-\delta_n)}=2$ $D=D_o$
碟形封头	以内径为基准	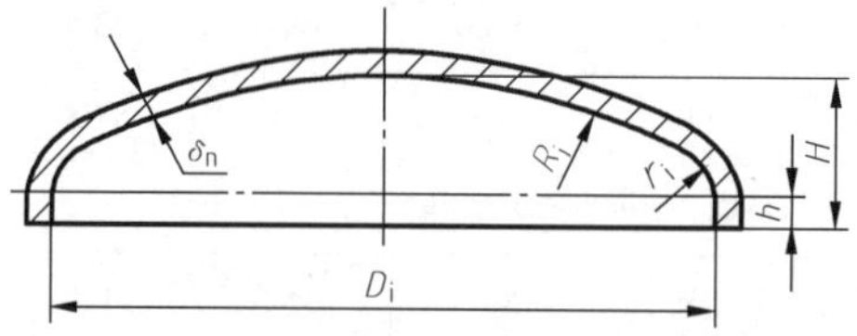	THA	$R_i=1.0D_i$ $r_i=0.10D_i$ $D=D_i$
	以外径为基准	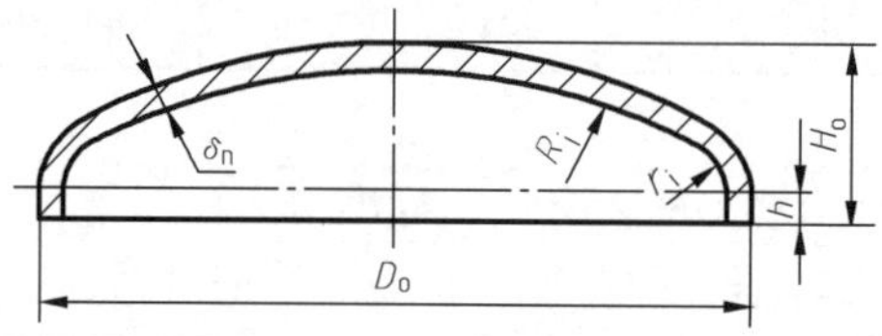	THB	$R_i=1.0D_i$ $r_i=0.10D_i$ $D=D_o$
球冠型封头		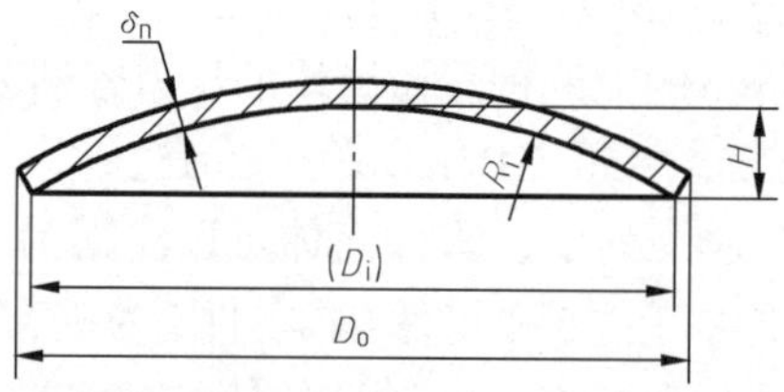	SDH	$R_i=1.0D_i$ $D=D_o$

制药设备中以椭圆形封头最常见。封头应与筒体相匹配，当筒体为钢板卷焊而成时，需选择以内径为基准的椭圆形封头（EHA），此时，封头的直径D为内径，与筒体的公称直径（即内径）一致；当筒体为无缝钢管时，应选择以外径为基准的椭圆形封头（EHB），此时，封头的直径D为外径，与筒体的外径一致。

封头的规定标记格式如下：

① ② × ③（④）- ⑤ - ⑥ ⑦

其中：

①——封头类型代号；

②——阿拉伯数字，为封头直径（D）的数值，其单位为mm；

③——阿拉伯数字，为封头名义厚度（δ_n）的数值，其单位为mm；

④——阿拉伯数字，为封头最小成型厚度的数值，其单位为mm；

⑤——阿拉伯数字，为封头投料厚度的数值，其单位为mm，此项设计单位可不标注；

⑥——封头材料牌号；

⑦——封头标准号 GB/T 25198—2023。

例如，直径325mm、名义厚度12mm、封头最小成型厚度10.4mm、材质为Q345R的以外径为基准的椭圆形封头，标记如下：

EHB 325×12(10.4)-Q345R GB/T 25198—2023

再如，直径1200mm、名义厚度16mm、材质为S30408的以内径为基准的椭圆形封头，标记如下：

EHA 1200×16-S30408　GB/T 25198—2023

11.2.3　接管

筒体和封头连接后，形成密闭的设备主体结构。然后在筒体或封头上开孔，并焊上一段钢管，便于物料进出或安装必要的检测元件，这段钢管就是接管（tube）。制药设备图明细栏中接管通常标注为“外径×壁厚，L=伸出长度”，如图11-2中零件16，明细栏填写“接管ϕ89×3，L=100”，表示该接管的外径为89mm，管壁厚为3mm，伸出长度为100mm。

11.2.4　法兰

法兰（flange）是一种用于管道或设备连接的零件，通常呈圆盘状，圆周开有小孔用于连接。制药设备用的标准法兰有管法兰和压力容器法兰（又称设备法兰）。

（1）管法兰（HG/T 20592—2009）

管法兰主要用于管路与管路或设备上接管与管路的连接，完整的法兰连接由管路（接管）、一对法兰、密封垫片和螺栓、螺母等零件组成，如图11-4所示。

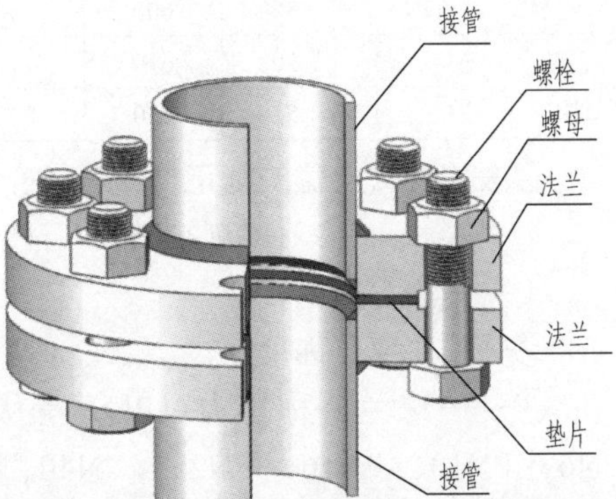

图11-4　法兰连接

HG/T 20592—2009中列出了8种管法兰和2种法兰盖，分别是板式平焊法兰、带颈平焊法兰、带颈对焊法兰、整体法兰、承插焊法兰、螺纹法兰、对焊环松套法兰、平焊环松套法兰、法兰盖和衬里法兰盖。其中常用的是板式平焊法兰、带颈平焊法兰、带颈对焊法兰和法兰盖，其结构和类型代号如图11-5所示。

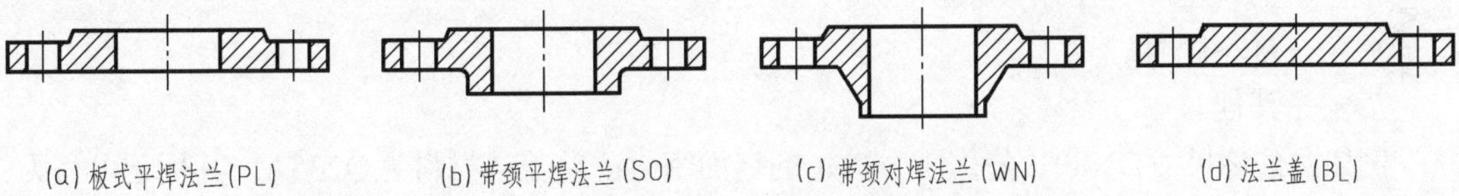

图11-5　常见管法兰结构及类型代号

管法兰的密封面型式有突面、凹凸面、榫槽面等，密封面结构及型式代号如图11-6所示。密封效果由弱到强依次为突面密封、凹凸面密封、榫槽面密封。

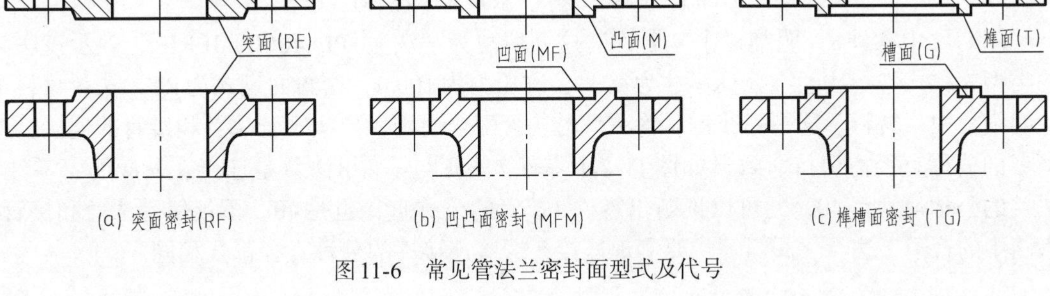

图11-6　常见管法兰密封面型式及代号

法兰的主要参数有公称尺寸（DN）和公称压力（PN）。公称尺寸由DN和后跟无因次数字组成，如DN100，代表法兰的公称尺寸为100。公称尺寸不等同于管法兰的某个具体尺寸，只是法兰的尺寸标识，且与配用的钢管外径有固定的对应关系，如表11-3所示。钢管外径包括A、B两个系列，A系列为国际通用系列（俗称英制管），B系列为国内沿用系列（俗称公制管）。采用B系列钢管的法兰，应在公称尺寸DN的数值后标记“B”以示区别。

表11-3 管法兰公称尺寸与钢管外径对应表

单位：mm

公称尺寸(DN)		10	15	20	25	32	40	50	65	80
钢管外径	A(英制)	17.2	21.3	26.9	33.7	42.4	48.3	60.3	76.1	88.9
	B(公制)	14	18	25	32	38	45	57	76	89
公称尺寸(DN)		100	125	150	200	250	300	350	400	450
钢管外径	A(英制)	114.3	139.7	168.3	219.1	273	323.9	355.6	406.4	457
	B(公制)	108	133	159	219	273	325	377	426	480
公称尺寸(DN)		500	600	700	800	900	1000	1200	1400	1600
钢管外径	A(英制)	508	610	711	813	914	1016	1219	1422	1626
	B(公制)	530	630	720	820	920	1020	1220	1420	1620

管法兰及法兰盖的标记格式如下：

HG/T 20592 法兰（或法兰盖）①②-③④⑤⑥⑦

①——法兰类型代号；

②——法兰公称尺寸；

③——法兰公称压力（PN）等级，HG/T 20592中共规定了9个压力等级，PN2.5、PN6、PN10、PN16、PN25、PN40、PN63、PN100、PN160，单位为巴（bar）（$1bar=10^5Pa$）；

④——密封面型式代号；

⑤——钢管壁厚，由用户提供；

⑥——材料牌号；

⑦——其他。

例如，公称尺寸DN80、公称压力PN6的突面密封法兰盖，材料为Q235A，其标记可写为：

HG/T 20592 法兰盖 BL 80-6 RF Q235A

公称尺寸DN100、公称压力PN100、配用公制管的凹面带颈对焊钢制管法兰，材料为16Mn，钢管壁厚为8mm，其标记可写为：

HG/T 20592 法兰 WN 100(B)-100 FM S=8mm 16Mn

公称尺寸DN300、公称压力PN25、配用英制管的凸面带颈平焊钢制管法兰，材料为20钢，其标记可写为：

HG/T 20592 法兰 SO 300-25 M 20

图11-2中零件8，明细栏中“名称”这列填写为“法兰 PL 40(B)-10RF”，表示该法兰的类型为板式平焊法兰、公称尺寸为40，公称压力为10bar，密封面型式为RF，法兰材料可从明细栏中“材料”这一列获得。管法兰与接管配合使用，要实现管法兰和接管的连接，这两者的公称直径需保持一致。如图11-2中零件7接管与零件8法兰是连接在一起的，零件8法兰的公称尺寸是40，便可以推断出零件7接管的公称直径也是40。不仅仅是法兰和接管，管路中的管子、法兰、阀门等，要实现连接，这些连接件的公称直径都要相同。

（2）压力容器法兰（NB/T 47020~47027—2012）

压力容器法兰在制药设备中通常用于筒体和封头的连接。先将一对法兰分别焊接在筒体和封头上，然后在法兰密封面上加上垫圈，再用螺柱、螺母将这对法兰进行连接，以实现筒体和封头的连接。压力容器法兰有三种类型，分别是甲型平焊法兰、乙型平焊法兰和长颈对焊法兰，如图11-7所示。甲型平焊法兰直接与筒体或封头焊接，适用于公称压力0.25~1.6MPa，工作温度-20~300℃的场合；乙型平焊法兰的法兰盘内增加了一段短筒节，短筒节再与筒体或封头焊接，适用于公称压力0.25~4MPa，工作温度-20~350℃的场合；长颈对焊法兰用根部增厚的颈代替短筒节，刚度大大增加，适用于公称压力0.6~6.4MPa，工作温度-70~450℃的场合。

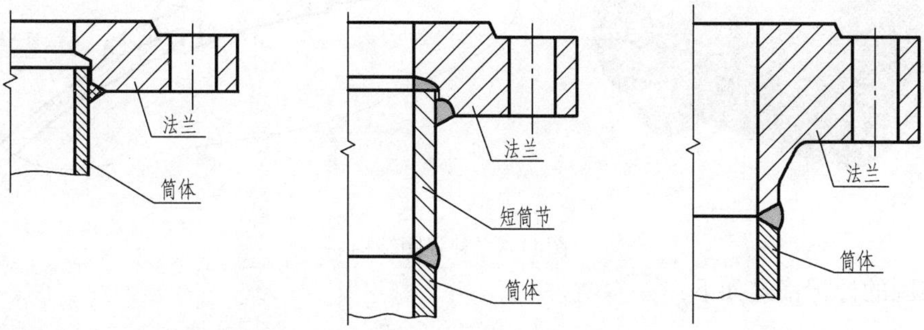

(a) 甲型平焊法兰　(b) 乙型平焊法兰　(c) 长颈对焊法兰

图11-7　压力容器法兰结构型式

压力容器法兰的标记格式如下：

①-② ③-④/⑤-⑥ ⑦

①——法兰名称及代号，一般法兰写“法兰”，环衬法兰写“法兰C”，见表11-4；

表11-4　压力容器法兰名称及代号、密封面型式、标准号

法兰类型	名称及代号	密封面型式及代号	
一般法兰	法兰	平面密封	平面RF
环衬法兰	法兰C		
法兰标准号		凹凸面密封	凹面 FM
甲型平焊法兰	NB/T 47021—2012		凸面 M
乙型平焊法兰	NB/T 47022—2012	榫槽面密封	榫面 T
长颈对焊法兰	NB/T 47023—2012		槽面 G

②——密封面型式代号，见表11-4；

③——法兰公称直径，单位为mm；

④——法兰公称压力（PN），单位为MPa；

⑤——法兰厚度，单位为mm，采用标准值时此项可省略；

⑥——法兰总高度，单位为mm，采用标准值时此项可省略；

⑦——法兰标准号，见表11-4。

例如，压力0.6MPa、公称直径800mm的平面密封的标准甲型平焊法兰，标记可写为：

法兰-RF　800-0.6　NB/T 47021—2012

11.2.5 补强圈（JB/T 4736—2002）

补强圈（reinforcing pad）是附加在压力容器壳体开孔的周围，并与壳体焊接在一起的一种金属元件，主要用于弥补设备壳体因开孔过大或过多造成的强度损失。补强圈基本形状为圆环板，焊接前弯制成与壳体表面完全贴合的形状。这样，焊接后的补强圈能和壳体共同受力，从而弥补强度损失。补强圈上有一螺纹孔，焊后通入压缩空气检查焊缝的气密性，如图11-8所示。

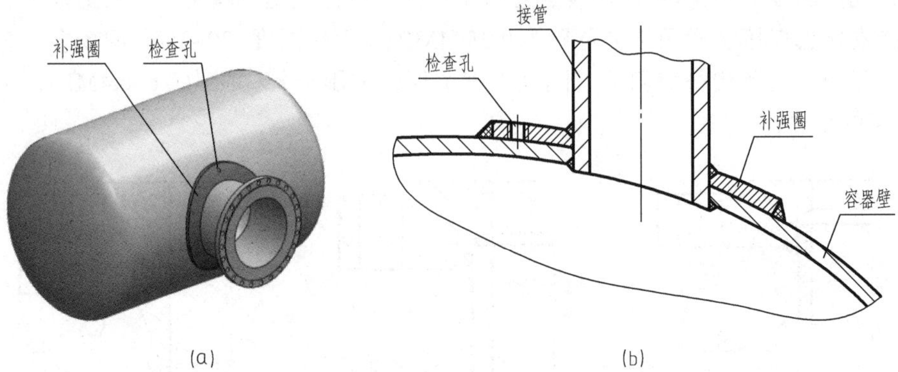

图11-8 补强圈结构

补强圈的标记格式如下：

①×②-③-④⑤

其中：

①——d_N及其数值，d_N指与此补强圈相配的接管的公称直径，单位mm；

②——补强圈厚度，一般与容器壁厚相同；

③——坡口型式，补强圈的坡口型式共有A型、B型、C型、D型、E型五种，具体结构可查阅标准JB/T 4736；

④——补强圈材质，一般与容器壳体相同；

⑤——标准号JB/T 4736。

例如，接管公称直径d_N=100mm、补强圈厚度为8mm、坡口型式为D型、材质为Q235B的补强圈，其标记为：

d_N 100×8-D-Q235B JB/T 4736

11.2.6 人（手）孔

人（手）孔（manhole and handhole）通常是制药设备上尺寸最大的开孔，便于设备内部零部件的安装、拆卸、检修及清洗。人孔和手孔的基本结构类似，直径范围不同。当设备直径≤900mm时，设手孔，公称直径有DN150和DN250两种，可保证操作人员的手握着工具顺利通过；当设备直径＞900mm时，设人孔，圆形人孔的最小公称直径是400mm，最大为600mm。人孔大小既要保证人能安全进出设备，又要尽量减小尺寸避免因开孔过大削弱设备壳体的强度。

人（手）孔是组合件，包括手柄、人孔盖、法兰、垫片、紧固件、筒节等，如图11-9所示。

钢制人（手）孔的规定标记格式如下（HG/T 21514—2014）：

① ② ③ ④（⑤） ⑥ ⑦-⑧ ⑨ ⑩ ⑪

其中：

①——名称，仅填简称“人孔”或“手孔”；

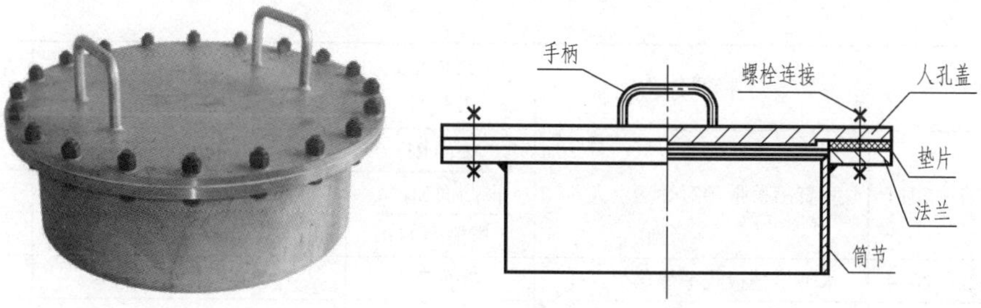

图11-9 人（手）孔基本结构

②——密封面型式代号，如一个标准只有一种密封面，本项不写；

③——材料类别代号，如一个标准只含一类材料，本项不写；

④——紧固螺栓（柱）代号，8.8级六角头螺栓填“b”，35CrMo全螺纹填“t”；

⑤——垫片（圈）代号；

⑥——非快开回转盖人孔和手孔盖轴耳型式代号，按各个回转盖人孔和手孔标准中规定，填“A”或“B”，其他人孔和手孔本项不填写；

⑦——公称直径，仅填写数字，单位mm；

⑧——公称压力，仅填写数字，单位bar，常压人孔或手孔本项不写；

⑨——非标准高度H_1，应填写“H_1=×××”，当H_1采用标准中的数值时，本项不写；

⑩——非标准厚度s，应填写“s=×××”，当s采用标准中的数值时，本项不写；

⑪——标准号，参见表11-5。

表11-5 钢制人孔、手孔的标准号、密封面型式、公称直径及公称压力

标准号	标准名	密封面型式及代号	公称直径(DN)/mm	公称压力(PN)/bar
HG/T 21515—2014	常压人孔	全平面FF	(400)、450、500、600	常压
HG/T 21516—2014	回转盖板式平焊法兰人孔	突面RF	(400)、450、500、600	6
HG/T 21517—2014	回转盖带颈平焊法兰人孔	突面RF	(400)、450、500、600	10、16
		凹凸面MFM	(400)、450、500、600	10、16
		榫槽面TG	(400)、(450)、(500)	16
HG/T 21518—2014	回转盖带颈对焊法兰人孔	突面RF	(400)	25
			400	40、63
			450、500、600	16、25、40
		凹凸面MFM	(400)	25
			400	40、63
			450、500、600	16、25、40
		榫槽面TG	(400)	25、40、63
			(450)、(500)	25、40
		环连接面RJ	400	63
HG/T 21519—2014	垂直吊盖板式平焊法兰人孔	突面RF	450、500、600	6
HG/T 21520—2014	垂直吊盖带颈平焊法兰人孔	突面RF	450、500、600	10、16
		凹凸面MFM	450、500、600	10、16
		榫槽面TG	(450)、(500)	16

续表

标准号	标准名	密封面型式及代号	公称直径(DN)/mm	公称压力(PN)/bar
HG/T 21521—2014	垂直吊盖带颈对焊法兰人孔	突面RF	450、500、600	16、25、40
		凹凸面MFM	450、500、600	16、25、40
		榫槽面TG	(450)、(500)	25、40
HG/T 21522—2014	水平吊盖板式平焊法兰人孔	突面RF	450、500、600	6
HG/T 21523—2014	水平吊盖带颈平焊法兰人孔	突面RF	450、500、600	10、16
		凹凸面MFM	450、500、600	10、16
		榫槽面TG	(450)、(500)	16
HG/T 21524—2014	水平吊盖带颈对焊法兰人孔	突面RF	450、500、600	16、25、40
		凹凸面MFM	450、500、600	16、25、40
		榫槽面TG	(450)、(500)	25、40
HG/T 21525—2014	常压旋柄快开人孔	槽平面GF	400、450、500	常压
HG/T 21526—2014	椭圆形回转盖快开人孔	平面FS	450×350	6
HG/T 21527—2014	回转拱盖快开人孔	平面FS	400、450、500	6
		榫槽面 TG	400、450、500	6
HG/T 21528—2014	常压手孔	全平面FF	150、250	常压
HG/T 21529—2014	板式平焊法兰手孔	突面RF	150、250	6
HG/T 21530—2014	带颈平焊法兰手孔	突面RF	150、250	10、16
		凹凸面MFM	150、250	10、16
		榫槽面TG	(150)、(250)	16
HG/T 21531—2014	带颈对焊法兰手孔	突面RF	150	25、40、63
			250	25
		凹凸面MFM	150	25、40、63
			250	25
		榫槽面TG	(150)	25、40、63
			(250)	25
		环连接面RJ	150	63
HG/T 21532—2014	回转盖带颈对焊法兰手孔	突面RF	250	40、63
		凹凸面MFM	250	40、63
		榫槽面TG	(250)	40、63
		环连接面RJ	250	63
HG/T 21533—2014	常压快开手孔	槽平面GF	150、250	常压
HG/T 21534—2014	旋柄快开手孔	榫槽面TG	150、250	2.5
HG/T 21535—2014	回转盖快开手孔	平面FS	150、250	6
		榫槽面TG	150、250	6

例如：公称直径DN450，H_1=160mm、Ⅰ类材料、采用石棉橡胶板垫片的常压人孔，其标记符号为：

人孔 Ⅰ b（A-XB350）450 HG/T 21515

公称压力PN16、公称直径DN250，H_1=200mm、RF密封面、Ⅲ类材料、采用六角螺栓、非金属平垫（不带内包边的XB350石棉橡胶板）的带颈平焊法兰手孔，其标记符号为：

手孔 RFⅢ b（NM-XB350）250-16 HG/T 21530

衬不锈钢人孔和手孔的规定标记格式如下（HG/T 21594—2014）:

① ② ③ ④ ⑤（⑥）⑦-⑧ ⑨ ⑩

其中：

①——名称，仅填简称“人孔”或“手孔”；

②——法兰型式代号，如一个标准只有一种法兰型式或是非标法兰，本项不写；

③——密封面型式代号，如一个标准只有一种密封面，本项不写；

④——材料类别代号，如一个标准只含一类材料，本项不写；

⑤——紧固螺栓（柱）代号，8.8级六角头螺栓填“b”，35CrMo全螺纹填“t”；

⑥——垫片代号；

⑦——公称直径，仅填写数字，单位mm；

⑧——公称压力，仅填写数字，单位bar；

⑨——非标准高度H_1，应填写“H_1=×××”，当H_1采用标准中的数值时，本项不写；

⑩——标准号，参见表11-6。

表11-6　衬不锈钢人孔和手孔的标准号、法兰类型、密封面型式公称直径及公称压力

标准号	标准名	法兰类型及代号	密封面型式及代号	公称直径(DN)/mm	公称压力(PN)/bar
HG/T 21596—2014	回转盖衬不锈钢人孔	板式平焊法兰PL	突面RF	450、500、600	6
		带颈平焊法兰SO	突面RF 凹凸面MFM	450、500、600	10、16
		带颈对焊法兰WN	突面RF 凹凸面MFM	450、500、600	16、25、40
HG/T 21597—2014	回转拱盖快开衬不锈钢人孔		突面RF 凹凸面MFM	450、500	6
HG/T 21598—2014	水平吊盖衬不锈钢人孔	板式平焊法兰PL	突面RF	450、500	6
		带颈平焊法兰SO	突面RF 凹凸面MFM	450、500、600	10、16
		带颈对焊法兰WN	突面RF 凹凸面MFM	450、500、600	16、25、40
HG/T 21599—2014	垂直吊盖衬不锈钢人孔	板式平焊法兰PL	突面RF	450、500、600	6
		带颈平焊法兰SO	突面RF 凹凸面MFM	450、500、600	10、16
		带颈对焊法兰WN	突面RF 凹凸面MFM	450、500、600	16、25、40
HG/T 21600—2014	椭圆快开衬不锈钢人孔		突面RF	450×350	6
HG/T 21602—2014	平盖衬不锈钢手孔	板式平焊法兰PL	突面RF	150、250	6
		带颈平焊法兰SO	突面RF 凹凸面MFM	150、250	10、16
		带颈对焊法兰WN	突面RF 凹凸面MFM	150、250	16、25、40
HG/T 21603—2014	回转盖快开衬不锈钢手孔		突面RF	150、250	6
HG/T 21604—2014	旋柄快开衬不锈钢手孔		榫槽面TG	150、250	2.5

例如，公称压力PN16、公称直径DN450、H_1=240mm、法兰型式为带颈对焊（WN型）、RF型密封面、Ⅱ类材料、采用35CrMo全螺纹螺柱、垫片采用D型缠绕垫（内环、对中环和金属带材料为S30408、填充材料为柔性石墨）的回转盖衬不锈钢人孔，其规定标记可写为：

人孔 WN RF Ⅱ t(W·D-2222) 450-16 HG/T 21596

11.2.7 视镜（NB/T 47017—2011）

视镜（sightglass）是一种用于观察设备内部情况的组合部件，主要由视镜玻璃、视镜座、压紧环、密封垫、螺母、螺柱等组成，如图11-10所示。视镜与容器的连接方式有两种，一种是视镜座外缘直接与容器开孔焊接；另一种是视镜座由配对管法兰（或法兰凸缘）夹持固定。

(a)

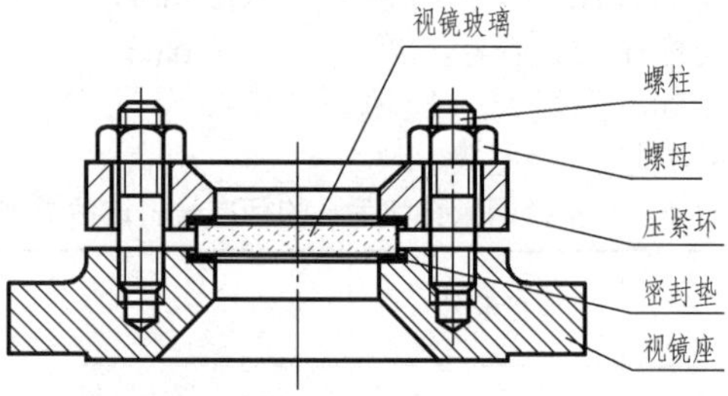

(b)

图11-10 视镜结构

视镜的规定标记格式如下：

视镜 PN① DN② ③-④-⑤

其中：

①——视镜公称压力数值，单位MPa，主要有0.6、1.0、1.6、2.5四挡；

②——视镜公称直径数值，单位mm，主要有50、80、100、125、150、200六档；

③——视镜材料代号，Ⅰ为碳钢或低合金钢，Ⅱ为不锈钢；

④——射灯代号，SB为非防爆型，SF1为防爆型（EExdⅡCT3），SF2为防爆型（EExdⅡCT4）；

⑤——冲洗代号，W——带冲洗装置。

例如，公称压力2.5MPa、公称直径50mm、材料为不锈钢S30408、不带射灯、带冲洗装置的视镜，可标记为：

视镜PN2.5 DN50 Ⅱ-W

11.2.8 支座（NB/T 47065.1~47065.5—2018）

支座（vessel support）是用来支承和固定设备的一类部件。根据支座的结构形状、安装位置及荷载情况的不同，支座有鞍式支座（NB/T 47065.1—2018）、腿式支座（NB/T 47065.2—2018）、耳式支座（NB/T 47065.3—2018）、支承式支座（NB/T 47065.4—2018）和刚性环支座（NB/T 47065.5—2018）五种型式。

（1）鞍式支座（saddle support）

鞍式支座（简称鞍座）用于钢制卧式容器的支承固定，基本结构如图11-11所示。主要由垫板、腹板、筋板及底板等组成。

鞍式支座有轻型（代号A）和重型（代号B）之分，轻型鞍座的承载能力较小，适用于较轻的设备；重型鞍座的承载能力较大，适用于较重的设备。鞍座大多带有垫板，DN≤950的鞍座有不带垫板的，如BⅢ、BⅤ型鞍座。底板、腹板、筋板和垫板均通过焊接而制成的

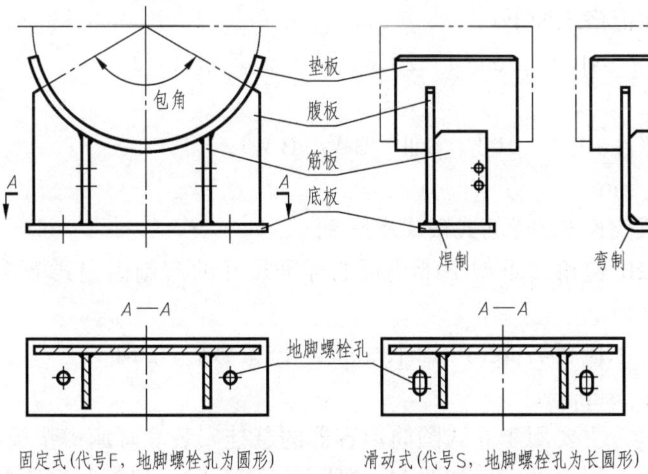

图11-11 鞍式支座结构

鞍座为焊制鞍座，腹板和底板是由一块钢板弯成的鞍座为弯制鞍座。鞍座的底板有两种，一种是固定式（代号F），底板上的地脚螺栓孔为圆孔；另一种是滑动式（代号S），底板上的孔是长圆形的。两种底板配对使用，固定式鞍座用地脚螺栓固定在基础上，滑动式鞍座因螺栓孔为长形，当容器出现热变形时，可随容器一起做轴向移动，从而抵消热胀冷缩产生的应力，保护设备安全。鞍式支座型式特征见表11-7。

表11-7 鞍式支座型式特征

型式			包角	垫板	筋板数	适用公称直径(DN)/mm
轻型	焊制	A	120°	有	4	1000~2000
					6	2100~4000
						4100~6000
重型	焊制	BⅠ	120°	有	1	168~406
						300~450
					2	500~950
					4	1000~2000
					6	2100~4000
						4100~6000
		BⅡ	150°	有	4	1000~2000
					6	2100~4000
						4100~6000
		BⅢ	120°	无	1	168~406
						300~450
					2	500~950
	弯制	BⅣ	120°	有	1	168~406
						300~450
					2	500~950
		BⅤ	120°	无	1	168~406
						300~450
					2	500~950

鞍式支座的规定标记格式如下：

NB/T 47065.1—2018，鞍式支座 ①②-③

其中：

①——支座型号（A、BⅠ、BⅡ、BⅢ、BⅣ、BⅤ）；

②——公称直径，mm；

③——固定式鞍式支座F，滑动式鞍式支座S；

例如，DN325，120°包角，重型不带垫板的标准尺寸的弯制固定式鞍式支座，材料为Q345R，其标记可写为：

NB/T 47065.1—2018，鞍式支座 BⅤ 325-F

（2）耳式支座（lug support）

耳式支座简称耳座，主要用于立式圆筒形容器的悬挂安装。耳座由垫板、筋板、底板、盖板（部分耳座无盖板）焊接而成，如图11-12所示。安装时，垫板与容器壁焊为一体，底板放在支承容器的楼板或钢架平台上，用螺栓固定。

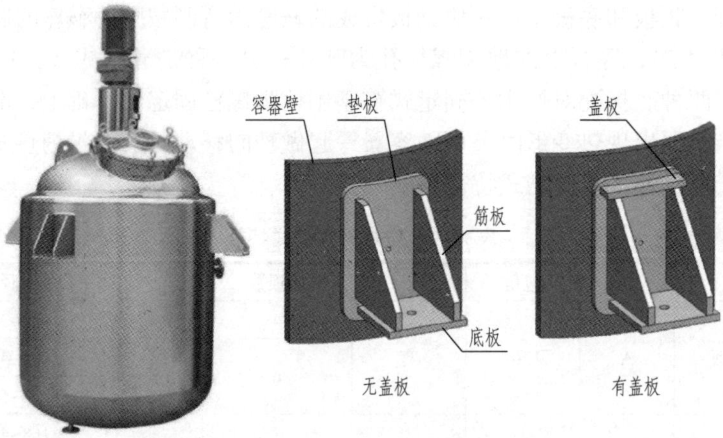

图11-12　耳式支座

耳式支座有短臂（A型）、长臂（B型）和加长臂（C型）三种型式，见表11-8。A型和B型耳座的两筋板间距小于230mm时，不带盖板；筋板间距≥230mm时，带盖板。C型耳座全部带盖板。耳座垫板的厚度一般与筒体壁厚相同，也可根据实际需要增加厚度。垫板材料一般与容器筒体材料一致，筋板和底板的材料有3种，分别是Q235B（代号Ⅰ）、S30408（代号Ⅱ）和15CrMoR（代号Ⅲ）。

表11-8　耳式支座的型式

型式	型号	支座号	垫板	盖板	适用公称直径(DN)/mm
短臂	A	1~5	有	无	300~2600
		6~8		有	1500~4000
长臂	B	1~5	有	无	300~2600
		6~8		有	1500~4000
加长臂	C	1~3	有	有	300~1400
		4~8			1000~4000

耳式支座的规定标记格式如下：

NB/T 47065.3—2018，耳式支座 ①②-③

其中：

①——型号（A、B、C）；

②——支座号（1~8）；

③——材料代号（Ⅰ、Ⅱ、Ⅲ）。

例如，A型，3号耳式支座，支座材料为Q235B，垫板材料为Q245R，其标记可写为：

NB/T 47065.3—2018，耳式支座A3-Ⅰ

11.3 制药设备图的表达方法及尺寸标注

制药设备的视图表达方法除可采用机械装配图的表达方法外，还需根据制药设备的结构特点加以确定，因此在介绍制药设备视图表达方法之前，先介绍制药设备的结构特点。

11.3.1 制药设备的结构特点

不同种类的制药设备，如提取罐、反应器、蒸发器及制粒设备等，其外部结构形状、内部附件、尺寸大小、安装方式各不相同，但都有一个共同的特点，设备内壁及内部附件都应达到药品生产所要求的洁净程度。

制药设备的结构特点如下：

（1）设备主壳体以回转体为主

设备的筒体（shell）、封头以及一些零部件（人孔、手孔、接管等）多为圆柱、椭球、圆锥及球等回转壳体，如图11-2中的零件5夹套筒体、零件6内胆筒体、零件11椭圆形封头、零件3和4锥形封头、零件22人孔筒体等皆为回转壳体。

（2）结构尺寸相差悬殊

制药设备的总体尺寸与设备壳体的壁厚尺寸或某些细部结构尺寸相差悬殊。如图11-2中，设备总高约3800mm，设备筒体（零件6）内径1400mm，而设备内筒体壁厚仅为8mm，冷凝水出口接管（零件27）外径为32mm。

（3）设备主体上有较多的开孔和接管口

为了满足制药工艺需要，实现设备与管道之间的连接以及在设备上安装各种零部件，制药设备上常设置较多开孔及接管口。如图11-2所示，提取罐顶盖上设有2个人孔，2个视镜， 7个接管口。

（4）广泛采用标准化零部件

制药设备中大量采用标准化零部件，如封头（head）、法兰（flange）、支座（support）、人孔及手孔（manhole and handhole）、液面计（level gauge）、补强圈（reinforcement pad）等；在搅拌类设备中还采用搅拌器（agitator）、电机（motor）、填料箱（packing box）、机械密封（mechanical seal）等部件。这些零部件结构大多标准化及系列化，在设计时，可根据设计参数进行选型；在绘图时，可采用规定画法进行简化绘制。

（5）大量采用焊接结构

制药设备中的零部件大量采用焊接结构进行连接。如图11-2所示，其筒体及锥形封头是由钢板弯卷后焊接成型的，筒体与上、下封头，各接管口、支座及人孔等的连接也都采用焊接结构。

（6）对材料及设备表面粗糙度有特殊要求

制药设备材料除需满足强度、刚度、稳定性要求外，还必须满足GMP规范对设备的耐腐蚀要求，及不对药品产生污染的要求。在选材上，要求与药品接触部分的构件应选择304、304L、316、316L等不锈钢或其他耐蚀性好的材料，制水设备及液体制剂设备应选择316L不锈钢；与药物直接接触的构件，其表面均具有不附着物料的性能，需采用抛光处理等有效的工艺手段进行加工。

（7）防泄漏安全卫生结构要求

对于带有搅拌装置的反应釜、发酵罐、提取罐及蒸发浓缩设备等，要求轴密封性能好，不产生脱削及漏油现象，常采用机械密封，以避免对药品造成污染。

11.3.2 制药设备图的常用表达方法

由于制药设备的结构特点，其装配图的表达相应地采用了一些习惯表达方法，具体说明如下。

（1）视图及其配置

因制药设备的容器壳体多为回转体结构，一般采用两个基本视图加以表达。通常，立式设备采用主、俯视图；卧式设备采用主、左视图。主视图上一般都采用全剖或局部剖视图的表达方法。如图11-2，采用主、俯两视图表达提取罐的主体结构，其主视图上采用局部剖视的表达方法。

对于细长设备，当视图难以按基本视图位置配置时，可按向视图表达方法绘制，常将俯（或左）视图配置在图纸的其他空白处。

（2）多次旋转的表达方法

设备壳体上分布着各种管口及零部件，它们的周向位置可由俯（左）视图确定；为了在主视图上清楚地表达它们的结构形状和轴向位置，常采用多次旋转的表达方法，即假想地将处于设备不同周向方位的管口结构，分别旋转到与正投影面平行的位置进行投影。如图11-13（a）中的人孔b是假想其按逆时针方向旋转45°后，绘制在主视图上；而液面计安装口$a_{1,2}$是假想按顺时针方向旋转45°后，绘制在主视图上。

应注意被旋转的接管及其他附件在主视图上不应相互重叠，如图11-13（a）中d旋转将会与c或b相重叠，此时可采用*A—A*斜剖视局部放大图表达。

（3）管口方位的表达方法

制药设备上的管口较多，在设备的制造、正确安装和使用时，需正确确定各管口的位置，因此管口方位必须在图样中表达清楚。当装配图上绘制了俯视图（左视图）时，管口方位可在俯（左）视图上采用管口符号表达清楚。

管口符号采用小英文字母（a、b、c…）对接管或附件进行编号；图中规格、用途相同的接管或附件可共用同一字母，其个数可由阿拉伯数字为下标加以表示；如图11-2中的a、b、$c_{1,2}$、d、e、f，图11-13中的$a_{1,2}$、b、c、d、e。为方便在设备图中查找管口，也可在管口符号外加上细实线圆圈，如图11-2所示。

若装配图上未绘制俯（左）视图时，应绘制管口方位图来表达管口方位。管口方位图中，管口方位可采用中心线表明，用单线（粗线）示意画出设备管口，如图11-13（b）所示。

（4）细部结构的表达方法

对于制药设备上的某些细部结构（焊缝接头、薄壁、垫片、折流板等），按总体尺寸所选定的绘图比例无法表达清楚时，可采用局部放大画法或夸大画法绘制，局部放大图又称节点图。如图11-2所示，其中焊缝接头及坡口的形式、顶盖上视镜都采用局部放大图表示；筒体、夹套及接管的壁厚则采用夸大画法画出。

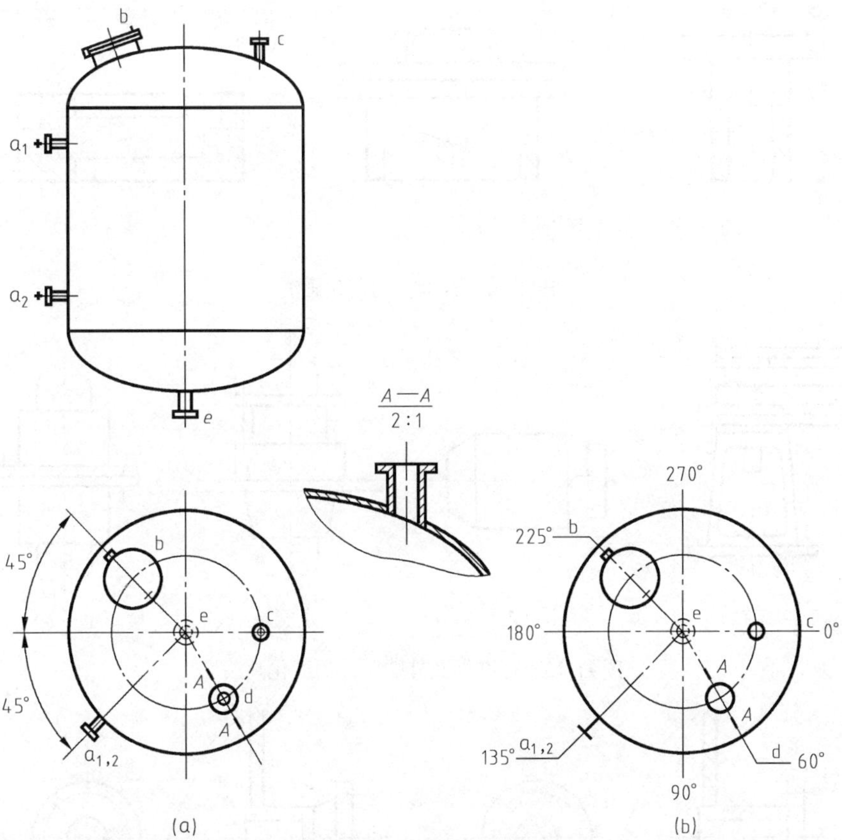

图11-13　多次选择及管口方位的表达方法

（5）简化画法

制药设备图中，在既不影响视图清晰地表达结构形状，又不致产生误解的前提下，大量采用简化画法。

① 标准零部件的简化画法。一些标准化零部件已有标准图，它们在制药设备图中不必详细画出，可按比例画出其外形特征简图，如图11-2中的人孔、接管及法兰（或如图11-14所示），并在明细栏中注写其名称、规格、标准号。

② 复用图的零部件及外购零部件的简化画法。制药设备图中，外购及复用图零部件只需根据主要尺寸按比例画出其外形轮廓简图。如图11-2中的件2出渣门及件13清洗球。此外，搅拌类制药设备中的搅拌装置，其减速器、电机、填料箱及联轴器等，常为外购部件，都可简化画出，如图11-15所示；并分别在明细栏中注写名称、规格、主要性能参数和“外购”“复用图”等字样。

③ 管法兰的简化画法。制药设备图中，无论是平焊法兰还是对焊法兰，均简化绘制如图11-16所示。图11-2中的管法兰就是按此画法绘制的。

④ 重复结构的简化画法

a. 螺纹孔及螺栓连接的简化画法。装配图上，螺纹孔可用对称中心线和轴线表示，省略圆孔的投影，如图11-17（a）所示； 螺栓连接可简化绘制如图11-17（b）所示，图中的“+”“×”符号均为粗实线。

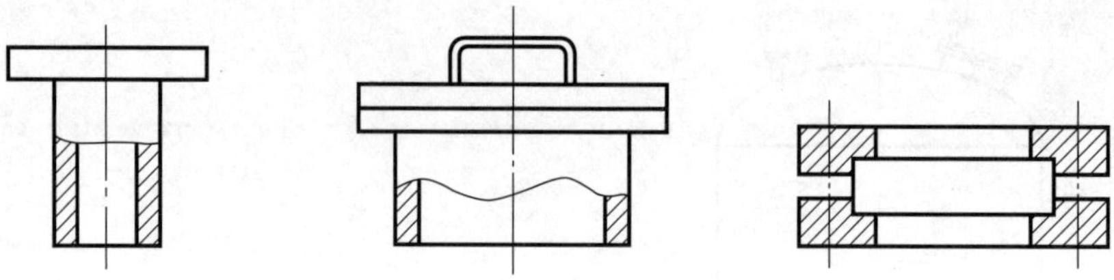

(a) 接管　　(b) 人孔　　(c) 视镜

图11-14　标准件的简化画法

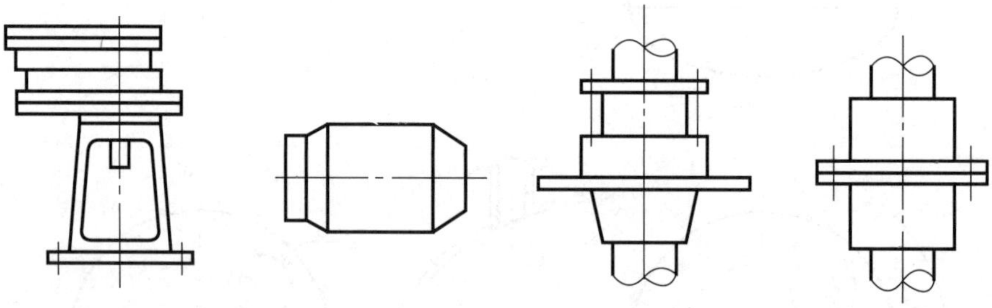

(a) 减速机　　(b) 电机　　(c) 填料箱　　(d) 连轴器

图11-15　标准件及外购零件的简化画法

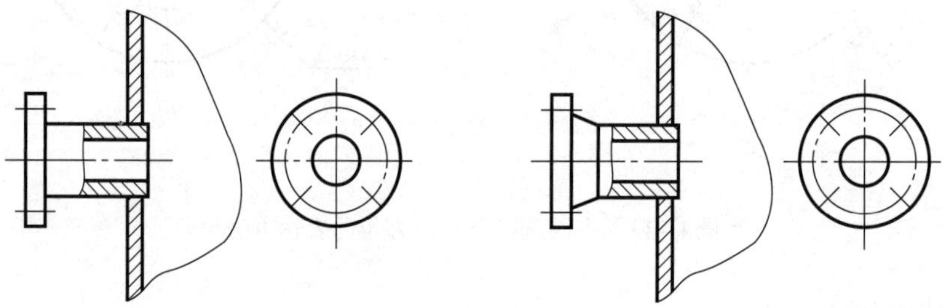

(a) 平焊法兰　　(b) 对焊法兰

图11-16　管法兰的简化画法

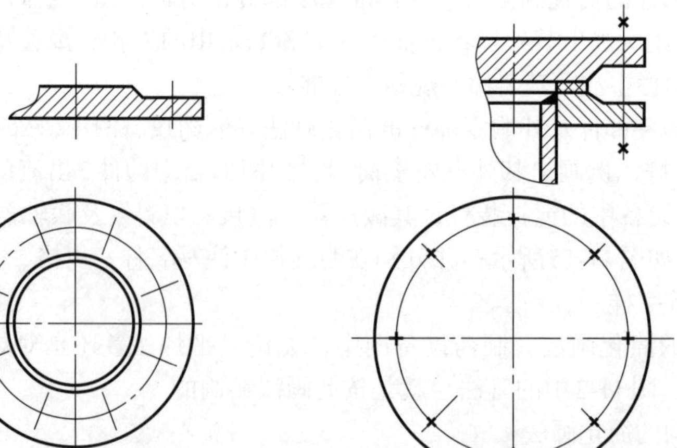

(a) 螺孔　　(b) 螺栓连接

图11-17　螺孔、螺栓连接的简化画法

b. 按规则排列的管子的简化。绘制按规律排列的管束，可只画一根或几根，其余的用点画线表示其安装位置，如图11-18膜式蒸发器内的换热管就是按此法绘制。

c. 多孔板上按规则排列的孔的简化画法。升膜式及降膜式蒸发器、列管式蒸馏水机和换热器等设备中的管板，流化床制粒设备中的空气分布板等，为多孔板结构。多孔板上的孔多数按一定规律排列，在表达上，可采用图11-19中的方法简化画出。在图11-19中，仅画出几个孔的投影，并标明孔的个数及直径；其余的孔不必画出，可采用细实线绘制网格线，确定出孔的圆心位置。

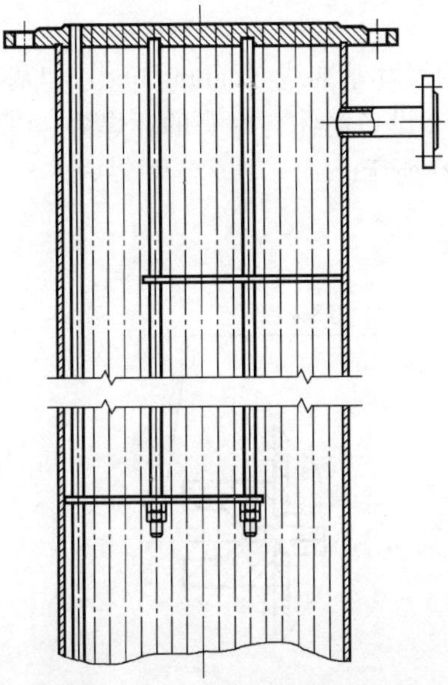

图11-18　按规则排列管子的简化画法

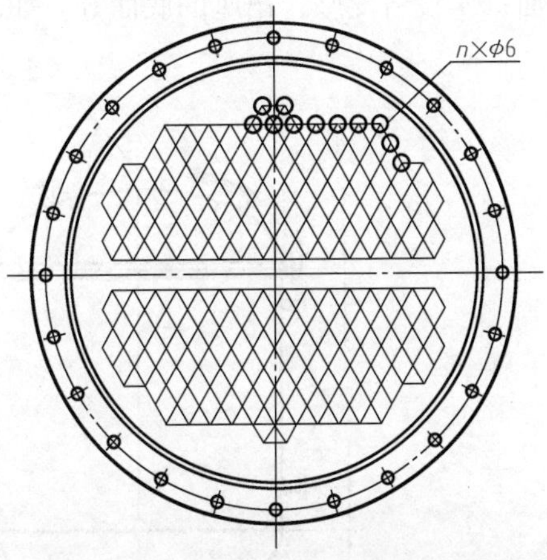

图11-19　多孔板上孔的简化画法

d. 塔盘、填充物的简化画法。当塔设备及活性炭过滤器中装有同种材料、同一规格和同一堆放方法的填料时，在装配图的剖视图中，可用相交的细实线表示填料，并注以文字及尺寸说明，如图11-20所示。

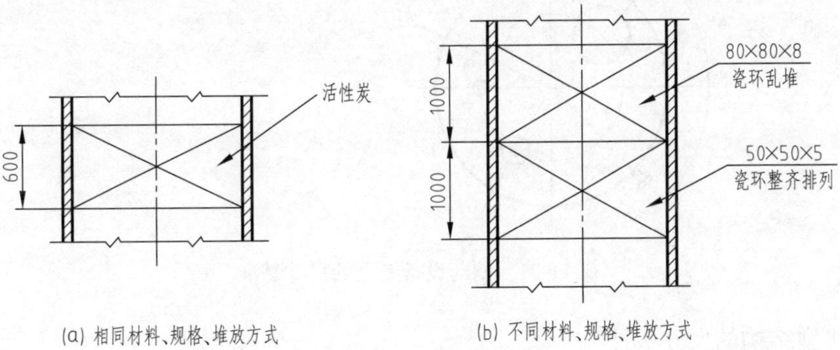

图11-20　填充物的简化画法

（6）断开画法

对于过长（过高）的制药设备，如蒸发器、塔设备等，为了清楚地表达设备结构，并合理使用图幅，常采用断开画法，即用双折线将设备中相同结构或重复出现的结构断开，如图11-8，断开部分为蒸发器结构相同的地方。

上述所介绍的是制药设备图上常用的表达方法，在确定制药设备视图表达方案时，可结合装配图的规定画法，灵活加以选择运用。

11.3.3 制药设备图的尺寸标注

制药设备图上的尺寸标注与机械装配图的尺寸标注一样，需遵循《GB/T 4458.4—2003 机械制图 尺寸注法》的规定。

制药设备装配图上应主要标注规格性能尺寸、装配尺寸、安装尺寸和外形尺寸，标注尺寸应正确、完整、清晰、合理。

11.3.3.1 尺寸基准

所有尺寸都应以基准进行标注，制药设备图的尺寸基准线（datum line）和基准面（datum plane）一般为：①设备筒体及封头的轴线；②设备筒体与封头的环焊缝；③设备法兰的密封面；④设备支座、裙座的底面等。如图11-21所示。

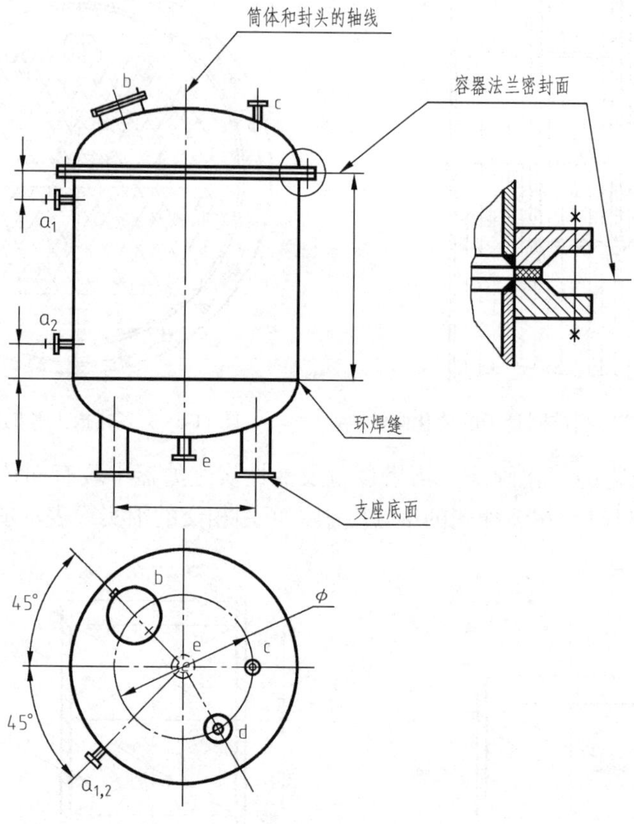

图11-21 制药设备图上的尺寸基准

11.3.3.2 典型结构的尺寸标注

（1）筒体的尺寸标注

对于钢板卷焊成的设备筒体，一般标注内径、厚度和高（长）度；对于由无缝钢管承做的筒体，一般标注外径、厚度及高（长）度，如图11-2所示。

（2）封头的标注

① 半球形封头（hemispherical head），标注球内径D（$D=D_i$）及壁厚s，如图11-22所示。

② 椭圆形封头（cllipsoidal head），应标注封头公称尺寸D（EHA封头，$D=D_i$；EHB封头，$D=D_o$）、厚度s、总高H及直边段高度h，如图11-2及图11-22所示。

③ 折边锥形封头（toriconical head），应标注锥壳大端直径D、厚度s、总高H及锥壳小端直径D_{is}，如图11-22及图11-2所示。

④ 碟形封头（spherically dished head），应标注封头公称尺寸D（THA封头，$D=D_i$；THB封头，$D=D_o$）、大球壳面半径R、过渡段半径r、厚度s，总高H及直边段高度h，如图11-22所示。

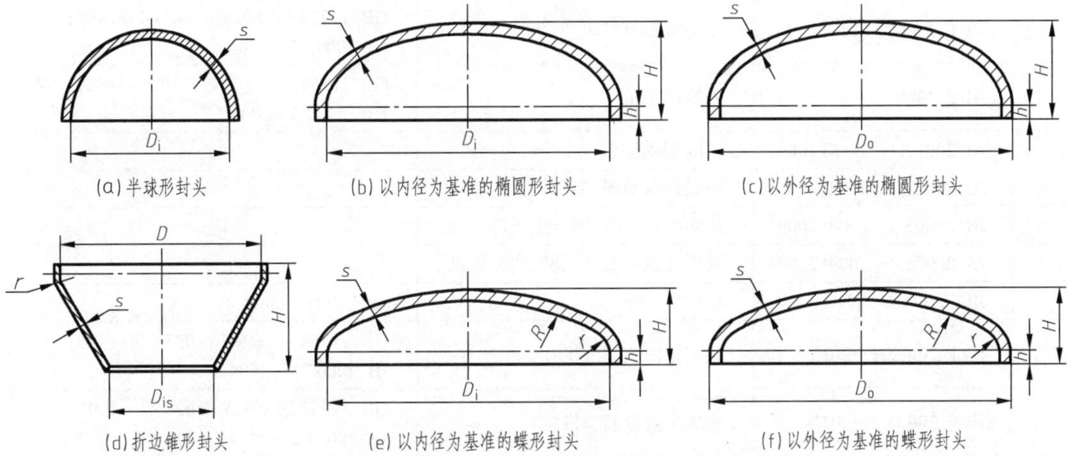

图11-22　各种封头的标注

11.3.3.3　标准件的标注

对于标准件，其规格尺寸常注写在明细栏中，如图11-2所示。

11.3.3.4　焊缝的标注

见第10章。

11.4　制药设备图的技术要求

从使用安全性及对药品无污染的角度出发，制药设备的技术要求内容较多，要求也严格。这些技术要求需要用文字逐条书写清楚，用以说明制药设备在选材、设计、生产制造、焊接、试验、检验、安装调试、使用、包装及运输过程中应达到的技术指标及遵循的操作方法。

通常应注写的技术要求应包括以下两大方面的内容。

11.4.1　满足GMP规范的制药设备标准要求

制药设备不同于一般的化工设备，其除了需满足强度、刚度及稳定性要求外，还必须满足GMP及药典对设备的各项要求，以保证药品在生产中不被污染。目前，我国对于一些制药设备已制订了相关标准，因此制药设备图上必须注写相关标准的技术要求。

下面列出了制药装备最新标准的总目录（表11-9）及通用制药机械标准（表11-10），在设计、生产制药设备时，应遵循标准的要求。

此外，还应参考《中华人民共和国药典（2025年版）》及《药品生产质量管理规范（2010年修订版）》的相关要求。

表11-9　制药装备标准总目录

序号	现行标准代号	标准名称	历年修订情况
1	JB/T 20001—2011	注射剂灭菌器	JB 20001—2003
2	JB/T 20002.1—2011	安瓿洗烘灌封联动线	YY 0295.1—1997;JB 20002.1—2004
3	JB/T 20002.2—2011	安瓿立式超声波清洗机	GB 11754.1—89;YY 0259.2—1995; JB 20002.2—2004
4	JB/T 20002.3—2011	安瓿隧道式灭菌干燥机	GB 11754.2—89;YY 0259.3—1995; JB 20002.3—2004
5	JB/T 20002.4—2011	安瓿灌装封口机	GB 11754.3—89;YY 0259.4—1995; JB 20002.4—2004
6	JB/T 20002.5—2015	安瓿印字机	GB 11754.4—89;YY 0259.5—1995; JB 20002.5—2004
7	JB 20003.1—2004(2009)	滴眼剂联动线	
8	JB 20003.2—2004(2009)	滴眼剂联动线 清洗机	
9	JB 20003.3—2004(2009)	滴眼剂联动线 隧道烘干机	
10	JB 20003.4—2004(2009)	滴眼剂联动线 灌装压塞旋盖机	
11	JB/T 20004—2017	栓剂生产线	JB 20004—2004
12	JB/T 20005.1—2013	玻璃输液瓶清洗机	GB 11753.1—89;YY 0235.1—1995; JB 20005.1—2004
13	JB/T 20005.2—2013	玻璃输液瓶灌装机	GB 11753.2—89;YY 0235.2—1995; JB 20005.2—2004
14	JB 20005.3—2004	玻璃输液瓶翻塞机	GB 11753.3—89;YY 0235.3—1995
15	JB/T 20005.4—2013	玻璃输液瓶轧盖机	GB 11753.4—89;YY 0235.4—1995; JB 20005.4—2004
16	JB/T 20005.5—2013	玻璃输液瓶洗灌封联动线	
17	JB 20006—2016	玻璃瓶小容量液体制剂灯检机	JB 20006—2004(2009)
18	JB/T 20007.1—2021	口服液玻璃瓶灌装联动线	YY 0217.1—1995;JB 20007.1—2004; JB/T 20007.1—2009
19	JB/T 20007.2—2021	口服液玻璃瓶超声波清洗机	YY 0217.2—1995;JB 20007.2—2004; JB/T 20007.2—2009
20	JB/T 20007.3—2021	口服液玻璃瓶隧道式灭菌干燥机	YY 0217.3—1995;JB 20007.3—2004; JB/T 20007.3—2009
21	JB/T 20007.4—2021	口服液玻璃瓶灌装轧盖机	YY 0217.4—1995;JB 20007.4—2004; JB/T 20007.4—2009
22	JB 20008.1—2012	抗生素玻璃瓶粉剂分装联动线	YY 0234.1—1995;JB 20008.1—2004
23	JB 20008.2—2012	抗生素玻璃瓶螺杆式粉剂分装机	YY 0234.2—1995;JB 20008.2—2004
24	JB 20008.3—2012	抗生素玻璃瓶轧盖机	YY 0234.3—1995;JB 20008.3—2004
25	JB/T 20010—2017	药用万向式混合机	JB 20010—2004
26	JB/T 20011—2009	药用周转料斗式混合机	JB 20011—2004
27	JB/T 20012—2015	药用槽式混合机	ZBC 92002—86;YY 0219—1995; JB/T 20012—2004(2009)
28	JB/T 20013—2017	双锥回转式真空干燥机	YY/T 0134—93; JB 20013—2004
29	JB/T 20014—2011	药用流化床制粒机	GB 12254—90;JB 20014—2004
30	JB/T 20015—2013	湿法混合制粒机	YY 0256—1997; JB 20015—2004
31	JB/T 20016—2011	滚筒式包衣机	YY 0253—1997;JB 20016—2004
32	JB/T 20017—2015	荸荠式包衣机	ZBC 92001—86;YY 0222—1995; JB 20017—2004(2009)

续表

序号	现行标准代号	标准名称	历年修订情况
33	JB/T 20018—2015	药用摇摆式颗粒机	ZBC 92003—86;YY 0220—1995; JB 20018—2004(2009)
34	JB/T 20019—2014	药品电子计数瓶装机	JB 20019—2004(2009)
35	GB/T 30748—2014	旋转式压片机	
36	JB 20020—2004	旋转式压片机	YY 0221—1995
37	JB 20021—2004(2009)	高速旋转式压片机	YY 0020—90
38	JB/T 20022—2017	ZP系列压片机药片冲模	JB 20022—2004
39	JB 20023—2013	药品泡罩包装机	JB 20023—2004
40	JB/T 20025—2013	全自动硬胶囊充填机	YY 0254—1997; JB 20025—2004
41	JB/T 20027—2009	滚模式软胶囊压制机	GB 10251—88; YY 0224—1995; JB 20027—2004
42	JB 20028—2017	胶囊药片印字机	YY/T 0135—93;JB 20028—2004(2009)
43	JB/T 20029—2016	热压式蒸馏水机	GB 11752—89; YY 0230—1995; JB 20029—2004(2009)
44	JB/T 20030—2012	多效蒸馏水机	GB 10643—89; YY 0229—1995; JB 20030—2004
45	JB/T 20031—2016	纯蒸汽发生器	JB/T 20031—2004
46	JB/T 20032—2012	药用真空冷冻干燥机	JB 20032—2004
47	JB/T 20033—2011	热风循环烘箱	YY 0026—90; JB 20033—2004
48	JB/T 20034—2017	药用旋涡式振动筛	YY 0098—1992; JB 20034—2004
49	JB/T 20035—2013	除粉筛	YY 0258—1997; JB 20035—2004
50	JB/T 20036—2016	提取浓缩罐	YY 0024—90; JB 20036—2004
51	JB/T 20037—2016	真空浓缩罐	YY 0025—90; JB 20037—2004
52	JB 20038—2016	提取罐	JB 20038—2004
53	JB/T 20039—2011	锤式粉碎机	JB 20039—2004
54	JB/T 20040—2020	分粒型刀式粉碎机	ZBC 93002—89; YY 0228—1995; JB 20040—2004; JB/T 20040—2009
55	JB/T 20041—2015	切药机	JB/T 20041—2004; JB/T 20043—2004
56	JB/T 20042—2015	滚筒式洗药机	YY/T 0137—93;JB/T 20042—2004
57	JB/T 20044—2014	回流式提取浓缩机组	JB/T 20044—2005
58	JB/T 20045—2015	药用流化床干燥器	JB/T 20045—2005
59	JB/T 20046—2013	药用喷雾干燥机	JB/T 20046—2005
60	JB/T 20047—2013	药物真空干燥器	JB/T 20047—2005
61	JB/T 20048—2020	提升加料机	JB/T 20048—2005
62	JB/T 20049—2014	药用真空上料机	JB/T 20049—2005
63	JB/T 20050—2018	润药机	JB/T 20050—2005
64	JB/T 20051—2018	炒药机	JB/T 20051—2005
65	JB/T 20052—2021	变频式风选机	JB/T 20052—2005
66	JB/T 20053—2021	柔性支撑斜面筛选机	JB/T 20053—2005
67	JB/T 20054—2020	大蜜丸机	YY 0223—1995; JB/T 20054—2005
68	JB/T 20055—2005	药品透明膜包装机	
69	JB/T 20056—2005	药用袋成型-充填-封口机	
70	JB/T 20057—2019	小丸瓶装机	YY 0218.2—1995; JB/T 20057—2005

续表

序号	现行标准代号	标准名称	历年修订情况
71	JB/T 20058—2019	药瓶塞纸机	YY 0218.3—1995；JB/T 20058—2005
72	JB/T 20059—2014	药瓶旋盖机	YY 0218.5—1995；JB/T 20059—2005
73	JB/T 20061—2020	整粒机	JB/T 20061—2005
74	JB/T 20063—2022	软膏剂灌装封口机	JB/T 20063—2005
75	JB/T 20064—2019	脉冲切割滴制式软胶丸机	JB/T 20064—2005
76	JB/T 20065.1—2014	塑料药瓶瓶装联动线	JB/T 20065.1—2005
77	JB/T 20065.2—2014	塑料药瓶理瓶机	JB/T 20065.2—2005
78	JB/T 20065.4—2014	模具式计数装瓶机	YY 0218.1—1995；JB/T 20065.4—2005
79	JB/T 20065.5—2014	塑料药瓶铝箔封口机	JB/T 20065.5—2005
80	JB/T 20066—2014	易折塑料瓶口服液剂灌装机	JB/T 20066—2005
81	JB/T 20068—2015	结晶器	YY/T 0138—93；JB/T 20068—2005
82	JB/T 20069—2005	卧式安瓿机	YY 0232—1995
83	JB/T 20070—2005	立式安瓿生产线	YY 0233.1—1995
84	JB/T 20071—2005	立式安瓿机	YY 0233.2—1995
85	JB/T 20072—2011	离心制粒包衣机	JB/T 20072—2005
86	JB/T 20073—2013	流化床制粒包衣机	JB/T 20073—2005
87	JB/T 20074—2020	药物配液罐	JB/T 20074—2005
88	JB/T 20075—2013	振动式药物超微粉碎机	JB/T 20075—2005
89	JB/T 20076—2013	药物溶出试验仪	ZBC 95001—89；JB/T 20076—2005
90	JB/T 20077—2013	崩解仪	YY 0132—93；JB/T 20077—2005
91	JB/T 20078—2013	玻璃输液瓶T型塞压胶塞机	YY 0235.5—1995；JB/T 20078—2005
92	JB/T 20079—2006	抗生素瓶液体灌装压塞机	
93	JB/T 20080—2019	T系列压片冲模	JB/T 20080.1—2006、JB/T 20080.2—2007、JB/T 20080.3—2007
94	JB/T 20081—2014	药物真空乳化机	JB/T 20081—2006
95	JB/T 20082—2019	实心滴丸机	JB/T 20082—2006
96	JB/T 20083—2017	小型动态提取浓缩机组	JB/T 20083—2006
97	JB/T 20084—2017	热泵外加热式双效浓缩器	JB/T 20084—2006
98	JB/T 20085—2014	隧道式微波干燥机	JB/T 20085—2006
99	JB/T 20086—2020	药用容器　料斗	JB/T 20086—2006
100	JB/T 20087—2020	药用容器　料桶	JB/T 20087—2006
101	JB/T 20088—2021	中药材截断机	JB/T 20088—2006
102	JB/T 20089—2021	蒸药箱	JB/T 20089—2006
103	JB/T 20090—2021	旋料式切片机	JB/T 20090—2006
104	JB/T 20092—2015	抗生素玻璃瓶立式超声波清洗机	JB/T 20092—2007
105	JB/T 20093—2014	抗生素玻璃瓶表冷式隧道灭菌干燥机	JB/T 20093—2007
106	JB/T 20094—2014	非PVC膜单室袋大容量注射剂制袋灌封机	JB/T 20094—2007
107	JB/T 20095—2014	塑料瓶大容量注射剂洗灌封一体机	JB/T 20095—2007
108	JB/T 20096—2007	旋压式造粒机	
109	JB/T 20097—2015	滚筒式丸粒筛选机	JB/T 20097—2007

续表

序号	现行标准代号	标准名称	历年修订情况
110	JB/T 20098—2022	抗生素玻璃瓶液体罐装联动线	JB/T 20098—2007
111	JB/T 20099—2022	药物过滤洗涤干燥机	JB/T 20099—2007
112	JB/T 20100—2022	药用胶塞清洗机	JB/T 20100—2007
113	JB/T 20101—2014	药用铝盖清洗机	JB/T 20101—2007
114	JB/T 20102—2022	酒精回收塔	JB/T 20102—2007
115	JB/T 20103—2022	蒸发浓缩器	JB/T 20103—2007
116	JB/T 20104—2022	片剂硬度仪	JB/T 20104—2007
117	JB/T 20105—2022	脆碎度检查仪	JB/T 20105—2007
118	JB/T 20106—2022	药用V型混合机	JB/T 20106—2007
119	JB/T 20107—2022	药用卧式流化床干燥机	JB/T 20107—2007
120	JB/T 20108—2022	药用脉冲式布袋除尘器	JB/T 20108—2007
121	JB/T 20109—2008	直管瓶片剂瓶装机	
122	JB/T 20110—2016	真空润药机	JB/T 20110—2008
123	JB/T 20111—2016	中药材热风穿流式烘干箱	JB/T 20111—2008
124	JB/T 20112—2016	可倾式蒸煮锅	JB/T 20112—2008
125	JB/T 20113—2016	中药材颚式破碎机	JB/T 20113—2008
126	JB/T 20114.1—2009	糖浆剂瓶罐装联动线	
127	JB/T 20114.2—2009	糖浆剂瓶清洗机	
128	JB/T 20114.3—2009	糖浆剂瓶罐装机	
129	JB/T 20114.4—2009	糖浆剂瓶封口机	
130	JB/T 20115—2009	聚丙烯输液瓶拉伸吹塑成型机	
131	JB/T 20116—2009	中药汤剂包装机	
132	JB/T 20117—2009	药用摇滚式混合机	
133	JB/T 20118—2009	三效逆流降膜蒸发器	
134	JB/T 20119—2009	热风循环灭菌柜	
135	JB/T 20120—2009	涡轮式粉碎机	
136	JB/T 20121—2009	药用料斗自动清洗机	
137	JB/T 20122—2009	药瓶沸水清洗灭菌机	
138	JB/T 20123—2009	药用螺旋振动流化床干燥机	
139	JB/T 20124—2009	药用真空带式干燥机	
140	JB/T 20125—2009	药用带式干燥机	
141	JB/T 20126—2009	超声提取设备　术语和超声性能试验方法	
142	JB/T 20127—2009	管道式连续逆流超声提取机	
143	JB/T 20128—2009	罐式超声循环提取机	
144	JB/T 20129—2009	微波提取罐	
145	JB/T 20130—2009	箱式微波真空干燥机	
146	JB/T 20131—2009	带式微波真空干燥机	
147	GB/T 32237—2015	中药浸膏喷雾干燥器	JB/T 20132—2009
148	GB/T 30219—2013	中药煎药机	JB/T 20133—2010
149	JB/T 20134—2020	药用料斗提升机	JB/T 20134—2010
150	JB/T 20135—2011	安瓿注射液异物自动检查机	

续表

序号	现行标准代号	标准名称	历年修订情况
151	JB/T 20136—2011	超临界CO_2萃取装置	
152	JB/T 20137—2011	机械搅拌式动物细胞培养罐	
153	JB/T 20138—2011	药用高纯度制氮机	
154	JB/T 20139—2011	药用离心分离机械 要求	
155	JB/T 20140—2011	电加热多效蒸馏水机	
156	JB/T 20141—2011	电加热纯蒸汽发生器	
157	JB/T 20142—2011	玻璃输液瓶洗灌塞封一体机	
158	JB/T 20143—2012	非鼓泡传氧生物培养器	
159	JB/T 20144—2012	药用冻干机在线取样装置	
160	JB/T 20145—2012	药用冻干机无框式自动进出料装置	
161	JB/T 20146—2012	药用液氮制冷真空冷冻干燥机	
162	JB/T 20147—2012	玻璃输液瓶真空充氮灌装机	
163	JB/T 20148—2012	瓷缸球磨机	
164	JB/T 20149—2012	抗生素玻璃瓶/安瓿两用洗烘灌封联动线	
165	JB/T 20150—2012	抗生素玻璃瓶/安瓿灌装封口两用机	
166	JB/T 20151—2013	塑料安瓿制瓶灌装封口一体机	
167	JB/T 20153—2013	玻璃输液瓶大容量注射剂异物自动检查机	
168	JB/T 20154—2013	药用双管板换热器	
169	JB/T 20155—2013	渗透压测定仪	
170	JB/T 20156—2013	微粒检测仪	
171	JB/T 20157—2013	药用滚筒式混合机	
172	JB/T 20158—2013	制药设备在位清洗装置	
173	JB/T 20159—2013	卡式瓶灌装封口机	
174	JB/T 20160—2013	预灌液注射器灌封机	
175	JB/T 20161—2013	抗生素玻璃瓶气流式分装机	
176	JB/T 20162—2013	药瓶干燥剂包塞入机	
177	JB/T 20163—2014	药用干热灭菌器	
178	JB/T 20164—2014	药丸整形抛光机	
179	JB/T 20170—2016	注射剂电子检漏机	
180	JB/T 20171—2016	药用纯蒸汽灭菌器	
181	JB/T 20172—2016	药用器具清洗干燥机	
182	JB/T 20173—2016	辊压干法制粒机	
183	JB/T 20175—2017	无菌隔离器	
184	JB/T 20176—2017	汽化过氧化氢灭菌传递舱	
185	JB/T 20186—2017	可见异物灯检仪	
186	JB/T 20188—2017	制药机械产品型号编制方法	
187	JB/T 20190—2018	内封式输液袋(瓶)吹灌封(BFS)一体机	
188	JB/T 20191—2018	药用称量配料装置	

续表

序号	现行标准代号	标准名称	历年修订情况
189	JB/T 20194—2018	药用纯化水制备装置	
190	JB/T 20196—2020	药用气流混合机	
191	JB/T 20197—2020	挤出滚圆微丸(制粒)机	
192	JB/T 20199—2021	中药自动化煎制系统	
193	JB/T 20200—2021	过滤器完整性测试仪	
194	GB/T 15692—2024	制药机械 术语	GB/T 15692—2008
195	GB/T 28258—2012	制药机械产品分类及编码	YY 0260—1997
196	GB/T 28671—2012	制药机械(设备)验证导则	
197	GB/T 36030—2018	制药机械(设备)在位清洗、灭菌通用技术要求	
198	GB/T 36036—2018	制药机械(设备)清洗、灭菌验证导则	
199	GB/Z 42344—2023	制药机械(设备)计算机化系统验证指南	
200	GB/T 42354—2023	制药机械(设备)材料选用导则	

表11-10　通用制药机械标准

1	三足式及平板式离心机 第1部分:型式和基本参数 第2部分:技术条件	JB/T 10769.1~2—2007
2	水处理设备性能试验 总则	GB/T 13922—2011
3	水处理设备性能试验 离子交换设备	GB/T 13922—2011
4	水处理设备性能试验 过滤设备	GB/T 13922—2011
5	搪玻璃设备技术条件	GB 25025—2010
6	搪玻璃设备质量分等	HG/T 2638—2017
7	搪玻璃开式贮存容器	HG/T 2373—2017
8	搪玻璃闭式贮存容器	HG/T 2374—2017
9	搪玻璃卧式贮存容器	HG/T 2375—2017
10	压力容器	GB 150.1~4—2024
11	管式分离机	JB/T 9098—2005
12	刮刀卸料离心机	JB/T 7220—2015
13	离心机 型号编制方法	GB/T 7779—2018
14	离心机 分离机 机械振动测试方法	GB/T 10895—2004
15	离心机 性能测试方法	GB/T 10901—2023
16	离心机 安全要求	GB 19815—2021
17	不干胶贴标机	JB/T 10639—2006
18	医用离心机	YY/T 0657—2017
19	上悬式离心机	JB/T 4064—2015

11.4.2　通用技术条件规范

除需满足上述标准的规范要求外，制药设备还必须遵循一些通用技术条件，以保证制药设备在设计、选材、焊接、试验、检验、安装调试、使用、包装及运输过程中的安全性及合理性。

标准《TCED 41002—2012　化工设备图样技术要求》列出了常见的化工及制药设备图样的技术要求，在确定具体制药设备图样技术要求时，可参阅此标准。

此外，应遵循下列通用规范技术要求。

《GB 150.1~4—2024　压力容器》

《固定式压力容器安全技术监察规程（2016年版）》　国家质量监督检验检疫总局

《GB/T 6060.3—2008　表面粗糙度比较样块　第3部分：电火花、抛（喷）丸、喷砂、研磨、锉、抛光加工表面》

《GB 5226.1—2019　机械电气安全　机械电气设备　第1部分：通用技术条件》

《GB/T 14976—2012　流体输送用不锈钢无缝钢管》

《NB/T 47013—2023　承压设备无损检测》

《HG/T 20584—2020　钢制化工容器制造技术规范》

《GB/T 4272—2024　设备及管道绝热技术通则》

《NB/T 47014—2023　承压设备焊接工艺评定》

《NB/T 47015—2023　压力容器焊接规程》

《NB/T 10558—2021　压力容器涂敷与运输包装》

11.5　标题栏及明细栏、管口表、技术特征表

11.5.1　标题栏及明细栏

制药设备图的标题栏及明细栏在内容和格式上尚未统一，可沿用《技术制图》国家标准GB/T 10609.1—2008及GB/T 10609.2—2009所规定的格式。在这里介绍另一种常用的格式，图11-23为一种常见的制药设备图用标题栏格式；其中图名一般由三项组成，第一项为设备名称（蒸发器），第二项为设备主要规格（F=161m^2），第三项为图样名称（装配图）；如图11-2及图11-29中的图名。图11-24为常见明细栏的格式，明细栏中的序号应与装配图中的序号相对应，零件序号的编写方法与机械装配图序号的编排方法相同。

<table>
<tr><td colspan="6">设 计 单 位</td><td>工程名称</td><td></td></tr>
<tr><td>职责</td><td>签名</td><td>日期</td><td colspan="3" rowspan="6">蒸发器
F=161m^2
BEM1200—0/1.6—161—4500/57—1I
装配图</td><td>设计项目</td><td></td></tr>
<tr><td>设计</td><td></td><td></td><td>设计阶段</td><td>施工图</td></tr>
<tr><td>制图</td><td></td><td></td><td>版次</td><td>A版</td></tr>
<tr><td>描图</td><td></td><td></td><td colspan="2" rowspan="3">图号</td></tr>
<tr><td>校核</td><td></td><td></td></tr>
<tr><td>审核</td><td></td><td></td></tr>
<tr><td>审定</td><td></td><td></td><td>比例</td><td></td><td>图幅：841×1189</td><td>第1张</td><td>共5张</td></tr>
<tr><td>20</td><td>20</td><td>20</td><td>15</td><td>15</td><td>30</td><td>25</td><td>30</td></tr>
<tr><td colspan="8">180</td></tr>
</table>

图11-23　标题栏的常见格式

序号	图号或标准号	名称	数量	材料	单重量(kg)	总重量(kg)	备注
6		接管ϕ32×3	1	00Cr19Ni10		0.43	L=200
5		锥体ϕ1208/ϕ118	1	00Cr19Ni10		36.80	H=320
4		支承板ϕ30×85 t=4	10	00Cr19Ni10	0.08	0.80	
3		盘管ϕ32×3	1	00Cr19Ni10		11.49	L≈5300
2	HG/T 20592	法兰 SO 100(B)—10RF	1	00Cr19Ni10锻Ⅱ		5.40	
1		接管ϕ108×4	1	00Cr19Ni10		165	L=200
20	25	55	10	30	10		20

180

图11-24 明细栏的常见格式

11.5.2 管口表

制药设备与化工设备一样，其管口数量多。为了清晰地表达管口的位置、规格、尺寸及用途等，视图上应顺时针依次编写管口符号，并将有关资料列入管口表（nozzle list），如图11-2中所示。

管口表无统一格式，可采用图11-25的参考格式。

符号	公称规格	连接法兰标准	密封面	用途或名称	管子尺寸	伸出长度
N1	PN1.0 DN100	HG20592(SO)	RF	96%AN溶液进口	ϕ108×4	200
N2	PN1.0 DN100	HG20592(SO)	RF	96%AN溶液出口	ϕ108×4	200
N3	PN1.0 DN400	HG20615(SO)	RF	空气进口	ϕ426×6	200
N4	PN1.0 DN500	HG20592(SO)	RF	蒸汽出口	ϕ530×9	200
N5	PN2.5 DN100	HG20592(SO)	RF	HPS蒸汽进口	ϕ108×6	250
N6	PN2.5 DN50	HG20592(SO)	RF	HPC蒸汽冷凝液出口	ϕ57×5	200
15	30	25	15	30	20	

150

图11-25 管口表

11.5.3 技术特性表

技术特性表（technical data list）是制药设备的重要技术特性和设计依据的一览表，常放在制药设备图中管口表的上面。

技术特性表无统一格式，可采用图11-26所示的形式。

技术特性表内需填写制药设备的通用特性，如：设计压力（表压，MPa）、设计温度（℃）、介质、设备材料名称、焊缝系数等设计参数；此外，还应填写工作压力及工作温度。对于不同的制药设备，需根据设备的结构及工作特点，增加相关特性参数；如带有搅拌装置的制药设备还应填写搅拌轴转数（r/min）、电动机功率（kW）等；有换热装置的应填写换热面积（m^2）等内容。

	壳程	管程		壳程	管程
设计压力 MPa	1.60	常压	容器类别	二类	
最高工作压力 MPa	1.50	0.01	物料名称	蒸汽	硝铵溶液、空气
设计温度 ℃	220	200	物料特性		

40 20 20 20 25

150

图11-26 技术特性表

11.6 制药设备图的绘制

制药设备图的绘制与机械装配图的绘制方法相似，但又具有一定独特的内容及方法。

绘制制药设备的方法有两种：一是测绘制药设备，这种方法主要用于仿制已有的设备或对现有设备进行革新改造；二是依据制药工艺人员提供的“设备设计条件单”进行设计并绘制装配图。

下面简单介绍第二种绘制制药设备图的方法。

图11-27为一发酵罐的设计条件单，这是工艺人员工艺设计后，需设备设计人员完成的设计任务。设计条件单上大致给出了发酵罐的结构示意图、主要的性能尺寸、接管口的方位及工艺设计参数等。在此基础上，设备设计人员对该制药设备进行结构安全性设计（包括筒体、封头的形式及壁厚设计、法兰连接设计、人孔与支座选型、搅拌装置设计及其他附件等设计）；然后按照设计的结构，绘制装配图。

绘制装配图的步骤如下：

① 复核资料。确定设备主体结构形式、零部件的规格尺寸、内部附件的结构及尺寸、接管方位等，对绘制的制药设备做到心中有数，才能合理确定表达方案及合理布局。

② 确定视图的表达方案。根据所绘制的制药设备的结构特点，合理确定表达方案。这里，发酵罐采用主视图和俯视图表达，主视图上采用多次旋转的局部剖视图，俯（左）视图为基本视图；对于细微部分（如焊缝接头、未表达清楚的接管等）可采用局部放大图；未表达清楚部分（如空气分布器，支座与地基的连接部分）采用局部放大图另图表达。

③ 确定比例。根据选定的图幅及设备的总体尺寸，选择绘图比例，这里选择1∶20。

④ 绘制视图底稿。按绘制装配图的底稿的步骤进行，可参见第9章的9.6节。具体的从主视图开始，先画主体结构，即筒体、封头、夹套的筒体等，在完成壳体主件后，按装配关系依次绘制搅拌器、填料箱、机架、联轴器等有关零部件的投影；最后画局部剖视图。

画好底稿后，需经过仔细校核，修正无误后，即可标注尺寸。

⑤ 标注尺寸及焊缝代号。在装配图上逐一标注特性尺寸、安装尺寸、装配尺寸、总体尺寸；并根据《GB 324—2008 焊接符号表示法》《GB/T 985—2008 焊缝的坡口基本形式及尺寸》的要求对焊缝接头进行尺寸标注或符号标注。

⑥ 编写零部件及管口序号。填写明细栏及管口表。

⑦ 填写技术特性表、编写技术要求、填写标题栏。

条件内容修改							
修改标记	修改内容	签字	日期	修改标记	修改内容	签字	日期
简图与说明						比例	

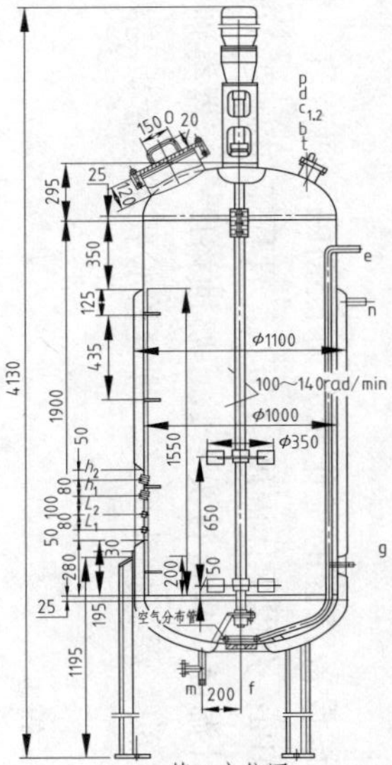

管口方位图

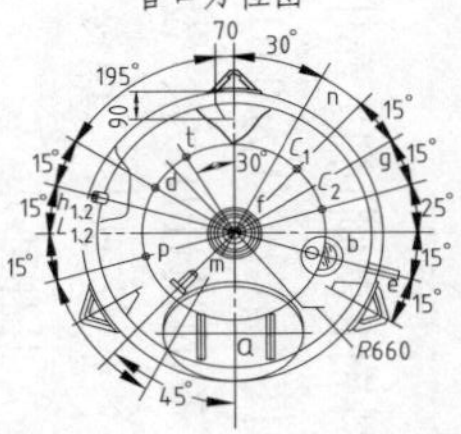

参考图				容器条件图		
设计参数与要求						
		容器内	夹套(管)内		容器内	夹套(管)内
工作介质	名称	发酵液	水	腐(磨)蚀速率	0.05	0.05
	组分			设计寿命	20年	
	密度			壳体材料	SUS304	Q235B
	特性			内件材料	SUS304	
	黏度			衬里防腐要求		
工作压力/MPa		0.2	0.2	保温材料　名称		
设计压力/MPa		0.25	0.25	保温材料　厚度/mm		
安全装置	位置/型式	立式容器		保温材料　容重/(kg·m)		
	规格/数量					
	开启(爆破)压力/MPa			基本风压/Pa		
				地震基本烈度		
工作温度/℃		121	常温	场地类别		
设计温度/℃		130	常温	密闭要求		
环境温度/℃				操作方式与要求	间隙操作	
壁温/℃				静电接地		
全容积/m^3		1.5		安装检修要求		
操作容积/m^3		1.2		其他要求		
传热面积/m^2						
换热管规格						
触媒容积/m^3						

接管表

符号	公称尺寸	公称压力	连接尺寸标准	连接面形式	用途	符号	公称尺寸	公称压力	连接尺寸标准	连接面形式	用途
a	400×300		HG 21515—2005	平面	人孔	f	50			焊接	出料口
b	100		HG 21515—2005	平面	视镜	g	15			焊接	取样口
$c_{1,2}$	15			焊接		……					
d	25			焊接	排气口	p	15			焊接	碱液进口
e	25			焊接	进气口	t	15			焊接	布料口

专业	设计	校核	审核	日期	位号/台数		工程名称	
工艺							设计项目	
管道							设计阶段	
电控							条件编号	
					设备图号		(单位名称)	

图 11-27　发酵罐设计条件单

绘制好的发酵罐装配图如图11-28所示（见后插页）。

11.7 制药设备图的阅读

在制药设备的制造、检验、安装调试、使用和维修过程中都需要阅读制药设备图，以便从图样所表达的内容，了解设备的功能、工作原理及结构特点，了解各零部件之间的装配连接关系，并参阅有关资料，深入了解各主要零部件的结构、规格和用途；了解设备上的开口方位以及制造、检验、安装等方面的技术要求。

阅读制药设备图的方法和步骤如下：

（1）概括了解

① 看标题栏，了解设备名称、规格、材料、重量、绘图比例等内容。

② 看明细栏、管口表、技术特性表及技术要求等内容，了解设备中各零部件和接管的名称、数量，了解设备的管口表、技术特性表及技术要求等基本情况。

（2）视图分析

分析表达设备所采用的基本视图的数量及其表达方法，分析各视图表达方法的表达重点。

（3）零部件分析

从主视图入手，结合其他基本视图，按明细栏中的序号，将零部件逐一从视图中找出，了解其主要结构、形状、尺寸，与主体或其他零部件的装配关系等。对于组合件应从其部件图中了解相应内容。

（4）设备分析

在对视图和零部件分析的基础上，详细了解设备的装配关系、形状、结构，各接管及各部件方位，对设备形成一个总体的认识；再结合相关技术资料，了解设备的工作原理、结构特点和操作过程等内容。

下面以化工及制药生产中常用设备之一 ——降膜式蒸发器为例加以说明，如图11-29所示（见后插页）。

（1）概括了解

从标题栏中可见，该膜式蒸发器采用1∶10比例绘制，其换热面积为161m²。整套设备应包括1张装配图，4张非标准零部件图。

从明细栏中可知，该设备有50个零部件，零部件材料大都选择低碳含量的不锈钢（垫片除外）。

从技术特性表则可以看出该设备壳程的工作压力为1.5MPa，通蒸汽；管程中通药液，可抽真空，使工作压力为0.01MPa；壳程工作温度<150℃，管程工作温度<100℃。另外，还可以知道设备的设计压力、设计温度、焊接接头系数、腐蚀裕度、容器类别等指标。此外，对检验制作、焊接要求、焊接方法、焊缝接头形式、焊缝检验要求、管板与列管连接等也注写了相应的说明和要求。

从管口表可见，共有14个接管。

（2）视图分析

从膜式蒸发器的总装配图上可见，该设备为立式设备，采用了主、俯两个基本视图及8个辅助视图表达。

其中，主视图基本上采用大面积的局部剖视表达方法。主视图采用了多次旋转的方法表达接口的结构，通过主俯视图，可清楚各接管的位置。采用*A*—*A*剖视表达4个支座的分布及蒸发器中列管的排布。对于某些细微结构、焊接接头形式及未表达清楚部分，可采用局部放大图表达，放大图Ⅰ表达了两法兰连接形式，放大图Ⅱ表达了折流板的焊接及安装结构，放大图Ⅲ表达了底部外盘加热管的焊接及安装结构；此外用了两个放大图表达了换热管与上下管板的焊接情况，用两个放大图表达了接管的结构及加强筋板的形式。

（3）形状、结构及尺寸分析

该设备主体部分有上下锥壳（件5、34）分别与筒节（件33、12）焊接而组成上下段；上封头段与筒节（件32）由法兰连接，下封头段与主筒体（18）由法兰连接；筒节（件32）与筒节（件40）由法兰连接；而筒节（件40）与主筒体同焊于上管板上，从而构成设备外壳。在设备内部，自上而下，主要零件包括网丝除沫器（件38）、分布板（件25）、上管板（件24）、206个换热管（件42）、三块折流板（件19）、下管板（件45）。在设备的外部有M1、M2两个人孔，4个耳式支座（件22），其余是外部接管。

（4）　设备分析

膜式蒸发器是化工及制药生产中常见的一种浓缩设备，常为真空操作。其特点是构造简单，结构紧凑。蒸发器两端管板直接与筒体焊接在一起且兼作法兰。管束胀接在管板上，管束与管板、壳体与管板都是刚性固定。此蒸发器每根管子都能单独更换和清洗管内。

设备工作时，药液由N_1口入，被蒸汽浓缩后由N_2口出；加热蒸汽由N_5口入，蒸汽冷凝液由N_6口出，过程管程抽真空。壳体内径为1400mm，壁厚为16mm，换热管尺寸为$\phi 5.7\times 2.5$，长度为4500mm；设备总长为8317mm。

本章自测题

第12章 制药工艺图

本章课件

本章主要介绍制药工程中工艺流程图、车间平面布局图、设备布置图及管道布置图的绘制方法。

一个制药工厂的建设和改造是由设计、制造、施工和安装等专业技术人员相互配合，密切协作共同完成的。其中，制药工艺设计人员起主导作用，首先根据医药产品、GMP进行制药工艺设计、工艺布局图，拟定工艺方案，绘出工艺图样，并据此向机械设备、仪表控制、建筑公用工程等专业人员提出相应的设计要求。设计时，制药工艺设计人员应考虑到其他专业的一些特殊要求并为其他专业设计提供方便，其他专业则应在尽量满足工艺要求、GMP的前提下进行协同设计。

制药工艺设计人员还应根据其他专业所提供的设计资料和图样对原工艺图进行修改和完善，最终完成制药工艺图。

制药工艺图是工艺安装和指导生产的重要技术文件。制药工艺图的设计及绘制是制药工艺人员进行工艺设计的主要内容。

制药工艺图主要包括工艺流程图（engineering flow sheet；process chart）、车间平面布局图（workshop layout plan）、设备布置图（the layout of equipment）和管道布置图（piping diagram），下面分别加以介绍。

12.1 工艺流程图

制药工艺流程图用于表达制药生产工艺流程。制药工艺设计过程一般需绘制四种流程图：工艺流程框图（process block flow chart）、设备工艺流程图（process chart of the equipment）（又称工艺方案流程图、工艺流程示意图等）、物料流程图（material flow sheet）和管道仪表工艺流程图（piping & instrument diagram）。

生产路线确定后，物料衡算工作之前，为了表示生产工艺过程，绘制工艺流程框图，以便于方案的比较和物料衡算，工艺流程框图不编入设计文件中。物料流程图是物料衡算初步设计计算的成果，编入初步设计说明书中。下面主要介绍设备工艺流程图和管道仪表工艺流程图。

12.1.1 设备工艺流程图

设备工艺流程图是用来表达整个制药工艺或车间生产流程的图样。它既可用做设计开始时工艺方案的讨论，也是进一步设计、绘制管道仪表工艺流程图的主要依据。某药品的部分生产工艺流程描述如下：药品DNDP在溶解釜内溶解；溶解完成后料液进入氢化釜，加入DMF和氢气，在饱和水蒸气的加热下，发生氢化反应；反应完成后，料液进入过滤器过滤；二级过滤后的料液进入结晶釜，结晶釜由冷冻盐水降温，加入甲醇，晶体析出；待结晶完成，料液放出至离心机进行固液分离；晶体卸出进入后续工艺流程，母液置于贮槽中，后续将进行分离回收。依据上述工艺流程，绘出的设备工艺流程图如图12-1所示。

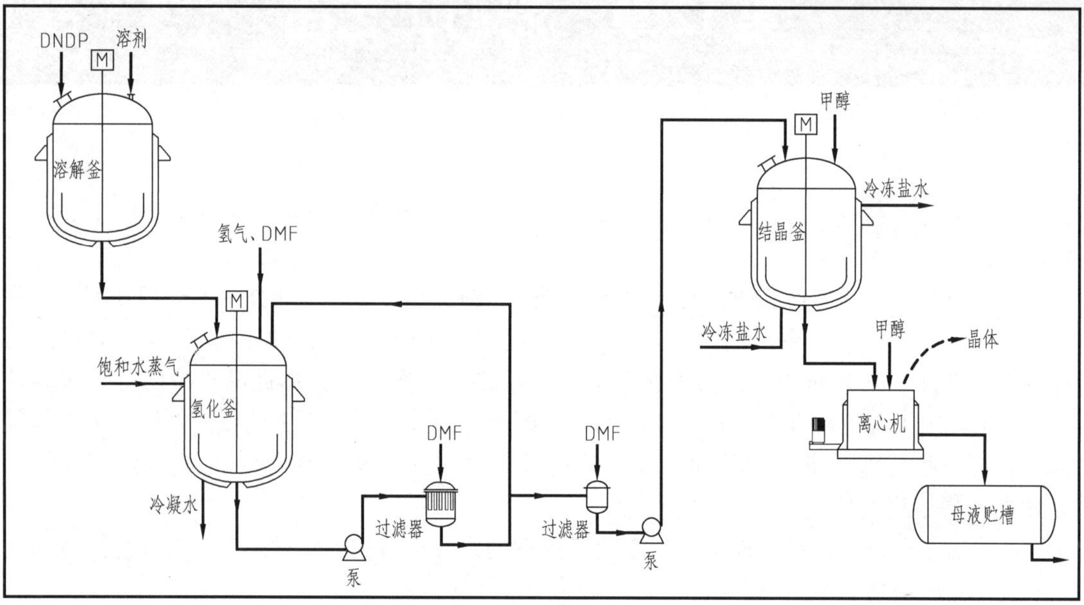

图12-1　某药厂氢化结晶工序的设备工艺流程图

由图12-1可知，设备工艺流程图包括以下几项内容：

① 生产过程中所采用的主要机器与设备。

② 物料由原料转变为半成品或成品的工艺流程线。

由图12-1可以看出，设备工艺流程图是一种示意性的展开图，即按照工艺流程的顺序，将设备和工艺流程路线由左至右地展开画在同一平面上，并加以必要的标注与说明。设备工艺流程图的图幅一般不作规定，图框和标题栏也可省略。

12.1.2　管道仪表工艺流程图

12.1.2.1　作用及内容

管道仪表工艺流程图又称带控制点的工艺流程图，简称PID图，按设计的不同阶段有不同的深度要求，它是在设备工艺流程图基础上绘制出来的，其内容比设备工艺流程图更为详细。PID图涉及整个工艺流程中的所有设备、管道、阀门以及各种仪表控制点，它是设计、绘制设备布置图和管道布置图的基础，又是从初步设计到施工设计以及施工、安装及生产操作的主要依据。

12.1.2.2　一般规定

（1）图幅

PID图一般采用标准规格的A1图幅，横幅绘制，工艺简单的也可以采用A2图幅。

（2）比例

PID图不按比例绘制，但应示意出各设备相对大小及位置的高低。一般设备（机器）图例只取相对比例，实际尺寸过大的设备（机器）比例可适当缩小，实际尺寸过小的设备（机器）比例可适当放大。整个图面要协调、美观。

（3）图线和文字

所有图线都要清晰光洁、均匀。平行线间距至少要大于1.5mm。图线宽度分三种：粗线0.6~0.9mm；中粗线0.3~0.5mm；细线0.15~0.25mm，具体用法见表12-1。

表12-1　PID图中图线用法及宽度

类别	图线宽度/mm			备注
	0.6~0.9	0.3~0.5	0.15~0.25	
PID图	主物料管道	其他物料管道	其他	设备、机器轮廓线0.25mm

汉字宜采用长仿宋体或者正楷体（签名除外），字体高度参照表12-2选用。

表12-2　字体高度

书写内容	推荐字高/mm
图表中的图名及视图符号	5~7
工程名称	5
图纸中的文字说明及轴线号	5
图纸中的数字及字母	2~3
图名	7
表格中的文字	5
表格中的文字(格高小于6mm时)	3

12.1.2.3　内容

PID图要求采用设备图形表示单元反应和单元操作，表示出设备的相对大小及位置关系；同时要反映物料及载能介质的流向及连接，表示出管路中的阀门、管件；还要表示出生产过程中的全部仪表和控制方案等。

（1）设备图形及设备位号

PID图应绘出制药工艺中涉及的所有设备、机器及其主要接口，包括人孔、手孔、卸料口等。设备、机器图形应按《HG/T 20519.2—2019　化工工艺设计施工图内容和深度统一规定　第2部分　工艺系统》的规定绘制，详见附表24。对于HG/T 20519.2—2019中没有的设备图例，可由绘图者根据设备实际外形和内部结构特征绘出。绘制各设备图形时，其尺寸及比例可在一定范围内调整。同一项目中，同一设备外形尺寸及比例一定，不同设备图形的大小应大致反映出设备的实际大小差异。各设备的高低位置及设备上重要接管口的位置应基本符合实际情况，对于有位差要求的设备，应标注限位尺寸，如图12-2所示；各设备之间应保留适当距离以布置管道流程线。

PID图中每台工艺设备都应编写设备位号并注写设备名称，且施工阶段的流程图和初步设计阶段的流程图中的设备位号应保持一致。设备位号的编写格式如图12-3所示。

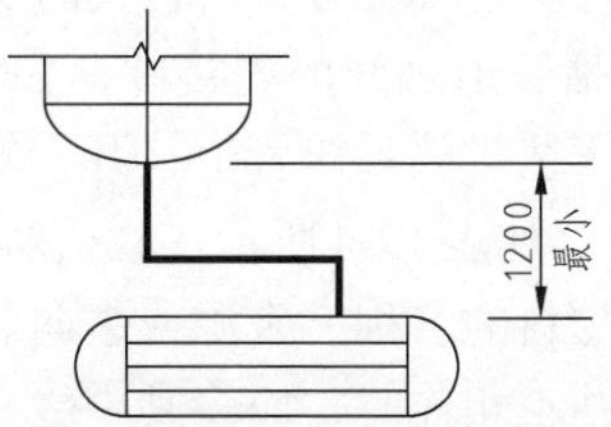

图12-2　设备间相对高差的限定尺寸标注示例

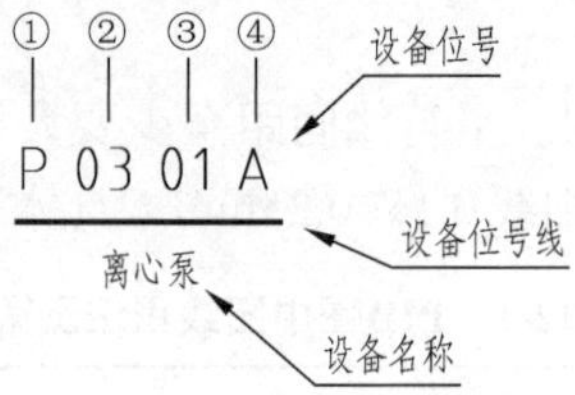

图12-3 PID图中设备的标注格式

设备位号由四部分组成：

①——设备类别代号，详见表12-3，这里“P”表示该设备是泵类设备；

②——设备所在主项的编号，由工程总负责人给定，一般采用两位数字，从01开始，最大为99，这里“03”表示该泵位于03主项；

③——主项内同类设备顺序号，按同类设备在工艺流程中流向的先后顺序编制，从01开始，最大为99，这里“01”表示该泵为03主项内的第1台泵；

④——相同设备数量尾号，两台或两台以上相同设备并联时，用不同的尾号予以区别，以大写英文字母A、B、C……作为每台设备的尾号。这里“A”说明还有其他泵与该泵并联

表12-3 设备类别代号表

设备类别	代号	设备类别	代号
塔	T tower	火炬、烟囱	S stack
泵	P pump	容器(槽、罐)	V vessel
压缩机、风机	C compressor ventilator	起重运输设备	L lift
换热器	E exchanger	计量设备	W weighing equipment
反应器	R reactor	其他机械	M machine
工业炉	F furnace	其他设备	X

设备位号线为粗实线，线宽0.6~0.9mm。设备名称要表示出设备类别下的具体哪一种设备，如图12-3中，设备类别为“泵”，设备名称为更具体的“离心泵”。再如，如果设备类别是“反应器”，代号为“R”，则设备名称可以写成更明确的“酰化釜”“氢化釜”等。

一般要在两个地方标注设备位号：第一是在图的下方空白处，要求水平排列整齐，并尽可能正对设备，在位号线的下方标注设备名称。第二是在设备内或其近旁，此处仅注位号和位号线，不注名称。当几个设备或机器为垂直排列时，它们的位号和名称可以由上而下按顺序标注，也可水平标注。设备（机器）的位号和名称标注如图12-4所示。

（2）管道流程及阀门管件

PID图应绘出和标注全部工艺管道以及与工艺有关的一段辅助及公用管道，绘出和标注上述管道上的阀门、管件（不包括管道之间的连接件，如弯头、三通、法兰等）。工艺管道包括正常操作所用的物料管道；工艺排放系统管道；开、停车和必要的临时管道。不同作用的管道采用不同型式的图形绘制，如表12-4所示。在流程线上用箭头标明物料的流向，并在流程线的起始和终了位置注明物料的名称、来源或去向。若流程线之间或流程线与设备之间发生交错或重叠，而实际情况并不相连时，应将其中之一的流程线断开，以使各设备及流程路线表达清晰，排列整齐。

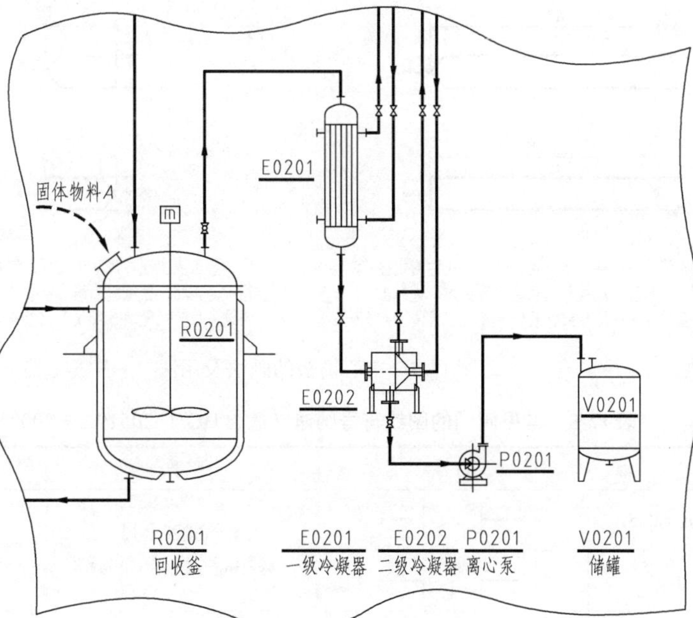

图12-4　设备位号标注示例

表12-4　常见管道线路的画法（摘自HG/T 20519.2—2009）

名称	图例及备注	名称	图例及备注
主物料管道	粗实线 0.6～0.9mm	夹套管	夹套管只表示一段
次要物料管道 辅助物料管道	中粗线 0.3～0.5mm	管道绝热层	绝热层只表示一段
引线、设备、管件、阀门、仪表图形符号及仪表管线等	细线 0.15～0.25mm	柔性管	
原有管道 （原有设备轮廓线）	管线宽度与其相接的新管线宽度相同	地面	仅用于绘制地下、半地下设备
地下管道 （埋地或地下管沟）		流向箭头	
蒸汽伴热管道		管道相接	
电伴热管道		管道交叉 （不相接）	

图中的管道与其他图纸有关时，应将其端点绘制在图的左方或右方，并用空心箭头标出物料的流向（进或出），在空心箭头内注明与其相关图纸的图号或序号，在其附近注明来去设备的设备位号或管道号或仪表位号。空心箭头的画法和用法如图12-5所示。

管道上的管件有阀门、管接头、异径管接头、弯头、三通、四通、法兰、盲板等。这些管件可以使管道改换方向、变化管径，可以连通、分流以及调节、切换管道中的流体。PID图中，管件一般用简单的图形符号表示，常见的阀门图形符号见表12-5。阀门图形符号一般长为6mm，宽为3mm，采用细实线绘制。

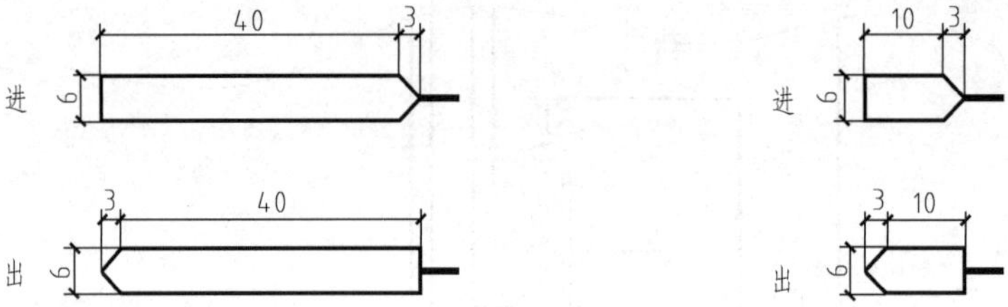

进、出装置或主项的管道或仪表信号线的图线接续标志，相应图纸编号填在空心箭头内。进或出的设备位号或管道号或仪表位号注写在箭头上方

同一装置或主项内的管道或仪表信号线的图线接续标志，相应图纸编号填在空心箭头内。进或出的设备位号或管道号或仪表位号注写在箭头上方

图 12-5　空心箭头的画法及用法

表 12-5　常见阀门的图线符号画法（摘自HG/T 20519.2—2009）

名称	符号	名称	符号
截止阀(isolation valve)		弹簧式安全阀(spring safety valve)	
闸阀(gate valve)			
节流阀(throttle valve)		角阀(angle valve)	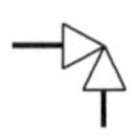
球阀(ball valve)	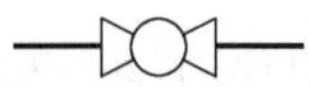		
碟阀(dish valve)	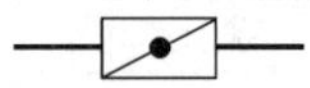	三通阀(three way valve)	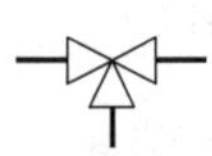
止回阀(check valve)			
减压阀(reducing valve)	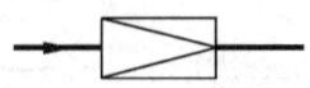	四通阀(four way valve)	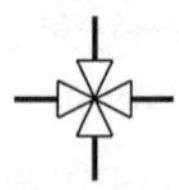
旋塞阀(plug valve)			
隔膜阀(diaphragm valve)		疏水阀(drain valve)	

管道流程线上除画出流向箭头并用文字注明其来源或去向外，还应对每条管道进行标注，以明确表达管道通过的是何种介质、管径的大小、管道的材质、应承受的压力及是否保温等。设计中规定管道的标注由物料代号、主项编号、管道序号、管道规格、管道等级及绝热或隔声代号6个部分组成，如图12-6所示。

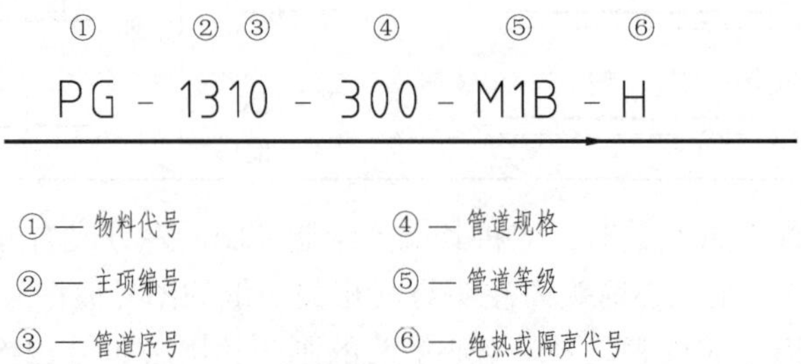

图 12-6　管道的标注

① 物料代号。按物料的名称和状态取其英文名词的字头组成物料代号，一般采用 2~3 个大写英文字母表示，部分物料代号的规定见表12-6。

表12-6　管道仪表工艺流程图中的物料代号

物料代号	物料名称		物料代号	物料名称	
工艺物料			FW	消防水	firewater
PA	工艺空气	process air	HWR	热水回水	hot water return
PG	工艺气体	process gas	HWS	热水上水	hot water supply
PL	工艺液体	process liquid	PW	纯化水	purified water
PS	工艺固体	process solid	RW	原水、新鲜水	raw water
PW	工艺水	process water	RWR	冷冻盐水回水	refrigerated brine water return
PLS	液固两相工艺物料	process liquid and solid	RWS	冷冻盐水上水	refrigerated brine water supply
辅助、公用工程物料代号			HO	导热油	heat transfer oil
AR	空气	air	H	氢气	hydrogen
CA	压缩空气	compressed air	N	氮气	nitrogen
HS	高压蒸汽	high pressure steam	O	氧气	oxygen
MS	中压蒸汽	medium pressure steam	DR	排液、废水	drain
LS	低压蒸汽	low pressure steam	VE	真空排放气	vacuum exhaust
SC	蒸汽冷凝水	steam condensate	VT	放空	vent air
BW	锅炉给水	boiler feed water	WG	废气	waste gas
CSW	化学污水	chemical sewage water	WS	废渣	waste solid
CWR	循环冷却水回水	cooling water return	CAT	催化剂	catalyst
CWS	循环冷却水上水	cooling water supply	CIP	在线清洗	clean in place
DW	自来水、生活用水	domestic water	SIP	在线灭菌	sterilization in place

② 主项编号。由工程总负责人给定，一般采用两位数字，从01开始，至99为止，此处主项编号应与设备位号中的主项编号一致。

③ 管道序号。相同类别的物料在同一主项内以流向先后为序，顺序编号。采用两位数字，从01开始，至99为止。

④ 管道规格。一般标注管道的公称直径，以mm为单位，只注数字，不注单位。

⑤ 管道等级。管道等级代号由管道压力等级代号、管道材料等级顺序号、管道材质类别代号三部分组成，如图12-7所示。管道压力等级代号见表12-7，管道材质类别代号见表12-8。管道材料等级顺序号，用阿拉伯数字表示，由1~9组成。在压力等级和管道材质类别代号相同的情况下，可以有9个不同系列的管道材料等级。如不锈钢有304、312、316L等不同型号，工程负责人可以指定不同数字代表不同型号的不锈钢。

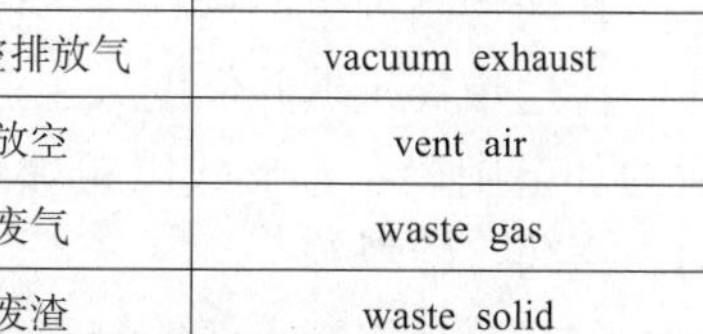

图12-7　管道等级代号

表12-7　管道压力等级代号

压力等级/MPa	1.0	1.6	2.5	4.0	6.4	10.0	16.0	22.0	32.0
压力代号	L	M	N	P	Q	R	S	T	W

表 12-8 管道材质类别代号

代号	管道材料	代号	管道材料	代号	管道材料
A	铸铁及硅铸铁	D	合金钢	G	非金属
B	碳素钢	E	不锈耐酸钢	H	衬里管
C	普通低合金钢	F	有色金属	I	喷涂管

⑥ 绝热或隔声代号。对于有绝热、隔声等要求的管道，还要在管道等级代号之后注明绝热或隔声代号，见表 12-9。

表 12-9 管道绝热或隔声代号

代号	功能类型	备注	代号	功能类型	备注
H	保温	采用保温材料	S	蒸汽伴热	采用蒸汽伴管和保温材料
C	保冷	采用保冷材料	W	热水伴热	采用热水伴管和保温材料
P	人身防护	采用保温材料	O	热油伴热	采用热油伴管和保温材料
D	防结露	采用保冷材料	J	夹套伴热	采用夹套管和保温材料
E	电伴热	采用电热带和保温材料	N	隔声	采用隔声材料

在药物制剂生产过程中，固体物料的输送和转运一般不需要管道，而是通过中转筒、料斗、传送带等机械并借助人工运输和转运。处理固体物料的机械和设备如常画出，而人工转运的环节则以示意形式以粗虚弧线或折线表示，如图 12-4 中的固体物料 A 及图 12-8 中的淀粉、主药、辅料等。

（3）仪表控制点的绘制及标注（HG/T 20505—2014）

PID 图中应绘出所有与工艺有关的检测仪表、调节控制系统、分析取样点和取样阀（组），并进行标注。检测仪表用于测量、显示和记录工艺过程进行中的温度、压力、流量、液位、浓度等各种参量的数值及其变化情况。检测仪表按其检测项目、功能、位置（就地或控制室）进行绘制和标注。

① 图形符号。PID 图中，仪表控制点的图形符号为一个细实线的圆圈（直径 10mm），圈外用一细实线指向工艺管线或设备上的检测点，圈内为被测变量及仪表编号等，如图 12-9 所示。表示仪表安装位置的图形符号见表 12-10。

表 12-10 表示仪表安装位置的图形符号

仪表安装位置	图形符号	仪表安装位置	图形符号
就地安装	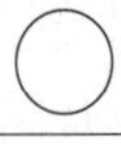	就地安装(嵌在管道中)	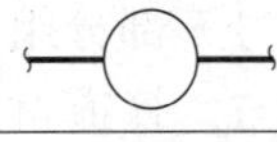
集中仪表盘面安装	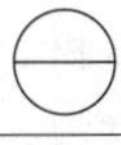	集中仪表盘后安装	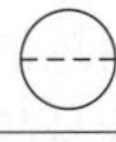
就地仪表盘面安装	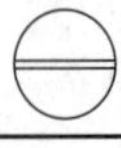	就地仪表盘后安装	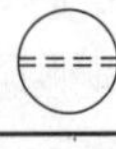

② 仪表位号。在检测系统中，构成一个回路的每个仪表都有自己的仪表位号。仪表位号由字母代号组合与阿拉伯数字编号组成。其中，第一位字母代号表示被测变量，后续字母代号表示仪表的功能。表示被测变量和仪表功能的字母代号见表 12-11，常见被测变量及仪表功能字母组合见表 12-12 所示。数字编号由主项编号（或工段号）和同类仪表顺序号组

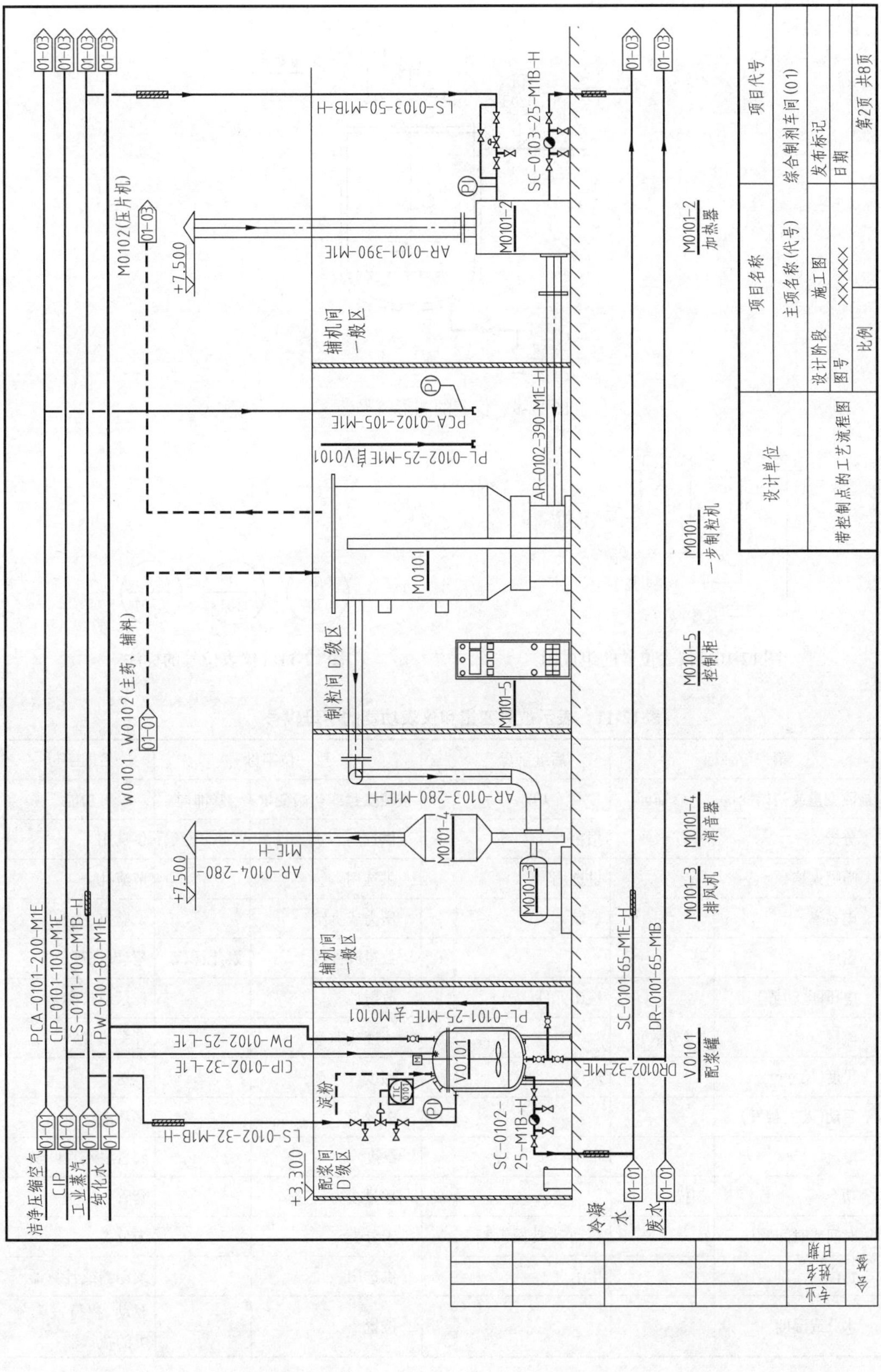

图12-8　流化床制粒阶段的管道仪表工艺流程图

成，如图12-10所示。仪表位号的标注是把字母代号写在圆圈的上半圆内，将数字编号写在圆圈的下半圆内，如图12-11所示。

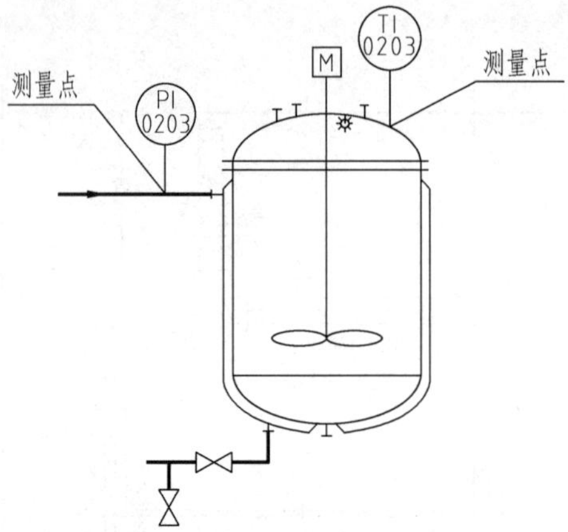

图12-9 仪表的图形符号

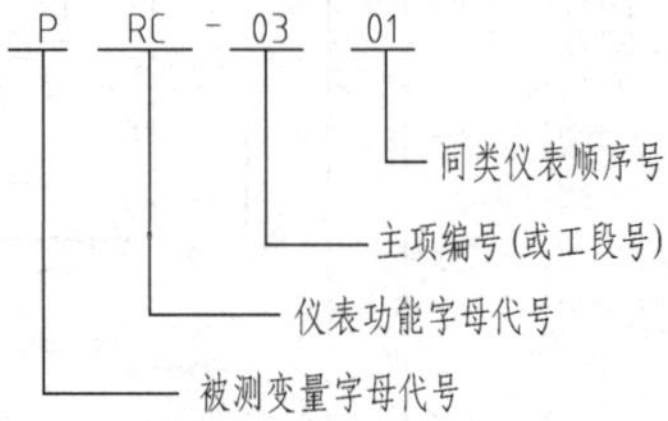

图12-10 仪表位号的组成图

图12-11 仪表位号的标注

表12-11 表示被测变量和仪表功能的字母代号

字母	第一位字母		后继字母	字母	第一位字母		后继字母
	被测变量或初始变量	修饰词	功能		被测变量或初始变量	修饰词	功能
A	分析		报警	N	供选用		供选用
B	喷嘴火焰		供选用	O	供选用		节流孔
C	电容率		控制	P	压力或真空		试验点(接头)
D	密度	差		Q	数量或件数	累计、积算	累计、积算
E	电压(电动势)		检出元件	R	放射性		记录或打印
F	流量	比(分数)		S	速度或速率	安全	开关或联锁
G	尺度(尺寸)		玻璃	T	温度		传送
H	手动(人工触发)			U	多变量		多功能
I	电流		指示	V	黏度		阀、挡板、百叶窗
J	功率	扫描		W	重量或力		套管
K	时间或时间顺序		自动-手动操作器	X	未分类		未分类
L	物位		指示灯	Y	供选用		继动器或计算器
M	水分或湿度			Z	位置		驱动、执行或未分类的执行器

表 12-12 被测变量及仪表功能的字母组合示例

仪表功能	被测变量										
	温度	温差	压力或真空	压差	流量	流量比率	分析	密度	位置	速率或频率	黏度
指示	TI	TdI	PI	PdI	FI	FfI	AI	DI	ZI	SI	DI
指示、控制	TIC	TdIC	PIC	PdIC	FIC	FfIC	AIC	DIC	ZIC	SIC	DIC
指示、报警	TIA	TdIA	PIA	PdIA	FIA	FfIA	AIA	DIA	ZIA	SIA	DIA
指示、开关	TIS	TdIS	PIS	PdIS	FIS	FfIS	AIS	DIS	ZIS	SIS	DIS
记录	TR	TdR	PR	PdR	FR	FfR	AR	DR	ZR	SR	VR
记录、控制	TRC	TdRC	PRC	PdRC	FRC	FfRC	ARC	DRC	ZRC	SRC	VRC
记录、报警	TRA	TdRA	PRA	PdRA	FRA	FfRA	ARA	DRA	ZRA	SRA	VRA
记录、开关	TRS	TdRS	PRS	PdRS	FRS	FfRS	ARS	DRS	ZRS	SRS	VRS
控制	TC	TdC	PC	PdC	FC	FfC	AC	DC	ZC	SC	VC
控制、变速	TCT	TdCT	PCT	PdCT	FCT	FfCT	ACT	DCT	ZCT	SCT	VCT
报警	TA	TdA	PA	PdA	FA	FfA	AA	DA	ZA	SA	VA
开关	TS	TdS	PS	PdS	FS	FfS	AS	DS	ZS	SS	VS
指示灯	TL	TdL	PL	PdL	FL	FfL	AL	DL	ZL	SL	VL

12.1.2.4 管道仪表工艺流程图的绘制

以图12-1所示的药厂结晶车间的工艺流程为例，在此设备流程图的基础上，设计绘制该工艺流程的PID图。

① 选定图幅与比例。PID图一般选择1号图幅绘制，流程简单的可用2号图幅，但一套图纸的图幅宜一致。整图不按比例绘制，一般设备（机器）只取相对比例，要能体现设备的相对大小和高低位置。

② 图例。图例是将设计中所涉及的有关管线、阀门、设备附件、计量控制仪表等图形符号，用文字予以说明，以便了解流程内容。图例一般包括：流体代号、设备名称和位号、管道标注、管道等级代号及材料等级表、管件阀门及管道附件、检测和控制系统符号等。图例一般单页列出，如图12-12所示。流程简单、图例较少的也可将图例绘制于第一张PID图的右上角。

③ 设备的绘制及标注。设备工艺流程图中确定了设备的种类，然后结合物料衡算、能量衡算的结果及其他因素（车间面积、高度等），最终确定设备的数量和规格。比如，图12-1中氢化釜只有1台，经过物料衡算及其他综合考量后，需两台釜并联，则在PID图中应画出两台氢化釜，并分别给定设备位号。

设备的数量和规格确定后，用细实线在图纸中间区域绘制出设备轮廓。绘制设备轮廓时应注意大小，要留出上部主管、下部主管、设备位号及标题栏的位置。设备之间应保留合适的距离，为后续绘制管道、仪表等其他内容留足空间。设备轮廓绘制完成后，在设备轮廓内或旁边标注设备位号及位号线，同时在图纸下部列出所有设备的设备位号、位号线及设备名称。

④ 管道流程线及阀门的绘制和标注。管道用于各类物料的输送。首先，梳理出工艺流程中涉及的所有管道，包括公用工程管道（如加热冷却介质、真空、压缩空气等）及工艺物料管道（如反应物、溶剂、产物等）。如图12-1的工艺流程中，氢化釜需饱和水蒸气加热，因此需要蒸汽管道和冷凝水管道；结晶釜需冷冻盐水降温，则需要冷冻盐水的进、出管道；还有清洗设备的在位（clean in place，CIP）清洗管道，排空管道等，这些都属于公用工程

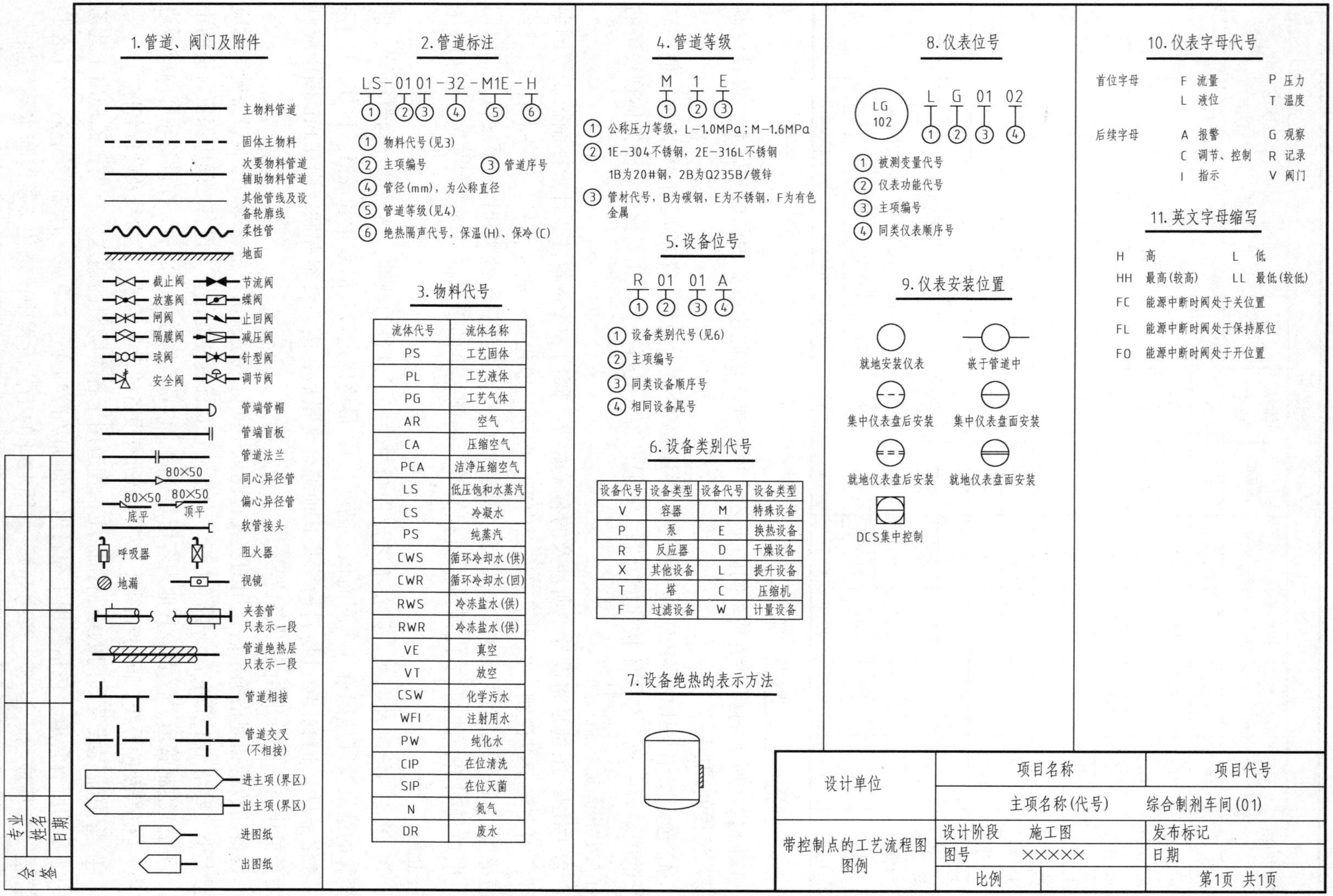
1.管道、阀门及附件
主物料管道
固体主物料
次要物料管道
辅助物料管道
其他管线及设备轮廓线
柔性管
地面
截止阀
节流阀
放塞阀
蝶阀
闸阀
止回阀
隔膜阀
减压阀
球阀
针型阀
安全阀
调节阀
管端管帽
管端盲板
管道法兰
80×50
同心异径管
80×50 底平
80×50 顶平
偏心异径管
软管接头
呼吸器
阻火器
地漏
视镜
夹套管
只表示一段
管道绝热层
只表示一段
管道相接
管道交叉
(不相接)
进主项(界区)
出主项(界区)
进图纸
出图纸
2.管道标注
LS-0101-32-M1E-H
① ②③ ④ ⑤ ⑥
① 物料代号(见3)
② 主项编号
③ 管道序号
④ 管径(mm),为公称直径
⑤ 管道等级(见4)
⑥ 绝热隔声代号,保温(H)、保冷(C)
3.物料代号
流体代号 流体名称
PS 工艺固体
PL 工艺液体
PG 工艺气体
AR 空气
CA 压缩空气
PCA 洁净压缩空气
LS 低压饱和水蒸汽
CS 冷凝水
PS 纯蒸汽
CWS 循环冷却水(供)
CWR 循环冷却水(回)
RWS 冷冻盐水(供)
RWR 冷冻盐水(供)
VE 真空
VT 放空
CSW 化学污水
WFI 注射用水
PW 纯化水
CIP 在位清洗
SIP 在位灭菌
N 氮气
DR 废水
4.管道等级
M 1 E
① ② ③
① 公称压力等级,L-1.0MPa;M-1.6MPa
② 1E-304不锈钢,2E-316L不锈钢
1B为20#钢,2B为Q235B/镀锌
③ 管材代号,B为碳钢,E为不锈钢,F为有色金属
5.设备位号
R 01 01 A
① ② ③ ④
① 设备类别代号(见6)
② 主项编号
③ 同类设备顺序号
④ 相同设备尾号
6.设备类别代号
设备代号 设备类型 设备代号 设备类型
V 容器 M 特殊设备
P 泵 E 换热设备
R 反应器 D 干燥设备
X 其他设备 L 提升设备
T 塔 C 压缩机
F 过滤设备 W 计量设备
7.设备绝热的表示方法
8.仪表位号
LG
102
L G 01 02
① ② ③ ④
① 被测变量代号
② 仪表功能代号
③ 主项编号
④ 同类仪表顺序号
9.仪表安装位置
就地安装仪表
嵌于管道中
集中仪表盘后安装
集中仪表盘面安装
就地仪表盘后安装
就地仪表盘面安装
DCS集中控制
10.仪表字母代号
首位字母 F 流量 P 压力
L 液位 T 温度
后续字母 A 报警 G 观察
C 调节、控制 R 记录
I 指示 V 阀门
11.英文字母缩写
H 高 L 低
HH 最高(较高) LL 最低(较低)
FC 能源中断时阀处于关位置
FL 能源中断时阀处于保持原位
FO 能源中断时阀处于开位置
设计单位
项目名称
项目代号
主项名称(代号)
综合制剂车间(01)
带控制点的工艺流程图
图例
设计阶段 施工图
发布标记
图号 ×××××
日期
比例
第1页 共1页
专业
姓名
日期
会签

图12-12 图例的表达

管道，用中粗线绘制在图纸上部和下部。工艺物料有氢气、甲醇、N,N-二甲基甲酰胺（DMF）等，这些流体也需管道输送。使用面较广的工艺物料管道用粗实线绘制在图纸上部。其次，根据管道介质的性质和使用需求，选择合适的阀门管件，绘制在管路中。PID图中应绘制出物料输送所需的所有管道，并按规则对每根管道进行标注。

⑤ 仪表控制点的绘制及标注。根据药品生产的工艺条件，梳理出各个操作环节所需显示或控制的参数，如温度、压力、流量等，绘制仪表及控制回路并进行标注。如图12-1的生产工艺中，氢化反应需要在一定的温度下进行，因此需要温度的显示、控制仪表，并通过控制加热介质（饱和水蒸气）的流量实现对氢化釜内温度的控制。此外，还需绘制出分析取样点、取样阀等。

⑥ 绘制附表、标题栏，注写说明。

⑦ 校核及审定，完成管道仪表流程图的绘制。根据图12-1所示的流程绘制出的PID图如图12-13所示（见后插页）。

12.2　厂房建筑图简介

厂房建筑图与机械图一样，都是按正投影原理绘制的，但由于建筑物的形状、大小、结构与机器、设备有很大的差别，所以在表达方法上也有所不同。

12.2.1　厂房建筑物的视图

① 平面图。假想用水平面经过略高于窗台的位置把房屋剖开，移去上面部分，所得的水平剖面图，称为平面图。有底层平面区、二层平面图、三层平面图、四层平面图等。

② 立面图。指建筑物的正面投影图或侧面投影图，主要表达建筑物的外形。

③ 剖面图。用剖切面剖切建筑物，并向投影面投影所得到的图，称为剖面图。剖面图主要表达建筑物各部位的高度及建筑物主要承重构件的相互关系。

以上三种图样中，凡是被剖切平面剖到的墙、梁、板、柱其截面轮廓和地面线用粗实线表示，其余可见结构用细实线表示，图形中其他表示还应符合建筑制图国家标准规定。

④ 建筑详图。将房屋细部结构、配件形状、大小、材料等用较大的比例详细表示出来，标注尺寸，并进行文字说明，这种图样称为建筑详图。

12.2.2　建筑制图有关国标规定

《GB/T 50001—2017　房屋建筑制图统一标准》对建筑图样的图幅、图线、字体、比例以及常用建筑材料图例、符号等都作了统一规定，为了更好地了解建筑制图的基本内容、满足读图需要，将建筑制图国标规定的内容简述如下。

（1）定位轴线

定位轴线是施工定位、放线以及设备安装定位的重要依据。凡是承重墙、柱子等主要承重构件都应画上轴线来确定其位置，并进行编号。平面图上定位轴线的编号，宜标注在图样的下方与左侧。横向编号应用阿拉伯数字从左至右顺序编号，竖向编号应用大写拉丁字母从下向上顺序编写，拉丁字母I、O、Z不得用作定位轴线编号以免与数字1、0、2混淆。定位轴线用单点长画线绘

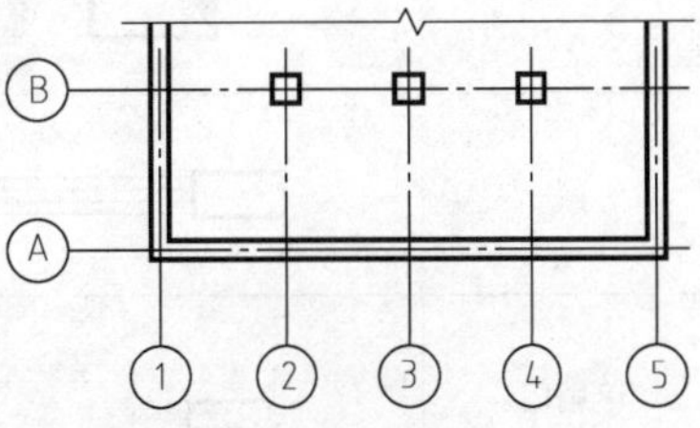

图12-14　定位轴线及其编号

制，一般应在端部用细实线绘制的圆圈内编号，圆心应在定位轴线的延长线上或延长线的折线上，如图12-14所示。

（2）尺寸及标高的标注

建筑制图的尺寸标注与机械制图的规定基本相同，但由于专业需要，也有不同之处。

① 尺寸标注。建筑制图中的尺寸标注应包括尺寸界限、尺寸线、尺寸起止符号和数字。尺寸界线应用细实线绘制，一般应与被注长度垂直，其一端应离开图样轮廓不小于2mm，另一端超出轮廓线2~3mm。必要时，图样的轮廓线也可以作为尺寸界线。半径、直径、角度与弧度的尺寸起止符号宜用箭头表示，直线的尺寸起止符号一般采用中粗短线绘制，其倾斜方向应与尺寸界线成顺时针45°，长度宜为2~3mm，如图12-15所示。

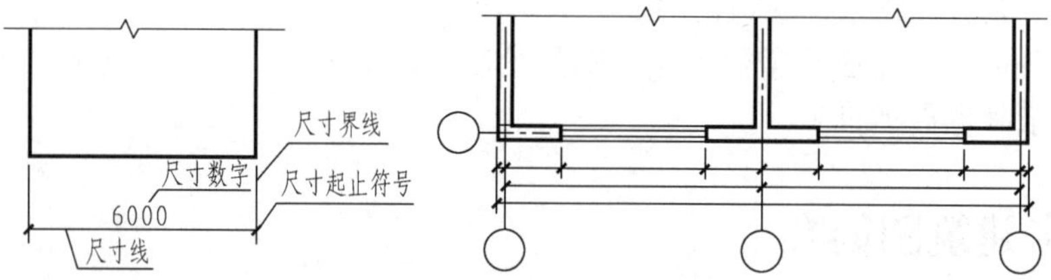

图12-15 尺寸组成及标注示例

② 标高的标注。建筑物各层楼、地面和其他构筑物相对于某一基准面的高度称为标高。标高符号是采用细实线绘制的等腰直角三角形，将斜边放置成水平，直角的顶点到对边的距离为3mm，如图12-16(a) 所示。标高数值以米（m）为单位，一般标注至小数点后第三位。零点标高注为±0.000，正标高前可不加正号（+），负标高前必须加注负号（–）。标高数值注写如图12-16(b) 所示。

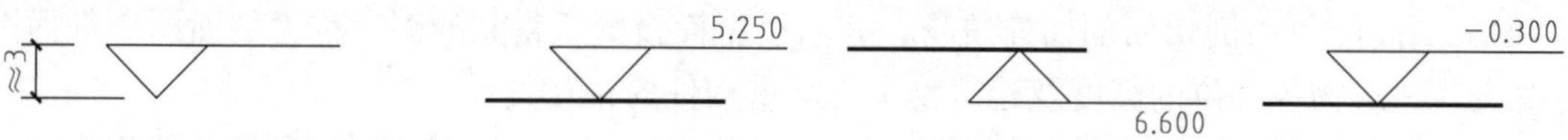

(a) 标高符号画法 (b) 标高数值注写方法

图12-16 标高的标注

（3）常见图例

房屋的构件、配件和材料种类较多，为作图简便，国家工程建设标准规定了一系列的图形符号来代表建筑物的构件、配件和材料。常用建筑图例见表12-13。

表12-13 建筑构（配）件、材料图例（摘自HG/T 20519.3—2009）

名称	图例	名称	图例
孔、洞	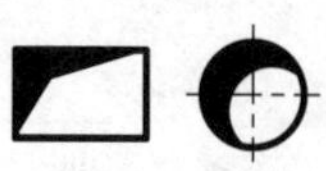	坑槽	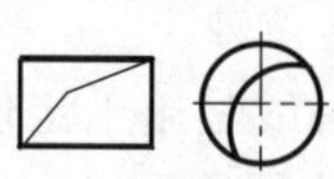
窗	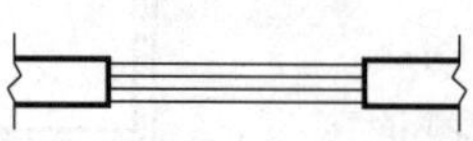	空门洞	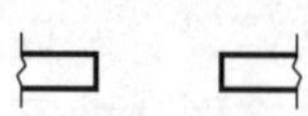
单扇门		楼板及梁	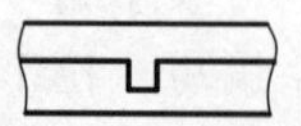

续表

名称	图例	名称	图例
双扇门		楼梯	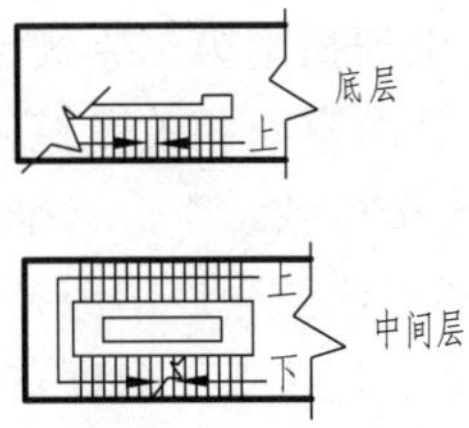
素土地面			
混凝土地面	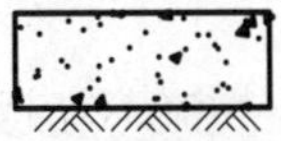		
碎石地面			
钢筋混凝土		方向标	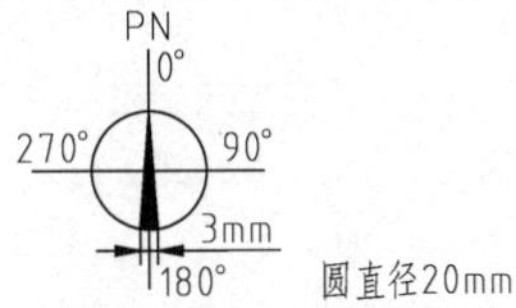

12.3　车间平面布局图

在药厂的建厂初期，药厂的厂房及设施的设计，必须遵循GMP进行。同样，车间改造也需按GMP进行。《药品生产质量管理规范（2010年修订）》［简称GMP（2010版）］吸收了国外发达国家GMP相关条款并结合我国药品生产企业现状，GMP相关条款从法规角度规定了工艺布局图应遵守的原则，特别是第四章“厂房与设施”条款说明了厂房与设施设计及建设在药品生产中的重要性。

GMP（2010版）第三十八条规定：厂房的选址、设计、布局、建造和维护必须符合药品生产要求，应当能够最大限度地避免污染、交叉污染、混淆和差错，便于清洁、操作和维护。

药品生产企业厂房设施主要包括：厂区建筑物实体，生产厂房附属公用设施等。对厂房设施的合理设计，直接关系到药品质量。

设计依据包括：

①《药品生产质量管理规范（2010 年修订版）》；

② 适当参照欧盟现行最新GMP的相关规定和有关的GMP指南；

③《GB 50187—2012　工业企业总平面设计规范》；

④《GB 50457—2019　医药工业洁净厂房设计标准》；

⑤《GB 50016—2014（2018年版）　建筑设计防火规范》；

⑥《GB 50222—2017　建筑内部装修设计防火规范》；

⑦《GB 50140—2005　建筑灭火器配置设计规范》；

⑧《GB 50057—2010　建筑物防雷设计规范》；

⑨《GB 50116—2013　火灾自动报警系统设计规范》；

⑩《GB 50058—2014　爆炸危险环境电力装置设计规范》；

⑪《GBZ 1—2010　工业企业设计卫生标准》；

⑫《GB/T 50087—2013　工业企业噪声控制设计规范》；

⑬《GB 50034—2024　建筑照明设计标准》；

⑭《GB 50019—2015 工业建筑供暖通风与空气调节设计规范》；

⑮《GB 21904~08—2008 制药工业水污染物排放标准》；

⑯《GB 37823—2019 制药工业大气污染物排放标准》；

⑰ 工程指南第3卷-无菌生产厂房设施（ISPE）；

⑱ 洁净室及相关受控环境（ISO 14644）。

厂区按行政、生产、辅助和生活等划区布局。

医药工业洁净厂房应布置在厂区内环境清洁，人流、物流不穿越或少穿越的地方，并应考虑产品工艺特点，合理布局，间距恰当。某厂区的总体布局示例如图12-17所示。

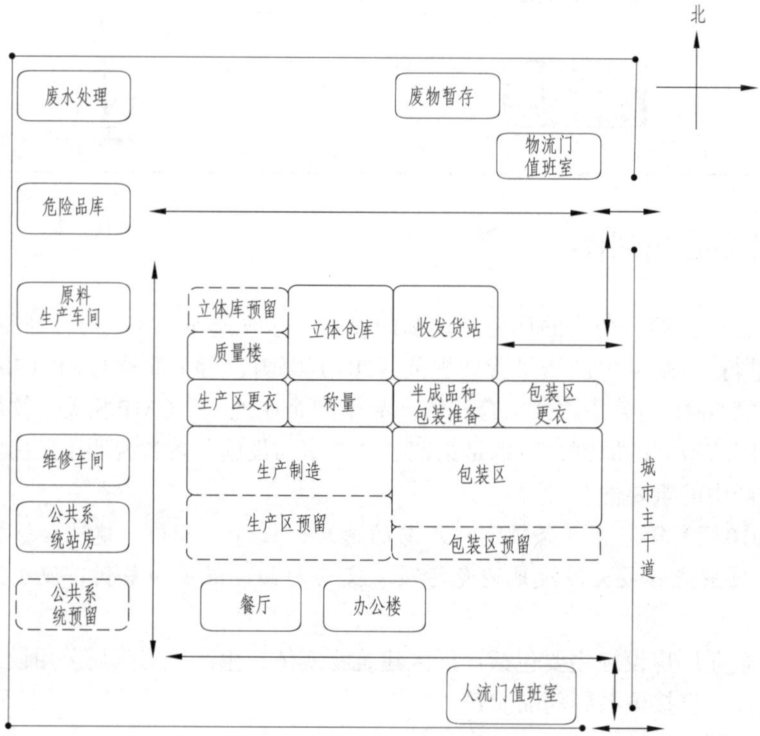

图12-17 厂区的总体布局示例

车间布置设计是车间工艺设计的重要环节之一，还是工艺专业向其他非工艺专业提供开展车间设计的基础资料之一。需要在上述规范和标准的指导下进行以下工作：①确定车间的防火等级；②确定车间的洁净度等级；③初步设计；④施工图设计。

有效的车间布置将会使车间内的人、设备和物料在空间上实现最合理的组合，以降低劳动成本，减少事故发生，增加地面可用空间，提高材料利用率，改善工作条件，促进生产发展。

生产车间区主要考虑产品特性要求，人、物流规划对生产区布局的影响。如典型的口服制剂的物流路线与传料方式紧密相关。三种传料方式包括：垂直传料、气动/真空传料和容器传料，在实际操作中，往往多种传料方式组合应用，构成联动生产线。人、物流方式的不同，影响了生产制造区平面布局设计。

在生产区平面布局设计中，还要综合考虑生产的各工序，最终确定最小的生产空间。典型的口服固体制剂生产单元包括磨粉、配料、制粒、干燥、整粒、压片、胶囊、灌装、包衣等，以及辅助生产单元（黏合剂配制、包衣液配制、容器和模具清洗、物流走道、过程控制和气锁间等），某片剂车间平面布局示例图如图12-18所示（见后插页）。

制药车间平面布局图应包括车间建筑框架结构，包括立柱、墙体、门、窗、楼梯等，需标注轴线号及尺寸，注写每个功能间的名称，还包括图框、标题栏、方向标、图例等。功能间的位置应符合药品生产工艺的流程，尽量做到人流、物流不交叉。同时，制药车间对环境的洁净度也有特殊要求。因此，可以在车间平面布局图的基础上标明人流、物流流向及各功能间的洁净级别，如图12-19、图12-20所示（见后插页）。

12.4 设备布置图

由设计确定的制药工艺流程中的全部设备，必须按生产要求，在厂房内外合理布置、安装就位，以保证生产顺利进行。表示药厂一个车间或工段的生产设备和辅助设备在厂房内外布置安装的图样，称为设备布置图。它用来指导制药设备的布置、安装，并作为工艺布局、厂房建筑、管道布置的重要依据。在设备布置设计中，一般提供下列图样：设备布置图、设备安装详图、管口方位图等。本节重点介绍设备布置图。

12.4.1 设备布置图的作用及内容

设备布置图是在简化的厂房建筑图上增加了设备布置的内容，用来表示设备与建筑物、设备与设备之间的相对位置，能直接指导设备的安装。设备布置图是制药设计、工艺布局施工、设备安装、绘制管路布置图的重要技术文件。图12-21（见后插页）为药厂制水站设备平面布置图。

设备布置图一般包括以下几方面内容。

① 一组视图。可以包括平面图、立面图和剖面图，用以表示厂房建筑的基本结构及设备在厂房内外的位置。

② 尺寸和标注。一般在平面图中标注与设备定位有关的建筑物尺寸，建筑物与设备之间、设备与设备之间的定位尺寸（不注设备的定形尺寸）。还要注写厂房建筑定位轴线的编号、设备的名称及位号以及必要的说明等。

③ 安装方位标。安装方位标是确定设备安装方位的基准，一般画在图纸的右上方。

④ 标题栏。标题栏中需注写图名、图号、比例、设计者等内容。

12.4.2 设备布置图的绘制

绘制设备布置图时，应有带控制点的工艺流程图、厂房建筑图、设备条件清单等作为原始资料，并合理布局。设备布置图的绘图步骤如下：

① 确定视图配置。

② 选定比例与图幅。

③ 绘制设备布置平面图。设备布置图一般只绘制平面图，只有当平面图不能清楚地反映设备在车间中的布置时，才采用立面图或局部剖视图。平面图从底层平面起逐层绘制：

a. 用细点画线画出建筑定位轴线，再用细实线绘制厂房建筑的基本结构：柱、窗、门、窗、楼梯等。

b. 布置设备，用点画线画设备中心线，用粗实线绘制各个设备（带主要物料管口方位)、支架、基础等基本轮廓。

c. 标注尺寸，注写厂房定位轴线编号、定位轴线间的尺寸；标注设备基础的定位尺寸。

设备布置图一般只标注出设备与建筑物之间、设备与设备之间的定位尺寸。平面图上的定位尺寸以建筑物、构筑物的轴线为基准标注尺寸；卧式设备以设备中心线和管口中心线为辅助尺寸基准，立式设备以设备中心线为辅助尺寸基准标。直接与主要设备有密切关系的附属设备应以主要设备的中心线为基准标注相应的定位尺寸。

d. 标注定位轴线编号、设备位号、名称（设备位号和名称应与工艺施工流程图中的设备位号相同)。

④ 绘制设备布置剖面图。绘制过程为：

a. 确定剖面图的数目，应以完全而清楚地反映出设备与厂房高度方向的位置关系为准。

b. 用细实线画出厂房剖面图。

c. 用粗实线画出设备的立面图，并标注尺寸。

d. 标注厂房的定位轴线编号，定位轴线间距尺寸及标高尺寸；标注设备基础标高尺寸；注写设备位号、名称。

设备位号应在设备中心线对应的位置，与工艺流程图相一致，下方标注主轴中心线的标高（ϕEL ×××. ×××）或支承点的标高（POS EL ×××. ×××)，如图12-22所示。一般卧式设备都以中心线标高表示；立式设备都以支承点标高表示。

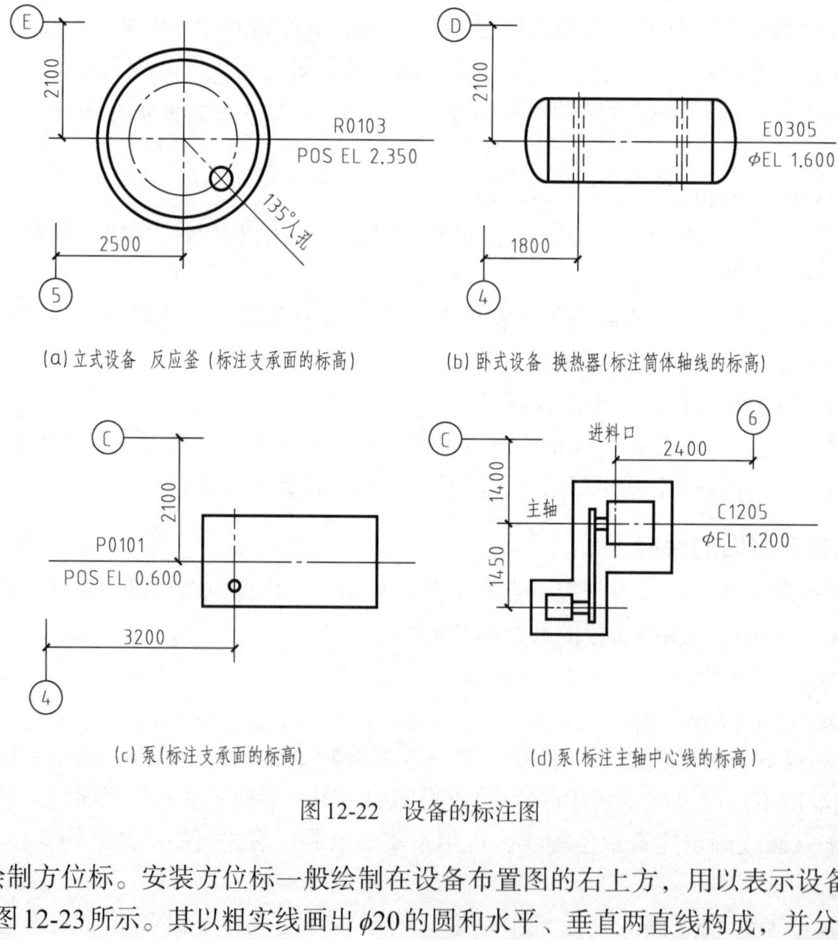

(a) 立式设备 反应釜 (标注支承面的标高)　(b) 卧式设备 换热器(标注筒体轴线的标高)

(c) 泵(标注支承面的标高)　(d) 泵(标注主轴中心线的标高)

图12-22 设备的标注图

⑤ 绘制方位标。安装方位标一般绘制在设备布置图的右上方，用以表示设备安装方位基准，如图12-23所示。其以粗实线画出ϕ20的圆和水平、垂直两直线构成，并分别注以0°、

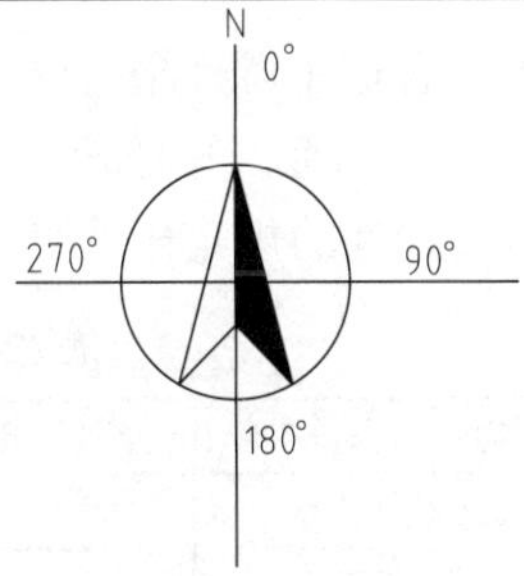

图12-23 安装方位标

90°、180°、270°等字样，一般采用北向的建筑轴线为零度方位基准。该方位一经确定，凡必须表示方位的图样，如管口方位图、管段图等，均应统一。

⑥ 如需要，绘制设备一览表，书写有关说明，填写标题栏，检查并校核全图。

12.4.3 制剂车间设备布置图

制剂车间的设备大多直接安装在地面上，其设备布置图以平面布置为主。制剂车间的设备平面布置图是在车间平面布局图的基础上绘制的。将设备轮廓绘制在相应的功能区内，用虚线表示出设备运动的范围及开门检修的范围。标注主要设备离墙面、柱面的距离及设备与设备之间的距离，以表示具有充足的安装空间、操作空间及检修空间。口服固体制剂设备平面布置图如图12-24所示（见后插页）。

12.5 管道布置图

管道的设计与布置是以管道仪表流程图、设备布置图及有关土建、仪表、电气等方面的图纸和资料为依据进行的。设计应满足工艺要求，使管道便于安装、操作及维修，且布局合理、整齐、美观。管道布置设计的图样包括：管道布置图（管道平面布置图、管道立面布置图、管道剖面布置图）、管道轴测图、蒸汽伴管系统布置图、管件图和管架图。本章重点介绍管道布置图。

12.5.1 管道布置图的作用及内容

管道布置图又称为管道安装图或配管图，主要用于表达车间或装置内管道的空间位置、尺寸规格以及与机器、设备的连接关系。管道布置图是管道安装施工的重要依据。

图12-25（见后插页）为综合制剂车间压缩空气系统的管道布置图。

管道布置图一般包括以下内容：

① 一组视图。包括平面图和剖面图，以平面图为主，用以表达整个车间的建筑物和设备的基本结构以及管道、管件、阀门、仪表控制点等的安装和布置情况。

② 尺寸和标注。管道布置中，一般应标注出管道和部分管件、控制点的平面位置尺寸和标高；还应注写厂房建筑定位轴线的编号、设备的名称及位号、管道代号、控制点代号等。

③ 分区简图。表示车间分区的情况。

④ 安装方位标。表示管道安装基准的图标。

⑤ 标题栏。在标题栏中应注写图名、图号、比例、设计阶段等。

12.5.2 管道及附件的表示方法

（1）管道及管件

管道是管道布置图的主要表达对象，为突出管道，主要物料采用粗实线单线绘制，其他管道用中粗线绘制。若管子只画出一小段，则应在中断处画上断裂符号；公称通径 $DN>$ 400mm或16英寸的管子用双线表示。如果管道布置图中，大口径的管道不多时，$DN>$ 250mm或10英寸的管子用双线表示，如图12-26所示。

管道中除了管子外，还有许多其他构件，如短管、弯头、三通、异径管、法兰等管道附件，简称管件。管道及管件的规定画法见表12-14。

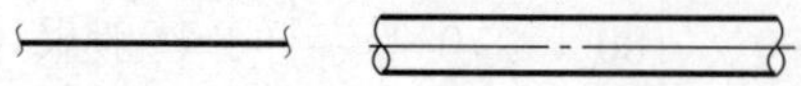

单线　　　　双线

图12-26　管子的表示方法

表12-14　管道及管件的规定画法（摘自HG/T 20519.4—2009）

名称		单线	双线	轴测图	说明
管子	法兰连接	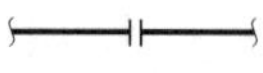	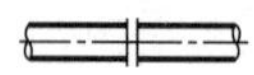	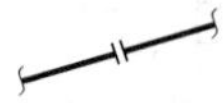	管子连接形式有四种，画法如左图
	承插连接	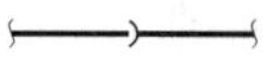	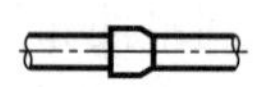		
	螺纹连接		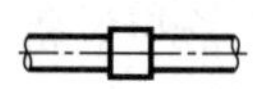		
	焊接		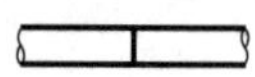		
软管	螺纹或承插连接	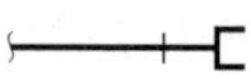		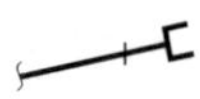	
	对焊连接				
管子转折	主视	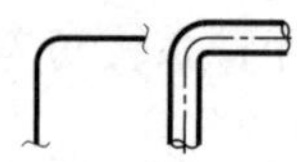			
	俯视	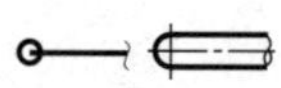			
	轴测				
管子交叉	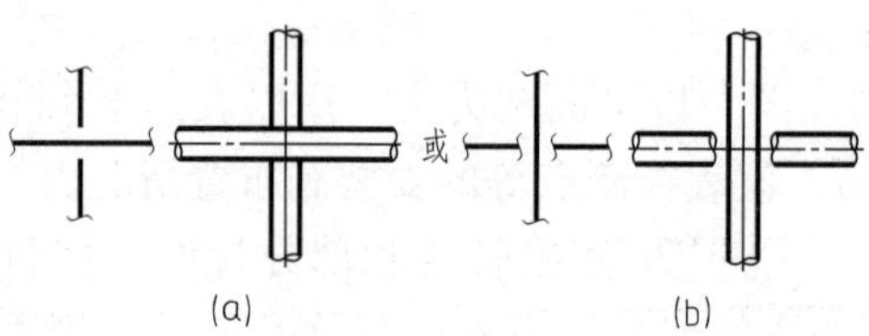				当管子交叉投影重合时，可把被遮住的管子投影断开，如(a)，也可将上面的管子的投影断裂表示，使可以看见下面的管子，如(b)
管子重叠	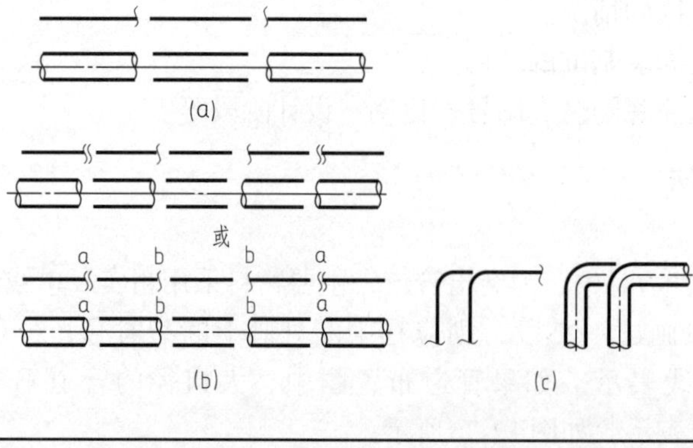				管子投影重叠时，将上面(或前面)管子的投影断裂表示。下面的管子投影画至重影处少留间隙断开，如(a)。多根管子重叠时，可将最上(或最前)的一条用"双重断裂"符号表示，也可以投影断开处注上a、a、b、b等字样，如(b)，或分别注出管子代号

续表

名称		单线	双线	轴测图	说明
三通	主视	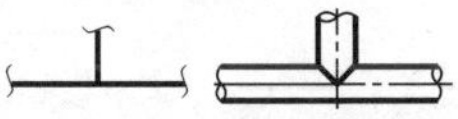			
	俯视	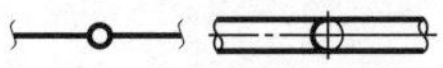			
	轴测				
四通	主视	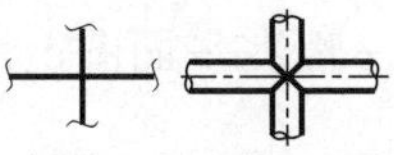			
	俯视	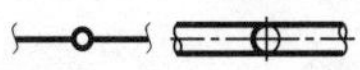			
	轴测	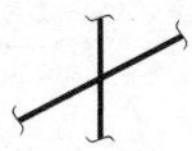			
异径管		同心		偏心	
	主视	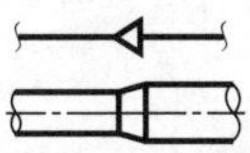		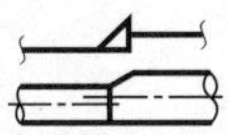	
	轴测				
U型弯头	主视	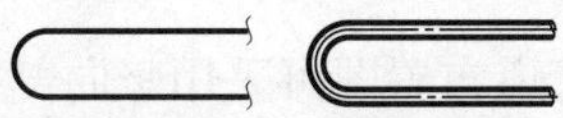			
	俯视	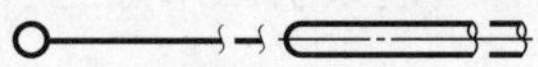			
	轴测				

（2）阀门与控制元件连接

阀门在管道中用来调节流量、切断或切换管道，并对管道起安全控制作用。管道中的阀门可用简单的图形和符号表示。常用阀门的图形符号与PID图相同，参见表12-5；常用控制元件符号，如图12-27（a）所示；阀门与控制元件的组合方式，如图12-27（b）所示。

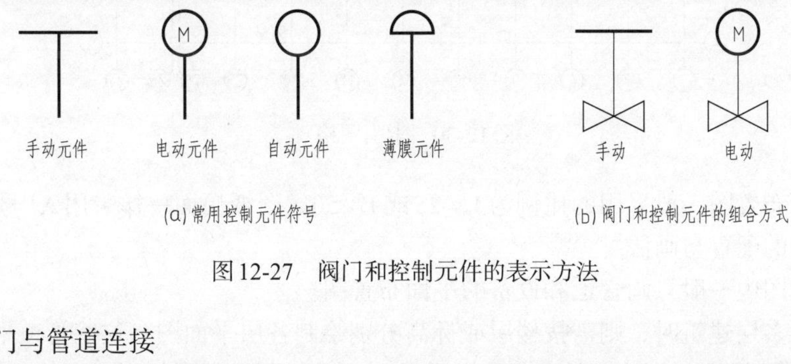

图12-27　阀门和控制元件的表示方法

（3）阀门与管道连接

阀门与管道的连接方式如图12-28（a）所示，在管道图中绘制的阀门，其主俯视图如图12-28（b）所示。

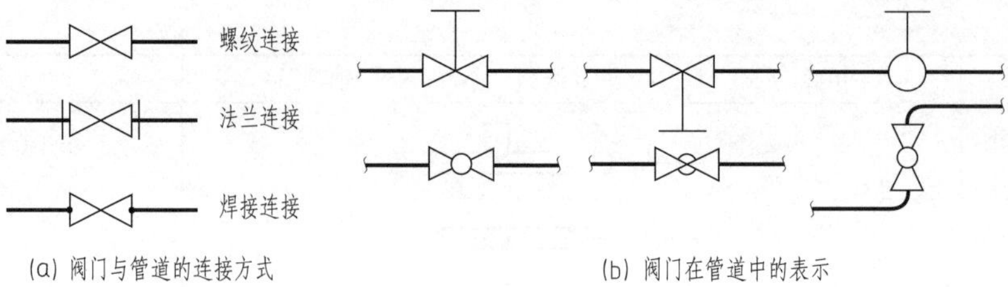

图12-28 阀门在管道中的表示方法

（4）管架

管架是用来支承和固定管道位置的，一般在平面图上用符号表示，其画法国家标准已做出规定，如图12-29所示。

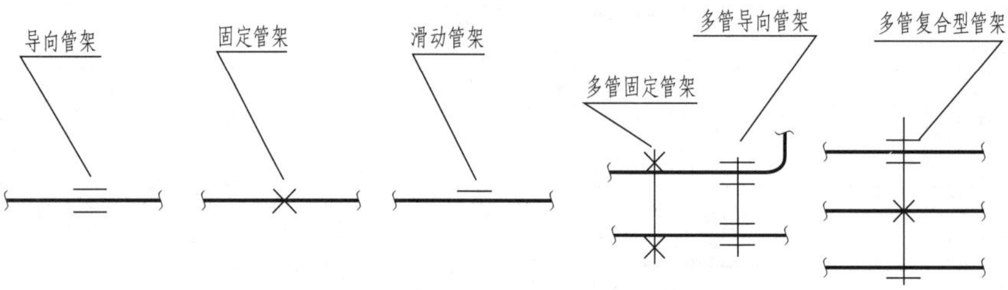

图12-29 管架的表示方法

12.5.3 管道布置图表达方法

（1）分区、比例和图幅

当画图区域较大而图幅有限时，管道布置图可采用竖向剖割法来分部画图，多层厂房一律采用竖向剖分横向切割法来分层画图。通过索引图来确定所绘图的界线，索引图无标准格式，可参见图12-30。

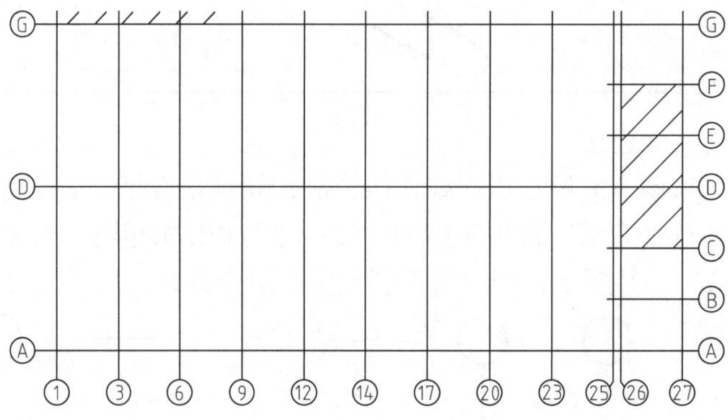

图12-30 索引图格式

管道平面布置图一般采用的比例为1：25或1：50，图纸幅面一律采用A1号图纸。

（2）视图的配置与画法

管道布置图中一般只画管道和设备的平面布置图。

当厂房为多层建筑时，则需按楼层或标高分别绘制各层平面图。这些管道平面布置图可以绘制在一张图纸上，也可分别画在几张图纸上，在各层平面图的下方注明其相应的标高，如±0.000平面图。当一张图纸上只画一层平面布置图时，可将其标高注在标题栏中。若绘图范围较大而图幅有限时，可将管道布置情况分区绘制，如图12-25所示。

管道平面布置图应按比例进行布置，分别用细实线绘制出全部设备、机泵、特殊设备、有关管道、平台、梯子、建筑物和构建物外形、仪表电缆等，用粗实线表示主要管线。

12.5.4　管道布置图的标注

（1）建筑物及设备

在管道布置图上，要标注建筑定位轴线的编号及柱距尺寸，标注平台和构筑物的标高；所有设备要标注设备位号及名称，该部分的标注方法与带控制点的工艺流程图和设备布置图的标注方法一致。

（2）管道

在管道布置图上，所有管道要标出物料的流动方向，注写管道代号，且管道代号要与管道仪表工艺流程图中的一致。

在管道布置图上，所有管道要标注定位尺寸。管道的定位尺寸标注在平面图上。定位尺寸以建筑定位轴线、设备中心线、设备管口法兰为基准进行标注。与设备管口相连的直管段，则不需注定位尺寸。

管道一般标注管中心线标高，标注EL+00.000，必要时也可标注管底标高，标注BOP EL±00.000。

管道布置图上索引管道应与管道仪表工艺流程图一致，都必须标注物料代号、管段号、管径等标注，如图12-25。

（3）阀门及管件

管道布置图上的管件及阀门按规定符号画出，一般不标注定位尺寸，但需标注标高。对某些有特殊要求的管件，应该注出要求及说明。当管道中阀门类型较多时，应在阀门符号旁注明其编号及公称尺寸。

（4）仪表控制点

仪表控制点的标注要与管道仪表工艺流程图中的一致。仪表控制点用指引线指引在安装位置处，也可在水平线上写出规定符号。

12.5.5　管道布置图的绘制

12.5.5.1　绘图前的准备

在绘制管道布置图之前，应先从有关图纸资料中了解设计说明、本项目工程对管道布置的要求以及管道设计的基本任务，充分了解和掌握工艺生产流程、厂房建筑的基本结构、设备布置及管口的配置情况。

12.5.5.2　绘图的方法与步骤

① 拟定表达方案。根据绘图区域的大小来确定绘图的张数。

根据需要分区画出±0.00平面管道布置图，并根据其复杂程度来确定是否需要画立面剖视图。

② 确定图幅与比例，并合理布图。

③ 绘制管道平面布置图

管道平面图的布置一般应与设备布置图中的平面图一致。

a. 用细实线画出厂房平面图，其表达要求和画法基本与设备布置图中的相同，与管道布置无关的内容可以简化，注写厂房建筑的柱轴线编号。

b. 用细实线按比例画出带有管口方位的设备平面布置图，此处所画的设备形状与设备布置图中的应基本相同，注写设备位号及名称。

c. 根据管道布置要求，画出管道平面图，并标注物料流向箭头和管道代号。

d. 在设计要求的部位，按规定画出管件、管架、阀门、仪表控制点等的示意图，并加必要的说明。

e. 标注出厂房的定位轴线尺寸、设备定位尺寸、管道定位尺寸，并在平面布置图上标注出标高尺寸。

如果需要，绘制管道立面剖视图，其画法与前述的设备布置图及管道仪表工艺流程图中对设备及管道的绘制及标注要求是一致的。并标注地面、设备地基、管道及阀门的标高尺寸。

④ 绘制方位标。

⑤ 绘制附表、标题栏，注写说明。

⑥ 校核及审定。

本章自测题

第13章　计算机绘图

本章课件

随着计算机图形学理论及其技术的进步而发展起来的计算机绘图，是一种高效率、高质量的绘图技术。美国Autodesk公司推出的计算机辅助设计软件AutoCAD具有强大的绘图能力，目前AutoCAD广泛应用于机械、建筑、航天、化工制药、电子、服装、模具等诸多领域。本章将主要介绍AutoCAD 2020的基本功能、绘图环境的设置、图形的绘制和编辑操作、二维图形以及简单三维图形的绘制等方面的内容。

13.1　计算机绘图系统及软件简介

13.1.1　计算机绘图系统

计算机绘图是计算机图形学的一个分支，其主要特点是给计算机输入非图形信息，经过计算机处理，生成图形信息输出。计算机绘图系统主要由硬件和软件组成。其硬件系统主要包括计算机、必要的图形输入/输出设备和人机交互设备，如键盘、鼠标、数字化仪、图像扫描仪、视频显示器、打印机和绘图仪等。一个计算机绘图系统可以有不同的组合方式，一台微型计算机和一台绘图机就能组成最简单的绘图系统。除硬件外，计算机绘图系统还必须配有各种软件，如操作系统、语言系统编辑系统、绘图软件和显示软件等。

目前常用的计算机绘图软件有Illustrator、AutoCAD、Pro/Engineer、UG和CATIA等。其中AutoCAD是应用广泛的设计与绘图软件。以AutoCAD软件为基础，人们进一步开发出针对机械、建筑及化工等专业的设计与绘图软件，因此，熟练掌握AutoCAD的使用已成为理工科学生理解、表达和实习所学专业的重要技能。

13.1.2　AutoCAD的简介

AutoCAD自1982年问世以来，经过多次升级，其绘制和编辑图形的功能日趋完善。AutoCAD 2020是AutoCAD的一个经典版本，具有以下基本功能：

① 完善的二维绘图功能；

② 强大的三维造型功能；

③ 图形编辑和图形渲染功能；

④ 系统的二次开发功能；

⑤ 数据交换和信息查询功能；

⑥ 尺寸标注和文字输入功能。

下面将主要介绍AutoCAD 2020的操作界面、绘图环境的设定以及基本绘图编辑功能。

13.2 AutoCAD的操作环境设定

13.2.1 AutoCAD的工作界面

启动AutoCAD 2020之后，将出现AutoCAD 2020的绘图界面。如图13-1所示，AutoCAD 2020的工作界面包括“菜单浏览器”按钮、标题栏、快速访问工具栏、菜单栏、功能区、文件选项卡、绘图区、命令窗口、状态栏、坐标系图标等部分。第一次启动AutoCAD 2020中文版时，工作界面可能与此稍有不同，但内容基本相同。

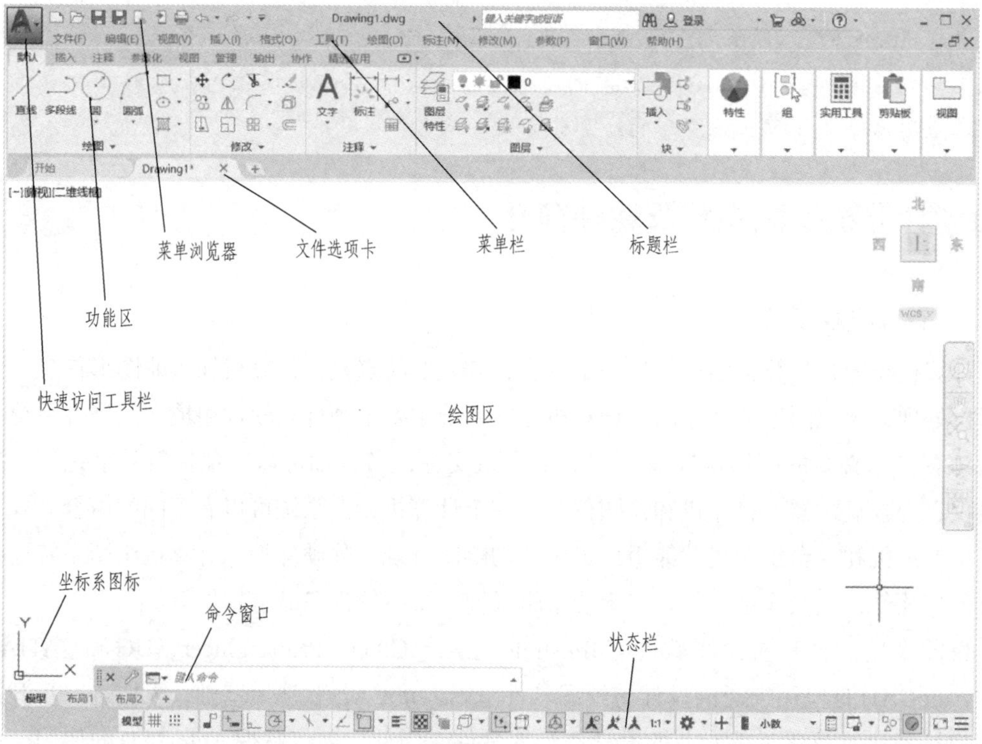

图13-1 AutoCAD 2020的工作界面

（1） 标题栏

标题栏位于AutoCAD 2020工作界面的最上端，标题栏显示当前正在编辑的文件名，默认文件名为Drawing1。标题栏右端控制按钮依次为搜索、登录、交换、保持连接、帮助和窗口控制按钮。

（2）菜单栏

菜单栏位于标题栏的下面，AutoCAD 2020在默认状态下包含12个下拉菜单项目：文件、编辑、视图、插入、格式、工具、绘图、标注、修改、参数、窗口和帮助菜单。

菜单项有四种类型：

① 普通菜单。单击该菜单中的某一项即直接执行相应命令。

② 子菜单。该类型菜单的后面有“►”符号，鼠标在此菜单上时会弹出下一级菜单。

③ 对话框。菜单的后面有“…”的即为该类型，单击该菜单将弹出一个对话框。

④ 开关。表示某一选项被选中。

使用AutoCAD 2020菜单中的命令时，还需注意：若命令后跟有快捷键，表示按下快捷键就可执行该命令；若命令后跟有组合键，表示直接按组合键即可执行该命令；若命令呈现灰色，表示该命令在当前状态下不可使用。

除了下拉式菜单外，AutoCAD 2020还提供了快捷的右键菜单。选择一个图形对象后，点击右键，会显示针对该图形对象可以进行的操作。如果没有选择图形对象，则显示一些最近使用过的命令。

（3）功能区

功能区代替了AutoCAD众多的工具栏，以面板的形式将各工具按钮分门别类地集合在选项卡内。用户在调用工具时，只需在功能区中展开相应的选项卡，然后在所需面板上单击工具按钮即可。由于在使用功能区时无需再显示AutoCAD的工具栏，因此，应用程序窗口变得更加简洁有序。通过简洁的界面，功能区还可以将可用的工作区域最大化。

功能区位于菜单栏下方、绘图区上方，用于显示工作空间中基于任务的按钮和控件，包括“默认”“插入”“注释”“参数化”“视图”“管理”“输出”“附加模块”“协作”“精选应用”10个功能选项板。各选项板包含了许多面板，每一个面板上的每一个命令都有形象化的按钮，单击按钮即可执行相应的命令。

（4）绘图区

绘图区也称为视图窗口，它位于屏幕中央的空白区域，是进行绘图的主要工作区域。绘图区底部的3个选项卡：模型、布局1和布局2，用于模型空间与布局（图纸）空间之间的切换。

系统默认显示绘图区的颜色为黑色，执行**快速访问工具栏**中的**选项**命令，在该对话框中单击“显示”选项卡，选择绘图区的“颜色”选项（图13-2），可以将绘图区设置为其他颜色。在命令窗口中输入“config”命令，也可调出“**选项**”对话框进行绘图区颜色的选择。

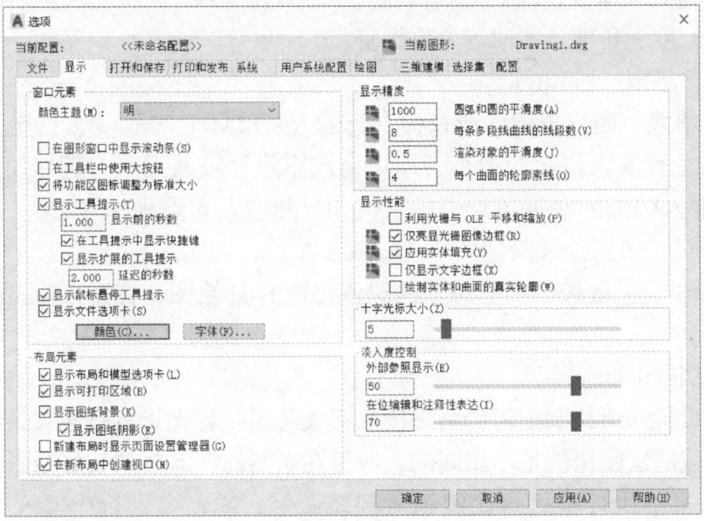

图13-2 “选项”对话框

（5）命令窗口

命令窗口在绘图区的下面，是用户输入命令以及系统显示信息的地方。命令窗口由命令历史窗口和命令行组成。上部的命令历史窗口记录了AutoCAD启动后的最新信息；而下部的命令行则显示用户从键盘上输入的命令信息。命令历史窗口与绘图窗口之间的切换可以通过［F2］功能键进行。

在命令提示行中输入命令后，可能出现一些符号，其中“［ ］”内的内容表示可以进行的其他操作选项。如有多个选项，则用斜杠“/”分开。命令提示行中大写字母表示执行该操作选项的参数，输入大写字母后则执行该选项的命令。“< >”内的内容表示当前操作的默认值。

AutoCAD的操作命令，既可以在命令窗口输入，又可通过功能区、菜单栏选择输入。命令执行过程中按ESC键中止命令。

（6）状态栏

状态栏位于系统的最底部，用来反映当前的绘图状态，包括当前光标的坐标值、正交模式、栅格捕捉、栅格显示等。鼠标单击状态栏上的按钮可实现捕捉、栅格、正交、极轴、对象捕捉、对象追踪、线宽、模型等绘图辅助工具的开关。

13.2.2 AutoCAD的绘图环境

使用AutoCAD绘图的基本流程为：

① 设置绘图环境，如图幅尺寸、单位制、比例、必需的层、线型、线型颜色等；

② 绘图、修改及编辑图形；

③ 标注尺寸及注写文字；

④ 输出、存储并退出。

使用AutoCAD绘图前，需要设定绘图环境。AutoCAD的绘图环境主要包括：参数选项、自定义工具栏、图形单位（长度、角度、拖放比例、方向）和绘图界限等。这些绘图环境的设置可以通过菜单命令执行，也可以在命令行中输入命令实现。

（1）设置绘图单位（Units）

下拉菜单：**格式→单位**，或在命令行输入“UNITS”或“UN”命令，出现“图形单位”对话框，可进行长度、角度、方向等单位设置。

（2）设置绘图界限（Limits）

下拉菜单：**格式→图形界限**，或在命令行输入“LIMITS”命令，选定左下角和右上角的坐标；或在命令行输入幅面的大小，即可完成图形界限的设置。例如用Limits命令设置A3图幅时，需输入图纸的左下角点坐标（0，0）和右上角点坐标（420，297）。设置完毕后，使用Zoom命令中的全幅显示命令（输入Z↓A↓，↓即回车）。

在AutoCAD里，一般按与实际对象的原值比例1∶1绘图，在图形输出时，再设置打印的比例或幅面。

（3）绘图比例（Scale）

绘图比例的设置与所绘制图形的精确度有很大关系。比例设置得越大，绘图的精确度则越高。各行业领域的绘图比例是不相同的，所以在制图前，需要调整好绘图比例的值。

用户可以从菜单执行**格式→比例缩放列表**命令；或在命令行中输入“SCALELISTEDIT”命令，打开“编辑图形比例”对话框，在列表中可以选择需要的比例。

（4）图层的设置与管理（Layer）

AutoCAD使用图层来管理和控制复杂的图形，把具有相同特性的图形对象放在同一图层中，以便于编辑、修改和管理图形。各个图层组合起来，形成一个完整的图形。

图层具有以下特点： 一幅图中可以规定任意数量的图层，每个图层上都有一个图层名，可设置一种线型、一种颜色；同一图层上的对象，处于同一种状态（如同时可见或不可见）；各图层具有相同的坐标系、图形界限和显示的缩放倍数，用户可对位于不同图层上的对象同时进行编辑操作；必须有且只能有一个图层为当前层，所有的绘图操作都在当前层上进行，当前层可以通过图标或对话框设置。

图层工具栏如图13-3所示，在图层工具栏上可以设定图层状态。用鼠标左键点击图层功能区上的“图层管理器”按钮，或点击菜单**格式→图层**，可以进入图层管理器建立新的图层和管理图层，包括设定图层的线型、颜色、线宽或图层的状态等，如图13-4所示。

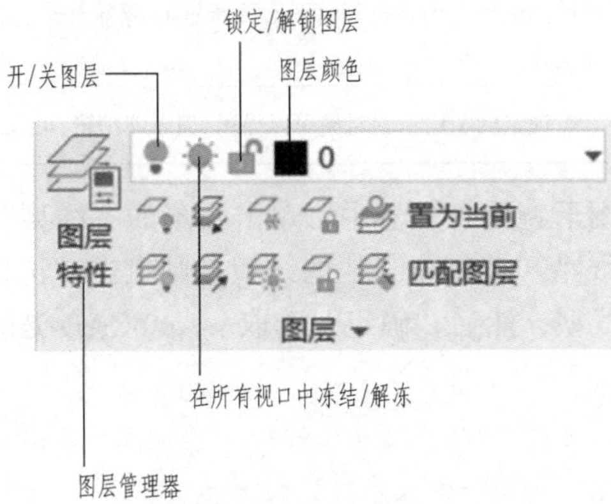

图13-3　图层工具栏

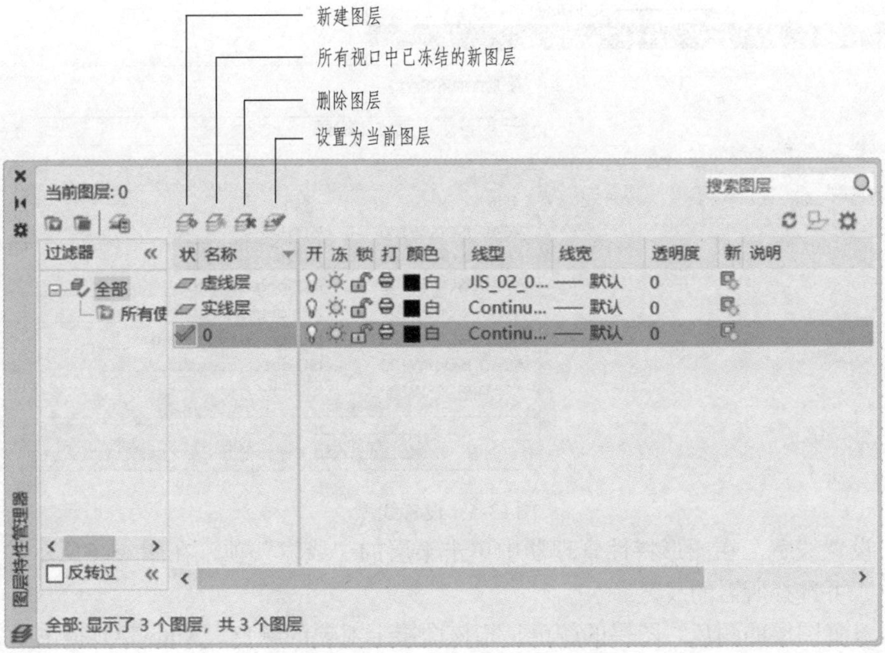

图13-4　“图层特性管理器”对话框

（1）新建或删除图层。单击“新建图层”按钮可以建立一个新的图层。图层名除了0层外均可根据需要改名。图层名最多可采用255个字符，可以是数字、字母和$（美元符号）、-（连字符）、_（下划线）等，但不能出现 “，”“< >”“/ \”“?”“*” 及 “=” 等符号。在“图层特性管理器”对话框中选定要删除的图层，单击“删除”按钮即可删除不需要的图层，但0层不可删除。在“图层特性管理器”对话框中，可以根据表13-1所示的命令来管理图层。

表13-1 图层管理命令

图层管理	按钮	说明
打开与关闭		处于打开状态下的图层上的对象，尽管不是当前层，在屏幕上都是可见的，并且可以对其进行编辑；关闭状态下图层上的对象在屏幕上是不可见的，不能对其进行编辑和输出
冻结与解冻		冻结状态图层上的对象，在屏幕上不可见，也不能对其进行编辑和输出。关闭图层与冻结图层的区别是前者打开时图形重新显示，系统要运算；后者解冻时，图形重新生成，系统不要运算
锁定与解锁		被锁定的图层上的对象可以显示，但不能编辑，可以绘图，所绘对象也不能编辑

（2）设置线型。在图形特性管理器中，单击图层的“线型”项，出现图13-5所示的对话框，可以选择合适的线型。若需要其他的线型，则点击“选择线型”对话框下面的“加载”按钮，加载所需的线型，然后“确定”选取。AutoCAD提供了45种线型，标准线型库文件名为ACADISO.LIN。

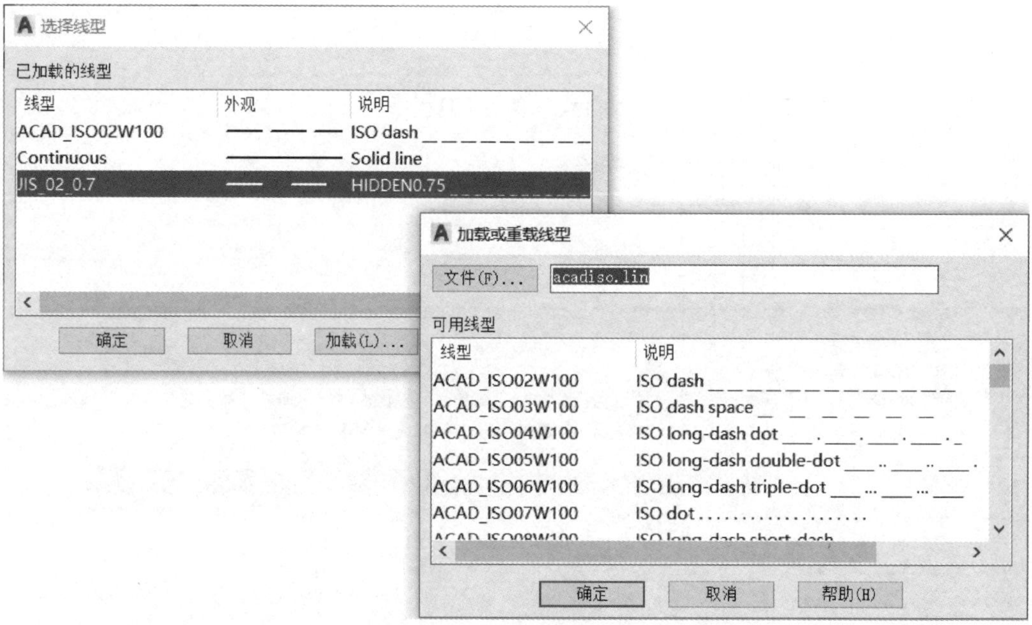

图13-5 设置线型

（3）设置线宽。在图形特性管理器中单击某层的“线宽”项，在图13-6所示的“线宽”对话框中，可选择所需的线宽。

（4）设置图层的颜色。图层的颜色是指该图层上对象的颜色。AutoCAD提供了255种颜色供选用，其中1~7号为标准色。单击图层名后对应的“颜色”项，出现图13-7所示的“选择颜色”对话框，可选择合适的颜色，按“确定”即可。

13.2.3 辅助绘图功能

AutoCAD的辅助绘图功能及其设置方法，包括图形显示、捕捉与栅格的设置方法、对象捕捉设置方法等。熟练应用这些辅助绘图功能，能使用户更快速、准确地绘图。

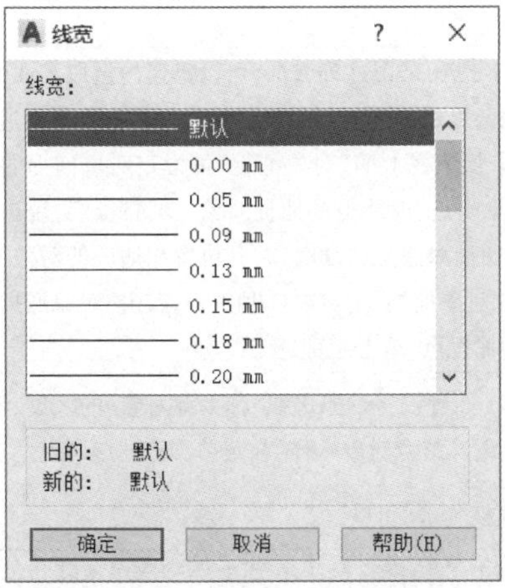

图13-6 “线宽”对话框

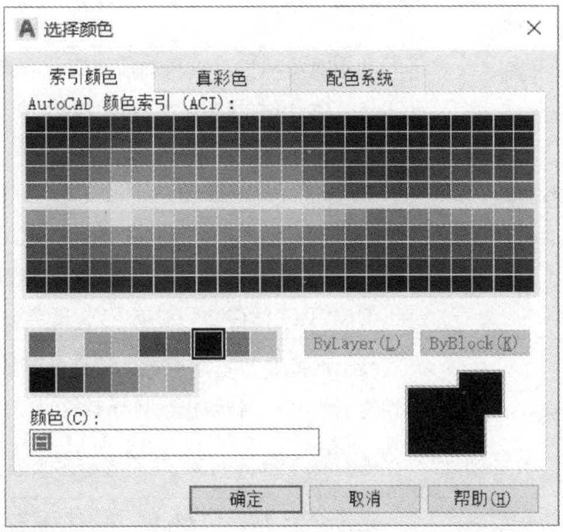

图13-7 “选择颜色”对话框

（1）视图选择

计算机屏幕的大小是有限的，而绘图对象大小不一，AutoCAD的绘图中，采用表13-2视图选择命令可以实时平移和缩放图形，使得绘图更加方便。

表13-2 视图选择命令

名称	按钮	说 明
实时缩放	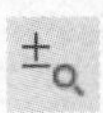	执行Zoom命令后，可选择不同的缩放方式，如[全部(A)/中心点(C)/动态(D)/范围(E)/上一个(P)/比例(S)/窗口(W)]，其中：全部A—按图幅大小在屏幕上显示图形；范围E—在屏幕上最大化显示图形；上一个P—恢复上一个在屏幕上显示的图形；窗口W—按自定窗口大小在屏幕上显示图形。此外，在AutoCAD绘图窗口中，滚动鼠标滚轮，可实现实时缩放功能
窗口缩放		选定要浏览的区域，即可实现窗口功能
移动显示		执行命令后，光标变为一手状，按住左键拖动鼠标，可以改变视图位置

（2）捕捉栅格、正交、对象捕捉与追踪

捕捉栅格、正交、对象捕捉与追踪的设置列于表13-3。

表13-3 捕捉栅格、正交、对象捕捉与追踪

名称	说 明
栅格	捕捉栅格是让光标只能以指定的间距移动，以便于精确绘图。栅格是绘图区域可见的参照点，间距相同，点击“状态栏”中的“栅格”捕捉项，可以打开或关闭栅格捕捉功能。用鼠标右击“状态栏”的“捕捉”项，可以设置屏幕显示的栅格点距和光标移动间距等
正交	“正交”的开和关可以用鼠标单击状态栏上的“正交”或按F8实现。在正交状态下，可绘制水平或垂直的直线，或水平(垂直)移动或复制图形时，直接使用鼠标拖动光标向预定方向移动即可实现图形的水平(垂直)操作，而不用担心水平或垂直距离上的误差

续表

名称	说　明
对象捕捉与追踪	利用对象捕捉可以精确地获取现有对象上的特征点，采用这种方法，可以迅速地选取点而不需要输入坐标值。单击状态上的“对象捕捉”和“对象追踪”，可以分别打开目标捕捉功能和对象捕捉追踪功能。按F3也可实现“对象捕捉”功能的开关。右键单击状态栏上的“对象捕捉”可设定对象捕捉的位置（图13-8），在“对象捕捉”的状态下，将光标移动到对象附近，就能自动捕捉对象上的特征点，单击选定。在同一时刻可以同时打开多种捕捉模式，当光标在图形对象上移动时，与其位置相适应的对象捕捉模式就会显示出来。此外，在工具栏上右键，选择显示“对象捕捉”工具栏（图13-9），点击“对象捕捉”工具栏上的按钮，光标移动到对象上时，就会显示相应的捕捉点，单击左键选定
特性匹配	特性匹配是将指定对象的特性复制给其他对象。如可以将一条虚线（称为源对象）的线型、颜色等特性复制给其他图形对象（目标对象），使之线型、颜色等与源对象一样。在菜单浏览器或“特性”功能区中点击，选择源对象，然后选定多个目标对象，就能完成特性匹配
对象特性	选择一个（或一组）对象，单击对象特性工具按钮（快捷键为Ctrl+1）或在右键菜单选择特性，则弹出特性窗口，可以在窗口中改变对象的基本特性，如图层、线型、线宽、颜色等

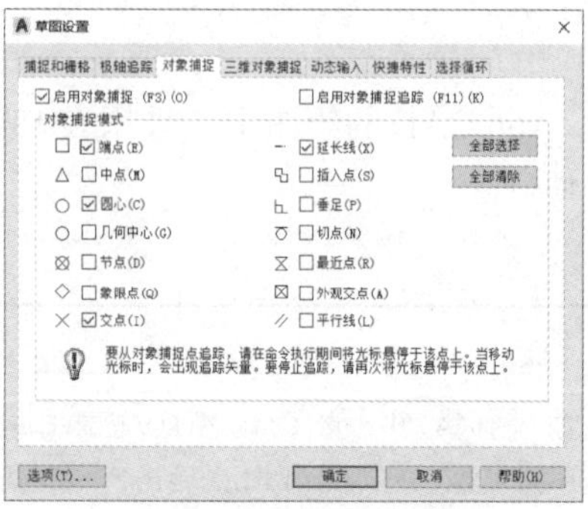

图13-8　对象捕捉设置

图13-9　“对象捕捉”工具栏

13.3　AutoCAD常用绘图及编辑命令

13.3.1　坐标的输入

AutoCAD中点的坐标有绝对坐标和相对坐标两种。绝对坐标是指相对于当前坐标系原点的坐标，直接输入点的x、y、z坐标值，中间用逗号隔开（对于二维绘图，只输入x、y值即可）。相对坐标是指相对于前一坐标点的坐标，在输入数据前加一符号@。若前一点的绝对坐标为（6，2），输入：@1，3则获得绝对坐标（7，5）。点的坐标也可用极坐标方式表示，绝对极坐标的形式为：距离<角度。其中距离为点到当前坐标系原点的距离，角度以度为单位，以正X轴为基准零度，逆时针角度为正，顺时针角度为负。相对极坐标的形式为：@距离<角度，其中距离为点到上一点的距离。

13.3.2　AutoCAD常用命令

（1）绘图命令

AutoCAD的绘图命令均在【绘图】菜单下，“绘图工具栏”也列出了一些常用的绘图命令，点击相关的按钮即可开始相应操作。当然也可以在命令行输入命令，并设置相关的参数。表13-4列出了一些常用的绘图命令。

表13-4 绘图命令

命令	按钮	说 明
定长直线(Line)		执行绘制直线命令，首先要求指定第一点:(输入第一点坐标)；然后指定下一点(继续输入点坐标，或直接回车结束直线命令)
构造线(Xline)		构造线实际上是两端无限延伸的射线，在绘制机械的三视图中，常用该命令绘制长对正、宽相等和高平齐等辅助作图线。其中，H、V是绘制过一点画水平、垂直射线；A是绘制过一参考线成一给定角度的射线；B可以绘制一角度的角平分线；O是绘制距一参考线一定距离的平行射线
二维多段线(Pline)		多段线由相连的直线段和圆弧段组成，不论多段线包含多少线段和弧段，它都只是一个图素，可以用PEDIT(多段线编辑)命令对其进行编辑。多段线完成后可以双击多段线图形对象，会弹出一个包含“打开”“合并”“宽度”“编辑顶点”等选项的编辑菜单，可以用来编辑多段线
圆(Circle)		圆的画法有多种，包括圆心+半径(直径)、三点(3P)、两点(2P)和TTR等。其中3P表示过三点绘制一个圆，2P表示以输入的两个点为直径绘制圆，TTR表示与两选择的对象相切，给定半径绘制圆
圆弧(Arc)		绘制圆弧需要输入圆弧的起点、第二点和终点，或圆弧的圆心、起点和终点
正多边形(Polygon)		执行命令后要求输入边的数目，指定多边形的中心并选择内切或外切的圆。当已知多边形的中心到多边形的每个顶点的距离时使用内切方式，而当已知中心到每边的中点时，使用外切方式
矩形(Retangle)		执行矩形命令后，输入第一角点为缺省值，再输入另一个角点即可绘制一矩形(用相对坐标输入另一角点可以方便确定矩形的大小)。也有不同形状的矩形可供选择，如带倒角或圆角，还可以输入一定宽度线的矩形
图案填充(Bhatch)		图案填充用于绘制剖面符号或剖面线，图案所填充的区域必须是一封闭的区域。输入命令后，在功能区会自动打开图13-10所示“图案填充创建”选项卡，该选项卡包括“边界”“图案”“特性”“原点”“选项”“关闭”六个面板，可以采用“拾取点”或“选择对象”的方法确认填充区域，在“图案”中选择填充的样式。执行填充命令时，可以通过在“特性”中选择填充比例调整填充线的疏密程度
创建图块(Block)		执行创建块的命令后，弹出图13-11所示“块定义”对话框，可以在其中定义块的名称，确定块的插入点以及要定义的对象。图形被定义为块之后成为一个整体，若要编辑其中的图线，需首先将块“分解”
插入图块(Insert)		执行插入块的命令后，弹出图13-12所示的“块”对话框，然后选择要插入的图块，在插入选项中指定插入点(在屏幕上指定或输入坐标值)、缩放比例(为负值则在该方向上镜像)、旋转角度(在屏幕上指定或输入角度值)以及是否分解等

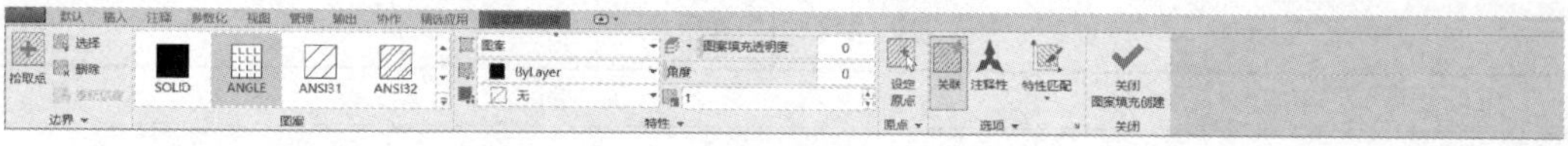

图 13-10 “图案填充创建”选项卡

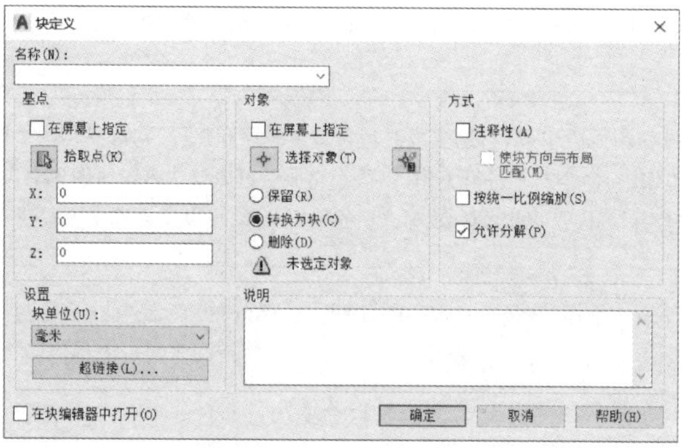

图 13-11 “块定义”对话框

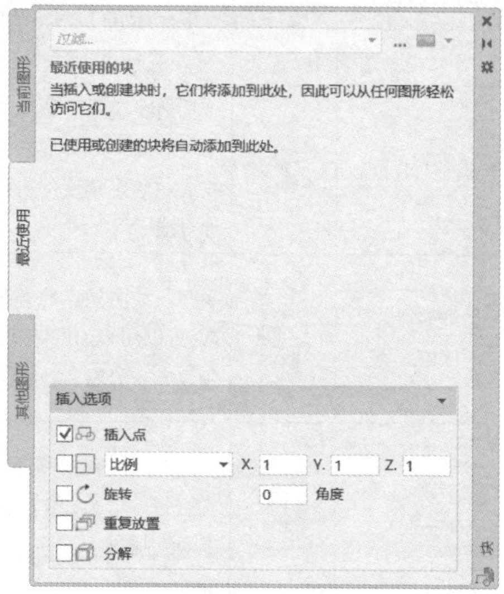

图 13-12 “块”对话框

（2）编辑命令

在绘图过程中，需要对已有的图线进行编辑或修改，AutoCAD的编辑命令均在**修改**菜单栏下，修改功能区也列出了一些常用的编辑命令。常用的编辑命令的执行和功能都列在表13-5中。

表 13-5 编辑命令

命令	按钮	说明
删除(Erase)		执行删除命令后，用鼠标左键连续选定要删除的对象，右键即可完成删除。或选定要删除的对象，然后单击，即可将其删除
恢复(Undo)		撤销前一个操作。此选项在编辑菜单下
移动(Move)		执行命令后，用鼠标左键选定要移动的对象，当所有要移动的对象都选定后，点击右键确认，指定基点，确定后完成移动。或者选定要移动的对象，单击“移动”按钮，指定基点，然后根据基点位置完成移动操作；Move命令能够将对象从它们的当前位置移至新位置，但不改变对象的尺寸和方位
复制(Copy)		执行命令后，选定要复制的对象，当所有要复制的对象都选定后，点击右键确认，然后指定基点，根据基点位置移动到多个要复制的位置完成复制
镜像(Mirror)		选定要镜像的对象，然后单击“镜像”按钮，首先选择两点（连线）作为镜像线，右键确认完成镜像操作。Mirror命令将对象按指定的镜像线进行镜像处理，操作中可选择“保留”或“删除”原始对象

续表

命令	按钮	说明
阵列（Array）		Array命令可将目标对象按照设定的偏移距离或中心点进行“矩形”或“环形”阵列复制，该命令所形成阵列的每个对象都独立的，操作步骤如下： 矩形阵列：①调用矩形阵列命令，根据提示选择阵列对象；②按回车键确认，系统会以默认的3排4列复制对象；③在“阵列创建”选项卡中设置列数、行数及间距值；④设置完毕后在绘图区的空白处单击鼠标，即可完成阵列操作。 环形阵列：①调用环形阵列命令，根据提示选择阵列的复制对象；②按回车键后再根据提示指定阵列中心点，确定阵列中心后，系统会自动创建包括原图形在内的6个图形；③在“阵列创建”选项卡中设置项目数；④设置完毕后在绘图区的空白处单击鼠标，即可完成阵列操作
偏移（Offset）		偏移命令可以将直线、圆、多段线等单个对象作同心复制。如果要进行偏移的对象是图形或圆弧等结构，则偏移后将形成被放大或缩小的新对象，而源对象保持不变；如果对象不是封闭的，则在偏移距离上可获得到与源对象相同的偏移对象。操作步骤如下：①调用偏移命令，根据提示指定偏移距离；②按回车键确认后，再选择要偏移的对象；③选择偏移对象后，再移动光标指定偏移方向；④单击鼠标后再按回车键，即可完成偏移操作
旋转（Rotate）		执行旋转命令后，选定要旋转的对象，当所有要旋转的对象都选定后，点击右键确认，然后选择旋转的基点，输入旋转角度（与x轴的夹角），确认后完成旋转操作，此时对象按照输入的角度绕基点旋转
缩放（Scale）		执行缩放命令后，选择要缩放的对象，当所有要缩放旋转的对象都选定后，点击右键确认，然后选定一个基点，输入缩放比例，确认后完成缩放操作。缩放命令可以把整个对象或者对象的一部分沿X、Y、Z方向以相同的比例放大或缩小，以保证缩放对象的形状保持不变
拉伸（Stretch）		拉伸命令能够按规定的方向和角度拉长或缩短对象。可以被拉伸的对象包括直线、圆弧、椭圆弧、多段线和样条曲线等，而圆、文本和图块则不能被拉伸。操作步骤如下：①调用拉伸命令，根据提示指定对角点选择要拉伸的图形部分；②选择图形后，移动光标指定一点作为拉伸基点；③再移动光标指定拉伸目标点，或直接输入拉伸距离；④按回车键确认即可完成拉伸操作
拉长（Lengthen）		拉长命令可以修改直线、圆弧、开放的多段线、椭圆弧等对象。操作步骤如下：①调用拉长命令，根据提示选择要拉长的对象；②选择对象后，命令行会出现“增量”“百分比”“总计”“动态”四种拉长方式，选择其中一种，输入相应的拉长数值，按下回车键确认；③再移动光标到对象上并确定拉长方向，单击鼠标完成拉长操作
修剪（Trim）		执行修剪命令后，鼠标左键选定要修剪的边界（线），可选多个，按右键确定，然后左键点击需要剪掉的线。修剪命令用于修剪指定修剪边界中的某一部分，被修剪的对象可以是直线、圆、弧、多段线、样条线和射线等
延伸（Extend）		执行延伸命令后，选定要延伸到的边界（线），可选多个，按右键确定，然后选择需要延伸的线，则该线延伸到边界。延伸命令可把直线、弧和多段线的端点延长到指定的边界，这些边界可以是直线、圆弧或多段线等
打断（Break）		执行打断命令后，需要选择要打断的对象，并确定第一点，然后在对象上选定第二点，两点之间的对象部分则被打断。打断命令可将直线、弧、圆、多段线、椭圆、样条曲线、射线分成两个对象或删除某一部分

续表

命令	按钮	说明
倒角（Chamfer）		倒角命令能够将两条非平行的直线或多段线作出倒角。使用时应先设定倒角距离，然后再指定需要进行倒角的对象。操作步骤如下：①调用倒角命令，根据命令行的提示输入d命令，按回车键确认；②输入第一个倒角距离，按回车键确认；③输入第二个倒角距离，按回车键确认；④根据提示选择倒角的第一条直线；⑤再选择第二条直线，此时可以预览倒角效果，在第二条直线上单击即可完成倒角操作
圆角（Fillet）		圆角命令可以对两直线的顶点用圆弧进行连接，而且还能对多段线的多个顶点进行一次性圆角。使用此命令应先设定圆弧半径，再执行圆角命令。操作步骤如下：①调用圆角命令，根据命令行的提示输入r命令，按回车键确认；②输入圆角的半径，按回车键确认；③根据提示选择第一个对象，按回车键确认；④再选择第二个对象，此时可以预览圆角效果，在第二个对象上单击即可完成圆角操作

（3）应用举例

【例13-1】 绘制图13-13所示组合体的三视图。

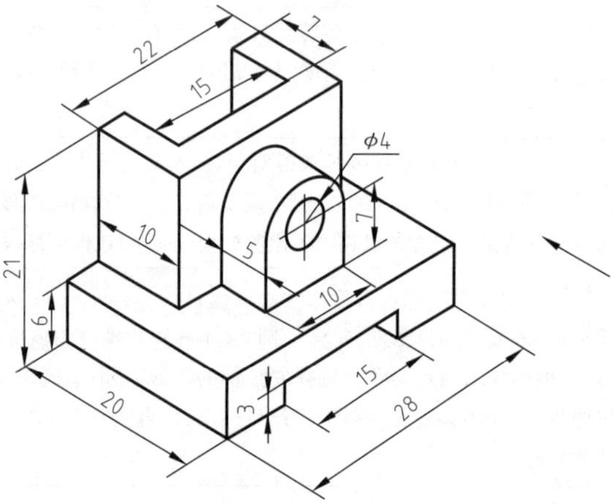

图13-13 组合体

分析：由图13-13可知，该组合体主要由三部分组成：底座、拱形和竖立的矩形槽。其中底座由长方体切割而来，上面的两部分为中间穿孔的拱形和竖立的矩形槽。因此在作图中，将组合体按自然位置摆放以及表达需要，选定图13-13中箭头所示方向为主视图的投影方向。

作图过程：

① 新建五个图层，分别为粗实线层（0.3mm）、细实线层（0.15mm）、点画线层（JIS_08_15，0.15mm）、虚线层（JIS_02_2.0，0.15mm）和标注层（0.15mm）。

② 如图13-14（a）所示，以点画线层为当前层，使用Line命令作对称线和基准线。

③ 绘制底座，如图13-14（b）所示，以粗实线层为当前层，采用矩形命令画矩形，然后以虚线为当前层，采用偏移命令将竖直的细点画线向左、向右偏移7.5，选定偏移得到的细点画线，在图层工具栏选择虚线层，则细点画线变为虚线，采用修剪命令修剪。同样可以作出第三条虚线。作图时先作底座的主视图，然后根据三视图的投影特性作出俯视图和左视图。

④ 如图13-14（c）所示，绘制竖立的矩形槽。

⑤ 如图13-14（d）所示，绘制拱形，在半圆的圆心处画出孔的投影。

⑥ 在状态栏点击“线宽”，显示各图层的线宽，得到图13-14（e）。

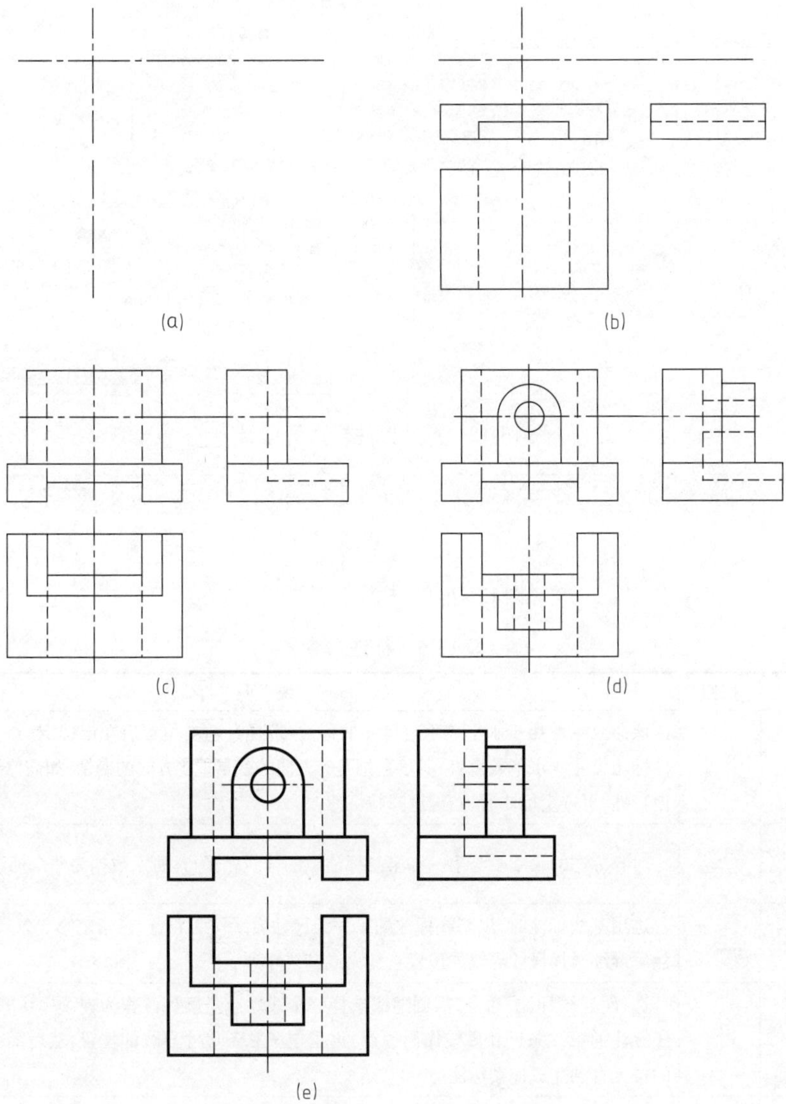

图13-14　组合体三视图的作图过程

13.4　尺寸标注及文字注写

在AutoCAD中标注尺寸时，首先必须在**标注**菜单或**格式**菜单中设置标注样式。“标注样式”建立和修改也可采用“Dimstyle”命令执行。利用“标注样式管理器”可以设置尺寸变量，建立或修改尺寸标注样式，如文字样式、箭头样式、绘图精度、尺寸线间距、标注测量比例、标注特性比例、字体位置等。其中，“新建”可以建立新的尺寸标注样式，输入标注样式名称后，可以进行尺寸标注样式的各个变量的设置，建立新的样式，如图13-15所示。

标注菜单包含了AutoCAD常用的标注方式，如线性、对齐、连续、基线、半径、直径和角度标注等。点击**工具**菜单下面的“工具栏”选项，可选择显示“标注”工具栏，如图13-16所示。表13-6列出了“标注”工具栏上标注的使用方法。

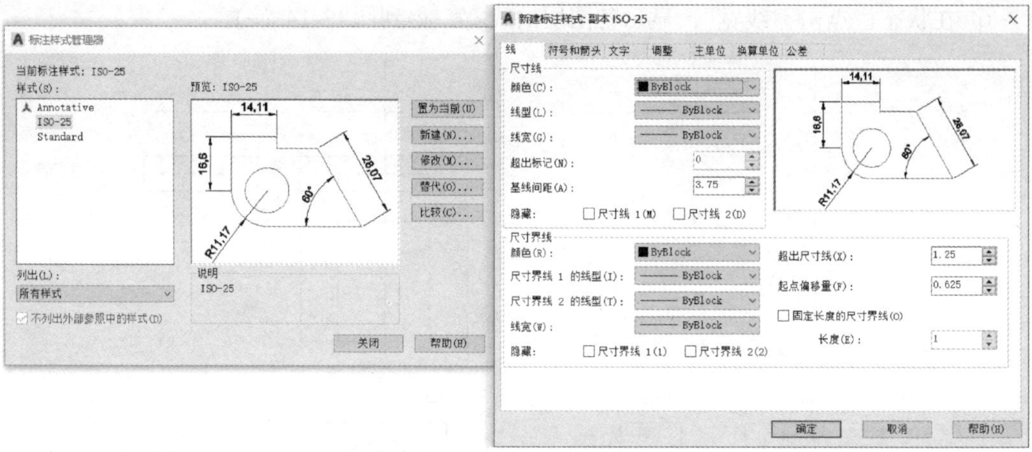

图13-15 尺寸标注样式管理器

图13-16 “标注”工具栏

表13-6 标注命令

命令	按钮	说 明
线性标注（Dimlinear）		该命令一般用于水平或垂直尺寸的标注，选择合适的位置后左键选定第一点和第二点。线性标注尺寸线水平或垂直，所示数据是X方向的变量或Y方向的变量。如需修改标注文字或其他特性，可选定标注后，右键选择特性修改
对齐标注（Dimaligned）		对齐标注的尺寸线与第一和第二标注点的连线相平行。所示数据为两个标注点的真实尺寸
基线标注（Dimbaseline）		选用基线标注时，以基线标注的第一条尺寸界线作为原点，再指定第二条尺寸界线的位置，然后继续选择尺寸界线的位置直到完成基线序列
连续标注（Dimcontinue）		选择“连续标注”命令，需创建或选择一个线性或角度标注作为连续标注的原点，然后以基线标注的第二条尺寸界线作为原点，再指定第二条尺寸界线的位置，然后继续选择尺寸界线的位置直到完成连续标注
快速标注（Qdim）		快速标注不需要找到两点，只要选定要标注的对象即可完成标注。用快速标注命令可以一次标注多个对象
直径标注（Dimdiameter）		拖动光标指定尺寸线的位置，尺寸值前面自动带有直径标识ϕ，如果圆内放不下尺寸值和箭头，箭头自动移至外侧
半径标注（Dimradius）		半径标注的尺寸线以圆心为一端，拖动光标指定圆弧的尺寸线的位置，系统会自动在标注前面带有R的尺寸值。如果圆内放不下尺寸值和箭头，箭头则自动移至外侧
角度标注（Dimangular）		角度标注可以用于圆弧、圆和直线的角度标注，标注时可选择角的两边，也可选择角的定点
引线标注（Qleader）		引线是连续注释和图形的线，注释出现在线的端点。单行或多行文字和几何公差都是注释的内容
形位公差（Tolerance）		形位公差代号包括：形位公差有关项目的符号、形位公差框格和引线、形位公差数值和其他有关符号及基准符号。公差框格分为两格和多格，第一格为形位公差项目的符号，第二格为开位公差数值和有关符号，第三和以后各格为基准代号和有关部门符号

续表

命令	按钮	说 明
文本 (Text)	A	文字是标记图形、提供说明或进行注释的重要手段。输入"text"命令后，需选择两个角点来确定文字区域，指定文字位置、文字高度、旋转角度，输入文字，回车完成单行文字。在单行文字中输入一些控制代码以插入特殊符号，例如：%%d—角度符号(°)，%%p—正负公差符号(±)，%%c—直径符号(ϕ)，%%%—符号"%"。除了单行文字，AutoCAD还提供了多行文字(命令：Mtext)，在指定文字位置后，弹出多行文字编辑器。多行文字支持复杂的格式，例如改变样式、颜色、线间距等。一般图形中注意事项、图标注释等说明中常用到多行文字。当图形中所用文字较多，而且格式较复杂时，也可以先在Word等字处理软件中输入文字，再复制、粘贴到AutoCAD图形中

【例13-2】 用AutoCAD绘制图13-17所示图形，练习使用图层设置、直线绘制、画圆等绘图命令，以及修剪、阵列、偏移等编辑命令。

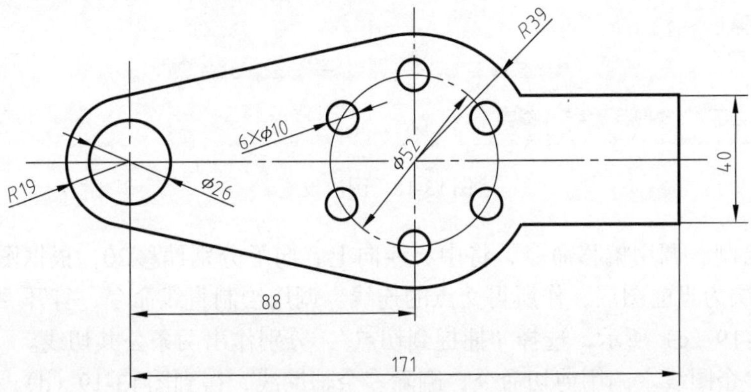

图13-17 图形绘制实例

作图过程：

(1) 设置绘图环境

如图13-17所示，图形中主要有三种图线：粗实线、细点画线和细实线。根据国家标准用LAYER命令或点击"图层特性管理器"按钮，添加三个图层（见图13-18），点画线层：线型 JIS_08_15，线宽0.15mm，用于绘制中心线。粗实线层：连续线，线宽0.3mm，用于绘制轮廓线。标注层：连续线，线宽0.15mm，用于绘制标注线。

(2) 图形绘制

分析可知，图13-17所示图形为轴对称图形，主体为左边和中间的圆结构。因此在绘图时，需首先绘制中心线，然后在中心线上确定圆心位置，画出圆的结构，最后补全其他结构。

① 绘制中心线和圆心定位线。选择点画线层为当前图层，按"F8"打开"正交"状态，作水平直线，长度为220。在水平线上距离左端大约35的位置作竖直线与水平直线相交。单击"编辑工具栏上"的"偏移"命令，输入偏移距离88，选择竖直线，偏移在竖直线的右侧。继续偏移命令，输入偏移距离171，偏移竖直线到右侧。调用画圆命令，以中间的交点为圆心，输入半径26作圆，如图13-19（a）所示。

② 绘制圆形结构。以粗实线层为当前图层，调用画圆命令，选择左边竖直线与水平线的交点为圆心，输入半径13作圆；重复作圆命令，仍以左边交点为圆心，输入半径19作圆。

以中间竖直线与水平线的交点为圆心，作半径为39的圆。以中间竖直线与点画线圆（半径26）的交点为圆心，作半径为5的小圆；左键选定这个小圆及细点划线，调用阵列命令，选定环形布局和中心位置，项目总数为6，经修改得到图13-19（b）所示图形。

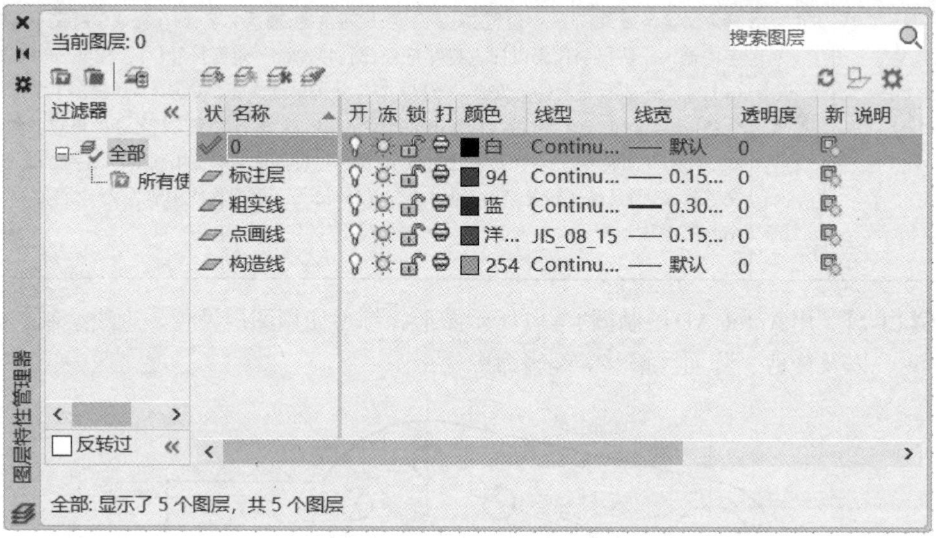

图13-18　图层设置

③ 直线绘制。调用偏移命令，将中心线向上、向下分别偏移20，根据图13-19（c）所示，以粗实线层为当前图层，作所得交点的连线。调用绘制直线命令，打开“对象捕捉”工具栏，如图13-19（c）所示，选择“捕捉到切点”，分别作出两条公共切线。

④ 去除多余图线。调用剪切命令，删除多余辅助线，得到图13-19（d）。

⑤ 以标注层为当前图层，对图形进行标注，最终得到图13-17。

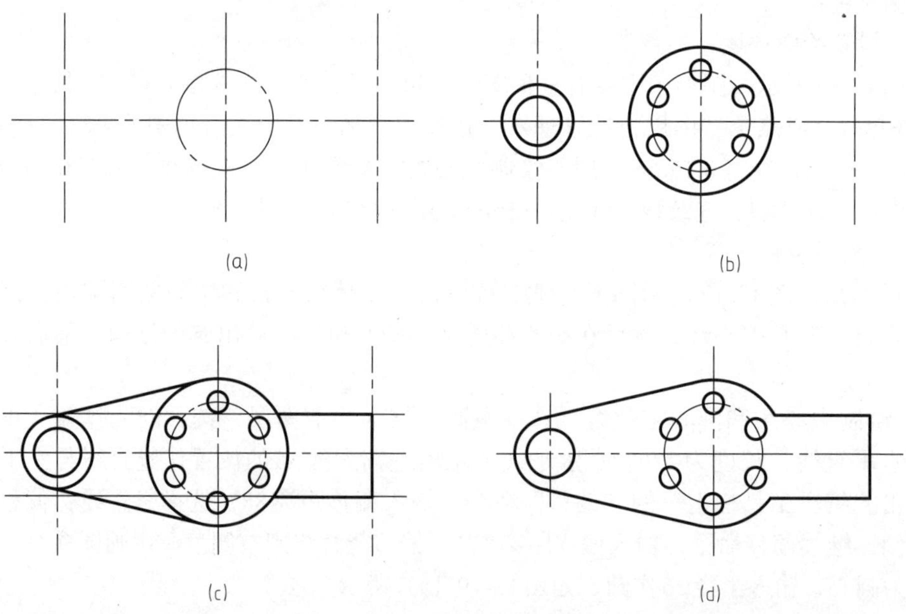

图13-19　绘图过程

13.5　三维图形绘制

采用三维实体建模理论进行设计，能够完整地表达零件的全部属性和设计者的设计思想，本节将简单介绍AutoCAD的三维绘图技术。

13.5.1　三维坐标系

在三维坐标系中，*Z*轴的正轴方向是根据右手定则确定的。如图13-20（a）所示，将右手手背靠近屏幕放置，大拇指指向*X*轴的正方向，伸出食指和中指，食指指向*Y*轴的正方向，中指指向*Z*轴的正方向。通过旋转右手，可以观察*X*、*Y*和*Z*轴如何随着UCS的改变而旋转。在AutoCAD中，坐标轴有正负两种旋转方向。要确定轴的正旋转方向，可按照图13-20（b）所示，将右手拇指指向轴的正方向，卷曲其余四指，四指所指示的方向即轴的正旋转方向。

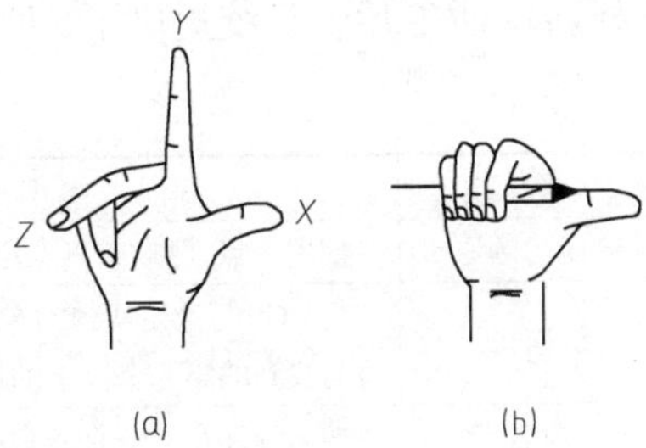

图13-20　右手定则

三维笛卡尔坐标的输入形式（*X*，*Y*，*Z*）与二维（*X*，*Y*）相似，可以使用绝对坐标或相对坐标值，亦可采用柱坐标和球面坐标形式。

13.5.2　创建简单的三维对象

AutoCAD 中的三维对象有线框对象、曲面对象和实体对象三种类型，下面主要介绍曲面建模和实体建模。

（1）曲面建模

AutoCAD 提供了多种预定义的三维曲面对象，包括长方体表面、楔体表面、棱锥面、圆锥面、球面、下半球面、上半球面、圆环面和网格等。这些曲面对象支持隐藏、着色和渲染等功能。菜单栏执行**工具→工作空间→三维建模菜单命令**，在如图13-21所示的对话框中可以选择创建预定义的曲面对象，除了预定义的三维曲面对象之外用户可以将二维对象进行延伸和旋转以定义新的曲面对象，也可以将指定的二维对象作为边界生成新的曲面对象。

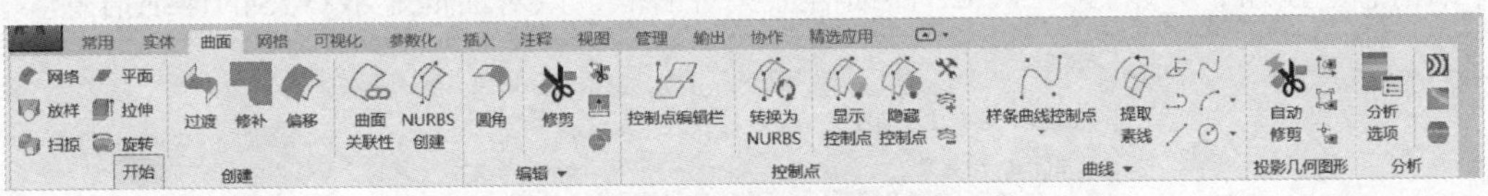

图13-21　三维曲面对象

（2）实体建模

实体建模是最容易使用的三维建模类型。实体对象不仅包括对象的边界和表面，还包括对象的体积，因此具有质量、体积和质心等质量特性。使用实体建模，用户可以通过创建一些常见的基本三维造型来制作三维对象，如长方体、圆锥体、圆柱体、球体、楔体和圆环体等。对这些形状进行合并、差集或交集（重叠）等操作，就能生成较为复杂的实体。此外，将二维对象沿路径延伸或绕轴旋转也能用来创建实体。对于已有的实体对象，AutoCAD 提供了各种修改命令，可以对实体进行圆角、倒角、切割等操作，并可以修改实体的边、面、体等组成元素。

AutoCAD 提供了一系列预定义的基本三维曲面和三维实体对象，这些对象提供了各种常用的、规则的三维模型组件。调用这些模型组建输入所需的外形和位置参数，即可方便地创建三维曲面和三维实体。

13.5.3 设置UCS

（1）UCS的定义

在AutoCAD中，UCS可以使用多种方法创建，新建的UCS将成为当前UCS。在工具菜单内点击“新建UCS”或在命令行输入“UCS”后，会出现多个输入选项“指定UCS的原点或［面(F)/命名(NA)/对象(OB)/上一个(P)/视图(V)/世界(W)/*X*/*Y*/*Z*/*Z*轴(ZA)］<世界>”，选择新建UCS后，系统提供了8种新建方法，表13-7列出了这8种方法的具体说明。

表13-7 新建UCS的方法

新建方法	说 明
指定UCS的原点	使用一点、两点或三点定义一个新的UCS
面	将UCS与选定实体对象的面对正。在要选择面的边界内或面的边界上单击即可选中面，UCS的*X*轴将与找到的第一个面上的最近的边对正
命名	按名称保存并恢复通常使用的UCS坐标系
对象	根据选定三维对象定义新的坐标系，新UCS的*Z*轴正方向与选定对象的一样
视图	以垂直于视图方向（平行于屏幕）的平面为*XY*平面，来建立新的坐标系。UCS原点保持不变
世界	将当前用户坐标系设置为世界坐标系
X、*Y*、*Z*	绕指定的轴旋转当前的UCS坐标系
*Z*轴	用指定的*Z*轴正半轴定义新的坐标系

（2）UCS的设置

如果想要对用户坐标系进行管理设置，在“常用”选项卡的“坐标”面板中单击“UCS设置”按钮，打开“UCS”对话框。用户可以根据需要对当前的UCS进行命名、保存、重命名和UCS其他设置操作。其中，“命名UCS”“正交UCS”和“设置”选项卡的介绍如下。

①“命名UCS”。该选项卡主要用于显示已定义的用户坐标系的列表并设置当前的UCS，如图13-22所示。单击“置为当前”按钮，可以将被选UCS设置为当前使用；单击“详细信息”按钮，可以打开“UCS详细信息”对话框，该对话框显示UCS的详细信息。

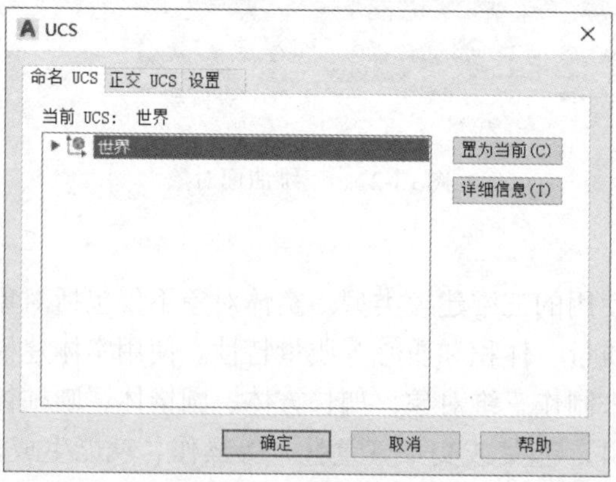

图13-22 “命名UCS”选项卡

②“正交UCS”。该选项卡可以用于将当前UCS改变为6个正交UCS中的一个，如图13-23所示。其中，“当前UCS”列表框中显示了当前图形中的6个正交坐标系；

“相对于”列表用来指定所选正交坐标系相对于基础坐标系的方位。

③“设置”。该选项卡用于显示和修改UCS图标设置及保存到当前视口中。其中，“UCS图标设置”选项组可以指定当前UCS图标的设置；“UCS设置”选项组可以指定当前UCS的设置，如图13-24所示。

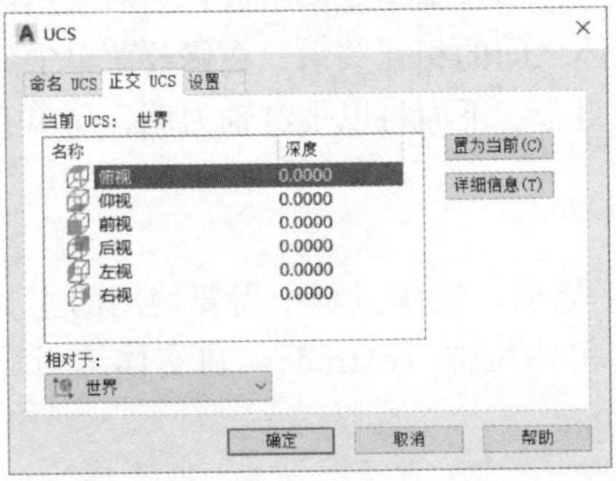

图13-23　“正交UCS”选项卡

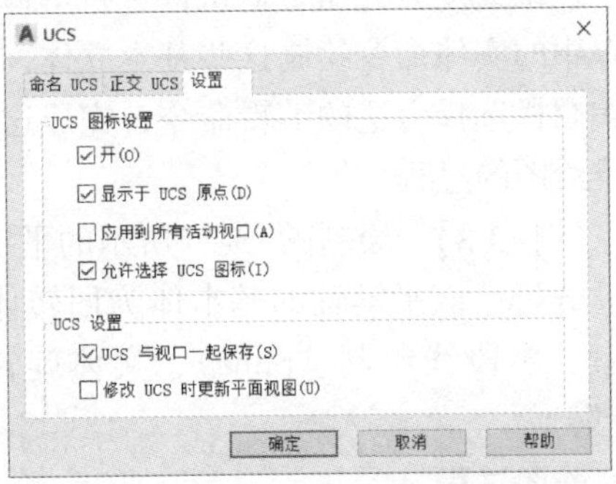

图13-24　“设置”选项卡

此外，可以在工具菜单下面调用相关命令进行UCS的设置。

13.5.4　设置三维视图

（1）设置查看方向

在AutoCAD的三维空间中，用户可通过不同的方向来观察对象。设置三维视图查看方向可以在视图菜单中三维视图下面的“视点预设”命令。

在图13-25所示的对话框中，用户可在“自*X*轴”编辑框中设置观察角度在*XY*平面上与*X*轴的夹角，在“*XY*平面”编辑框中设置观察角度与*XY*平面的夹角，通过这两个夹角就可以得到一个相对于当前坐标系（WCS或UCS）的特定三维视图。如果用户单击“设置为平面视图”按钮，则产生相对于当前坐标系的平面视图（即在*XY*平面上与*X*轴夹角为15.7，与*XY*平面夹角为37.2）。

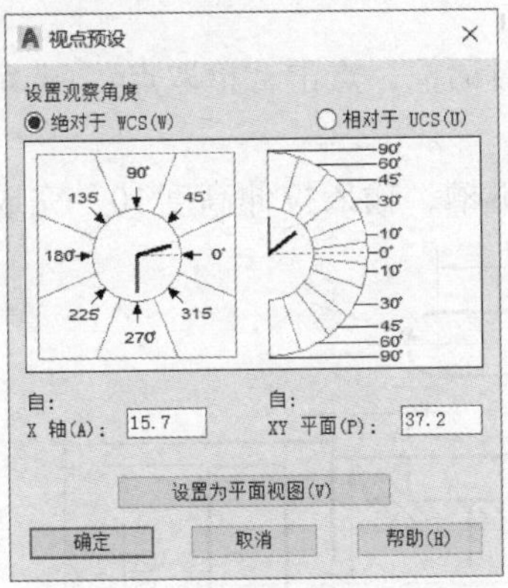

图13-25　“视点预设”对话框

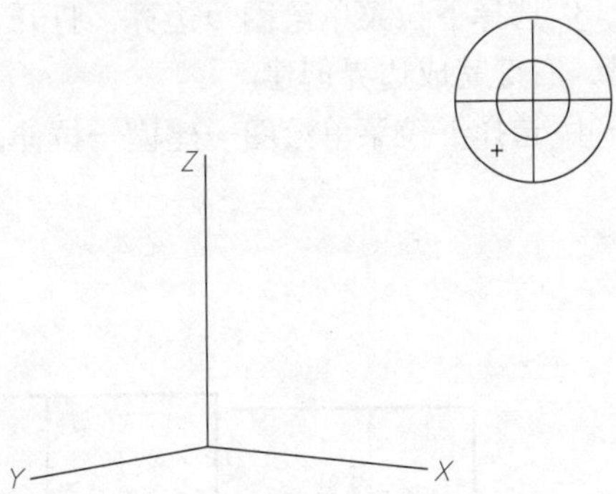

图13-26　“视点”的指南针和三轴架

（2）采用“视点”命令设置三维直观图的查看方向

执行菜单命令视图→三维视图→视点，或在命令行输入vpoint，可以调用“视点”命令。此时在绘图区出现图13-26所示的三轴架和指南针。图中右上方为指南针，移动光标，三轴架根据指南针指示的观察方向旋转。如果要选择一个观察方向，请将光标移动至相应位置，单击左键确定。此外，三维视图的子菜单里面还有平面视图、俯视和西南等轴测等选项，均可用于多方面观察三维视图。

13.5.5 三维绘图示例

三维绘图首先需要对机件进行形体分析，确认机件由哪些基本立体组成，然后使用绘图菜单中的实体命令绘制这些基本立体，并根据基本立体之间的相互关系，在修改菜单中的立体编辑栏选择合适的编辑命令，完成这些基本立体的组合。下面将以平键轴为例，简单介绍三维绘图的过程。

【例13-3】 绘制图13-27所示的平键轴。

分析：该平键轴的基本体为回转体，中间有一平键槽。绘图过程中需要使用的主要命令有：多段线绘制（pline）、实体旋转（revolve）、实体拉伸（extrude）和实体编辑命令（差集）。

作图过程：

（1）绘制多段线

用细点画线作长为110mm的水平线，按照图13-28所示用pline命令绘制闭合的多段线。

（2）生成轴

选择下拉菜单绘图→建模→旋转，或输入命令“_revolve”。选择对象为图13-28所示的多段线，选择点画线为旋转轴，默认旋转角度为360°，命令执行后得到图13-29所示的回转体，事实上，图13-29是轴的俯视图（*XY*平面）。

（3）生成平键

绘制二维键槽，然后拉伸生成平键。具体的做法如下：

① 选择下拉菜单工具→新建UCS→原点，设定轴线上距离右端面33mm的点为新原点，然后执行工具→新建UCS菜单命令，指定新的原点为点（0，0，7.5）。

② 在UCS坐标系下，选择绘制直线的命令，起点为（0，3，0），在正交模式下，依次输入“第二点”：12、6、0。最后选择“c”，完成矩形绘制。执行“圆角”命令，设定半径为3，按图13-30所示，完成二维键槽的绘制。

③ 选择下拉菜单绘图→边界，打开“边界创建”对话框，点击“拾取点”，选定二维平键槽，右键完成边界创建。

④ 选择下拉菜单绘图→建模→拉伸，选中二维平键槽，输入拉伸高度10，完成三维平

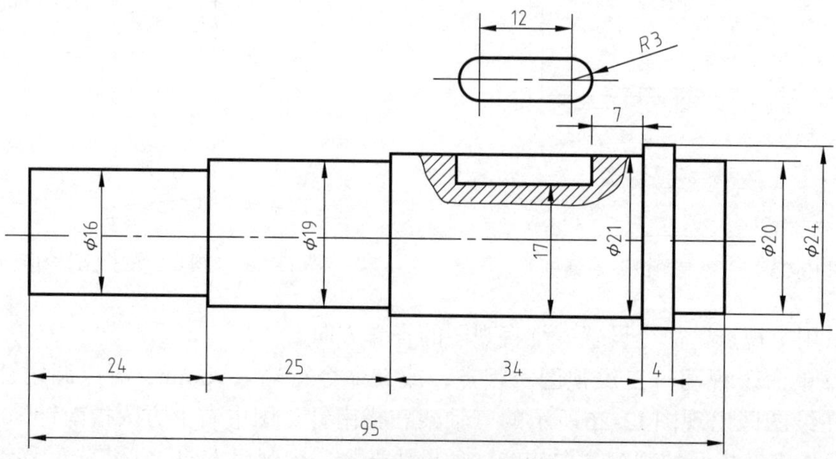

图13-27 平键轴

键的绘制。采用**视图→三维动态观察器**菜单命令，选用合适的观察方式来观察平键轴，三维图形如图13-31所示。

（4）使用差集命令完成带键槽的轴

点击下拉菜单**修改→实体编辑→差集**，首先选择要母体，即轴，然后选择要减去的实体，即平键，右键完成差集命令。采用“三维动态观察器”将平键槽转动到合适的观察位置，执行下拉菜单**视图→渲染**命令，得到三维平键轴的效果图（图13-32）。

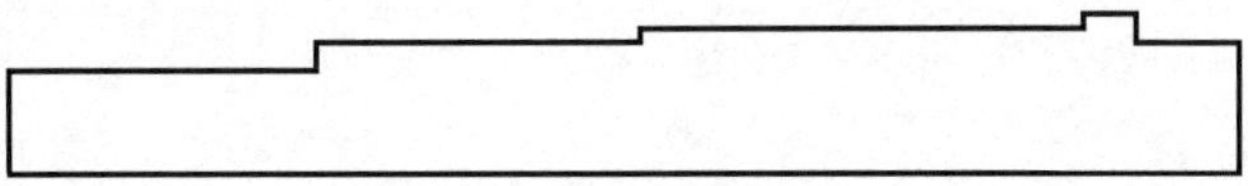

图13-28　绘制多段线

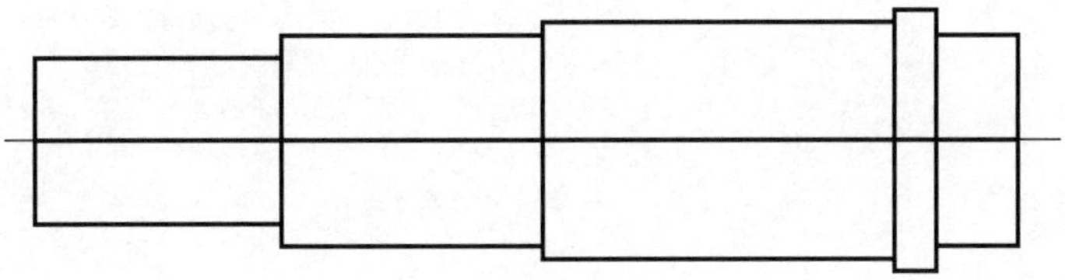

图13-29　生成轴

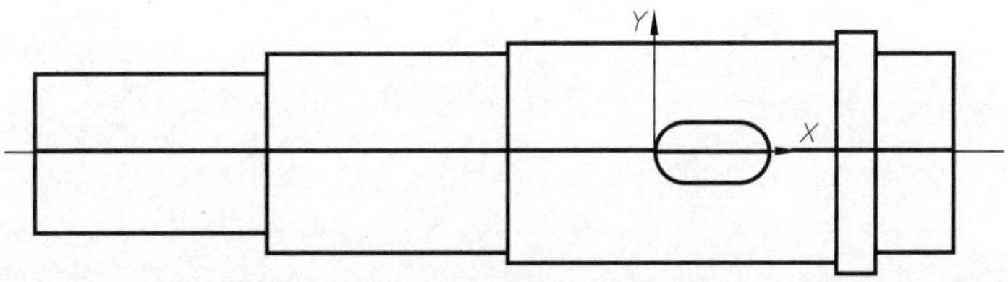

图13-30　生成平键的平面图形

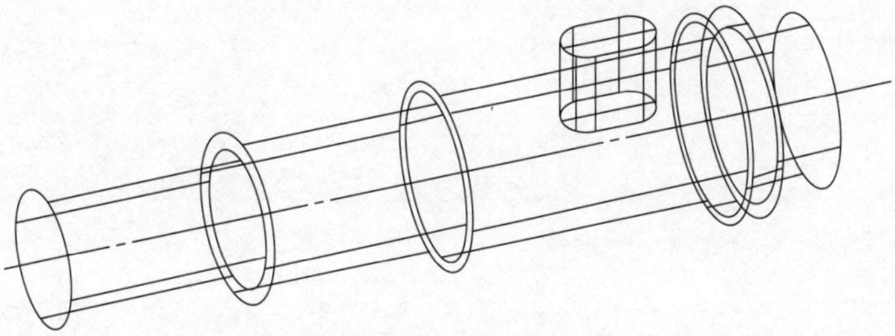

图13-31　三维平键轴

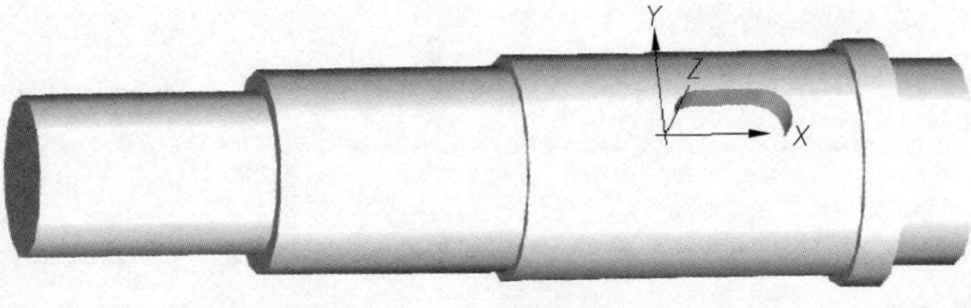

图13-32　三维平键轴效果图

附　　录

1. 螺纹

(1) 普通螺纹（general thread）（GB/T 192—2003，GB/T 193—2003，GB/T 196—2003）

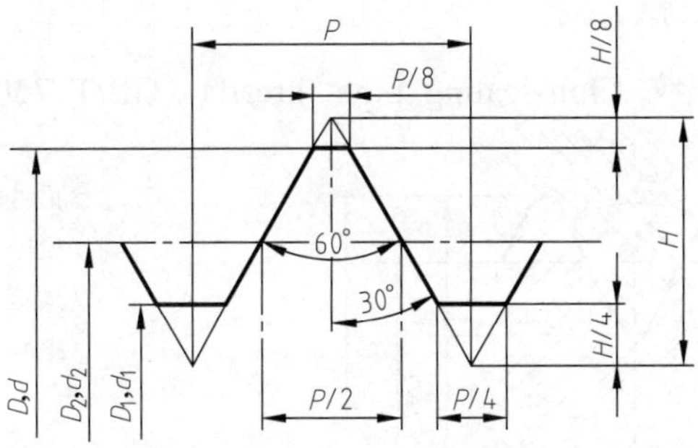

标记示例：

公称直径10mm、右旋、中径及大径公差带代号均为6g、中等旋合长度的粗牙普通外螺纹：M10—6g

公称直径10mm、螺距P=1mm、左旋、中径及小径公差带代号均为6H、中等旋合长度的细牙普通内螺纹：M10×1-6H-LH

附表1　直径与螺距系列、基本尺寸　　单位：mm

公称直径（D、d）		螺距（P）		粗牙中径（D_2、d_2）	粗牙小径（D_1、d_1）	公称直径（D、d）		螺距（P）		粗牙中径（D_2、d_2）	粗牙小径（D_1、d_1）
第一系列	第二系列	粗牙	细牙			第一系列	第二系列	粗牙	细牙		
3		0.5	0.35	2.675	2.459		22	2.5	2，1.5，1	20.376	19.294
	3.5	0.6		3.110	2.850	24		3	2，1.5，1	22.051	20.752
4		0.7	0.5	3.545	3.242		27	3	2，1.5，1	25.051	23.752
	4.5	0.75		4.013	3.688	30		3.5	(3)，2，1.5，1	27.727	26.211
5		0.8		4.480	4.134		33	3.5	(3)，2，1.5	30.727	29.211
6		1	0.75	5.350	4.917	36		4	3，2，1.5	33.402	31.670
8		1.25	1，0.75	7.188	6.647		39	4		36.402	34.670
10		1.5	1.25，1，0.75	9.026	8.376	42		4.5	4，3，2，1.5	39.077	37.129
12		1.75	1.25，1	10.863	10.106		45	4.5		42.077	40.129
	14	2	1.5，1.25①，1	12.701	11.835	48		5		44.752	42.587
16		2	1.5，1	14.701	13.835		52	5		48.752	46.587

续表

公称直径(D、d)		螺距(P)		粗牙中径(D_2、d_2)	粗牙小径(D_1、d_1)	公称直径(D、d)		螺距(P)		粗牙中径(D_2、d_2)	粗牙小径(D_1、d_1)
第一系列	第二系列	粗牙	细牙			第一系列	第二系列	粗牙	细牙		
	18	2.5	2，1.5，1	16.376	15.294	56		5.5	4，3，2，1.5	52.428	50.046
20		2.5		18.376	17.294		60	5.5		56.428	54.046

① M14×1.25仅用于发动机的火花塞。

注：1.优先选用第一系列直径，括号内尺寸尽可能不用。

2.公称直径D、d第三系列未列入。

（2）55°非密封的管螺纹（non-sealing pipe thread）（GB/T 7307—2001）

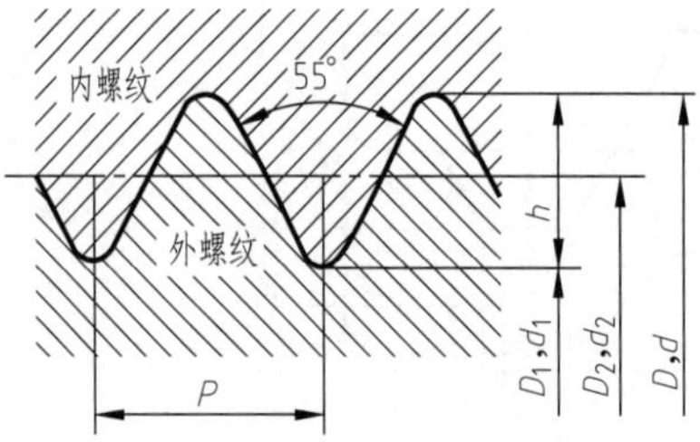

标记示例：

1/2左旋内螺纹：G1/2-LH

1/2A级外螺纹：G1/2A

1/2B级外螺纹：G1/2B

附表2 55°非密封管螺纹的基本尺寸 单位：mm

尺寸代号	每25.4mm内的牙数(n)	螺距(P)	牙高(h)	基本直径		
				大径(d=D)	中径(d_2=D_2)	小径(d_1=D_1)
1/8	28	0.907	0.581	9.728	9.147	8.566
1/4	19	1.337	0.856	13.157	12.301	11.445
3/8	19	1.337	0.856	16.662	15.806	14.950
1/2	14	1.841	1.162	20.955	19.793	18.631
5/8	14	1.841	1.162	22.911	21.749	20.587
3/4	14	1.841	1.162	26.441	25.279	24.117
7/8	14	1.841	1.162	30.201	29.039	27.877
1	11	2.309	1.479	33.249	31.770	30.291
1 1/8	11	2.309	1.479	37.897	36.418	34.939
1 1/4	11	2.309	1.479	41.910	40.431	38.952
1 1/2	11	2.309	1.479	47.803	46.324	44.845
1 3/4	11	2.309	1.479	53.746	52.267	50.788
2	11	2.309	1.479	59.614	58.135	56.656
2 1/4	11	2.309	1.479	65.710	64.231	62.752
2 1/2	11	2.309	1.479	75.184	73.705	72.226
2 3/4	11	2.309	1.479	81.534	80.055	78.576
3	11	2.309	1.479	87.884	86.405	84.926

续表

尺寸代号	每25.4mm内的牙数(n)	螺距(P)	牙高(h)	基本直径		
				大径(d=D)	中径(d_2=D_2)	小径(d_1=D_1)
3 ½	11	2.309	1.479	100.330	98.851	97.372
4	11	2.309	1.479	113.030	111.551	110.072
5	11	2.309	1.479	138.430	136.951	135.472
6	11	2.309	1.479	163.830	162.351	160.872

（3）梯形螺纹（trapezoidal thread）（GB/T 5796.3—2005）

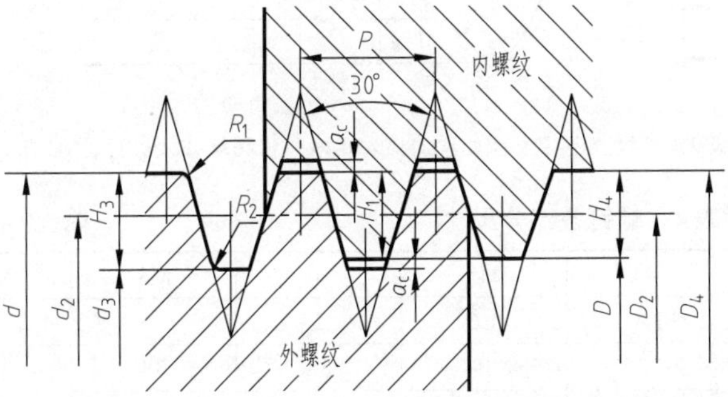

标记示例：

公称直径40mm，导程14mm，螺距为7mm的双线左旋梯形螺纹：

Tr40×14（P7）LH

附表3　梯形螺纹直径与螺距系列、基本尺寸　　单位：mm

公称直径(d) 第一系列	公称直径(d) 第二系列	螺距(P)	中径(d_2=D_2)	大径(D_4)	小径(d_3)	小径(D_1)	公称直径(d) 第一系列	公称直径(d) 第二系列	螺距(P)	中径(d_2=D_2)	大径(D_4)	小径(d_3)	小径(D_1)
8		1.5	7.25	8.3	6.2	6.5		22	5	19.5	22.5	16.5	17
	9	2	8	0.5	6.5	7	24		5	21.5	24.5	18.5	19
10		2	9	10.5	7.5	8		26	5	23.5	26.5	20.5	21
	11	2	10	11.5	8.5	9	28		5	25.5	28.5	22.5	23
12		3	10.5	12.5	8.5	9		30	6	27	31	23	24
	14	3	12.5	14.5	10.5	11	32		6	29	33	25	26
16		4	14	16.5	11.5	12		34	6	31	35	27	28
	18	4	16	18.5	13.5	14	36		6	33	37	29	30
20		4	18	20.5	15.5	16		38	7	34.5	39	30	31
40		7	36.5	41	32	33		46	8	42	47	37	38
	42	7	38.5	43	34	35	48		8	44	49	39	40
44		7	40.5	45	36	37		50	8	46	51	41	42

注：1.本标准规定了一般用途梯形螺纹基本牙型，公称直径为8~300mm（本表仅摘录8~50mm）的直径与螺距系列以及基本尺寸。

2.应优先选用第一系列的直径。

3.在每一个直径所对应的诸螺距中，本表仅摘录应优先选用的螺距和相应的基本尺寸。

4.螺纹公差带代号：外螺纹有8e、7e；内螺纹有8H、7H。

2. 螺纹紧固件

（1）开槽螺钉（slotted screw）

开槽圆柱头螺钉
（slotted cheese head screw）
（GB/T 65—2016）

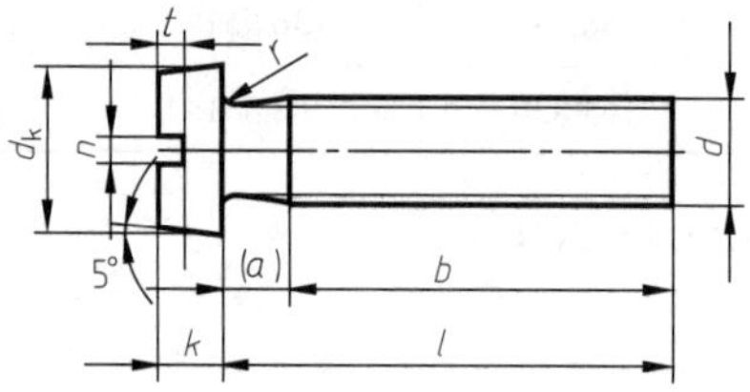

开槽沉头螺钉
（slotted countersunk flat head screw）
（GB/T 68—2016）

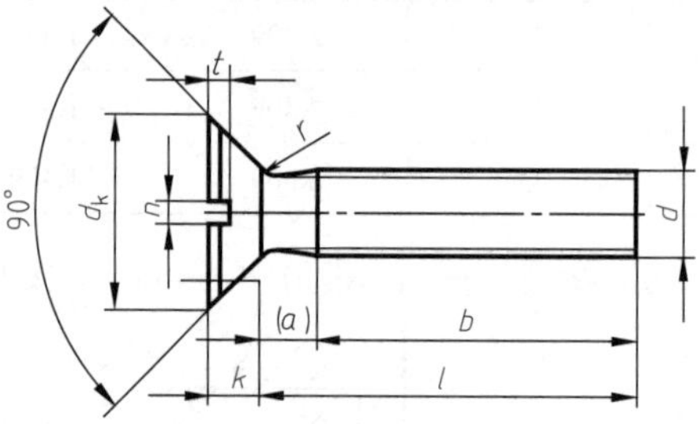

标记示例：
螺纹规格 d=M5、公称长度 l=20mm、性能等级为4.8级、不经表面处理的A级开槽圆柱头螺钉：
螺钉 GB/T 65 M5×20

附表4 螺钉各部分尺寸 单位：mm

螺纹规格 d			M3	M4	M5	M6	M8	M10
a max			1	1.4	1.6	2	2.5	3
b min			25	38	38	38	38	38
n 公称			0.8	1.2	1.2	1.6	2	2.5
GB/T 65—2016	d_k公称=max		5.5	7	8.5	10	13	16
	k公称=max		2	2.6	3.3	3.9	5	6
	t min		0.85	1.1	1.3	1.6	2	2.4
	$\frac{l}{b}$		$\frac{4\sim30}{l-a}$	$\frac{5\sim40}{l-a}$	$\frac{6\sim40}{l-a}$ $\frac{45\sim50}{b}$	$\frac{8\sim40}{l-a}$ $\frac{45\sim60}{b}$	$\frac{10\sim40}{l-a}$ $\frac{45\sim80}{b}$	$\frac{12\sim40}{l-a}$ $\frac{45\sim80}{b}$
GB/T 67—2016	d_k公称=max		5.6	8	9.5	12	16	20
	k公称=max		1.8	2.4	3	3.6	4.8	6
	t min		0.7	1	1.2	1.4	1.9	2.4
	$\frac{l}{b}$		$\frac{4\sim30}{l-a}$	$\frac{5\sim40}{l-a}$	$\frac{6\sim40}{l-a}$ $\frac{45\sim50}{b}$	$\frac{8\sim40}{l-a}$ $\frac{45\sim60}{b}$	$\frac{10\sim40}{l-a}$ $\frac{45\sim80}{b}$	$\frac{12\sim40}{l-a}$ $\frac{45\sim80}{b}$
GB/T 68—2016	d_k公称=max		5.5	8.40	9.30	11.30	15.80	18.30
	k公称=max		1.65	2.7	2.7	3.3	4.65	5
	t	max	0.85	1.3	1.4	1.6	2.3	2.6
		min	0.6	1	1.1	1.2	1.8	2
	$\frac{l}{b}$		$\frac{5\sim30}{l-(k+a)}$	$\frac{6\sim40}{l-(k+a)}$	$\frac{8\sim45}{l-(k+a)}$ $\frac{50}{b}$	$\frac{8\sim45}{l-(k+a)}$ $\frac{50\sim60}{b}$	$\frac{10\sim45}{l-(k+a)}$ $\frac{50\sim80}{b}$	$\frac{12\sim45}{l-(k+a)}$ $\frac{50\sim80}{b}$

注：1. 标准规定螺纹规格 d=M1.6~M10。

2. 公称长度 l（系列）为：2mm，2.5mm，3mm，4mm，5mm，6mm，8mm，10mm，12mm，（14mm），16mm，20mm，25mm，30mm，35mm，40mm，50mm，（55mm），60mm，（65mm），70mm，（75mm），80mm（GB/T 65的 l 长无2.5，GB/T 68的 l 长无2），尽可能不采用括号内的数值。

3. 当表中 l/b 中的 $b=l-a$ 或 $b=l-(k+a)$ 时，表示全螺纹。

4. 无螺纹部杆径约等于中径或允许等于螺纹大径。

5. 材料为钢的螺钉性能等级有4.8、5.8级，其中4.8级为常用。

（2）内六角圆柱头螺钉（hexagon socket head cap screw）（GB/T 70.1—2008）

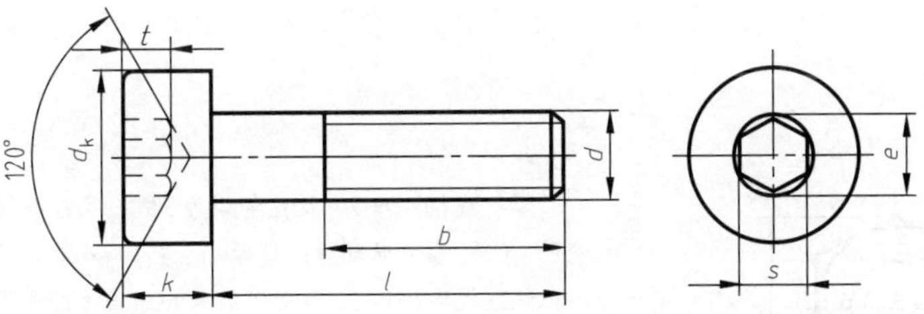

标记示例：

螺纹规格 d=M5、公称长度 l=20mm、性能等级为8.8级、表面氧化的内六角圆柱头螺钉：

螺钉 GB/T 70.1　M5×20

附表5　内六角圆柱头螺钉各部分尺寸　　单位：mm

螺纹规格 d	M2.5	M3	M4	M5	M6	M8	M10	M12	（M14）	M16	M20	M24	M30	M36
螺距 P	0.45	0.5	0.7	0.8	1	1.25	1.5	1.75	2	2	2.5	3	3.5	4
$d_k$max	4.5	5.5	7	8.5	10	13	16	18	21	24	30	36	45	54
k max	2.5	3	4	5	6	8	10	12	14	16	20	24	30	36
t min	1.1	1.3	2	2.5	3	4	5	6	7	8	10	12	125.5	19
s	2	2.5	3	4	5	6	8	10	12	14.7	17	19	22	27
e	2.3	2.87	3.44	4.58	5.72	6.86	9.15	11.43	13.72	16	19.44	21.73	25.15	30.85
b(参考)	17	18	20	22	24	28	32	36	40	44	52	60	72	84
l系列	2.5,3,4,5,6,8,10,12,(14),(16),20,25,30,35,40,45,50,(55),60,(65),70,80,90,100,110,120,130,140,150,160,180,200													

（3）紧定螺钉（set screw）

锥端紧定螺钉（set screw with cone point）（GB/T 71—2018）　　平端紧定螺钉（set screw with flat point）（GB/T 73—2017）　　长圆柱端紧定螺钉（set screw with long dog point）（GB/T 75—2018）

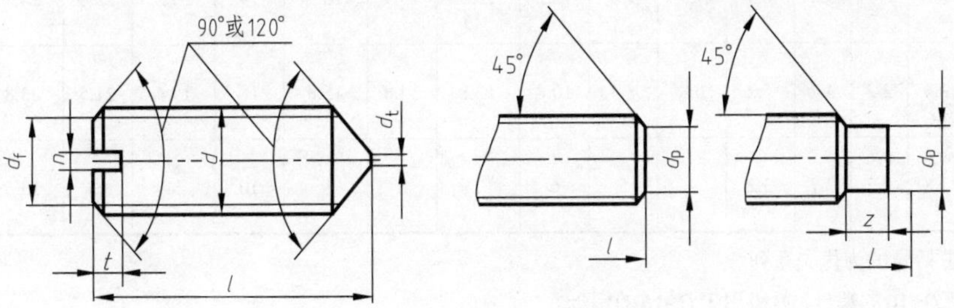

标记示例：

螺纹规格 d=M5、公称长度 l=12mm、性能等级为14H级、表面氧化的锥端紧定螺钉：

螺钉 GB/T 71　M5×12

附表6　紧定螺钉各部分尺寸　　单位：mm

螺纹规格 d	M2	M2.5	M3	M4	M5	M6	M8	M10	M12
d_f≤	螺纹小径								
d_t	0.2	0.25	0.3	0.4	0.5	1.5	2	2.5	3
d_p	1	1.5	2	2.5	3.5	4	5.5	7	8.5
n	0.25	0.4	0.4	0.6	0.8	1	1.2	1.6	2
t	0.84	0.95	1.05	1.42	1.63	2	2.5	3	3.6
z	1.25	1.5	1.75	2.25	2.75	3.25	4.3	5.3	6.3
l系列	2,2.5,3,4,5,6,8,10,12,(14),16,20,25,30,35,40,45,50,(55),60								

（4）六角螺母（hexagon nut）

1型六角螺母-C级（GB/T 41—2016）

1型六角螺母（GB/T 6170—2015）

六角薄螺母（GB/T 6172.1—2016）

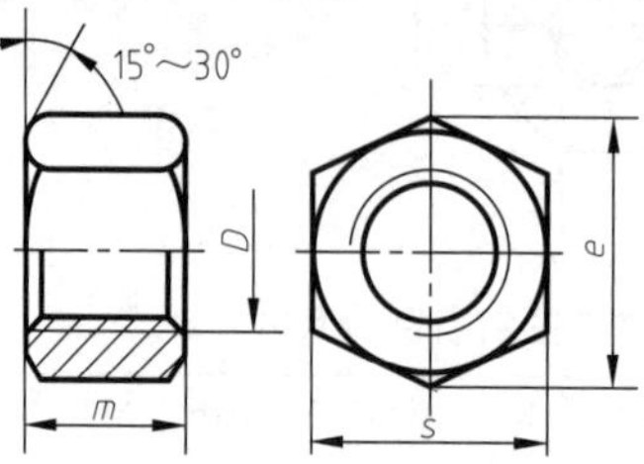

标记示例：

螺纹规格 D=M12、性能等级为5级、不经表面处理、C级1型六角螺母：螺母 GB/T 41 M12

螺纹规格 D=M12、性能等级为10级、不经表面处理的1型六角螺母：

螺母 GB/T 6170 M12

附表7 六角螺母各部分尺寸 单位：mm

螺纹规格 *D*		M3	M4	M5	M6	M8	M10	M12	（M14）	M16	（M18）	M20	（M22）	M24	（M27）	M30	M36
e min	GB/T 41	—	—	8.63	10.89	14.20	17.59	19.85	22.78	26.17	29.56	32.95	37.29	39.55	45.2	50.85	60.79
	GB/T 6170	6.01	7.66	8.79	11.05	14.38	17.77	20.03	23.36	26.75	29.56	32.95	37.29	39.55	45.2	50.85	60.75
	GB/T 6172.1																
s		5.5	7	8	10	13	16	18	21	24	27	30	34	36	41	46	55
m max	GB/T 41	—	—	5.6	6.4	7.9	9.5	12.2	13.9	15.9	16.9	19	20.2	22.3	24.7	26.4	31.5
	GB/T 6170	2.4	3.2	4.7	5.2	6.8	8.4	10.8	12.8	14.8	15.8	18	19.4	21.5	23.8	25.6	31
	GB/T 6172.1	1.8	2.2	2.7	3.2	4	5	6	7	8	9	10	11	12	13.5	15	18

注：1.不带括号的为优先系列。

2.A级用于 $D \leqslant 16$ 的螺母，B级用于 $D>16$ 的螺母。

（5）六角头螺栓（hexagon head bolt）

六角头螺栓（GB/T 5782—2016）

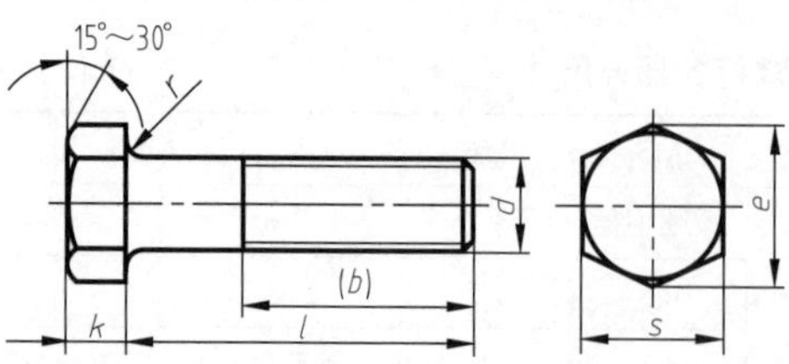

全螺纹六角头螺栓（GB/T 5783—2016）

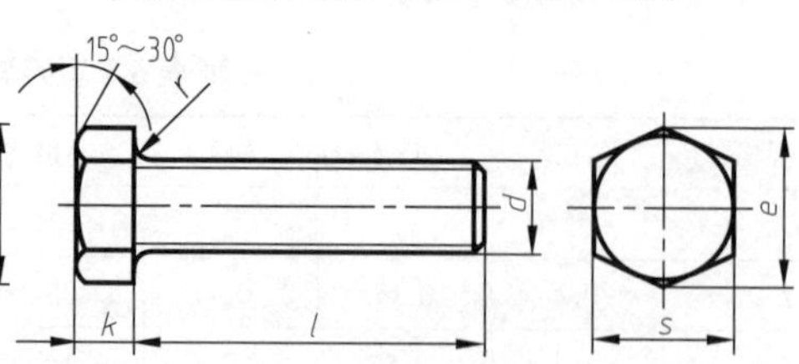

标记示例：

螺纹规格 d=M12、公称长度 l=80mm、性能等级为8.8级、表面氧化六角头螺栓：

螺栓 GB/T 5782 M12×80

螺纹规格 d=M12、公称长度 l=80mm、性能等级为8.8级、表面氧化、全螺纹六角头螺栓：

螺栓GB/T 5783 M12×80

附表8　六角头螺栓各部分尺寸　　单位：mm

螺纹规格 d		M3	M4	M5	M6	M8	M10	M12	M16	（M18）	M20	（M22）	M24	M30	M36
s		5.5	7	8	10	13	16	18	24	27	30	34	36	46	55
k		2	2.8	3.5	4	5.3	6.4	7.5	10	11.5	12.5	14	15	18.7	22.5
r		0.1	0.2	0.2	0.25	0.4	0.4	0.6	0.6	0.6	0.8	1	0.8	1	1
e	A	6.01	7.66	8.79	11.05	14.38	17.77	20.03	26.75	30.14	33.53	37.72	39.98	—	—
	B	5.88	7.50	8.63	10.89	14.20	17.59	19.85	26.17	29.56	32.95	37.29	39.55	50.85	51.11
(b) GB/T 5782	l≤125	12	14	16	18	22	26	30	38	42	46	50	54	66	—
	125<l≤200	18	20	22	24	28	32	36	44	48	52	56	60	72	84
	l>200	31	33	35	37	41	45	49	57	61	65	69	73	85	97
l范围（GB/T 5782）		20~30	25~40	25~50	30~60	40~80	45~100	50~120	65~160	70~180	80~200	90~220	90~240	110~300	140~360
l范围（GB/T 5783）		6~30	8~40	10~50	12~60	16~80	20~100	25~120	30~150	35~150	40~150	45~150	50~150	60~200	70~200
l系列		6,8,10,12,20,25,30,35,40,45,50,(55),60,(65),70,80,90,100,110,120,130,140,150,160,180,200,220,240,260,280,300,320,340,360,380,400,420,440,460,480,500													

注：1.标准规定螺栓的螺纹规格d=M1.6~M64，GB/T 5782的公称长度l为10~500mm，GB/T 5783的l为2~200mm。

2.材料为钢的螺栓性能等级有5.6、8.8、9.8、10.9级。其中8.8级前面的数字8表示公称抗拉强度（σ_b，N/mm^2）的1/100，后面的数字8表示公称屈服点（σ_s，N/mm^2）或公称规定非比例伸长应力（$\sigma_{p0.2}$，N/mm^2）与公称抗拉强度（σ_b）的比值（屈强比）的10倍。

（6）平垫圈（plain washer）

平垫圈-A级（GB/T 97.1—2002）　　平垫圈　倒角型-A级（GB/T 97.2—2002）

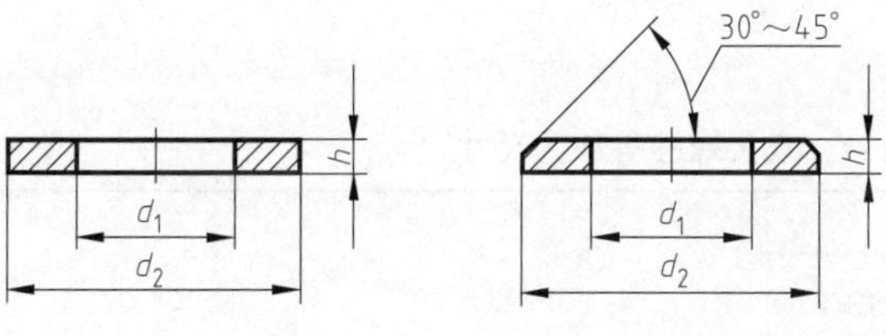

标记示例：

公称尺寸d=8mm、性能等级为140HV级、不经表面处理的平垫圈：

垫圈 GB/T 97.1 8-140HV

附表9　平垫圈各部分尺寸　　单位：mm

规格(螺纹大径)	2	2.5	3	4	5	6	8	10	12	14	16	20	24	30
内径(d_1)	2.2	2.7	3.2	4.3	5.3	6.4	8.4	10.5	13	15	17	21	25	31
外径(d_2)	5	6	7	9	10	12	16	20	24	28	30	37	44	56
厚度(h)	0.3	0.5	0.5	0.8	1	1.6	1.6	2	2.5	2.5	3	3	4	4

(7) 标准弹簧垫圈 (single coil spring lock washer)

标准弹簧垫圈(GB/T 93—87)

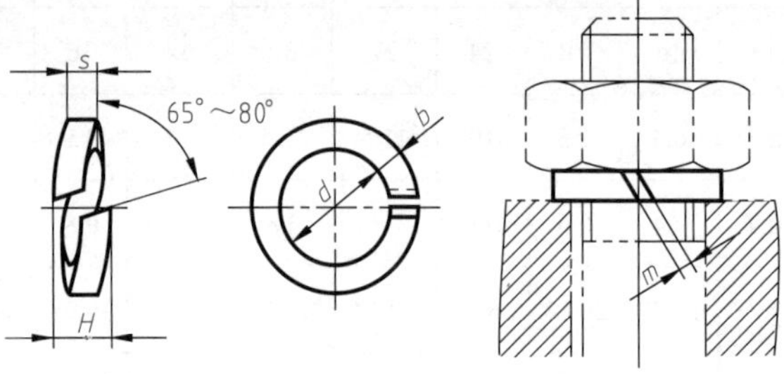

标记示例：

公称尺寸 d=16mm、材料为65Mn、表面氧化的标准弹簧垫圈：

垫圈 GB/T 93 16

附表10 弹簧垫圈各部分尺寸 单位：mm

规格(螺纹大径)	4	5	6	8	10	12	16	20	24	30
d max	4.4	5.4	6.68	8.68	10.9	12.9	16.9	21.04	25.5	31.5
$s(b)$公称	1.1	1.3	1.6	2.1	2.6	3.1	4.1	5	6	7.5
H max	2.75	3.25	4	5.25	6.5	7.75	10.25	12.5	15	18.75
m≤	0.55	0.65	0.8	1.05	1.3	1.55	2.05	2.5	3	3.75

(8) 双头螺柱 (double end stud)

$b_m=d$ (GB/T 897—88) $b_m=1.25d$ (GB/T 898—88)

$b_m=1.5d$ (GB/T 899—88) $b_m=2d$ (GB/T 900—88)

A型 B型

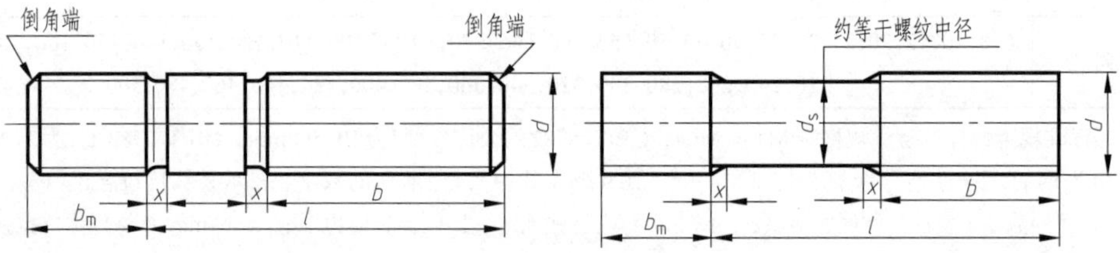

标记示例：

两端均为粗牙普通螺纹、d=10mm、l=50mm、性能等级为48.8级、不经表面处理、b_m=1d的B型双头螺柱：

螺柱 GB/T 897 M10×50

旋入端为粗牙普通螺纹、紧固端为螺距P=1mm的细牙普通螺纹、d=10mm、l=50mm、性能等级为48.8级、不经表面处理、b_m=1.25d的A型双头螺柱：

螺柱 GB/T 898 A M10-M10×1×50

附表11 双头螺柱各部分尺寸 单位：mm

螺纹规格 d	b_m				$\frac{l}{b}$
	GB/T 897—88	GB/T 898—88	GB/T 899—88	GB/T 900—88	
M5	5	6	8	10	$\frac{16\sim20}{10}$、$\frac{25\sim50}{16}$
M6	6	8	10	12	$\frac{20}{10}$、$\frac{25\sim30}{14}$、$\frac{35\sim70}{18}$
M8	8	10	12	16	$\frac{20}{12}$、$\frac{25\sim30}{16}$、$\frac{35\sim90}{22}$

续表

螺纹规格 d	b_m				$\frac{l}{b}$
	GB/T 897—88	GB/T 898—88	GB/T 899—88	GB/T 900—88	
M10	10	12	15	20	$\frac{25}{14}$、$\frac{30\sim35}{16}$、$\frac{40\sim120}{26}$、$\frac{130}{32}$
M12	12	15	18	24	$\frac{25\sim30}{16}$、$\frac{35\sim40}{20}$、$\frac{45\sim120}{30}$、$\frac{130\sim180}{36}$
M16	16	20	24	32	$\frac{30\sim35}{20}$、$\frac{40\sim55}{30}$、$\frac{60\sim120}{38}$、$\frac{130\sim200}{44}$
M20	20	25	30	40	$\frac{35\sim40}{25}$、$\frac{45\sim60}{35}$、$\frac{70\sim120}{46}$、$\frac{130\sim200}{52}$
M24	24	30	36	48	$\frac{45\sim50}{30}$、$\frac{60\sim75}{45}$、$\frac{80\sim120}{54}$、$\frac{130\sim200}{60}$
M30	30	38	45	60	$\frac{60\sim65}{40}$、$\frac{70\sim90}{50}$、$\frac{95\sim120}{66}$、$\frac{130\sim200}{72}$、$\frac{210\sim250}{85}$
M36	36	45	54	72	$\frac{65\sim75}{45}$、$\frac{80\sim110}{60}$、$\frac{120}{78}$、$\frac{130\sim200}{84}$、$\frac{210\sim300}{97}$
l系列	16,20,25,30,35,40,45,50,55,60,65,70,75,80,85,90,95,100,110,120,130,140,150,160,170,180,190,200,210,220,230,240,250,260,280,300				

3. 键

键和键槽的剖面尺寸（GB/T 1095—2003）

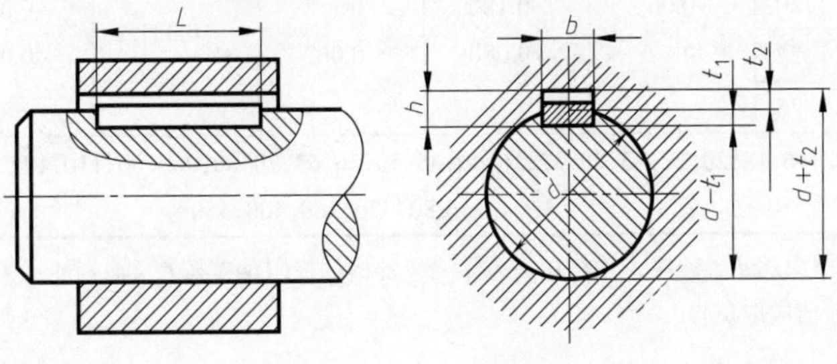

普通平键（square and rectangular key）的型式尺寸（GB/T 1096—2003）

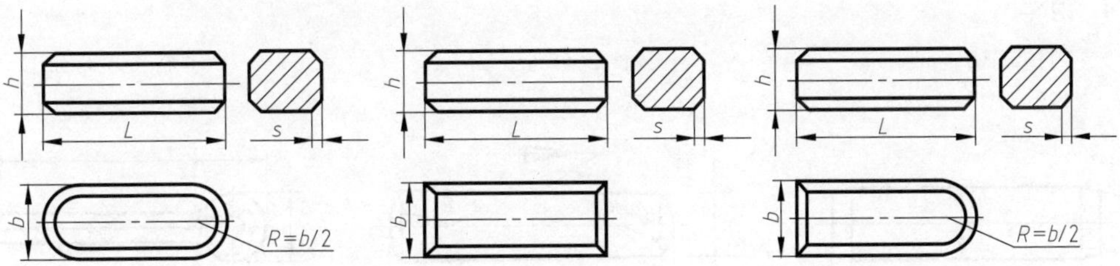

标注示例：

宽度 b=16mm、高度 h=10mm、长度 L=100mm 普通 A 型平键的标记为：

GB/T 1096　键 16×10×100

宽度 b=16mm、高度 h=10mm、长度 L=100mm 普通 B 型平键的标记为：

GB/T 1096　键 B16×10×100

宽度 b=16mm、高度 h=10mm、长度 L=100mm 普通 C 型平键的标记为：

GB/T 1096　键 C16×10×100

附表12 键和键槽各部分尺寸 单位：mm

轴径	键		键槽						
			宽度(*b*)					深度	
			偏差						
			较松键连接		一般键连接	较紧键连接			
d	*b*(公称)	*h*	轴H9	毂D10	轴N9	毂JS9	轴和毂P9	轴t_1	毂t_2
自6~8	2	2	+0.025 0	+0.060 +0.020	−0.004 −0.029	±0.0125	−0.006 −0.031	1.2	1
>8~10	3	3						1.8	1.4
>10~12	4	4	+0.030 0	+0.078 +0.030	0 −0.030	±0.015	−0.012 −0.042	2.5	1.8
>12~17	5	5						3.0	2.3
>17~22	6	6						3.5	2.8
>22~30	8	7	+0.036 0	+0.098 +0.040	0 −0.036	±0.018	−0.015 −0.051	4.0	3.3
>30~28	10	8						5.0	3.3
>38~44	12	8	+0.043 0	+0.120 +0.050	0 −0.043	±0.0215	−0.018 −0.061	5.0	3.3
>44~50	14	9						5.5	3.8
>50~58	16	10						6.0	4.3
>58~65	18	11						7.0	4.4
>65~75	20	12	+0.052 0	+0.140 +0.065	0 −0.052	±0.026	−0.022 −0.074	7.5	4.9
>75~85	22	14						9.0	5.4
>85~95	25	14						9.0	5.4
>95~110	28	16						10.0	6.4
>110~130	32	18	+0.062 0	+0.180 +0.080	0 −0.062	±0.031	−0.026 −0.088	11.0	7.4
>130~150	36	20						12.0	8.4
>150~170	40	22						13.0	9.4
>170~200	45	25						15.0	10.4
*l*系列	8,10,12,16,18,20,22,25,28,32,36,40,45,50,56,63,70,80,90,100,110,125,140,160,180,200,250,280,320,360,400,450								

注：1.在零件图中轴槽深用$d-t_1$标注，轮槽用$d+t_2$标注。键槽的极限偏差按t_1（轴）和t_2（毂）的极限偏差选取，但轴槽深（$d-t_1$）的极限偏差值应取负号。

2.键的材料常用45钢。

4. 销

圆柱销（parallel pin）
（GB/T 119.1—2000）

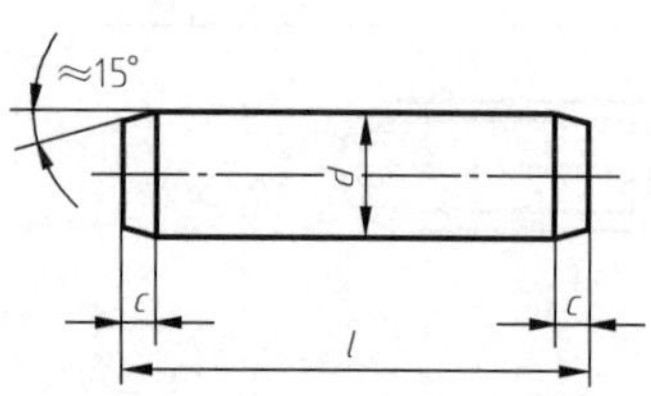

圆锥销（taper pin）
（GB/T 117—2000）

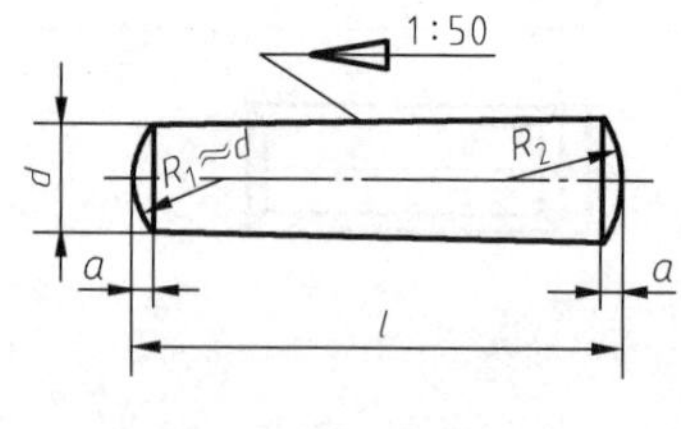

开口销（split pin）
（GB/T 91—2000）

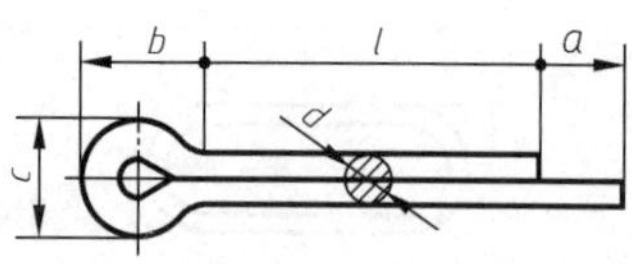

标注示例：

公称直径*d*=6mm、公差为m6、公称长度*l*=30mm、材料为钢、不经淬火、不经表面处理的圆柱销的标记：

销 GB/T 119.1 6 m6×30

公称直径*d*=10mm、长度*l*=60mm、材料为35钢、热处理硬度HRC28～38、表面氧化处理的A型圆锥销的标记：

销 GB 117 A10×60

附表13　圆柱销各部分尺寸　　单位：mm

d(公称)	2	3	4	5	6	8	10	12	16	20	25
c≈	0.35	0.5	0.63	0.8	1.2	1.6	2.0	2.5	3.0	3.5	4.0
l范围	6~20	8~30	8~40	10~50	12~60	14~80	18~95	22~140	26~180	35~200	50~200
l系列公称	2、3、4、5、6~32(2进位)、35~100(5进位)、120~200(20进位)										

附表14　圆锥销各部分尺寸　　单位：mm

d（公称）	2	2.5	3	4	5	6	8	10	12	16	20	25
a≈	0.25	0.3	0.4	0.5	0.63	0.8	1.0	1.2	1.6	2.0	2.5	3.0
l范围	10~35	10~35	12~45	14~55	18~60	22~90	22~120	26~160	32~180	40~200	45~200	50~200
l系列公称	2、3、4、5、6~32(2进位)、35~100(5进位)、120~200(20进位)											

注：1.GB/T 119.1—2000规定圆柱销的公称直径d=0.6~50mm，公称长度l=2~200mm，公差有m6和h8。

2.圆柱（锥）销的材料常用35钢。

附表15　开口销各部分尺寸　　单位：mm

d(公称)		1	1.2	1.6	2	2.5	3.2	4	5	6.3	8	10	12
d max		0.9	1	1.4	1.8	2.3	2.9	3.7	4.6	5.9	7.5	9.5	11.5
c	max	1.8	2	2.8	3.6	4.6	5.8	7.4	9.2	11.8	15	19	24.8
	min	1.6	1.7	2.4	3.2	4	5.1	6.5	8	10.3	13.1	16.6	21.7
b≈		3	3	3.2	4	5	6.4	8	10	12.6	16	20	26
a max		1.6	2.5				3.2	4				6.3	
l系列		2,3,4,5,6,8,10,12,14,16,18,20,22,24,26,28,30,32,35,40,45,50,55,60,65,70,75,80,85,90											

注：公称规格为销孔的公称直径。

5. 极限与配合

（1）标准公差值（摘自GB/T 1800.2—2020）

附表16　部分标准公差数值

公称尺寸/mm		标准公差等级																			
		IT01	IT0	IT1	IT2	IT3	IT4	IT5	IT6	IT7	IT8	IT9	IT10	IT11	IT12	IT13	IT14	IT15	IT16	IT17	IT18
大于	至	标准公差值																			
		μm													mm						
—	3	0.3	0.5	0.8	1.2	2	3	4	6	10	14	25	40	60	0.1	0.14	0.25	0.4	0.6	1	1.4
3	6	0.4	0.6	1	1.5	2.5	4	5	8	12	18	30	48	75	0.12	0.18	0.3	0.48	0.75	1.2	1.8
6	10	0.4	0.6	1	1.5	2.5	4	6	9	15	22	36	58	90	0.15	0.22	0.36	0.58	0.9	1.5	2.2
10	18	0.5	0.8	1.2	2	3	5	8	11	18	27	43	70	110	0.18	0.27	0.43	0.7	1.1	1.8	2.7
18	30	0.6	1	1.5	2.5	4	6	9	13	21	33	52	84	130	0.21	0.33	0.52	0.84	1.3	2.1	3.3
30	50	0.6	1	1.5	2.5	4	7	11	16	25	39	62	100	160	0.25	0.39	0.62	1	1.6	2.5	3.9
50	80	0.8	1.2	2	3	5	8	13	19	30	46	74	120	190	0.3	0.46	0.74	1.2	1.9	3	4.6

续表

公称尺寸/mm		标准公差等级																			
		IT01	IT0	IT1	IT2	IT3	IT4	IT5	IT6	IT7	IT8	IT9	IT10	IT11	IT12	IT13	IT14	IT15	IT16	IT17	IT18
大于	至	标准公差值																			
		μm													mm						
80	120	1	1.5	2.5	4	6	10	15	22	35	54	87	140	220	0.35	0.54	0.87	1.4	2.2	3.5	5.4
120	180	1.2	2	3.5	5	8	12	18	25	40	63	100	160	250	0.4	0.63	1	1.6	2.5	4	6.3
180	250	2	3	4.5	7	10	14	20	29	46	72	115	185	290	0.46	0.72	1.15	1.85	2.9	4.6	7.2
250	315	2.5	4	6	8	12	16	23	32	52	81	130	210	320	0.52	0.81	1.3	2.1	3.2	5.2	8.1
315	400	3	5	7	9	13	18	25	36	57	89	140	230	360	0.57	0.89	1.4	2.3	3.6	5.7	8.9
400	500	4	6	8	10	15	20	27	40	63	97	155	250	400	0.63	0.97	1.55	2.5	4	6.3	9.7

（2）轴的极限偏差（摘自GB/T 1800.2—2020）

附表17 优先配合轴的极限偏差 单位：μm

基本尺寸/mm		公差带												
		c	d	f	g	h				k	n	p	s	u
大于	至	11	9	7	6	6	7	9	11	6	6	6	6	6
—	3	−60 −120	−20 −45	−6 −16	−2 −8	0 −6	0 −10	0 −25	0 −60	+6 0	+10 +4	+12 +6	+20 +14	+24 +18
3	6	−70 −145	−30 −60	−10 −22	−4 −12	0 −8	0 −12	0 −30	0 −75	+9 +1	+16 +8	+20 +12	+27 +19	+31 +23
6	10	−80 −170	−40 −76	−13 −28	−5 −14	0 −9	0 −15	0 −36	0 −90	+10 +1	+19 +10	+24 +15	+32 +23	+37 +28
10	14	−95 −205	−50 −93	−16 −34	−6 −17	0 −11	0 −18	0 −43	0 −110	+12 +1	+23 +12	+29 +18	+39 +28	+44 +33
14	18													
18	24	−110 −240	−65 −117	−20 −41	−7 −20	0 −13	0 −21	0 −52	0 −130	+15 +2	+28 +15	+35 +22	+48 +35	+54 +41
24	30													+61 +48
30	40	−120 −280	−80 −142	−25 −50	−9 −25	0 −16	0 −25	0 −62	0 −160	+18 +2	+33 +17	+42 +26	+59 +43	+76 +60
40	50	−130 −290												+86 +70
50	65	−140 −330	−100 −174	−30 −60	−10 −29	0 −19	0 −30	0 −74	0 −190	+21 +2	+39 +20	+51 +32	+72 +53	+106 +87
65	80	−150 −340											+78 +59	+121 +102
80	100	−170 −390	−120 −207	−36 −71	−12 −34	0 −22	0 −35	0 −87	0 −220	+25 +3	+45 +23	+59 +37	+93 +71	+146 +124
100	120	−180 −400											+101 +79	+146 +144

续表

基本尺寸/mm		公差带												
		c	d	f	g	h				k	n	p	s	u
大于	至	11	9	7	6	6	7	9	11	6	6	6	6	6
120	140	−200 −450											+117 +92	+195 +170
140	160	−210 −460	−145 −245	−43 −83	−14 −39	0 −25	0 −40	0 −100	0 −250	+28 +3	+52 +27	+68 +43	+125 +100	+215 +210
160	180	−230 −480											+133 +108	+235 +210
180	200	−240 −530											+151 +122	+265 +236
200	225	−260 −550	−170 −285	−50 −96	−15 −44	0 −29	0 −46	0 −115	0 −290	+33 +4	+60 +31	+79 +50	+159 +130	+287 +257
225	250	−280 −570											+169 +140	+313 +284
250	280	−300 −620	−190 −320	−56 −108	−17 −49	0 −32	0 −52	0 −130	0 −320	+36 +4	+66 +34	+88 +56	+190 +158	+347 +315
280	315	−330 −650											+202 +170	+382 +350
315	355	−360 −720	−210 −350	−62 −119	−18 −54	0 −36	0 −57	0 −140	0 −360	+40 +4	+73 +37	+98 +62	+226 +190	+426 +390
355	400	−400 −760											+244 +208	+471 +435

（3）孔的极限偏差（摘自GB/T 1800.2—2020）

附表18　优先配合孔的极限偏差　单位：μm

基本尺寸/mm		公差带												
		C	D	F	G	H				K	N	P	S	U
大于	至	11	9	8	7	7	8	9	11	7	7	7	7	7
—	3	+120 +60	+45 +20	+20 +6	+12 +2	+10 0	+14 0	+25 0	+60 0	0 −10	−4 −14	−6 −16	−14 −24	−18 −28
3	6	+145 +70	+60 +30	+28 +10	+16 +4	+12 0	+18 0	+30 0	+75 0	+3 −9	−4 −16	−8 −20	−15 −27	−19 −31
6	10	+170 +80	+76 +40	+35 +13	+20 +5	+15 0	+22 0	+36 0	+90 0	+5 −10	−4 −19	−9 −24	−17 −32	−22 −37
10	14	+205 +95	+93 +50	+43 +16	+27 +6	+18 0	+27 0	+43 0	+110 0	+6 −12	−5 −23	−11 −29	−21 −39	−26 −44
14	18													
18	24	+240 +110	+117 +65	+53 +20	+28 +7	+21 0	+33 0	+52 0	+130 0	+6 −15	−7 −28	−14 −35	−27 −48	−33 −54
24	30													−40 −61

续表

基本尺寸/mm		公差带												
		C	D	F	G	H				K	N	P	S	U
大于	至	11	9	8	7	7	8	9	11	7	7	7	7	7
30	40	+280 +120	+142 +80	+64 +25	+34 +9	+25 0	+39 0	+62 0	+160 0	+7 −18	−8 −33	−17 −42	−34 −59	−51 −76
40	50	+290 +130												−61 −86
50	65	+330 +140	+174 +100	+76 +30	+40 +10	+30 0	+46 0	+74 0	+190 0	+9 −21	−9 −39	−21 −51	−42 −72	−76 −106
65	80	+340 +150											−48 −78	−91 −121
80	100	+390 +170	+207 +120	+90 +36	+47 +12	+35 0	+54 0	+87 0	+220 0	+10 −25	−10 −45	−24 −59	−58 −93	−111 −146
100	120	+400 +180											−66 −101	−131 −166
120	140	+450 +200	+245 +145	+106 +43	+54 +14	+40 0	+63 0	+100 0	+250 0	+12 −28	−12 −52	−28 −68	−77 −117	−155 −195
140	160	+460 +210											−85 −125	−175 −215
160	180	+480 +230											−93 −133	−195 −235
180	200	+530 +240	+285 +170	+122 +50	+61 +15	+46 0	+72 0	+115 0	+290 0	+13 −33	−14 −60	−33 −79	−105 −151	−219 −265
200	225	+550 +260											−113 −159	−241 −287
225	250	+570 +280											−123 −169	−267 −313
250	280	+620 +300	+320 +190	+137 +56	+69 +17	+52 0	+81 0	+130 0	+320 0	+16 −36	−14 −66	−36 −88	−138 −190	−295 −347
280	315	+650 +330											−150 −202	−330 −382
315	355	+720 +360	+350 +210	+151 +62	+75 +18	+57 0	+89 0	+140 0	+360 0	+17 −40	−16 −73	−41 −98	−169 −226	−369 −426
355	400	+760 +400											−187 −244	−414 −471

（4）基孔制优先、常用配合（摘自GB/T 1800.1—2020）

附表19　基孔制优先、常用配合

基准孔	轴																	
	a	b	c	d	e	f	g	h	js	k	m	n	p	r	s	t	u	x
	间隙配合								过渡配合			过盈配合						
H6							H6/g5	H6/h5	H6/js5	H6/k5	H6/m5	H6/n5	H6/p5					
H7						H7/f6	H7/g6*	H7/h6*	H7/js6*	H7/k6*	H7/m6	H7/n6*	H7/p6*	H7/r6*	H7/s6*	H7/t6	H7/u6	H7/x6
H8					H8/e7	H8/f7*		H8/h7*	H8/js7	H8/k7	H8/m7				H8/s7		H8/u7	
				H8/d8	H8/e8*	H8/f8		H8/h8										
H9				H9/d8	H9/e8*	H9/f8		H9/h8										
H10		H10/b9	H10/c9	H10/d9				H10/h9*										
H11		H11/b11*	H11/c11*	H11/d10				H11/h10										

注：标注有*的配合为优先配合。

（5）基轴制优先、常用配合（摘自GB/T 1800.1—2020）

附表20　基轴制优先、常用配合

基准轴	孔																				
	A	B	C	D	E	F	G	H	JS	K	M	N	P	R	S	T	U	V	X	Y	Z
	间隙配合								过渡配合			过盈配合									
h5						F6/h5	G6/h5	H6/h5	JS6/h5	K6/h5	M6/h5	N6/h5	P6/h5	R6/h5	S6/h5	T6/h5					
h6						F7/h6	G7/h6*	H7/h6*	JS7/h6	K7/h6*	M7/h6	N7/h6*	P7/h6*	R7/h6	S7/h6*	T7/h6	U7/h6*				
h7					E8/h7	F8/h7*		H8/h7*	Js8/h7	K8/h7	M8/h7	N8/h7									
h8				D8/h8	E8/h8	F8/h8		H8/h8													
h9				D9/h9*	E9/h9	F9/h9		H9/h9*													
h10				D10/h10				H10/h10													
h11	A11/h11	B11/h11	C11/h11*	D11/h11				H11/h11*													
h12		B12/h12						H12/h12													

注：标注有*的配合为优先配合。

6. 常用材料及热处理

（1）铸铁

灰铸铁（GB/T 9439—2023）、球墨铸铁（GB/T 1348—2019）、可锻铸铁（GB/T 9440—2010）。

附表21 常用铸铁

名称	牌号	应用举例	说 明
灰铸铁	HT100 HT150	用于低强度铸件，如盖、手轮、支架等 用于中强度铸件，如底座、刀架、轴承座、胶带轮盖等	"HT"表示灰铸铁，后面的数字表示抗拉强度值（N/mm^2）
	HT200 HT250	用于高强度铸件，如床身、机座、齿轮、凸轮、气缸泵体、联轴器等	
	HT300 HT350	用于高强度耐磨铸件，如齿轮、凸轮、重载荷床身、高压泵、阀壳体、锻模、冷冲压模等	
球墨铸铁	QT800-2 QT700-2 QT600-2	具有较高强度，但塑性低，用于曲轴、凸轮轴、齿轮、气缸、缸套、轧辊、水泵轴、活塞环、摩擦片等零件	"QT"表示球墨铸铁，其后第一组数字表示抗拉强度值（N/mm^2），第二组数字表示延伸率（%）
	QT500-5 QT450-10 QT400-15	具有较高的塑性和适当的强度，用于承受冲击负荷的零件	
可锻铸铁	KTH300-06 KTH330-08* KTH350-10 KTH370-12*	墨心可锻铸铁，用于承受冲击振动的零件：汽车、拖拉机、农机铸件	"KT"表示可锻铸铁，"H"表示墨心，"B"表示白心，第一组数字表示抗拉强度值（N/mm^2），第二组数字表示延伸率（%）。KTH300-06适用于气密性零件。有*号者为推荐牌号
	KTB350-04 KTB360-12 KTB400-05 KTB450-07	白心可锻铸铁，韧性较低，但强度高，耐磨性、加工性好。可代替低、中碳钢及低合金钢的重要零件，如曲轴、连杆、机床附件等	

（2）钢

普通碳素结构钢（GB/T 700—2006）、优质碳素结构钢（GB/T 699—2015）、合金结构钢（GB/T 3077—2015）。

附表22 常用钢

名称	牌号	应用举例	说 明
普通碳素钢	Q215 A级 B级	金属结构件、拉杆、套圈、铆钉、螺栓、短轴、心轴、凸轮（载荷不大的）、垫圈；渗碳零件及焊接件	"Q"为普通碳素结构钢屈服点"屈"字的汉字拼音首位字母，后面数字表示屈服点数值。如Q235表示普通碳素结构钢。 新旧牌号对照： Q215…A2（A2F） Q235…A3 Q275…A5
	Q235 A级 B级 C级 D级	金属结构件，心部强度要求不高的渗碳或氰化零件，吊钩、拉杆、套圈、气缸、齿轮、螺栓、螺母、连杆、轮轴、楔、盖及焊接杆	
	Q275	轴、轴销、刹车杆、螺母、螺栓、垫圈、连杆、齿轮以及其他强度较高的零件	

续表

名称	牌号	应用举例	说 明
优质碳素结构钢	08F	可塑性要求高的零件，如管子、垫圈、渗碳件、氰化件等	牌号的两位数字表示平均含碳量，称碳的质量分数。45号钢即表示碳的质量分数为0.45%，表示平均含碳量为0.45% 碳的质量分数≤0.25%的碳钢，属低碳钢（渗碳钢）；碳的质量分数在0.25%~0.6%之间的碳钢，属中碳钢（调质钢）；碳的质量分数≥0.6%的碳钢，属高碳钢；在牌号后加符号“F”表示沸腾钢
	10	拉杆、卡头、垫圈、焊件	
	15	渗碳件、紧固件、冲模锻件、化工储器	
	20	杠杆、轴套、钩、螺钉、渗碳件与氰化件	
	25	轴、辊子、连接器、紧固件中的螺栓、螺母	
	30	曲轴、转轴、轴销、连杆、模梁、星轮	
	35	曲轴、摇杆、拉杆、键、销、螺栓	
	40	齿轮、齿条、链轮、凸轮、轧辊、曲柄轴	
	45	齿轮、轴、联轴器、衬套、活塞销、链轮	
	50	活塞杆、轮轴、齿轮、不重要的弹簧	
	55	齿轮、连杆、扁弹簧、轧辊、偏心轮、轮圈、轮缘	
	60	偏心轮、弹簧圈、垫圈、调整片、偏心轴等	
	65	叶片弹簧、螺旋弹簧	
	15Mn	活塞销、凸轮轴、拉杆、铰链、焊管、钢板	锰的质量分数较高的钢，须加注化学元素符号“Mn”
	45Mn	万向联轴器、分配轴、曲轴、高强度螺栓、螺母	
	65Mn	弹簧、发条、弹簧环、弹簧垫圈等	
合金结构钢	15Cr	渗碳齿轮、凸轮、活塞销、离合器	钢中加入一定量的合金元素，提高了钢的力学性能和耐磨性，也提高了钢在热处理时的淬透性，保证金属在较大截面上获得好的力学性能 铬钢、铬锰钢和铬锰钛钢都是常用的合金结构钢（GB/T 3077—2015）
	20Cr	较重要的渗碳件	
	30Cr	重要的调质零件，如轮轴、齿轮、摇杆、螺栓等	
	40Cr	较重要的调质零件，如齿轮、进气阀、辊子、轴等	
	45Cr	强度及耐磨性高的轴、齿轮、螺栓等	
	50Cr	重要的轴、齿轮、螺旋弹簧、止推环	
	20CrMn	轴、齿轮、连杆、曲柄轴及其他高耐磨零件	
	40CrMn	轴、齿轮	

（3）常用热处理工艺

附表23 常用热处理工艺

名词	代号	说 明	应 用
退火	5111	将钢件加热到临界温度以上（一般是710~715℃，个别合金钢800~900℃）30~50℃，保温一段时间，然后缓慢冷却（一般在炉中冷却）	用来消除铸、锻、焊零件的内应力，降低硬度，便于切削加工，细化金属晶粒，改善组织，增加韧性
正火	5121	将钢件加热到临界温度以上，保温一段时间，然后用空气冷却，冷却速度比退火快	用来处理低碳和中碳结构钢及渗碳零件，使其组织细化，增加强度与韧性，减少内应力，改善切削性能
淬火	5131	将钢件加热到临界温度以上，保温一段时间，然后在水、盐水或油中（个别材料在空气中）急速冷却，使其得到高硬度	用来提高钢的硬度和强度极限，但淬火会引起内应力使钢变脆，所以淬火后必须回火
淬火和回火	5141	回火是将淬硬的钢件加热到临界点以上的温度，保温一段时间，然后在空气中或油中冷却下来	用来消除淬火后的脆性和内应力，提高钢的塑性和冲击韧性
调质	5151	淬火后在450~650℃进行高温回火，称为调质	用来使钢获得高的韧性和足够的强度。重要的齿轮、轴及丝杆等零件就是调质处理的

续表

名词	代号	说 明	应 用
表面淬火和回火	5210	用火焰或高频电流将零件表面迅速加热至临界温度以上，急速冷却	使零件表面获得高强度，而心部保持一定的韧性，使零件既耐磨又能承受冲击。表面淬火常用来处理齿轮等
渗碳	5310	在渗碳剂中将钢件加热到900~950℃，停留一定时间，将碳渗入钢表面，深度约为0.5~2mm，再淬火后回火	增加钢件的耐磨性能、表面硬度、抗拉强度和疲劳极限。适用于低碳、中碳（碳含量<0.40%）结构钢的中小型零件
渗氮	5330	渗氮是在500~600℃通入氨的炉子内加热，向钢的表面渗入氮原子的过程。氮化层为0.025~0.8mm，氮化时间需40~50h	增加钢件的耐磨性能、表面硬度、疲劳极限和抗蚀能力。适用于合金钢、碳钢、铸铁件，如机床主轴、丝杆以及在潮湿碱水和燃烧气体介质的环境中工作的零件
氰化	Q59（氰化淬火后，回火至56~62HRC）	在820~860℃炉内通入碳和氮，保温1~2h，使钢件的表面同时渗入碳、氮原子，可得到0.2~0.5mm的氰化层	增加表面硬度、耐磨性、疲劳强度和耐蚀性。用于要求硬度高、耐磨的中、小型及薄片零件和道具等
时效	时效处理	低温回火后，精加工之前，加热到100~160℃，保持10~40h。对铸件也可用天然时效（放在露天中一年以上）	使工件消除内应力和稳定形状，用于量具、精密丝杆、床身导轨、床身等
发蓝发黑	发蓝或发黑	将金属零件放在很浓的碱和氧化剂溶液中加热氧化，使金属表面形成一层氧化铁保护性薄膜	防腐蚀、美观。用于一般连接的标准件和其他电子类零件

7. 管道及仪表流程图中设备、机械图例（摘自HG/T 20519.2—2009）

附表24 管道及仪表流程图中设备、机械图例

类别	代号	图例
塔	T	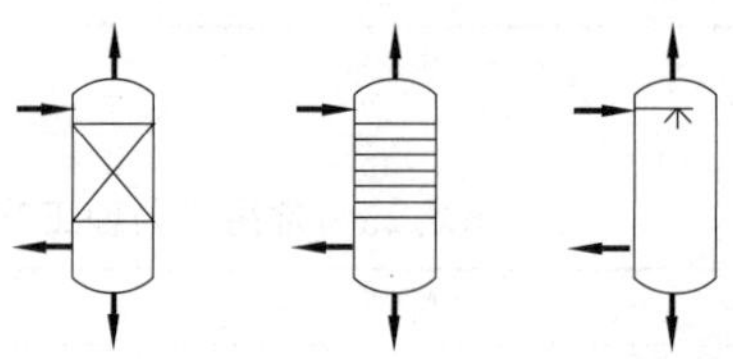 填料塔 板式塔 喷洒塔
塔内件		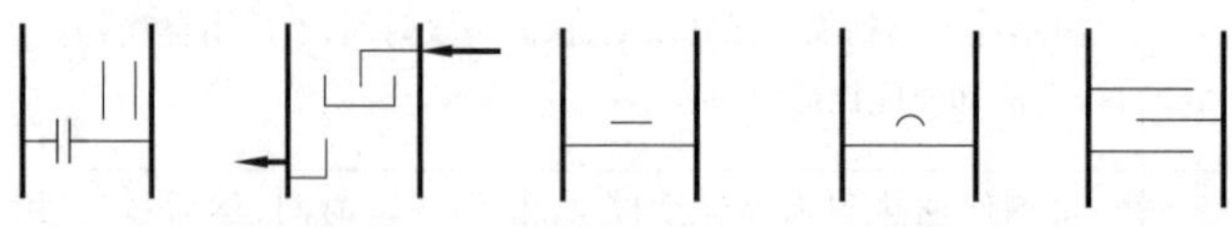 降液管 受液盘 浮阀塔塔板 浮阀塔塔板 格栅板 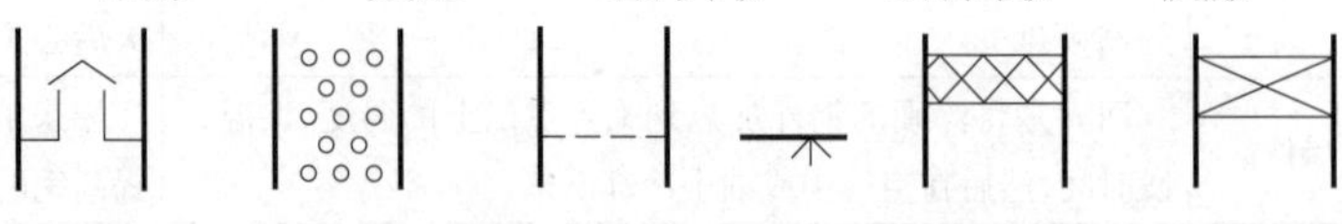 升气管 湍球塔 筛板塔塔板 分布器 丝网除沫层 填料除沫层

续表

类别	代号	图例
反应器	R	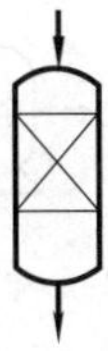 固定床反应器 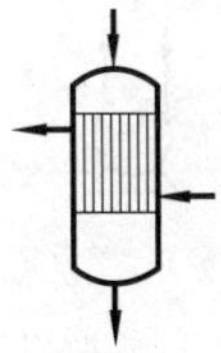 列管式反应器 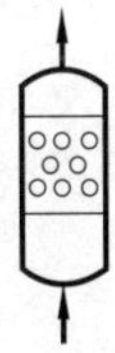 流化床反应器 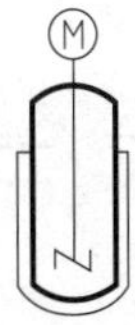 反应釜(闭式、带搅拌、夹套)
工业炉	F	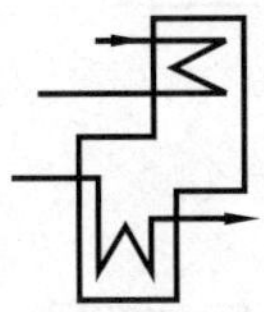 箱式炉 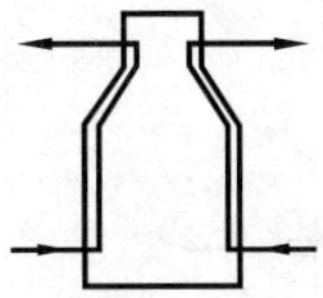 圆筒炉 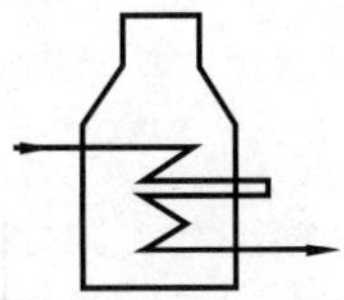 圆筒炉
火炬烟囱	S	 烟囱  火炬
换热器	E	 换热器 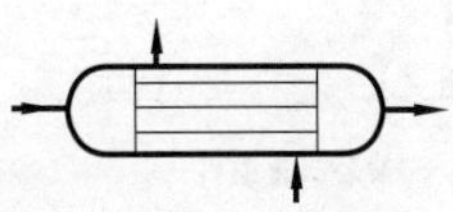 固定管板式列管换热器 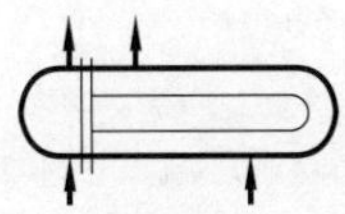 U型管式换热器 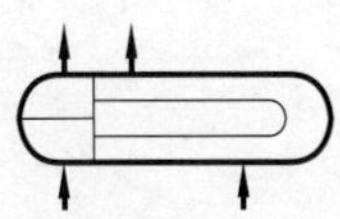 浮头式列管换热器 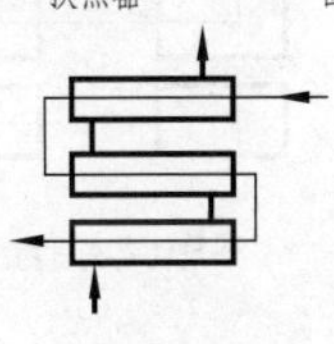 套管式换热器 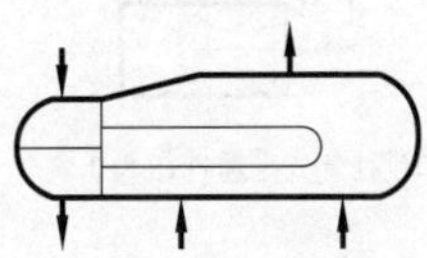 釜式换热器 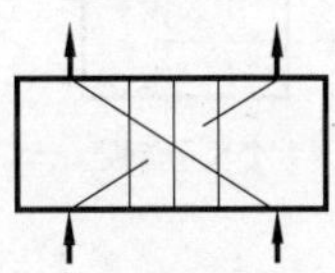 板式换热器 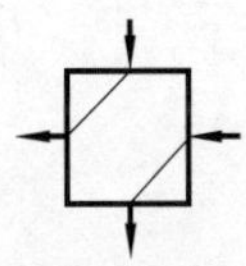 螺旋板式换热器 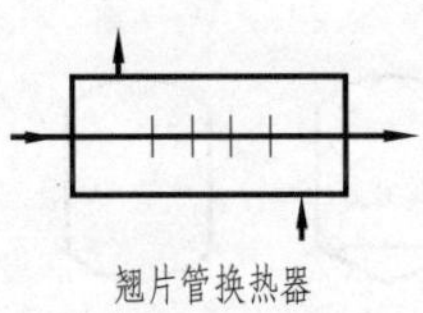 翅片管换热器 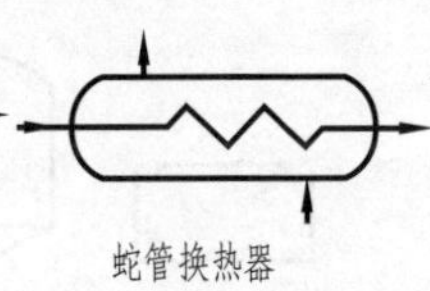 蛇管换热器 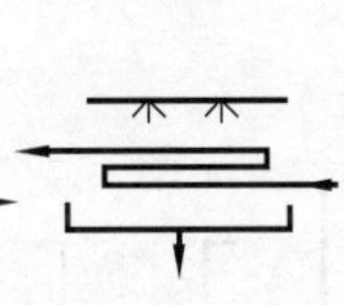 喷淋式冷却器 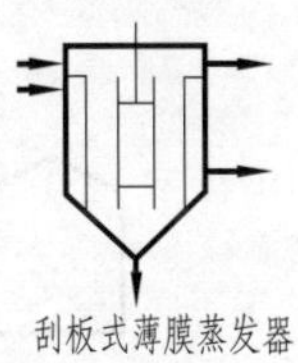 刮板式薄膜蒸发器 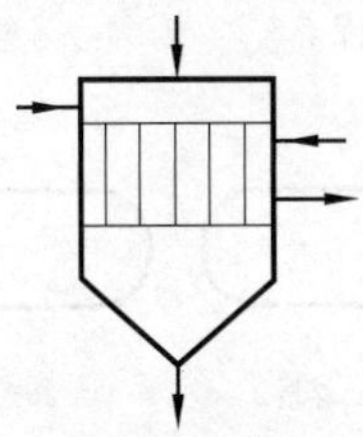 列管式蒸发器 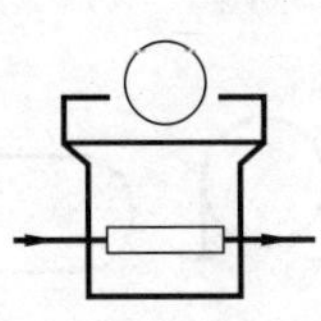 抽风式空冷器 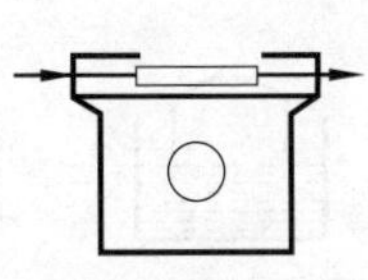 逆风式空冷器 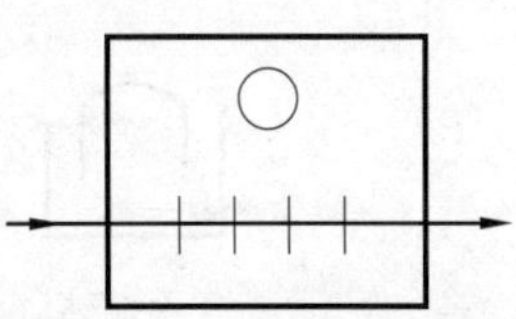 带风扇的翅片管式换热器

续表

类别	代号	图例
泵	P	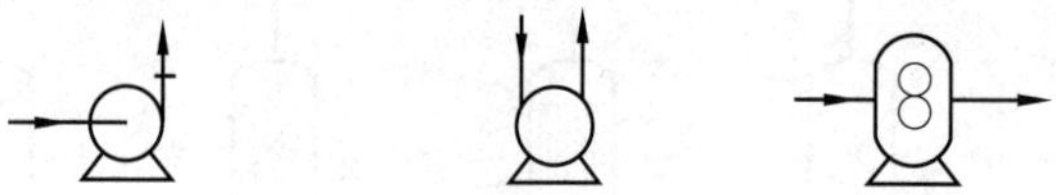 离心泵 水环式真空泵 齿轮泵 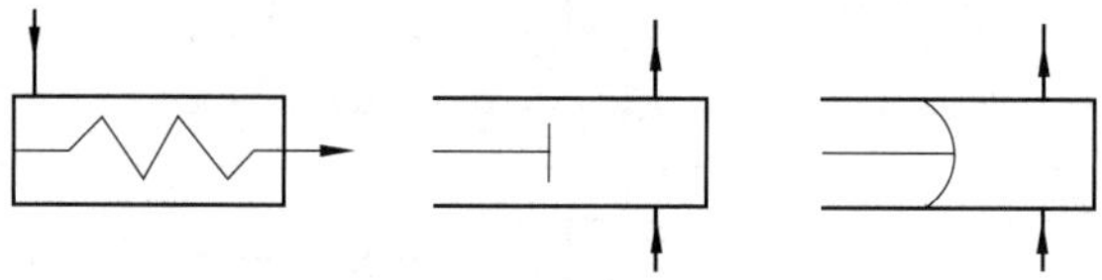 螺杆泵 往复泵 隔膜泵 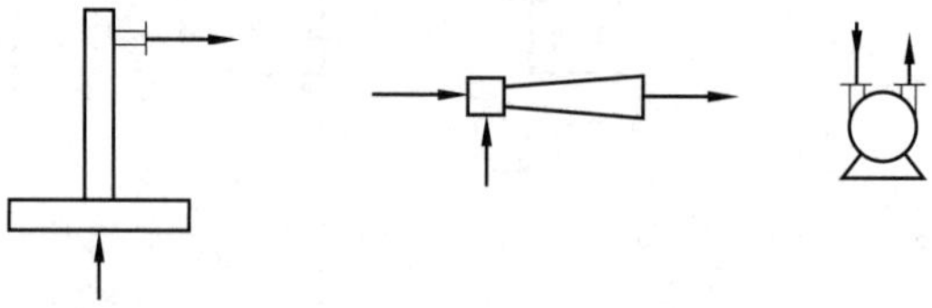 液下泵 喷射泵 漩涡泵
压缩机	C	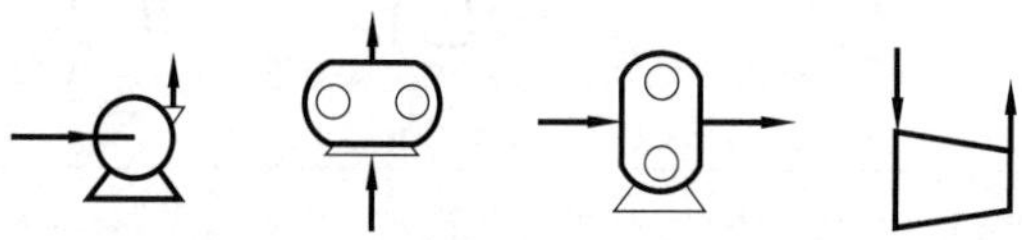 (卧式) (立式) 鼓风机 旋转式压缩机 离心式压缩机 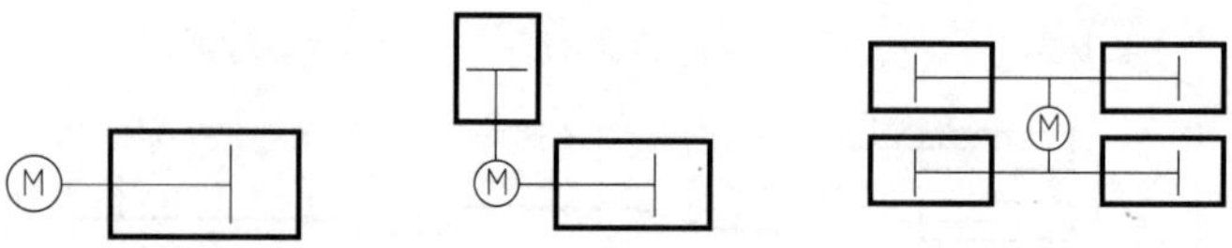 往复式压缩机 二段往复式压缩机(L型) 四段往复式压缩机
容器	V	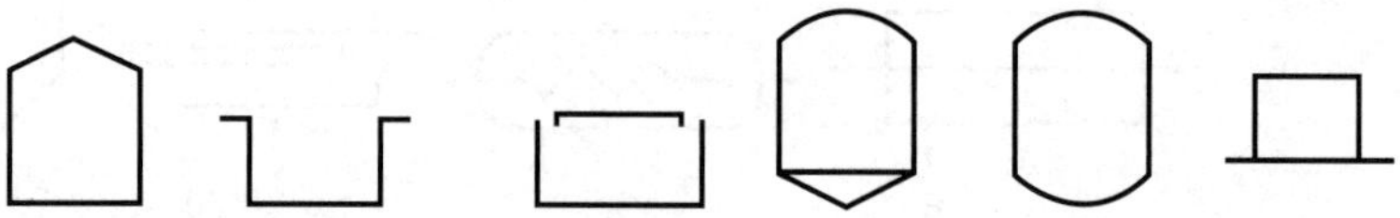 锥顶罐 地下/半地下池、槽、坑 浮顶罐 圆顶锥底容器 蝶形封头容器 平顶容器 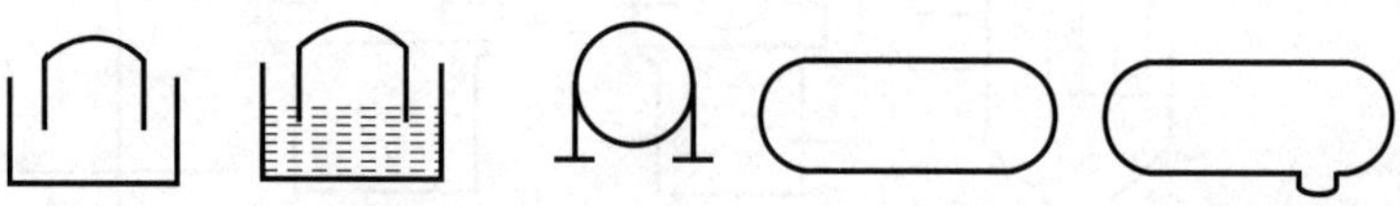 干式气柜 湿式气柜 球罐 卧式容器 卧式容器

续表

类别	代号	图例
容器	V	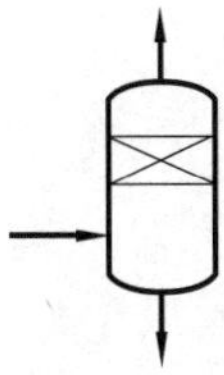 填料除沫分离器 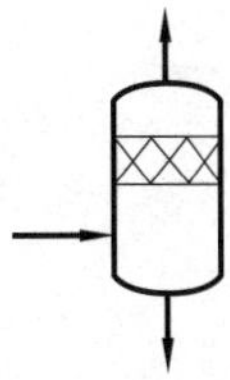 丝网除沫分离器 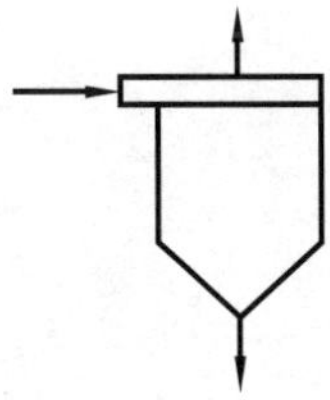 旋风分离器
起重运输机械	L	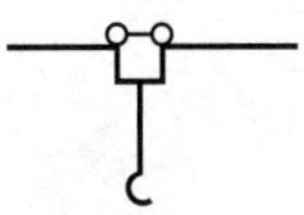 手拉葫芦(带小车) 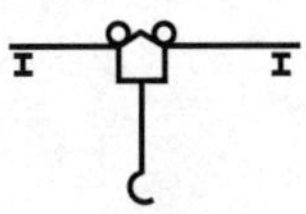 单梁起重机(手动) 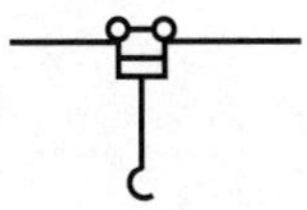 电动葫芦 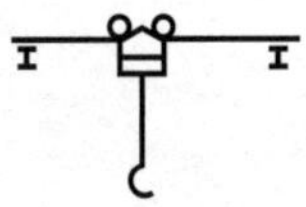 单梁起重机(电动) 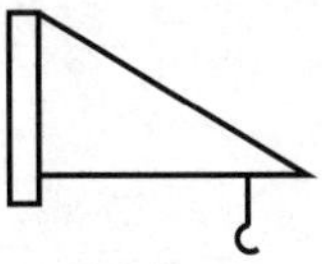 旋转式起重机 旋臂式起重机 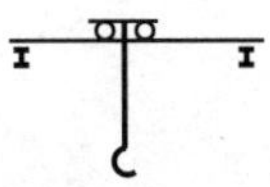 吊钩桥式起重机 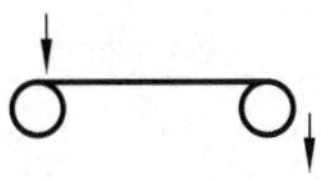 带式输送机 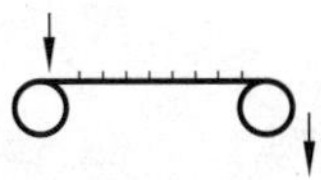 刮板输送机
其他机械	M	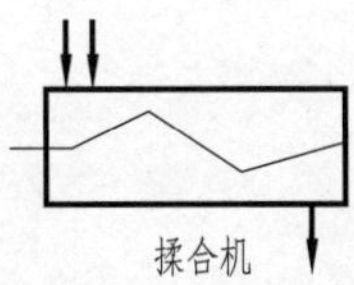 揉合机 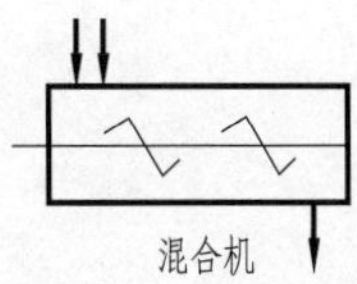 混合机
动力机	M E S D	 电动机  内燃机、燃气机  汽轮机  其他动力机 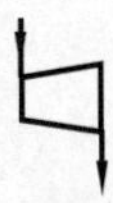 离心式膨胀机 透平机 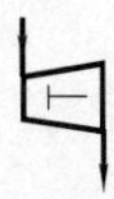 活塞式膨胀机

参 考 文 献

[1] 郭红利. 工程制图［M］. 3版. 北京： 科学出版社，2018.

[2] 张彤，刘斌，焦永和. 工程制图［M］. 3版. 北京：高等教育出版社，2020.

[3] 何铭新，钱可强、徐祖茂. 机械制图［M］. 7版. 北京：高等教育出版社，2016.

[4] 胡建生. 工程制图［M］. 7版. 北京：化学工业出版社，2021.

[5] Colin H Simmons，Dennis E Maguire. Manual of Engineering Drawing. 2nd ed. UK：Butterworth-Heinemann，2004.

[6] 刘朝儒，吴志军，高政一，等. 机械制图［M］. 5版. 北京：高等教育出版社，2007.

[7] 钱可强，丁一. 机械制图［M］. 6版. 北京：高等教育出版社，2022.

[8] 孙开元，郝振洁. 机械制图工程手册［M］. 2版. 北京：化学工业出版社，2018.

[9] 何志成. 制剂单元操作与车间设计［M］. 北京：化学工业出版社，2018.

[10] 张洪斌. 药物制剂工程技术与设备［M］. 北京：化学工业出版社，2019.

[11] 张珩. 制药工程工艺设计［M］. 3版. 北京：化学工业出版社，2018.

[12] 周大军. 化工工艺制图［M］. 2版. 北京：化学工业出版社，2018.

[13] 胡建生. 化工制图［M］. 6版. 北京：化学工业出版社，2023.

[14] 林大钧. 简明化工制图［M］. 4版. 北京：化学工业出版社，2024.

[15] 赵惠清，杨静，蔡纪宁. 化工制图［M］. 3版. 北京：化学工业出版社，2019.

[16] 李平，蒋丹. 化工工程制图［M］. 3版. 北京：清华大学出版社，2024.

[17] 国家药品监督管理局食品药品审核查验中心. 药品GMP指南：厂房设施与设备［M］.2版. 北京：中国医药科技出版社，2023.

[18] 国家药品监督管理局食品药品审核查验中心. 药品GMP指南：无菌药品［M］.2版. 北京：中国医药科技出版社，2023.

[19] GB/T 14689—2008 技术制图 图纸幅面和规格［S］.

[20] GB/T 14690—93 技术制图 比例［S］.

[21] GB/T 14691—93 技术制图 字体［S］.

[22] GB/T 17450—1998 技术制图图线［S］.

[23] GB/T 4457.4—2003 机械制图 图样画法 图线［S］.

[24] GB/T 17450—1998 技术制图 图线［S］.

[25] GB/T 4458.4—2003 机械制图 尺寸注法［S］.

[26] GB/T 16675.2—2012 技术制图 简化表示法 第2部分 尺寸［S］.

[27] GB/T 4458.1—2002 机械制图 图样画法 视图［S］.

[28] GB/T 14692—2008 技术制图 投影法［S］.

[29] GB/T 4458.1—2002 机械制图 图样画法 视图［S］.

[30] GB/T 4458.6—2002 机械制图 图样画法 剖视图和断面图［S］.

[31] GB/T 17451—1998 技术制图 图样画法 视图［S］.

[32] GB/T 17452—1998 技术制图 图样画法 剖视图和断面图［S］.

[33] GB/T 17453—2005 技术制图 图样画法 剖面区域的表示法［S］.

[34] GB/T 4459.1—1995 机械制图 螺纹及螺纹紧固件表示法［S］.

[35] GB/T 192—2003 普通螺纹 基本牙型［S］.

[36] GB/T 193—2003 普通螺纹 直径与螺距系列［S］.

［37］ GB/T 196—2003 普通螺纹 基本尺寸［S］.
［38］ GB/T 197—2018 普通螺纹 公差［S］.
［39］ GB/T 9144—2003 普通螺纹 优选系列［S］.
［40］ GB/T 9145—2003 普通螺纹 中等精度、优选系列的极限尺寸［S］.
［41］ GB/T 15756—2008 普通螺纹 极限尺寸［S］.
［42］ GB/T 3—1997 普通螺纹收尾、肩距、退刀槽和倒角［S］.
［43］ GB/T 5796.1—2005 梯形螺纹 第1部分：牙型［S］.
［44］ GB/T 5796.2—2005 梯形螺纹 第2部分：直径与螺距系列［S］.
［45］ GB/T 5796.3—2005 梯形螺纹 第3部分：基本尺寸［S］.
［46］ GB/T 5796.4—2005 梯形螺纹 第4部分：公差［S］.
［47］ GB/T 13576.1—2008 锯齿形（3°、30°）螺纹 第1部分：牙型［S］.
［48］ GB/T 13576.2—2008 锯齿形（3°、30°）螺纹 第2部分：直径与螺距系列［S］.
［49］ GB/T 13576.3—2008 锯齿形（3°、30°）螺纹 第3部分：基本尺寸［S］.
［50］ GB/T 13576.4—2008 锯齿形（3°、30°）螺纹 第4部分 公差［S］.
［51］ GB/T 1237—2000 紧固件标记方法［S］.
［52］ GB/T 7306.1—2000 55°密封管螺纹 第1部分：圆柱内螺纹与圆锥外螺纹［S］.
［53］ GB/T 7306.2—2000 55°密封管螺纹 第2部分：圆锥内螺纹与圆锥外螺纹［S］.
［54］ GB/T 7307—2001 55°非密封管螺纹［S］.
［55］ GB/T 65—2016 开槽圆柱头螺钉［S］.
［56］ GB/T 67—2016 开槽盘头螺钉［S］.
［57］ GB/T 68—2016 开槽沉头螺钉［S］.
［58］ GB/T 70.1—2008 内六角圆柱头螺钉［S］.
［59］ GB/T 70.2—2008 内六角平圆头螺钉［S］.
［60］ GB/T 70.3—2008 内六角沉头螺钉［S］.
［61］ GB/T 71—2018 开槽锥端紧定螺钉［S］.
［62］ GB/T 73—2017 开槽平端紧定螺钉［S］.
［63］ GB/T 75—2018 开槽长圆柱端紧定螺钉［S］.
［64］ GB/T 41—2016 1型六角螺母 C级［S］.
［65］ GB/T 6170—2015 1型六角螺母［S］.
［66］ GB/T 6171—2016 六角标准螺母（1型）细牙［S］.
［67］ GB/T 5782—2016 六角头螺栓［S］.
［68］ GB/T 5783—2016 六角头螺栓 全螺纹［S］.
［69］ GB/T 97.1—2002 平垫圈 A级［S］.
［70］ GB/T 97.2—2002 平垫圈 倒角型A级［S］.
［71］ GB/T 93—87 标准型弹簧垫圈［S］.
［72］ GB/T 897—88 双头螺柱 $b_m=1d$［S］.
［73］ GB/T 898—88 双头螺柱 $b_m=1.25d$［S］.
［74］ GB/T 899—88 双头螺柱 $b_m=1.5d$［S］.
［75］ GB/T 900—88 双头螺柱 $b_m=2d$［S］.
［76］ GB/T 1095—2003 平键 键槽的剖面尺寸［S］.
［77］ GB/T 1096—2003 普通型 平键［S］.
［78］ GB/T 117—2000 圆锥销［S］.
［79］ GB/T 91—2000 开口销［S］.
［80］ GB/T 119.1—2000 圆柱销 不淬硬钢和奥氏体不锈钢［S］.
［81］ GB/T 4459.2—2003 机械制图 齿轮表示法［S］.
［82］ GB/T 1357—2008 通用机械和重型机械用圆柱齿轮 模数［S］.
［83］ GB/T 2363—90 小模数渐开线圆柱齿轮精度［S］.

[84] GB/T 10095.1—2022 圆柱齿轮 ISO齿面公差分级制 第1部分：齿面偏差的定义和允许值［S］.

[85] GB/T 10095.2—2023 圆柱齿轮 ISO齿面公差分级制 第2部分：径向综合偏差的定义和允许值［S］.

[86] GB/T 4459.4—2003 机械制图 弹簧表示法［S］.

[87] GB/T 3505—2009 产品几何技术规范（GPS） 表面结构 轮廓法 术语、定义及表面结构参数［S］.

[88] GB/T 1031—2009 产品几何技术规范（GPS） 表面结构 轮廓法 表面粗糙度参数及其数值［S］.

[89] GB/T 131—2006/ISO 1302：2002 产品几何技术规范（GPS） 技术产品文件中表面结构的表示法［S］.

[90] GB/T 4458.5—2003 机械制图 尺寸公差与配合注法［S］.

[91] GB/T 1800.1—2020 产品几何技术规范（GPS） 线性尺寸公差ISO代号体系 第1部分：公差、偏差和配合的基础［S］.

[92] GB/T 1800.2—2020 产品几何技术规范（GPS） 线性尺寸公差ISO代号体系 第2部分：标准公差带代号和孔、轴的极限偏差表［S］.

[93] GB/T 1031—2009 产品几何技术规范（GPS） 表面结构 轮廓法 表面粗糙度参数及其数值［S］.

[94] GB/T 1958—2017 产品几何技术规范（GPS） 几何公差 检测与验证［S］.

[95] GB/T 1182—2018 产品几何技术规范（GPS） 几何公差形状、方向、位置和跳动公差标注［S］.

[96] GB/T 10609.2—2009 技术制图 明细栏［S］.

[97] GB/T 4457.2—2003 指引线基准线的基本规定［S］.

[98] GB/T 985.1—2008 气焊、焊条电弧焊、气体保护焊和高能束焊的推荐坡口［S］.

[99] GB/T 985.2—2008 埋弧焊的推荐坡口［S］.

[100] GB/T 985.3—2008 铝及铝合金气体保护焊的推荐坡口［S］.